21 世纪本科院校土木建筑类创新型应用人才培养规划教材

土木工程结构试验

主　编　叶成杰
副主编　孟丽岩　卢成江
参　编　于顺达　武贵中　毕洪涛

内 容 简 介

本书以适应大土木学科的发展为前提，在编写过程中将建筑工程和道路桥梁工程的结构试验及土木工程现场检测技术进行整合，力求系统地介绍"土木工程结构试验"这门科学的理论与技术。本书内容主要包括土木工程结构试验概述、土木工程结构试验设计、结构试验的加载设备、土木工程结构试验的量测技术、土木工程结构静载试验、土木工程结构动载试验、土木工程结构模型试验、土木工程结构抗震试验、试验数据处理与分析、建筑工程现场检测与评定、道路工程现场检测与评定、桥梁现场荷载试验与评定、大型桥梁的健康监测等。

本书可作为土木工程专业研究生和本科生的教材，也可供工程技术人员参考。

图书在版编目(CIP)数据

土木工程结构试验/叶成杰主编．—北京：北京大学出版社，2012.5
(21世纪本科院校土木建筑类创新型应用人才培养规划教材)
ISBN 978-7-301-20631-7

Ⅰ.①土… Ⅱ.①叶… Ⅲ.①土木工程—工程结构—结构试验—高等学校—教材 Ⅳ.①TU317

中国版本图书馆 CIP 数据核字(2012)第 089693 号

书　　　名：	土木工程结构试验
著作责任者：	叶成杰　主编
策 划 编 辑：	吴　迪
责 任 编 辑：	伍大维
标 准 书 号：	ISBN 978-7-301-20631-7/TU·0235
出　版　者：	北京大学出版社
地　　　址：	北京市海淀区成府路 205 号　100871
网　　　址：	http://www.pup.cn　http://www.pup6.cn
电　　　话：	邮购部 010-62752015　发行部 010-62750672　编辑部 010-62750667
电 子 邮 箱：	pup_6@163.com
印　刷　者：	北京虎彩文化传播有限公司
发　行　者：	北京大学出版社
经　销　者：	新华书店
	787 毫米×1092 毫米　16 开本　20.75 印张　485 千字
	2012 年 5 月第 1 版　2021 年 1 月第 5 次印刷
定　　　价：	49.00 元

未经许可，不得以任何方式复制或抄袭本书之部分或全部内容。
版权所有，侵权必究　举报电话：010-62752024
　　　　　　　　　　　电子邮箱：fd@pup.pku.edu.cn

前　言

"土木工程结构试验"是土木工程专业的一门具有较强实践性的专业技术基础课程。该课程的任务是通过理论和实践教学环节，使学生了解结构试验技术的基础知识，掌握结构试验的基本方法和试验组织的一般程序，能够根据本专业设计、施工和科学研究任务的需要，进行一般建筑结构试验的设计和操作，得到初步的训练和实践，以适应土木工程专业学习、工作和科学研究的需要。

土木工程结构试验是以试验为手段的科学，主要研究和发展工程结构的新材料、新体系、新工艺，检验和修正工程结构的计算分析和设计理论，并不断探索工程结构的新理论、新技术，对工程结构科学的发展起着非常重要的作用，具有很强的实践性。

本书以适应大土木工程的发展为前提，在编写过程中将建筑工程和道路桥梁工程的结构试验及土木工程现场检测技术进行整合，力求系统地介绍土木工程结构试验这门学科的理论与技术。

本书根据高等院校土木工程专业"建筑结构试验"课程教学大纲的要求编写，采取集中讨论的方法确定编写方向及内容，具体分工如下：第1章由海南奔达实业有限公司武贵中和黑龙江建筑职业技术学院于顺达编写；第2章、第3章、第4章、第7章由黑龙江科技学院叶成杰编写；第5章、第6章、第8章由黑龙江科技学院孟丽岩编写；第9章、第10章由哈尔滨理工大学毕洪涛编写；第11章、第12章、第13章由哈尔滨理工大学卢成江编写。本书由叶成杰担任主编并负责统稿。

本书在编写过程中参考了近年来出版的多本优秀教材，书中直接或间接引用了参考文献所列书目中的部分内容，在此对上述文献的作者表示感谢。

由于编者的水平有限，书中难免有不足之处，敬请读者批评指正。

编　者
2012年2月

目 录

第1章　土木工程结构试验概述 …… 1
- 1.1　土木工程结构试验的任务 …… 2
- 1.2　结构试验的作用 …… 3
- 1.3　土木工程结构试验的分类 …… 4
  - 1.3.1　按试验目的不同分类 …… 4
  - 1.3.2　按试验对象的尺寸分类 …… 6
  - 1.3.3　按试验荷载性质分类 …… 7
  - 1.3.4　按试验时间长短分类 …… 7
  - 1.3.5　按试验所在场地分类 …… 8
- 1.4　土木工程结构试验的发展 …… 8
- 本章小结 …… 9
- 思考题 …… 9

第2章　土木工程结构试验设计 …… 10
- 2.1　土木工程结构试验的一般过程 …… 11
  - 2.1.1　概述 …… 11
  - 2.1.2　土木工程结构试验准备 …… 12
  - 2.1.3　土木工程结构试验实施 …… 13
  - 2.1.4　土木工程结构试验数据处理与分析 …… 14
- 2.2　土木工程结构试验的试件设计 …… 14
  - 2.2.1　试件的形状 …… 14
  - 2.2.2　试件尺寸 …… 15
  - 2.2.3　试件数目 …… 16
  - 2.2.4　结构试验对试件设计的构造要求 …… 19
- 2.3　试验荷载方案设计 …… 20
  - 2.3.1　荷载设计的一般要求 …… 20
  - 2.3.2　单调加载静力试验 …… 21
  - 2.3.3　结构低周反复加载静力试验 …… 23
  - 2.3.4　结构动力特性测试试验 …… 25
  - 2.3.5　结构动力加载试验 …… 26
  - 2.3.6　结构疲劳试验 …… 28
  - 2.3.7　试验加载装置的设计 …… 30
- 2.4　结构试验观测方案设计 …… 31
  - 2.4.1　观测项目的确定 …… 31
  - 2.4.2　测点的选择与布置 …… 31
  - 2.4.3　仪器的选择与测读的原则 …… 32
  - 2.4.4　仪器仪表准备计划 …… 33
- 2.5　结构试验与材料力学性能的关系 …… 33
  - 2.5.1　概述 …… 33
  - 2.5.2　材料力学性能试验的基本要求 …… 34
  - 2.5.3　材料力学性能的试验对强度指标的影响 …… 35
- 2.6　试验大纲及其他文件 …… 36
- 本章小结 …… 38
- 思考题 …… 38

第3章　结构试验的加载设备 …… 39
- 3.1　概述 …… 39
- 3.2　重力加载法 …… 40
  - 3.2.1　重力加载的荷载作用方式 …… 40
  - 3.2.2　重力加载的特点和要求 …… 41
- 3.3　机械力加载法 …… 42
- 3.4　气压加载法 …… 43
  - 3.4.1　气压加载的作用方式 …… 44
  - 3.4.2　气压加载的特点和要求 …… 44
- 3.5　液压加载法 …… 45
  - 3.5.1　液压加载器的工作原理 …… 45
  - 3.5.2　静力试验液压加载设备 …… 47
  - 3.5.3　大型结构试验机 …… 48
  - 3.5.4　电液伺服试验加载系统 …… 49
  - 3.5.5　电液伺服振动台 …… 50
- 3.6　惯性力加载法 …… 51
  - 3.6.1　初位移法的作用方式 …… 52

  3.6.2 初速度加载法的作用方式 … 52
  3.6.3 离心力加载法的作用方式 … 53
  3.6.4 直线位移惯性力加载 …… 54
  3.6.5 惯性力加载的要求 ………… 55
 3.7 电磁加载法 …………………… 55
 3.8 人激振动加载法 ……………… 56
 3.9 环境随机振动激振法 ………… 56
 3.10 荷载支承设备和试验台座 … 57
  3.10.1 支座 …………………… 57
  3.10.2 荷载支承设备 ………… 59
  3.10.3 结构试验台座 ………… 61
 本章小结 …………………………… 65
 思考题 ……………………………… 65

第4章 土木工程结构试验的量测技术 … 66

 4.1 概述 …………………………… 66
 4.2 测量仪表的基本特性 ………… 67
  4.2.1 测量仪表的组成 ………… 68
  4.2.2 测量仪表的技术指标 …… 68
 4.3 传感器 ………………………… 71
  4.3.1 基本原理 ………………… 71
  4.3.2 应变计 …………………… 72
  4.3.3 位移传感器 ……………… 82
  4.3.4 测力传感器 ……………… 87
  4.3.5 裂缝量测仪器 …………… 89
  4.3.6 测振传感器 ……………… 89
 4.4 试验记录仪与数据采集系统 … 95
  4.4.1 概况 ……………………… 95
  4.4.2 X-Y记录仪 ……………… 95
  4.4.3 光线示波器 ……………… 96
  4.4.4 磁带记录仪 ……………… 96
  4.4.5 数据采集系统 …………… 97
 本章小结 …………………………… 99
 思考题 ……………………………… 100

第5章 土木工程结构静载试验 …… 101

 5.1 土木工程结构静载试验概述 … 102
 5.2 试验前的准备 ………………… 102
 5.3 静载试验加载和量测方案的
   确定 …………………………… 104
  5.3.1 加载方案 ………………… 104

  5.3.2 量测方案 ………………… 106
 5.4 一般结构构件的静载试验 …… 108
  5.4.1 受弯构件的静载试验 …… 108
  5.4.2 压杆和柱的静载试验 …… 111
  5.4.3 桁架的静载试验 ………… 112
 5.5 试验资料的整理与分析 ……… 113
  5.5.1 试验原始资料的整理 …… 113
  5.5.2 试验结果的表达 ………… 114
  5.5.3 应变测量结果计算 ……… 116
  5.5.4 挠度测量结果计算 ……… 120
  5.5.5 结构性能评定 …………… 121
 本章小结 …………………………… 126
 思考题 ……………………………… 126

第6章 土木工程结构动载试验 …… 127

 6.1 土木工程结构动载试验概述 … 128
 6.2 工程结构动力特性的试验测定 … 129
  6.2.1 人工激振法 ……………… 129
  6.2.2 环境随机振动法 ………… 133
 6.3 工程结构的动力反应试验测定 … 136
 6.4 工程结构疲劳试验 …………… 139
  6.4.1 概述 ……………………… 139
  6.4.2 疲劳试验项目 …………… 139
  6.4.3 疲劳试验荷载 …………… 140
  6.4.4 疲劳试验的步骤 ………… 140
  6.4.5 疲劳试验的观测 ………… 141
  6.4.6 疲劳试验试件的安装 …… 142
 6.5 试验资料的整理与分析 ……… 143
  6.5.1 合成波形的谐量分析 …… 143
  6.5.2 工程结构自振特性的
     数据处理方法 …………… 145
  6.5.3 相关分析与频谱分析 …… 150
 本章小结 …………………………… 154
 思考题 ……………………………… 155

第7章 土木工程结构模型试验 …… 156

 7.1 概述 …………………………… 157
 7.2 模型设计相似原理 …………… 158
 7.3 相似条件的确定方法 ………… 161
  7.3.1 方程式分析法 …………… 161
  7.3.2 量纲分析法 ……………… 163

7.4 模型材料与选用 …………… 167
本章小结 …………………………… 169
思考题 ……………………………… 170

第8章 土木工程结构抗震试验 …… 171

8.1 土木工程结构抗震试验概述 …… 172
8.2 结构伪静力试验方法 …………… 173
 8.2.1 伪静力试验的基本概念 … 173
 8.2.2 伪静力试验的加载装置 … 174
 8.2.3 伪静力试验的加载方法 … 179
 8.2.4 伪静力试验的测试项目 … 179
 8.2.5 伪静力试验的数据
   整理要点 ……………… 181
8.3 结构拟动力试验方法 …………… 183
8.4 结构模拟地震振动台试验 ……… 185
 8.4.1 模拟地震振动台在抗震
   研究中的作用 ………… 186
 8.4.2 模拟地震振动台的组成 … 186
 8.4.3 模拟地震振动台的加载
   过程及试验方法 ……… 187
8.5 人工地震模拟试验 ……………… 189
8.6 天然地震试验 …………………… 191
本章小结 …………………………… 194
思考题 ……………………………… 195

第9章 试验数据处理与分析 ……… 196

9.1 概述 ……………………………… 196
9.2 间接测定值的推算 ……………… 197
9.3 试验误差分析 …………………… 197
 9.3.1 误差的概念 …………… 197
 9.3.2 误差理论基础 ………… 198
 9.3.3 量测值的取舍 ………… 203
 9.3.4 间接测定值的误差分析 … 206
9.4 试验结果的表达 ………………… 207
 9.4.1 列表表示法 …………… 207
 9.4.2 图形表示法 …………… 208
 9.4.3 经验公式表示法 ……… 209
本章小结 …………………………… 211
思考题 ……………………………… 212

第10章 建筑工程现场检测与评定 … 213

10.1 概述 …………………………… 213

10.2 混凝土结构检测 ……………… 216
 10.2.1 混凝土和钢筋材料强度的
    检测方法 ……………… 216
 10.2.2 混凝土强度的检测 …… 217
 10.2.3 混凝土构件外观质量与
    内部缺陷 ……………… 224
 10.2.4 尺寸与偏差 …………… 229
 10.2.5 结构变形 ……………… 230
 10.2.6 混凝土结构内部
    钢筋检测 ……………… 230
10.3 砌体结构检测 ………………… 231
 10.3.1 砌体结构检测的
    主要内容 ……………… 231
 10.3.2 砌筑块材的检测 ……… 233
 10.3.3 砌筑砂浆 ……………… 234
 10.3.4 砌体强度 ……………… 238
 10.3.5 变形与损伤 …………… 242
10.4 钢结构检测 …………………… 243
 10.4.1 钢材外观质量检测 …… 243
 10.4.2 构件的尺寸偏差检测 … 243
 10.4.3 钢材的力学性能的
    检测 …………………… 244
 10.4.4 超声探伤 ……………… 245
 10.4.5 磁粉与射线探伤 ……… 245
本章小结 …………………………… 246
思考题 ……………………………… 246

第11章 道路工程现场检测与评定 … 247

11.1 路基路面几何尺寸及路面
  厚度检测 ……………………… 248
 11.1.1 路基路面几何尺寸
    检测 …………………… 248
 11.1.2 路面结构层厚度
    检测 …………………… 250
11.2 路基路面压实度检测 ………… 252
11.3 路面平整度检测 ……………… 258
11.4 路面抗滑性能检测 …………… 260
 11.4.1 构造深度试验方法 …… 261
 11.4.2 路面抗滑值检测
    方法 …………………… 264
 11.4.3 路面横向力系数检测
    方法 …………………… 266

11.4.4 沥青路面渗水系数检测
方法 ………………… 267
11.5 路基路面承载力的现场测试 … 268
11.5.1 路基路面承载力检测 … 268
11.5.2 路基路面模量测试 …… 274
本章小结 …………………………… 280
思考题 ……………………………… 280

第12章 桥梁现场荷载试验与评定 …………………… 281

12.1 桥梁结构的静载试验 ……… 282
12.1.1 试验方案 …………… 282
12.1.2 试验准备 …………… 289
12.1.3 加载试验 …………… 291
12.1.4 数据处理 …………… 293
12.1.5 试验结果与理论分析的
比较 ………………… 294
12.1.6 承载能力评定 ……… 295
12.2 桥梁结构的动载试验 ……… 296
12.2.1 试验方案 …………… 296
12.2.2 试验准备 …………… 297
12.2.3 加载试验 …………… 298
12.2.4 数据处理 …………… 299
12.2.5 结构性能的评定 …… 301
本章小结 …………………………… 302
思考题 ……………………………… 302

第13章 大型桥梁的健康监测 …… 303

13.1 桥梁健康监测概论 ………… 303
13.2 健康监测技术 ……………… 306
13.2.1 GPS监测系统 ……… 306
13.2.2 实验模态分析法 …… 308
13.2.3 结构损伤检测定位
技术 ………………… 308
13.3 桥梁健康监测系统的
设计 ………………………… 310
13.3.1 监测系统设计准则和
测点布置 …………… 310
13.3.2 监测项目 …………… 311
13.4 润扬长江大桥(斜拉桥)健康
监测实例 …………………… 312
13.4.1 斜拉桥监测测点布置 … 313
13.4.2 悬索桥监测测点布置 … 314
13.4.3 系统构成及功能 …… 315
13.4.4 主要监测内容 ……… 316
13.4.5 监测手段和监测仪器的
选择 ………………… 316
13.4.6 桥梁结构状态识别与
安全性评估 ………… 318
本章小结 …………………………… 319
思考题 ……………………………… 319

参考文献 ……………………………… 320

第1章
土木工程结构试验概述

教学目标

了解建筑结构试验的任务。
掌握土木工程结构试验的作用和分类。
了解土木工程结构试验的发展方向。

教学要求

知识要点	能力要求	相关知识
结构试验的任务	(1) 了解土木工程结构试验对工业生产的作用 (2) 了解土木工程结构试验对设计理论发展的作用	试验对象 仪器设备 试验技术
结构试验的作用	(1) 了解结构试验是发展结构理论和计算方法的重要途径 (2) 了解结构试验是发现结构设计问题的主要手段 (3) 了解结构试验是验证结构理论的唯一方法 (4) 了解结构试验是鉴定土木工程结构质量的直接方式 (5) 了解结构试验是制定各类技术规范和技术标准的基础	结构理论 计算方法 质量鉴定
结构试验分类	(1) 了解根据试验目的的分类 (2) 了解根据试验对象的分类 (3) 了解根据荷载性质和作用时间不同的分类 (4) 了解根据试验场地不同的分类	

引言

土木工程结构试验是土木工程专业的技术基础课。在结构工程学科的发展演变过程中,结构试验已成为一门科学——真正的试验科学。结构试验是发展结构理论和完善工程设计方法的主要手段之一。土木工程结构试验究竟是一个什么样的工作?通过试验过程能够解决什么样的实际问题?结构试验在工业生产和科学研究中起到什么样的作用?通过本章的学习,读者可了解到结构试验的任务、结构试验的作用、结构试验的分类等有关结构试验的基本知识。

土木工程结构是用不同类型的承重构件(梁、板、柱等)相互连接而形成的结构体系,在一定的经济条件制约下,要求结构在规定的使用期内能够安全有效地承受外部及内部形成的各种作用,以满足结构使用功能的要求。设计者必须综合考虑结构在其整个生命周期中如何适应可能产生的各种风险,以达到使用功能要求。如在建阶段结构可能出现的各种施工荷载;正常使用阶段结构可能遭遇的各种外界作用,特别是自然和人为灾害的作用;

结构老化阶段可能经历的各种损伤的积累和正常抗力的丧失；等等。为了对工程结构进行合理的设计，工程技术人员必须掌握工程结构在上述各种作用下的实际应力分布和工作状态，了解结构构件的强度、刚度、稳定性、抗裂性能以及实际具有的安全储备。

在结构分析工作中，可以利用传统或现代的设计理论或有限元数值计算方法，也可以采用试验应力分析方法来解决。运用数值方法计算时，必须在建立正确数学模型的前提下，才能得出精确的结果。在土木工程中，对于非匀质材料和某些特种结构的计算，用数值方法求解时，必须用试验方法加以验证或提供必要的参数。从分析方法的深远意义来看，试验方法更是理论分析必不可少的实践验证。

结构试验是发展结构理论和完善工程设计方法的主要手段之一。在结构工程学科的发展演变过程中形成的结构试验、结构理论与结构计算三级学科结构中，结构试验已成为一门科学——真正的试验科学。电子计算机技术的发展提高了人类进行结构试验的能力，不仅为使用数学模型方法进行计算分析创造了条件，也为利用计算机控制结构试验，实现荷载模拟、数据采集和数据处理，以及整个试验实现自动化提供了有利条件，使结构试验技术发生了根本性的飞跃。利用计算机控制的多维地震模拟振动台可以实现地震波的人工再现，模拟地面运动对结构作用的全部过程；计算机联机的拟动力电液伺服加载系统可以在静力状态下量测结构的动力反应；计算机控制的各种数据采集和自动处理系统可以准确、及时、完整地收集并再现荷载与结构行为的各种信息。

工程结构试验还是研究和发展工程结构新材料、新体系、新工艺以及探索工程结构计算分析、设计理论的重要手段，在工程结构科学研究和技术创新等方面起着重要作用。

1.1 土木工程结构试验的任务

"土木工程结构试验"是土木工程专业的技术基础课。土木工程结构试验的任务是在工程结构的试验对象（局部或整体、实物或模型）上应用科学的试验组织程序，使用仪器设备和工具，利用各种实验技术，在荷载（重力、机械扰动力、地震力、风力等）或其他因素（温度、变形）作用下，通过量测与结构工作性能有关的各种参数（变形、挠度、应变、振幅、频率等），从强度（稳定）、刚度和抗裂性以及结构实际破坏形态等方面判明工程结构的实际工作性能，估计工程结构的承载能力，确定工程结构对使用要求的符合程度，并用以检验和发展工程结构的计算理论。例如：

（1）钢筋混凝土简支梁在竖向静力荷载作用下，通过检测梁在不同受力阶段的挠度、角变位、截面应变和裂缝宽度等参数，分析梁的整个受力过程以及结构的强度、挠度和抗裂性能。

（2）结构承受动力荷载作用时，通过测量结构的自振频率、阻尼系数、振幅和动应变等参量，研究结构的动力特性和结构对动力荷载的响应。

（3）在结构抗震研究中，结构在低周反复荷载作用下，通过试验获得应力-变形关系滞回曲线，为分析抗震结构的强度、刚度、延性、刚度退化、变形能力等提供数据资料。

因此，由结构试验的任务可知，土木工程结构试验是以试验方式测定有关数据，由此反映结构或构件的工作性能、承载力和相应的安全度，为结构的安全使用和实际理论的建立提供重要的根据。

1.2 结构试验的作用

1. 结构试验是发展结构理论和计算方法的重要途径

17世纪初期，伽利略(1564—1642年)首先研究了材料的强度问题，提出许多正确的理论，但他在1638年出版的著作中，也曾错误地认为受弯梁的断面应力分布是均匀受拉的。46年后，法国物理学家马里奥脱和德国数学家兼哲学家莱布尼兹对这个假定提出了修正，认为其应力分布不是均匀的，而是呈三角形分布的。其后，虎克和伯努利建立了平面假定。1713年，法国人巴朗进一步提出中和层的理论，认为受弯梁断面上的应力分布以中和层为界，一边受拉，另一边受压。由于当时无法验证，巴朗的理论只不过是一个假设而已，受弯梁断面上存在压应力的理论仍未被人们接受。

1767年，法国科学家容格密里首先用简单的试验方法，证明了断面上压应力的存在。他在一根简支梁的跨中，沿上缘受压区开槽，槽的方向与梁轴线垂直，槽内嵌入硬木垫块。试验证明，这种梁的承载能力丝毫不亚于整体并未开槽的木梁。试验表明，只有梁的上缘受压力时，才可能有这样的结果。当时，科学家们对容格密里的这个试验给予了极高的评价，誉之为"路标试验"。它总结了人们100多年来的探索成果，像十字路口的路标一样，为人们指出了进一步发展结构强度计算理论的正确方向和方法。

1821年，法国科学院院士拿维叶从理论上推导了现代材料力学中受弯构件断面应力分布的计算公式。过了20多年，才由法国科学院另一位院士阿莫列思用试验的方法验证了这个公式。人类对这个问题曾进行了200多年的不断探索，至此才告一段落。从这段漫长的历程中可以看到，不仅对于验证理论，在选择正确的研究方法上，试验技术都起了重要作用。

2. 土木工程结构试验是发现结构设计问题的主要手段

人们对框架矩形截面柱和圆形截面柱的受力特性认识较早，两者在工程设计中应用最广。建筑设计技术发展到20世纪80年代，为了满足人们对建筑空间使用功能的需要，出现了异形截面柱框架，如T形、L形和十字形截面柱。起初设计者认为，矩形截面柱和异形截面柱在受力特性方面没有区别，只是截面形状不同而已，并误认为柱子的受力特性与柱的截面形状无关。但后来通过试验证明，柱子的受力特性与柱子截面的形状有很大关系，矩形截面柱的破坏特征属于拉压型破坏，异形截面柱的破坏特征属于剪切型破坏，异型截面柱和矩形截面柱在受力性能方面有本质上的区别。

3. 土木工程结构试验是验证结构理论的唯一方法

最简单的受弯杆件截面应力分布的平截面假定理论，以及弹性力学平面应力问题中从应力集中现象的计算理论到比较复杂的结构平面分析理论和结构空间分析理论，都应通过试验加以证实。隔振结构、消能结构设计理论的发展也离不开土木工程结构试验。

4. 土木工程结构试验是鉴定土木工程结构质量的直接方式

对于已建的结构工程，不论是单一的结构构件还是整体结构，不论进行质量鉴定的目的如何，最直接的检验方式仍是结构试验，如灾害或事故后建筑工程的评估、鉴定等。

5. 土木工程结构试验是制定各类技术规范和技术标准的基础

我国现行的各种结构设计规范及技术标准是总结了大量已有科学实验的成果和经验的行业准则。为了设计理论和设计方法的发展，还进行了大量钢筋混凝土结构、砖石结构和钢结构的梁、柱、框架、节点、墙板、砌体等实体或缩尺模型的试验以及实体建筑物的试验研究。例如，现行规范采用的钢筋混凝土结构构件和砖石结构的计算理论，绝大多数都是以试验研究的直接结果为基础的。土木工程试验为我国编制各种结构设计规范提供了基本资料与试验数据，这充分体现了土木工程结构试验学科在发展和改进设计理论、设计方法上的作用。为了使土木工程技术能够健康地发展，需要制定相应的技术规范和技术标准，而各类技术规范和技术标准的制定都离不开结构试验成果。

1.3 土木工程结构试验的分类

土木工程结构试验的分类方法很多，除了按试验目的不同进行分类外，还经常按试验对象、荷载性质、试验场地、试验时间的不同进行分类。

1.3.1 按试验目的不同分类

在实际工作中，根据试验目的的不同，结构试验分为生产鉴定性试验（简称鉴定性试验）和科学研究性试验（简称科研性试验）两大类。

1. 生产鉴定性试验（鉴定性试验）

鉴定性试验通常具有直接的生产目的，以实际建筑物或结构构件为试验对象，通过试验对具体结构做出正确的技术结论。此类试验经常解决以下问题。

1）鉴定结构设计和施工质量的可靠程度

比较重要的结构与工程，除在设计阶段进行必要而大量的试验研究外，在实际结构建成以后，还应通过试验，综合性地鉴定其质量的可靠程度。上海南浦大桥和杨浦大桥建成后的荷载试验以及秦山核电站安全壳结构整体加压试验均属此例。

2）鉴定预制构件产品质量

构件厂或现场成批生产的钢筋混凝土预制构件出厂或在现场安装之前，必须根据科学抽样试验的原则，依据预制构件质量检验评定标准和试验规程的要求，进行试件的抽样检验，以推断一批产品的质量。

3）为改建、扩建或加固工程判断结构的实际承载能力

对旧有建筑进行改建、扩建或进行加固，单凭理论计算难以得到确切结论时，常需要通过试验确定结构的实际承载能力。旧结构缺少设计计算书和图纸资料时，在需要改变结构实际工作条件的情况下进行结构试验以提供必要的基础数据。

4）为处理受灾结构和工程事故提供技术依据

对遭受地震、火灾、爆炸等灾害而受损的结构或在建造和使用过程中发现有严重缺陷的危险性建筑，必须进行详细的检验。唐山地震后，北京农业展览馆主体结构由于加固的

需要，曾进行环境随机振动试验，利用传递函数谱进行结构模态分析，通过振动分析最终获得该结构的模态参数。

5) 检验结构的可靠性，估算结构的剩余寿命

已建结构随使用时间的增长，结构物会出现不同程度的老化现象，甚至进入老龄期、退化期或更换期，有的则进入危险期。为保证已建建筑的安全使用，延长其使用寿命，防止发生破坏、倒塌等重大事故，国内外对建筑物的使用寿命，特别是对剩余使用期限特别关注。通过对已建建筑的观察、检测和分析，依据可靠性鉴定规程评定结构的安全等级，可推断结构的可靠性并估算其剩余寿命。可靠性鉴定大多采用非破损检测的试验方法。

鉴定性试验是在比较成熟的设计理论基础上进行的，离开理论的指导，鉴定性试验就会成为盲目的试验。

鉴定性试验本身有着重要的科学价值，大量的鉴定性试验为结构设计理论积累了宝贵的资料。例如，上海等地曾对机械加工车间及计量室类型的房屋进行实测，收集了有关楼盖的固有频率、机床振动及其相互的影响、楼盖振动对精密加工的影响以及振动的传播与衰减等数据，为设计理论更新提供了重要依据。

2. 科学研究性试验 (科研性实验)

科研性试验的任务是验证结构设计理论和各种科学判断、推理、假设以及概念的正确性，为发展新的设计理论，发展和推广新结构、新材料及新工艺提供实践经验和设计依据。

1) 验证结构计算理论的各种假定

在结构设计中，为了计算方便，经常对结构计算图式或结构关系作某些简化的假定，这些假定是否成立，可通过试验加以验证。在构件静力和动力分析中，结构关系的模型化完全是通过试验加以确定的。

2) 为发展和推广新结构、新材料与新工艺提供实践经验

随着建筑科学和基本建设的发展，新结构、新材料和新工艺不断涌现。如轻质、高强、高效能材料的应用，薄壁、弯曲轻型钢结构的设计，升板、滑模施工工艺的发展以及大跨度结构、高层建筑与特种结构的设计及施工工艺的发展，都离不开科学试验。一种新材料的应用、一种新型结构的设计或新工艺的实施，往往需要多次的工程实践与科学试验，即从实践到认识，再从认识到实践的多次反复，从而积累经验，使设计计算理论不断改进和完善。

3) 为制定设计规范提供依据

为了制定我国自己的设计标准、施工验收标准、试验方法标准和结构可靠性鉴定标准等，对钢筋混凝土结构、钢结构、砌体结构以及木结构等，从基本构件的力学性能到结构体系的分析优化，都进行了系统的科研性试验，提出了符合我国国情的设计理论、计算公式、试验方法标准和可靠性鉴定分级标准，进一步完善规范体系。实际上，现行规范采用的钢筋混凝土结构构件和砖石结构的计算理论，几乎全部是以试验研究的分析结果为基础建立起来的。

进行科研性试验必须事先周密考虑，按照计划进行，试验对象常常是专为试验而设计制造的。在试验设计和进行的时候，应突出研究的主要问题，忽略对结构有较小影响的次

要因素，使试验工作合理，观测数据易于分析总结。

1.3.2 按试验对象的尺寸分类

1. 原型试验

原型试验的试验对象是实际结构或按实际结构足尺复制的结构或构件。

原型试验中的一类试验是原物试验。原物试验一般用于生产性试验，例如秦山核电站安全壳加压整体性能的试验就是一种非破坏性的现场原物试验。对于工业厂房结构的刚度试验、楼盖承载能力试验等均应在实际结构上加载量测。另外，在高层建筑上进行风振测试和通过环境随机振动测定结构动力特性等均属此类试验。

原型试验中的另一类是足尺结构或构件的试验，试验对象是一根梁、一块板或一榀屋架之类的足尺构件，可以在试验室内试验，也可以在现场进行试验。

为满足结构抗震研究的需要，国内外已经开始重视对结构整体性能的试验研究，通过对足尺结构进行试验，可以对结构构造、构件之间的相互作用、结构的整体刚度以及结构破坏阶段的实际工况等进行全面观测了解。从20世纪70年代起，我国各地先后进行了装配式整体框架结构、钢筋混凝土大板结构、新型砌体结构、中型砌块结构、框架轻板结构等不同开间、不同层高的足尺结构试验，共10多例。其中1979年夏季，在上海完成的五层硅酸盐砌块房屋的抗震破坏试验中，利用液压同步加载器加载，在国内足尺结构现场试验中第一次比较理想地获得结构物在静力低周反复荷载作用下的特性曲线。在甘肃进行的足尺砌体结构现场爆破震动试验也取得了良好的试验成果。

2. 模型试验

结构的原型试验具有投资大、周期长的特点，当进行原型结构试验在物质上或技术上存在某些困难，或在结构设计方案阶段进行初步探索以及在对设计理论、计算方法进行探讨研究时，都可以采用比原型结构缩小的模型进行试验。

1) 相似模型试验

模型是仿照原型并按照一定比例关系复制而成的试验代表物，它具有实际结构的全部或部分特征，但尺寸却比原型小的缩尺结构。

模型的设计制作与试验根据的是相似理论。模型是用适当的比例尺和相似材料制成的与原型几何相似的试验对象，在模型上施加相似力系能使模型重现原型结构的实际工作状态。根据相似理论即可由模型试验结果推算实际结构的工作情况。对模型要求严格的模拟条件，即要求几何相似、力学相似和材料相似等。

2) 缩尺模型试验

缩尺模型试验即小构件试验，是结构试验常用的研究形式之一。它有别于模型试验，采用小构件进行试验时，不需依靠相似理论，无须考虑相似比例对试验结果的影响，即试验不要求满足严格的相似条件，而是用试验结果与理论计算进行对比校核的方法研究结构的性能，验证设计假定与计算方法的正确性，并认为这些结果所证实的一般规律与计算理论可以推广到实际结构中去。

1.3.3 按试验荷载性质分类

1. 静力试验

大部分工程结构在工作时所承受的是静力荷载，因此，静力试验是结构试验中使用次数最多、最常见的基本试验。试验过程中通过重力或各种类型的加载设备即可实现或满足加载要求。根据加载制度的不同，静力试验分为结构静力单调加载试验和结构低周反复静力加载试验两种。

结构静力单调加载试验的加载过程是荷载从零开始逐步增加，一直加到试验某一预定目标或结构破坏为止，是在不长的时间段内完成试验加载的全过程，因此称其为"结构静力单调加载试验"。

为了探索结构的抗震性能，常采用结构抗震静力试验的方式模拟地震作用。抗震静力试验采用控制荷载或控制变形的周期性反复静力荷载，区别于一般单调加载试验，故称之为"低周反复静力加载试验"，也叫伪静力试验，是国内外结构抗震试验中采用较多的一种形式。

静力试验最大的优点是加载设备相对简单，荷载可以逐步施加，并可以停下来仔细观察结构变形和裂缝的发展，给人以最明确、最清晰的破坏概念。对于承受动力荷载的结构，为了了解其在静力荷载下的工作特性，往往在动力试验前先进行静力试验。静力试验的缺点是不能反映应变速率对结构的影响，特别是在结构抗震试验中与任意一次确定性的非线性地震反应相差很远。目前抗震静力试验中虽然发展了一种计算机与加载器联机试验系统可以弥补静力单调加载试验的不足，但设备耗资巨大，而且加载周期还是远大于实际结构基本周期，因此静力单调加载试验仍具有广泛的实用意义。

2. 动力试验

结构动力试验是研究结构或构件在动力荷载作用下的动力特性和动力反应的试验。如研究厂房在吊车或动力设备作用下的动力特性；吊车梁的疲劳强度与疲劳寿命问题；在多层厂房内，使用机器设备时产生的振动影响；高层建筑和高耸构筑物在风载作用下的动力问题；结构抗爆炸、抗冲击问题；等等。

在结构抗震性能的研究中，除可以采用上述静力加载模拟外，最为理想的是直接施加动力荷载进行试验。目前，抗震动力试验在试验室常采用电液伺服加载设备或地震模拟振动台等设备进行；对于现场或野外的动力试验，常利用环境随机振动试验测定结构动力特性模态参数。此外，还可以利用人工爆炸产生人工地震或直接利用天然地震对结构进行试验。

由于荷载特性的不同，动力试验的加载设备和测试手段也与静力试验有很大的差别，并且比静力试验更为复杂。

1.3.4 按试验时间长短分类

1. 短期荷载试验

承受静力荷载的结构构件，其工作荷载是长期作用的。在结构试验时，限于试验条件、时间和试验方法，不得不采用短期荷载试验，即荷载从零开始施加到某个阶段进行卸荷或直至结构破坏，整个试验时间只有几十分钟、几小时或几天。

结构动力试验，如结构疲劳试验，整个加载过程仅在几天内完成，与实际工作条件有很大差别。至于爆炸、地震等特殊荷载作用时，整个试验加载过程只有几秒甚至是数微秒或数毫秒，试验实际上是瞬态的冲击过程，严格地讲，这种短期荷载试验不能代替长期荷载试验。由于具体客观因素或技术限制所产生的种种影响，在分析试验结果时必须加以考虑并进行修正。

2. 长期荷载试验

结构在长期荷载作用下的性能，如混凝土结构的徐变、预应力结构中钢筋的松弛等，都必须进行静力荷载的长期试验。长期荷载试验也称为"持久试验"，它将连续几个月或几年时间，通过试验最终获得结构变形随时间变化的规律。为了保证试验的精度，应对试验环境进行严格控制，如保持恒温、恒湿、防止振动等。长期荷载试验一般需在实验室内进行。对实际应用中的结构物进行长期、系统的观测，所积累和获得的数据资料对于研究结构的实际工作性能，进一步完善结构理论具有极为重要的意义。

1.3.5 按试验所在场地分类

结构和构件的试验可以在有专门设备的实验室内进行，也可以在现场进行。

1. 实验室结构试验

对于实验室试验，由于具备良好的工作条件，可以应用精密和灵敏的仪器设备，具有较高的准确度，甚至可以人为地创造一个适宜的工作环境，减少或消除各种不利因素对试验的影响，突出主要的研究方向，消除对试验结构影响的次要因素，所以适合于进行研究性试验。实验室试验的对象可以是真型结构或模型结构，试验可以进行到结构破坏。近年来，大型结构实验室的建设和计算机技术的发展，为足尺结构的整体试验以及结构试验的自动化提供了极为有利的条件。

2. 现场结构试验

现场结构试验是指在生产或施工现场进行的实际结构试验，常用于生产性试验，试验对象是正在使用的已建结构或将要投入使用的新结构。与室内试验相比，现场试验由于受到客观环境条件的影响，不宜使用高精度的仪器设备进行观测，且试验的方法也比较简单，试验精度较差。目前，由于采用非破损检测技术进行结构现场试验，因而提高了试验精度，可以获得近乎实际工作状态下的数据资料。

1.4 土木工程结构试验的发展

纵观世界土木工程建设的历史，大体上经历了3个发展阶段。第一阶段为大规模新建；第二阶段为新建与维修、改造并重；第三阶段除部分新建外，重点转向对既有建筑物的维修改造，并使其现代化。20世纪70至80年代，世界各国都开始重视这一规律。我国目前已处于这一转变之中，并且在已有建筑物鉴定、建筑物的特殊维修改造技术等方面获得了很大成功，使结构试验又有了新的发展。

1949年新中国成立后，结构试验与其他科学一样，也获得了飞速的发展。1957年，完成了武汉长江大桥的鉴定性试验任务。1973年，上海体育馆和南京五台山体育馆进行了网架模型试验。此后，北京、昆明、南宁、兰州等地先后进行了十余次规模较大的足尺结构抗震试验。1977年，我国制订了"建筑结构测试技术的研究"的八年规划，为使测试技术达到世界先进水平奠定了良好的基础。

目前，我国已经建立了一批不同规模的结构实验室并拥有一支实力雄厚的专业技术队伍，积累了丰富的试验技术经验。全国各建筑科学研究机构、高等院校都已展开对基本构件和结构体系的力学性能研究；地震力、振动荷载对结构影响的研究；已建结构的检测技术和可靠性评定的研究；加载设备、电液伺服自动控制加载系统的研究；新的特种结构和新的测试技术的研究，并已取得一定的成果。

近年来，大型结构试验机、模拟地震台、大型起振机、高精度传感器、电液伺服控制加载系统、信号自动采集系统等各种仪器设备和测试技术的发展，大型试验台座的建立，都标志着我国结构试验已经达到了一个新的水平。

智能仪器的出现、计算机和终端设备的广泛使用以及各种试验设备自动化水平的提高，为结构试验开辟了新的广阔前景。结构试验正朝着大型化、体系化、精密性（包括试件设计、加载、测试）、计算机联机试验的趋势发展。

土木工程结构试验必然会对建筑科学的发展产生巨大的促进和推动作用。

本 章 小 结

本章系统地介绍了土木工程结构试验的意义、作用和目的，介绍了土木工程结构试验的分类和结构试验的发展历程，学习本章后应提高对本门课程重要性的认识，了解土木工程结构试验在工程结构科学研究、计算理论的发展和技术创新等方面所起的重要作用。

思 考 题

1. 土木工程结构试验的作用是什么？
2. 土木工程结构试验分为哪几类？各类试验的目的是什么？
3. 生产鉴定性试验通常解决哪些问题？
4. 科学研究性试验通常解决哪些问题？
5. 简述你对建筑结构测试技术发展的了解。

第 2 章
土木工程结构试验设计

教学目标

掌握结构试件的形状、尺寸与数量的基本要求。

掌握结构试验荷载的加载图示和试验荷载的取值。

能够正确地确定量测项目,合理地选择量测仪器,并能提出试验的安全措施。

理解结构试验设计中试件设计、荷载设计和量测设计 3 个主要部分的内容以及相互关系。

掌握实验室与现场试验常用的加载方法,能在结构试验设计中选择和设计加载方案。

了解材料的力学性能与结构试验的关系、加载速度与应变速率的关系,以及对材料本构关系的影响。

教学要求

知识要点	能力要求	相关知识
结构试验的一般程序	(1) 掌握结构试验的程序 (2) 了解各工序的相互联系与逻辑关系	
试件的形状、尺寸与数量	(1) 掌握试件形状设计的要求 (2) 掌握试件尺寸设计的具体要求 (3) 掌握试件数量设计的方法	边界条件 反弯点 尺寸效应 试件数量确定方法
试验的荷载方案设计	(1) 掌握荷载方案设计的内容 (2) 了解加载装置设计的要求	静力荷载 低周反复加载 动力荷载
试验观测方案设计	(1) 掌握观测项目的确定内容 (2) 掌握测点选择与布置的原则 (3) 掌握仪器的选择与测读的原则 (4) 了解试验仪器仪表准备计划的内容	整体变形 局部变形
结构试验与材料力学性能的关系	了解结构试验与材料力学性能的关系	应变速率
试验大纲及其他文件	(1) 掌握试验大纲的具体内容 (2) 了解试验其他文件的内容	

引言

结构试验的实施必须做到有的放矢,试验的过程如何安排、实验对象的尺寸有何要求、荷载如何施加以及试验观测项目的确定、测点的布置、测试仪器的选择等工作都要做到运筹帷幄,方能圆满完成试验任务。土木工程结构试验设计就是试验规划阶段的工作,涉及工程结构试验中的试件设计、试验荷载设计、试验观测设计及试验大纲的编写。土木工程结构试验是一项细致而复杂的工作,任何疏忽大意都会影响试验结果和试验的正常进行,甚至导致试验的失败。因此,在试验前对整个工作做出规划,对试件、试验荷载和试验观测进行合理的设计,从而确定试验大纲,为整个试验工作的顺利进行打下良好的基础。

2.1 土木工程结构试验的一般过程

土木工程结构试验包括结构试验设计、试验准备、试验实施和试验分析等主要环节,每个环节的工作内容和它们之间的关系如图 2.1 所示。

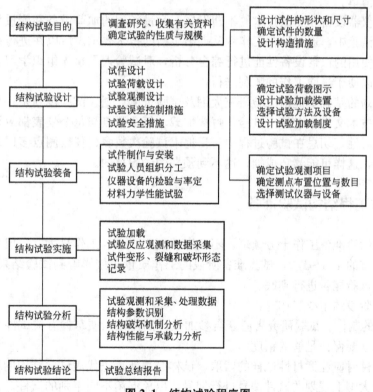

图 2.1 结构试验程序图

2.1.1 概述

土木工程结构试验设计是整个试验中极为重要的并且带有全局性特点的一项工作,它的主要内容是对所要进行的结构试验工作进行全面的设计与规划,从而使设计的计划与试验大纲能对整个试验起着统管全局和具体指导的作用。

在进行结构试验的总体设计时,首先应该反复研究试验的目的,充分了解本项试验研究或生产鉴定的任务要求,因为工程结构试验所具有的规模与所采用的试验方式都是根据试验研究的目的、任务要求的不同而变化的。试件的设计制作、加荷、量测方法的确定等各个环节不可单独考虑,必须将各种因素相互联系起来综合考虑,才能使设计结果在最后实施中达到预期目的。

在明确了试验目的后,可通过调查研究并收集有关资料,确定试验的性质与规模以及试件的形式,然后根据一定的理论做出试件的具体设计。试件设计必须考虑具体试验的特点与需要,在设计构造上提出相应的措施;在设计试件的同时,还需要分析试件在试验过程中各个加载阶段预期的内力和变形,特别是具有代表性的并能反映整个试件工作状况的部位所测定的内力、变形数值,以便在试验过程中加以控制,随时校核;要选定试验场所,拟定加荷与量测方案;设计专用的试验设备、配件和仪表附件夹具,制订技术安全措施;等等。除技术上的安排外,还必须组织人力、物力,因为一项试验工作经常不是一两个人所能完成的,根据试验的规模组织试验人员,并列出试验经费预算以及消耗件器材数量与试验设备清单。

由于近代仪器设备和测试技术的不断发展,大量新型的加荷设备和测量仪器被使用到土木工程结构试验中,这对试验工作者又提出了新的技术要求。所以在进行试验总体设计时,要求对所使用的仪器设备性能进行综合分析,对试验人员事先组织学习,使其掌握这方面的知识,以便于试验工作的顺利进行。

在上述规划的基础上提出试验研究大纲及试验进度计划。试验规划是一个指导试验工作具体进行的技术文件,对每个试验、每次加载、每个测点与每个仪表都应该有十分明确的目的性与针对性,切忌在试验过程中盲目追求试验次数多、仪表测点多以及不切实际地提高量测精度,这样可能弄巧成拙,达不到预期的试验目的。

2.1.2 土木工程结构试验准备

工程结构试验准备工作十分烦琐,不仅牵涉面广,而且工作量大,一般准备工作约占全部试验工作量的 $1/3 \sim 1/2$,试验准备阶段的工作质量直接影响到试验结果的准确程度,有时还关系到试验能否进行到底。

试验准备阶段的主要工作有:

(1) 试件的制作。试验研究者应亲自参加试件制作,以便掌握有关试件质量的第一手资料。试件尺寸要保证足够的精度。

在制作试件时应注意材性试样的留取,试样必须能真正代表试验结构的材性。材性试件必须按试验大纲上规划的试件编号进行编号,以免混淆不同组别的试件。在制作试件过程中应做施工记录日志,注明试件日期、原材料情况,这些原始资料都是最后分析试验结果不可缺少的参考资料。

(2) 试件质量检查。包括试件尺寸和缺陷的检查,应做详细记录,纳入原始资料。

(3) 试件安装就位。试件的支承条件应力求与计算简图一致。一切支承零件均应进行强度验算并使其安全储备大于试验结构可能有的最大安全储备。

(4) 安装加载设备。加载设备的安装应满足"既稳又准找方便，有强有刚求安全"的要求，即就位要稳固准确方便，固定设备的支承系统要有一定的强度、刚度和安全度。

(5) 仪器仪表的率定。对测力计及一切量测仪表均应按技术规定要求进行率定不得使用误差超过规定标准的仪表，各仪器仪表的率定记录应纳入试验原始记录中。

(6) 做辅助试验。辅助试验多半在加载试验阶段之前进行，以取得试件材料的实际强度，便于对加载设备和仪器仪表的量程等作进一步的验算。但对一些试验周期较长的大型结构试验或试件组别很多的系统试验，为使材性试件和试验结构的龄期尽可能一致，辅助试验也常常和正式试验穿插进行。

(7) 仪表安装，连线试调。仪表的安装位置、测点号、在应变仪或记录仪上的通道号等，都应严格按照试验大纲中的仪表布置图实施，如有变动，应立即做好记录，以免时间长久后回忆不清而将测点混淆，使结果分析困难，甚至放弃混淆的测点数据，造成不可挽回的损失。

(8) 记录表格的设计准备。在试验前应根据试验要求设计记录表格，其内容及规格应周到详细地反映试件和试验条件的详细情况，以及需要记录和量测的内容。记录表格的设计反映试验组织者的技术水平，且勿养成试验前无准备地在现场临时用白纸记录的习惯。记录表格上应有试验人员的签名，并附有试验日期、时间、地点和气候条件。

(9) 算出各加载阶段试验结构特征部位的内力及变形值，以备在试验时判断及控制。

(10) 在准备工作阶段和试验阶段应每天记工作日志。

2.1.3 土木工程结构试验实施

1. 加载试验

加载试验是整个试验过程的中心环节，应按规定的加载程序和量测顺序进行。参加试验的所有工作人员应各就各位，做好本岗工作。重要的量测数据应在试验过程中随时整理分析并与事先估算的数值比较，发现有异常情况时应查明原因或故障，把问题弄清楚后才能继续加载。

在试验过程中，结构所反映的外观变化是分析结构性能的极为宝贵的资料，对节点的松动与异常变形、钢筋混凝土结构裂缝的出现和发展，特别是结构的破坏情况都应做详尽的记录及描述。初做试验者容易忽略这些，而把主要注意力集中在仪表读数或记录曲线上，因此应分配专人负责观察结构的外观变化。

试件破坏后要拍照和测绘破坏部位及裂缝，有条件的可拍照或录像作为原始资料保存，以便研究分析时使用。必要时，可从试件上切取部分材料测定力学性能，破坏试件在试验结果分析整理完成之前不要过早毁弃，以备进一步核查。

2. 试验资料整理

试验资料的整理是将所有的原始资料整理完善，其中特别要注意的是试验量测数据记录和记录曲线都作为原始数据，经负责记录人员签名后，不得随便涂改。经过处理后得到的数据不能和原始数据列在同一表格内。

一个严格认真的科学实验，应有一份详尽的原始数据记录、连同试验过程中的观察记录，试验大纲及试验过程中各阶段的工作日志作为原始资料，在有关的试验室内存档。

2.1.4 土木工程结构试验数据处理与分析

1. 试验数据处理

因为从各个仪表获得和量测的数据和记录曲线一般不能直接解答试验任务所提出的问题，它们只是试验的原始数据，需对原始数据进行科学的运算处理才能得出试验结果。

2. 试验结果分析

试验结果分析的内容是分析通过试验得出了哪些规律性的东西，揭示了哪些物理现象。最后，应对试验得出的规律和一些重要的现象做出解释，分析影响它们的因素，将试验结果和理论值进行比较，分析产生差异的原因，并做出结论，写出试验总结报告。总结报告中应提出试验中发现的新问题及进一步的研究计划。

2.2 土木工程结构试验的试件设计

结构试验的对象称为试件或试验结构。试验中试件的形式和大小与结构试验的目的有关，它可以是真实结构，也可以是其中的某一部分。当不能采用足尺的原型结构进行试验时，可用缩尺的模型进行试验。大型结构实验室做结构试验的试件，绝大部分为缩尺的部件，少量为整体模型试件。

采用模型试验可以大大节省材料，减少试验的工作量和缩短试验时间。用缩尺模型做结构试验时，应考虑试验模型与试验结构之间力学性能的相关关系。能用原型结构进行试验是较为理想的，但由于原型结构试验规模大，试验设备的容量大且费用高，所以大多数情况下还是采用缩尺的模型试验。基本构件的基本性能试验大都是用缩尺的构件，它一般不存在缩尺比例的模拟问题，经常是由这类试件试验结果所得的数据，直接作为分析的依据。

试件设计应包括试件形状选择、试件尺寸与数量的确定以及构造措施的设计等。同时还必须满足结构与受力的边界条件、试件的破坏特征、试验加载条件的要求，力求以最少的试件数量获得最多的试验数据，反映研究的规律以满足研究的目的需要。

2.2.1 试件的形状

试件设计的基本要求是构造一个与实际受力相一致的应力状态，当从整体结构中取出部分构件单独进行试验时，特别是对在比较复杂的超静定体系中的构件，必须要注意其边界条件的模拟，使其能反映该部分结构构件的实际工作状态。

如图 2.2(a)所示，进行水平荷载作用的结构应力分析时，当试验 $A-A$ 的柱脚、柱头部分时，试件要设计成如图 2.2(b)所示；若试验 $B-B$ 部位，试件要设计成如图 2.2(c)所示；对于梁，如设计成如图 2.2(h)、图 2.2(i)所示那样，则应力状态可与设计目的相一致。

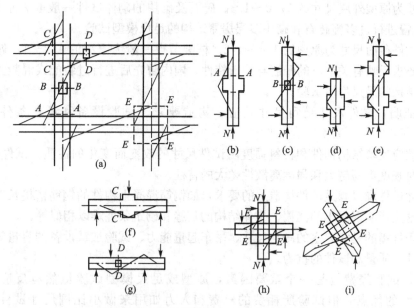

图 2.2 框架结构中梁柱和节点试件形状

做钢筋混凝土柱的试验研究时,若要探讨其挠曲破坏性能,试件图 2.2(d)是足够的,但若做剪切性能的探讨,则反弯点附近的应力状态与实际应力情况有所不同。为此,有必要采用图 2.2(e)中的反对称加载。

设计试件时,在满足基本要求的情况下,应力求使试验做起来简单,又能得到好的结果。因此,对梁端、柱头、柱脚的探讨,没有必要将试件设计成十字或 X 等形状。做节点部分的节间性能研究时,必须对柱、梁试件做足够的加固,如图 2.2(f)和图 2.2(g)所示,以避免试验中柱、梁破坏,但试验结果可能与实际存在差异。对含有柱、梁节点部件的整体框架做强度和刚度研究时,可采用图 2.2(f)和图 2.2(d)的方法。但如须由定向轴力来施加 M、V 时,可用图 2.2(h)中的十字形试件,而对设计内力 N、M、V 作用下反应的状况进行探讨时,可用图 2.2(i)中的 X 形试件。

设计试件时,还应兼顾便于试验加载和安全试验等问题。例如,为了对偏心受压柱施加偏心力,设计柱试件时应在柱的两端附设构造牛腿;为了防止柱头破坏先于柱身破坏,设计时应加强柱头的构造措施;等等。

2.2.2 试件尺寸

工程结构试验所用试件的尺寸和大小,总体上分为原型和模型两类。

生产鉴定性试验中的试件一般为实际工程中的构件,即原型构件,如屋面板、吊车梁等。

用来做基本构件性能研究的试件大部分采用缩小比例尺的小构件,如压弯构件的截面为 (16cm×16cm)~(35cm×35cm),矩形柱(偏压剪)构件的截面为 (15cm×15cm)~(50cm×50cm),双向受力构件的截面为 (10cm×10cm)~(30cm×30cm)。

剪力墙单层墙体试件的外形尺寸为 (80cm×100cm)~(178cm×274cm),多层的剪力墙外层尺寸为原型外层尺寸的 1/10～1/3。砖石及砌块的砌体试件一般取为原型的 1/4～1/2。国内曾进行过多幢砖石和砌块多层房屋结构的足尺模型试验。

框架试件截面尺寸为原型的 1/4～1/2。框架节点一般为原型的 1/2～1，做足尺模型试验一般要求反映有关节点的配筋与构造特性。国内曾先后进行过装配式混凝土和空心混凝土大板结构的足尺房屋试验。

实践证明，试件尺寸受到尺寸效应、构造要求、试验设备和经费条件等因素的制约。

尺寸效应反映结构构件和材料强度随试件尺寸的改变而变化的性质。试件尺寸越小，表现出相对强度提高越大和强度离散性越大的特征。

小尺寸试件难以满足试件构造上的要求，如钢筋混凝土构件的钢筋搭接长度、节点部位的箍筋密集影响混凝土的浇捣、砌体结构的灰缝和砌筑条件难以相似等。

设备条件指的是实验室的净空尺寸、吊车起重能力、试验加载设备的容量等，以此控制试件尺寸、质量和试件的抗力。

此外，试验经费也是一个重要因素，原型或足尺模型试验虽然有反应结构构造和实际工作的优点，但试验所耗费的经费和人力如用来做小比例尺寸试件，则可大大增加试件的数量和类型，而且在实验室内可改善试验条件，提高测试数据的可信度。

总体来看，试件尺寸大小要考虑尺寸效应的影响，在满足构造要求的情况下，没有必要设计太大的试件。因此，局部性的试件尺寸比例可为原型的 1/4～1，而整体结构试验试件可取原型的 1/10～1/2。

对于动力试验，试件尺寸经常受到试验激振、加载条件等因素的限制，一般可在现场的原型结构上进行试验，量测结构的动力特性。对于在实验室内进行的动力试验，可以对足尺寸构件进行疲劳试验。至于在模拟振动台上试验时，由于受振动台台面尺寸和激振力大小等参数限制，一般仅做缩尺的模型试验。目前，国内能完成试件与原型结构的比例在 1/50～1/4 范围内的结构模型试验。

2.2.3 试件数目

在进行试件设计时，试件数目即试验量的设计是一个不可忽视的重要问题，因为试验量的大小直接关系到能否满足试验的目的、任务以及整个试验的工作量问题，同时也受试验研究、经费和时间的限制。

对于鉴定性试验，定一般按照试验任务的要求有明确的试验对象。试验数量应符合相应结构构件质量检验评定标准中结构性能检验的规定，按规定确定试件数量。

对于科研性试验，其试验对象是按照研究要求专门设计的，这类结构的试验往往是属于某一研究专题工作的一部分。特别是对于结构构件基本性能的研究，由于影响构件基本性能的参数较多，所以要根据各参数构成的因子数和水平数来决定试件数目，参数多则试件的数目也自然会增加。

试验数量的设计方法有 4 种，即优选法、因子法、正交法和均匀法。这 4 种方法是 4 门独立的学科，下面仅对其特点做简单描述。

1. 优选设计法

针对不同的试验内容,利用数学原理合理地安排试验点,用步步逼近、层层选优的方式以求迅速找到最佳试验点的试验方法称为优选法。

单因素问题设计方法中的 0.618 法是优选法的典型代表。用优选法对单因素问题试验数量进行设计的优势最为显著,其多因素问题设计方法已被其他方法代替。

2. 因子设计法

因子是对试验研究内容有影响的发生着变化的因素,因子数则为可变化因素的个数,水平即为因子可改变的试验档次,水平数则为档次数。

因子设计法又称全面试验法或全因子设计法,试验数量等于以水平数为底,以因子数为幂的幂函数,即

$$试验数 = 水平数^{因子数}$$

因子设计法试验数的设计值见表 2-1。

由表 2-1 可见,因子数和水平数稍有增加,试件的个数就极大地增多,所以因子设计法在结构试验中不常采用。

表 2-1 用因子法计算试验数量

因子数	水平数			
	2	3	4	5
1	2	3	4	5
2	4	9	16	25
3	8	27	64	125
4	16	81	256	625
5	32	243	1024	3125

3. 正交设计法

在进行钢筋混凝土柱剪切强度的基本性能试验研究中,以混凝土强度、配筋率、配箍率、轴向应力和剪跨比作为设计因子,如果利用全因子法设计,当每个因子各有两个水平数时,试验试件数应为 32 个;当每个因子有 3 个水平数时,则试件的数量将激增为 243 个,即使混凝土强度等级取一个级别,即采用 C20,且视为常数,试验试件数仍需 81 个,这样多的试件实际上是很难做到的。

为此,试验工作者在试验设计中经常采用一种解决多因素问题的试验设计方法——正交设计法,它主要是应用均衡分散、整齐可比的正交理论编制的正交表来进行整体设计和综合比较的。它科学地解决了各因子和水平数相对结合可能参与的影响,也妥善地解决了试验所需要的试件数与实际可行的试验试件数之间的矛盾,即解决了实际所做小量试验与要求全面掌握内在规律之间的矛盾。

现仍以钢筋混凝土柱剪切强度的基本性能研究问题为例,用正交试验法做试件数目设计。如果同前面所述主要影响因子有 5 个,而混凝土只用一种强度等级 C20,这样实际因

子数为 4，当每个因子各有 3 个档次，即水平数为 3 时，详见表 2-2。

表 2-2　钢筋混凝土柱剪切强度试验分析因子与水平数

主要分析因子		因子档次数		
代号	因子名称	1	2	3
A	钢筋配筋率	0.4	0.8	1.2
B	配箍率	0.2	0.33	0.5
C	轴向应力	20	60	100
D	剪跨比	2	3	4
E	混凝土强度等级 C20	13.5MPa		

用 L 表示正交设计，其他数字的含义用下式表示。

$$L_{\text{试验数}}(\text{水平数}1^{\text{相应因子数}} \times \text{水平数}2^{\text{相应因子数}})$$

$L_{16}(4^2 \times 2^9)$ 的含义是某试验对象有 11 个影响因素，其中 4 个水平数的因素有两个，2 个水平数的因素有 9 个，其试验数为 16，即试验数等于最大水平数的平方。

钢筋混凝土柱受剪承载力试验分析因子与水平数 $L_9(3^4)$，试件主要因子组合见表 2-3。若这一问题通过正交设计法进行设计，则原来需要 81 个试件可以综合为 9 个试件。

表 2-3　试件主要因子组合

试件数量	A 钢筋配筋率	B 配箍率	C 轴向应力	D 剪跨比	E 混凝土强度等级
1	0.4	0.2	20	2	C20
2	0.4	0.33	60	3	C20
3	0.4	0.5	100	4	C20
4	0.8	0.2	20	4	C20
5	0.8	0.33	60	2	C20
6	0.8	0.5	100	3	C20
7	1.2	0.2	20	3	C20
8	1.2	0.33	60	4	C20
9	1.2	0.5	100	2	C20

上述例子的特点是：各个因子的水平数相等，试验数正好等于水平数的平方。即

$$\text{试验数} = \text{水平数}^2$$

当试验对象各个因子的水平数互不相等时，试验数与各个因子的水平数之间存在下面的关系。

$$\text{试验数} = (\text{水平数}1)^2 \times (\text{水平数}2)^2 \times \cdots$$

正交表中除了有 $L_9(3^4)$、$L_4(2^3)$、$L_{16}(4 \times 2^{12})$ 外，还包括 $L_{16}(4^5)$、$L_{16}(4^2 \times 2^9)$ 等。

试件数量设计是一个多因素问题，在实践中应该使整个试验的数目少而精，以质取

胜，切忌盲目追求数量；要使所设计的试件尽可能做到一件多用，即以最少的试件、最少的人力、经费，得到最多的数据；要使通过设计所决定的试件数量、经试验得到的结果能反映试验研究的规律性，满足研究目的的要求。

4. 均匀设计法

均匀设计法是由我国著名数学家方开泰、王元在 20 世纪 90 年代合作创建的以数理学和统计学为理论基础，以分散均匀为设计原则的全新设计方法，其最大的优点是能以最少的试验数量，获得最理想的试验结果。

利用均匀法进行设计时，一般地，不论设计因子数有多少，试验数与设计因子的最大水平数相等。即

$$试验数＝最大水平数$$

设计表用 $U_n(q^s)$ 表示，其中 U 表示均匀设计法，n 表示试验次数，q 表示因子的水平数，s 表示表格的列数（注意：不仅仅是列号），也表示设计表中能够容纳的因子数。

根据均匀设计表 $U_6(6^4)$，试件主要因子组合见表 2-4 和表 2-5。

表 2-4 $U_6(6^4)$ 使用表

s	列		号		D
2	1	3	—	—	0.1875
3	1	2	3	—	0.2656
4	1	2	3	4	0.2990

注：D 值表示刻画均匀度的偏差，偏差值越小，表示均匀度越好。

表 2-5 $U_6(6^4)$ 设计表

	列 号	1	2	3	4
水平数	1	1	2	3	4
	2	2	4	6	5
	3	3	6	2	1
	4	4	1	5	3
	5	5	3	1	2
	6	6	5	4	6

在表 2-4 中，s 可以是 2 或 3 或 4，即因子数可以是 2 或 3 或 4，但最多只能是 4。在这里可以看出，s 越大，均匀设计法的优势越突出。

前述钢筋混凝土柱剪切强度的基本性能研究问题若应用均匀设计法进行设计，原来需要 9 个试件，现在则可以综合为 4 个试件，且水平数由原来的 3 个增加至 6 个。

每个设计表都附有一个使用表。试验数据采用回归分析法处理。

2.2.4 结构试验对试件设计的构造要求

在试件设计中，当确定了试件形状、尺寸和数量后，在每个具体试件的设计和制作过程中，还必须同时考虑安装、加载、测量的需要，在构件上采取必要的措施，这对科学研究尤为重要。例如，混凝土试件的支承点应预埋钢垫板以及在试件承受集中荷载的位置上应设钢板［图 2.3(a)］，在屋架试验受集中荷载作用的位置上应预埋钢板，以防止试件局部承压而破坏。试件加载面倾斜时，应做出凸缘［图 2.3(b)］，以保证加载设备的稳定设置。

在进行钢筋混凝土框架试验时，为了满足在框架端部侧面施加反复荷载的需要，应设置预埋构件以便与加载用的液压加载器或测力传感器连接；为保证框架柱脚部分与试验台的固接，一般均设置加大截面的基础梁［图 2.3(c)］。在砖石或砌体试件中，为了施加在试件的竖向荷载能均匀传递，一般在砌体试件的上下均应预先浇捣混凝土的垫块［图 2.3(d)］。

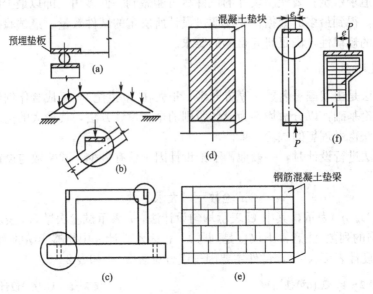

图 2.3 试件设计构造要求图

对于墙体试件，在墙体上下均应捣制钢筋混凝土垫梁其中下面的垫梁可以模拟基础梁，使之与试验台座固定，上面的垫梁模拟过梁传递竖向荷载［图 2.3(e)］。在做钢筋混凝土偏心受压构件试验时，试件两端要做成牛腿以增大端部承压面和便于施加偏心荷载［图 2.3(f)］，并在上下端加设分布钢筋网进行加强。

这些构造是根据不同加载方法设计的，但在验算这些附加构造的强度时，必须保证其强度储备大于结构本身的强度安全储备，这不仅考虑到计算中可能产生的误差，而且还必须保证它不产生过大的变形以致改变加荷点的位置或影响试验精度。当然更不允许因附加构造的先期破坏而妨碍试验的继续进行。

在科研试验中，为了保证结构或构件在预定的部位破坏，以期得到必要的测试数据，需要对结构或构件的其他部位事先进行局部加强。

为了保证试验量测的可靠性和仪表安装的方便，在试件内必须预设埋件或预留孔洞。

对于为测定混凝土内部应力而预埋元件或专门的混凝土应变计、钢筋应变计等，应在浇筑混凝土前，按相应的技术要求用专门的方法就位、固定埋设在混凝土内部。这些要求在试件的施工图上应该明确标出，注明具体做法和精度要求，必要时试验人员还需亲临现场参加试件的施工制作。

2.3 试验荷载方案设计

2.3.1 荷载设计的一般要求

正确地选择试验的荷载设备和加载方法，是保证试验质量和试验顺利完成的前提。选择试验荷载和加载方法时，应满足下列几点要求。

(1) 试验荷载在试验结构构件上的布置形式(包括荷载类型和分布情况)称为加载图式。为了便于比较试验结果与理论计算结果,加载图式应与理论计算简图相一致,如计算简图为均布荷载,加载图式也应为均布荷载;计算简图为集中荷载,则加载图式也应为简图的集中荷载大小、数量及作用位置。

(2) 荷载数值要准确、稳定,传力方式和作用点要明确,特别是静力荷载要不随加载时间、外界环境和结构的变形而变化。

(3) 荷载分级的数值要参考相应结构试验方法的技术要求,同时必须满足试验量测的精度要求。

(4) 加载装置本身要有足够的安全性和可靠性,不仅要满足强度要求,还必须按变形条件来控制加载装置的设计满足刚度要求,防止对试件产生卸荷作用而减轻了结构实际承担的荷载。

(5) 加载设备的操作要方便,便于加载和卸载,并能控制加载速度,又能满足同步或不同步加载的要求。

(6) 试验加载方法要力求采用现代化先进技术,减轻体力劳动,提高试验质量。

试验荷载图式要根据试验目的来确定,试验时的荷载应该使结构处于某一种实际可能的最不利的工作情况。

试验时常因各种原因,不能采用与设计计算相一致的荷载图式,其原因总结如下。

(1) 对设计计算时采用的荷载图式的合理性有所怀疑时,在试验时采用某种更接近于结构实际受力情况的荷载布置方式。

例如,装配式钢筋混凝土的交梁楼面,设计时楼板和次梁均按简支进行计算,施工后由于浇捣混凝土整筑层使楼面的整体性加强,试验时必须考虑邻近构件对受载部分的影响,即要考虑荷载的横向分布,这时荷载因式就须根据实际受力情况做适当变化。

(2) 由于试验条件的限制和为了加载方便,在不影响结构的工作和试验成果分析的前提下改变加载图式。

例如,当试验承受均布荷载的梁或屋架时,为了试验的方便和减少加载用的荷载量,常用几个集中荷载来代替均布荷载,但是集中荷载的数量与位置应尽可能的符合均布荷载所产生的内力值,由于集中荷载可以很方便地用少数几个液压加载器或杠杆产生,这样不仅简化了试验装置,还可以大大减轻试验加载的劳动量。采用这样的方法时,试验荷载的大小要根据相应等效条件换算得到,因此称为等效荷载。

采用等效荷载时,必须全面验算由于荷载图式的改变对结构产生的各种影响,必要时应对结构构件做局部加强,或对某些参数进行修正。当构件满足强度等效时,而整体变形(如挠度)条件不等效,则需对所测变形进行修正。取弯矩等效时,需验算剪力对构件的影响。

2.3.2 单调加载静力试验

单调加载静力试验是结构静载试验的典型代表,其荷载按作用的形式不同可分为集中荷载和均布荷载;按作用的方向不同可分为垂直荷载、水平荷载和任意方向荷载,单向作用和双向反复作用荷载等。根据试验目的的不同,要求试验时能正确地在试件上呈现上述荷载。

试验荷载制度指的是试验进行期间荷载与时间的关系。只有正确制订试验的加载制度和加载程序，才能够正确了解结构的承载能力和变形性质，才能将试验结果进行相互比较。

荷载制度包括加荷卸荷的程序和加荷卸荷的大小两个方面的内容。

1. 加荷卸荷的程序

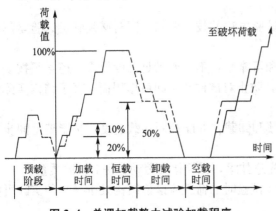

图 2.4　单调加载静力试验加载程序

确定荷载种类和加载图式后，还应按一定程序加载。荷载程序可以有多种，根据试验的目的、要求来选择，一般结构静力试验的加载分为预载、标准荷载(正常使用荷载)、破坏荷载3个阶段，每次加载均采用分级加载制。卸荷有分级卸荷和一次性卸荷两种。图 2.4 所示为静力试验荷载程序，也称荷载谱。

有的试验只加到标准荷载，试验完成后试件还可使用，现场结构或构件试验常用此法进行；有的试验当加载到标准荷载恒载后，不卸载即直接进入破坏阶段。

试验荷载分级加(卸)的目的主要是方便控制加(卸)载速度和观测分析结构的各种变化，以及统一各点加载的步调。

2. 加荷卸荷的大小

在试验的不同阶段有不同的试验荷载值。

对于预载试验，通过预载可以发现一些潜在问题，并把它解决在正式试验之前，是正式试验前进行的一次演习，对保证试验工作顺利开展具有重要意义。

预载试验一般分三级进行，每级不超过标准荷载值的 20%，然后再分级卸载，2～3级卸完。加(卸)一级，停歇 10min。对混凝土等脆性材料，预载值应小于计算开裂荷载值。

对于标准荷载试验，每级加载值宜取标准荷载的 20%，一般分五级加到标准荷载。

对于破坏性试验，在标准荷载之后，每级荷载不宜大于标准荷载的 10%；当荷载加到计算破坏荷载的 90% 后，为了求得精确的破坏荷载值，每级应取不大于标准荷载的 5%；需要做抗裂检测的结构，加载到计算开裂荷载的 90% 后，也应改为用不大于标准荷载的 5% 加载，直至第一条裂缝出现为止。

凡间断性加载的试验，均须有卸载的过程，使结构、构件有恢复弹性变形的时间。

卸载一般可按加载级距进行，也可以按加载级距的两倍或分两次卸完。测残余变形应在第一次逐级加载到标准荷载完成恒载，并分级卸载后，再空载一定时间：钢筋混凝土结构应大于 1.5 倍标准荷载的加载恒载时间；钢结构应大于 30min；木结构应大于 24h。

对于预制混凝土构件，在进行质量检验评定时，可执行《预制混凝土构件质量检验评定标准》(GBJ 321—1990)的规定。一般混凝土结构静力试验的加载程序可执行《混凝土结构试验方法标准》(GB 50152—1992)的规定。对于结构抗震试验，则可按《建筑抗震试验方法规程》(JGJ 101—1996)的有关规定进行设计。

2.3.3 结构低周反复加载静力试验

进行结构低周反复加载静力试验的目的:一是研究结构在地震荷载作用下的恢复力特性,确定结构构件恢复力的计算模型;通过低周反复加载试验所得的滞回曲线和曲线所包围的面积求得结构的等效阻尼比,衡量结构的耗能能力;由恢复力特性曲线可得到与一次加载相接近的骨架曲线及结构的初始刚度和刚度退化等重要参数。二是通过试验可以从强度、变形和能量3个方面判别和鉴定结构的抗震性能。三是通过试验研究结构构件的破坏机理,为改进现行抗震设计方法和修改规范提供依据。

采用低周反复加载静力试验的优点是在试验过程中可以随时停下来,不定期观察结构的开裂和破坏状态,便于检验校核试验数据和仪器的工作情况,并可按试验需要修正和改变加载程序。其不足之处在于试验的加载程序是事先由研究者主观确定的,与地震记录没有关系,由于荷载是按力或位移对称反复施加的,因此与任一次确定性的非线性地震反应相差很远,不能反映出应变速率对结构的影响。

1. 单向反复加载制度

目前,国内外较为普遍采用的单向反复加载方案有控制位移加载、控制作用力加载以及控制作用力和控制位移的混合加载3种方法。

1) 控制位移加载法

控制位移加载法是目前在结构抗震恢复力特性试验中使用得最普遍和最多的一种加载方案。这种加载方案在加载过程中以位移为控制值,或以屈服位移的倍数作为加载控制值。这里的位移概念是广义的,可以是线位移,也可以是转角、曲率或应变等参数。

当试验对象具有明确的屈服点时,一般都以屈服位移的倍数为控制值。当构件不具有明确的屈服点时(如轴力大的柱子)或干脆无屈服点时(如无筋砌体),则只好由研究者主观制度一个认为恰当的位移标准值来控制试验加载。

对于变幅加载,控制位移的变幅加载如图2.5所示。图中纵坐标是延性系数或位移值,横坐标为反复加载的周次,每一周以后增加位移的幅值。当对一个构件的性能不太了解时,作为探索性的研究,或者在确定恢复力模型的时候,用变幅加载来研究强度、变形和耗能的性能。

对于等幅加载,控制位移的等幅加载如图2.6所示。这种加载制度是在整个试验过程中始终按照等幅位移施加,主要用于研究构件的强度降低率和刚度退化规律。

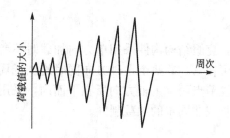 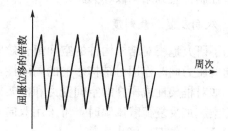

图 2.5 控制位移的变幅加载制度　　图 2.6 控制位移的等幅加载制度

对于变幅等幅混合加载,该位移混合加载制度是将变幅、等幅两种加载制度结合起来,如图 2.7 所示。这样可以综合地研究构件的性能,其中包括等幅部分的强度和刚度变化,以及在变幅部分特别是大变形增长情况下强度和耗能能力的变化。在这种加载制度下,等幅部分的循环次数可随研究对象和要求的不同而异,一般可从两次到 10 次不等。

图 2.8 所示的也是一种位移混合加载制度,在两次大幅值之间有几次小幅值的循环,这是为了模拟构件承受二次地震冲击的影响,其中用小循环加载来模拟余震的影响。

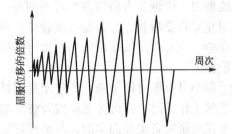

图 2.7 控制位移的变幅、等幅加载制度　　图 2.8 一种专业设计的变幅、等幅加载制度

由于试验对象、研究目的要求的不同,国内外学者在他们所进行的试验研究工作中采用了各种控制位移加载的方法,通过恢复力特性试验以研究和改进构件的抗震性能,在上述 3 种控制位移的加载方案中,以变幅等幅混合加载的方案使用得最多。

2) 控制作用力加载法

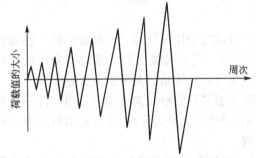

图 2.9 控制作用力的加载制度

控制作用力的加载方法是通过控制施加于结构或构件的作用力数值的变化来实现低周反复加荷的要求。控制作用力的加载制度如图 2.9 所示,纵坐标为施加的力的值,横坐标为加卸荷载的周数。由于它不如控制位移加载那样可以直观地按试验对象的屈服位移的 4 倍数来研究结构的恢复特性,所以在实践中这种方法使用较少。

3) 控制作用力和控制位移的混合加载法

力和位移混合加载法是先控制作用力再控制位移加载的方法。先控制作用力加载时,不管实际位移是多少,一般是结构开裂后才逐步加上去,一直加到屈服荷载,再用位移控制。开始施加位移时要确定一个标准位移,它可以是结构或构件的屈服位移,在无屈服点的试件中标准位移由研究者自定数值。从转变为控制位移加载开始,即按标准位移值的倍数 μ 值控制,直到结构破坏为止。

2. 双向反复加载制度

为了研究地震对结构构件的空间组合效应,克服结构构件采用单方向加载时不考虑另一方向地震力同时作用对结构影响的局限性,可在 X、Y 两个主轴方向同时施加低周反复荷载。如对框架柱或压杆的空间受力和框架梁柱节点两个主轴方向所在平面内,采用梁端加载方案施加反复荷载试验时,可采用双向同步或非同步的加载制度。

1) X、Y 轴双向同步加载

与单向反复加载相同,低周反复荷载作用在与构件截面主轴成 α 角的方向做斜向加载,使 X、Y 两个主轴方向的分量同步作用。

反复加载同样可以是控制位移、控制作用力和两者混合控制的加载制度。

2) X、Y 轴双向非同步加载

非同步加载是在构件截面的 X、Y 两个主轴方向分别施加低周反复荷载。由于 X、Y 两个方向可以不同步地先后或交替加载，因此，它可以有如图 2.10 所示的各种变化方案。图 2.10(a)是在 X 轴不加载，Y 轴反复加载，或情况相反，即是前述的单向加载；图 2.10(b)是 X 轴加载后保持恒定，Y 轴交替反复加载；图 2.10(c)为 X、Y 轴先后反复加载；图 2.10(d)为 X、Y 两轴交替反复加载；图 2.10(e)为 8 字形加载；图 2.10(f)为方形加载。

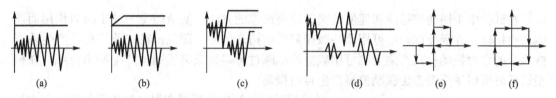

图 2.10 双向低周反复加载制度

当采用由计算机控制的电液伺服加载器进行双向加载试验时，可以对某一结构构件在 X、Y 轴两个方向成 90°作用，实现双向协调稳定的同步反复加载。

2.3.4 结构动力特性测试试验

结构动力特性是反映结构本身所固有的动力性能的。它的主要内容包括结构的自振频率、阻尼系数和振型等一些基本参数，也称动力特性参数或振动模态参数，这些特性是由结构形式、质量分布、结构刚度、材料性质、构造连接等因素决定的，与外荷载无关。

测量结构动力特性参数是结构动力试验的基本内容，在研究建筑结构或其他工程结构的抗震、抗风或抵御其他动荷载的性能和能力时，都必须要进行结构动力特性试验，了解结构的自振特性。

在结构抗震设计中，为了确定地震作用的大小，必须了解各类结构的自振周期。同样，当对已建建筑进行震后加固修复时，也需要了解结构的动力特性，建立结构的动力计算模型，才能进行地震反应分析。

测量结构动力特性，了解结构的自振频率，可以避免和防止动荷载作用所产生的干扰与结构产生共振或拍振现象。在设计中可以使结构避开干扰源的影响，同样也可以设法防止结构自身动力特性对仪器设备工作产生的干扰，可以帮助寻找采取相应的措施进行防震、隔震或消震。

结构动力特性试验可以为检测、诊断结构的损伤积累提供可靠的资料和数据。由于结构受力作用，特别是地震作用后，结构受损开裂使结构刚度发生变化，刚度的减弱使结构自振周期变长，阻尼变大。由此，可以从结构自身固有特性的变化来识别结构物的损伤程度，为结构的可靠度诊断和剩余寿命的估计提供依据。

结构的动力特性可按结构动力学的理论进行计算。但由于实际结构的组成、材料和连接等因素，经简化计算得出的理论数据往往会有一定误差，对于结构阻尼系数一般只能通过试验来加以确定。因此，结构动力特性试验就成为动力试验中的一个极为重要的组成部分，引起人们的关注和重视。

结构动力特性试验以研究结构自振特性为主，由于它可以在小振幅试验下求得，不会使结构出现过大的振动和损坏，因此，经常可以在现场进行结构的实物试验。当然，随着对结构动力反应研究的需要，目前较多的结构动力试验，特别是研究地震、风震反应的抗震动力试验，也可以通过实验室内的模型试验来测量它的动力特性。

结构动力特性试验的方法主要有人工激振法和环境随机振动法。人工激振法又可分为自由振动法和强迫振动法。

1. 自由振动法

在试验中采用初位移或初速度的突卸或突加载的方法，使结构受一冲击荷载作用而产生自由振动。在现场试验中可用反冲激振器对结构产生冲击荷载；在工业厂房中产生垂直或水平的自由振动；在桥梁上则可用载重汽车越过障碍物或突然制动产生冲击荷载；在模型试验时可以采用锤击法激励模型产生自由振动。

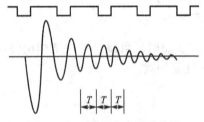

图 2.11 有阻尼自由振动曲线

试验时将测振传感器布置在结构可能产生最大振幅的部位，但要避开某些杆件可能产生的局部振动。

通过测量仪器的记录，可以得到结构的有阻尼自由振动曲线(图 2.11)。在振动时程曲线上，可以根据记录纸带速度的时间坐标，量取振动波形的周期，由此求得结构的自振频率 $f=1/T$。为精确起见，可多取几个波形，以求得其平均值。

2. 强迫振动法

强迫振动法也称共振法，一般采用惯性式机械离心激振器对结构施加周期性的简谐振动，在进行模型试验时可采用电磁激振器，使结构的模型产生强迫振动。由结构动力学可知，当干扰力的频率与结构自振频率相等时，结构会产生共振。

利用激振器可以连续改变激振频率的特点，试验中结构产生共振时振幅出现极大值，这时激振器的频率即是结构的自振频率，由共振曲线的振幅最大值(峰点)对应的频率，即可相应得到结构的第一频率(基频)和其他高阶频率。

试验时激振器的激振方向和安装位置按试验要求而定。一般整体结构试验时，多数安装在结构顶层作水平方向激振，对于梁板构件则大部分为垂直激振。将激振器的转速由低到高连续变换，称之为频率扫描，由此测得各测点相应的共振曲线，在共振点前后进行稳定激振，以求得正确的共振频率数值。

由于阻尼的存在，结构实际的自振频率稍低于其峰点的频率，但因阻尼值很小，所以实际使用时不作考虑。

2.3.5　结构动力加载试验

结构动力试验可以区分为周期性动力加载试验和非周期性的动力加载试验。

周期性动力加载试验手段有偏心激振器、电液伺服加载器、单向周期性振动台等。

非周期性动力加载试验的手段主要有模拟地震振动台、人工地震(人工爆破)试验、天然地震试验等。

1. 周期性动力加载试验的加载制度

1)强迫振动共振加载

强迫振动共振加载按加载方法的不同，可分为稳态正弦激振和变频正弦激振。

对于稳态正弦激振，是在结构上作用一个按正弦变化的、作用于单一方向的力。它的频率可以精确地保持为某一数值，这时对它所激起的结构振动进行测量，然后将频率调到另一数值上，重复测量，持续进行以得到整个振动过程的反应曲线。通过测量结构在各个不同频率下结构振动的振幅，可以得到结构的共振曲线。这种加载制度的目的是使激振频率固定在一段足够长的时间内，以便使全部的瞬态运动能够消除并建立起均匀的稳态的运动。

对于变频正弦激振，由于上述稳态正弦激振要求激振频率能在一段时间内保持固定不变，在实际工作中发现满足这种要求有较大的困难，因为满足这种要求需要有比较复杂的控制设备，所以人们采用了连续变化频率的正弦激振方法。

采用一个偏心激振器激振，通过控制系统使其转速由小到大，达到比试验结构的任何一阶自振频率都要高的速度，然后关闭电源，让激振器原转速自由下降，通过结构所有的各阶自振频率，如果激振器的摩擦很小，则自由下降的时间相对会长些，并在结构各个自振频率处由共振而形成相当大的振幅。

2)有控制的逐级动力加载试验

对于在实验室内进行的足尺或模型等结构构件的动力加载试验，当采用电液伺服加载器或单向周期性振动台进行加载时，可以利用加载控制设备实现对结构有控制的逐级动力加载。

在采用电液伺服加载器对结构直接加载的试验中，除了控制力或控制位移的加载制度完全适用外，还可以控制加载的频率，这样对于直接对比静动试验的结果，以及更准确地研究应变速率对结构强度和变形能力的影响是很有意义的。

当用单向周期性振动台试验时，对于机械式振动台，由于激振方式主要是利用偏心质量的惯性力，所以与上述强迫振动的共振加载试验是同一性质。当用电磁式或液压式振动台试验时，主要是由输入控制台设备的信号特性，即振动幅值、加速度值和振动频率来确定。

2. 非周期性动力加载试验的加载设计

非周期性动力反应测试试验有 3 种方法：即模拟地震振动台试验、人工地震试验和天然地震试验。

1)地震模拟振动台动力加载试验的荷载设计

模拟地震振动台试验是在实验室内进行的，通过输入加速度、速度或位移等随机的物理量，使振动台台面产生运动，它是一种人工再现地震的试验方法。与结构静力试验一样，地震模拟振动台试验的荷载设计和试验方法的拟定也是非常重要的。如果荷载选得太大，则试件可能很快进入塑性阶段甚至破坏倒塌，这就难以完整地量测和观察到结构在动荷载作用下的弹性和弹塑性变化全过程，甚至可能发生安全事故。如果荷载选得太小，则可能达不到预期的目的，产生不必要的重复，影响试验进展，而且多次加载还可能对构件产生损伤积累。为了获得较为系统的试验资料，必须周密地进行荷载设计。

在进行结构抗震动力试验时，振动台台面的输入一般都选用加速度，主要是因为加速度输入时与计算动力反应时的方程式相一致，便于对试验结构进行理论计算和分析。此外，加速度输入时的初始条件比较容易控制，而且现有强震观测记录中加速度的记录比较多，便于按频谱需要进行选择。

2）人工地震模拟动力加载试验的荷载设计

人工地震是利用人工引爆炸药产生地面运动，以模拟地震的动力作用。人们采用地面或地下炸药爆炸的方法产生地面运动的瞬时动力效应，以此模拟某一烈度或某一确定性天然地震对结构的影响，称为"人工地层"。

在现场安装炸药并引爆后，地面运动的基本特点是：①地面运动加速度峰值随装药量的增加而增大，并且离爆心距离越近峰值越高；②地面运动加速度持续时间离爆心距离越远越长。

这样，要使人工地震接近天然地震，而又能对结构或模型产生类似于天然地震作用的效果，必然要求装药量大，离爆心距离远，才能取得较好的效果。

3）天然地震加载试验的荷载设计

天然地震试验是在频繁发生地震的实地等待天然地震发生过程中测试结构的动力影响。这种方法的特点是能够比其他试验更接近于结构受地震动力作用的工作状态，由于天然地震本身就是一种随机振动，所以实质上就不存在加载制度问题，而是需要根据不同类型的非周期动力加载试验方法的特点来进行加载设计的问题。

2.3.6 结构疲劳试验

对于直接承受重复荷载的结构，如吊车梁和有悬挂吊车的屋架等，一般都要进行结构疲劳测试。因为结构物或构件在重复荷载作用下达到破坏时的应力比其静力强度要低得多，这种现象称为疲劳。结构疲劳检测的目的就是要了解在重复荷载作用下结构的疲劳性能及其变化规律，确定结构的疲劳极限值（包括疲劳极限荷载和疲劳极限强度）。

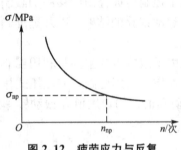

图 2.12 疲劳应力与反复荷载次数关系图

从图 2.12 疲劳应力与反复荷载次数关系曲线可以看出，当疲劳应力小于某一值后，荷载次数增加不再引起破坏，这个疲劳应力值称为疲劳极限。对于承受重复荷载的结构，其控制断面的工作应力必须低于疲劳极限 σ_{np}。

1. 疲劳测试荷载

1）疲劳测试荷载取值

疲劳测试的上限荷载 P_{max} 根据构件在标准荷载下最不利组合所产生的弯矩计算而得，荷载下限则根据疲劳测试设备的要求而定。如瑞士 AMSLER 疲劳试验机取用的最小荷载不得小于脉冲千斤顶最大动负荷的 3%。

2）疲劳测试的荷载频率

为了保证构件在疲劳测试时不产生共振，构件的稳定振动范围应远离共振区，即使疲劳测试荷载频率 ω 满足条件

$$\frac{\omega}{\theta} = 0.5 \text{ 或 } 1.3 < \frac{\omega}{\theta}$$

式中 θ——结构的固有频率。

3) 疲劳循环次数

对于鉴定性检测,构件经过下列控制循环次数的疲劳荷载作用后,裂度、刚度、强度必须满足设计规范中的有关规定。

中级制吊车梁:$n=2\times10^6$ 次

重级制吊车梁:$n=4\times10^6$ 次

2. 疲劳测试程序

一般等幅疲劳测试的程序如下所示。

(1) 对构件施加小于极限承载力荷载 20% 的预加静荷载,消除松动、接触不良,压牢构件并使仪表运转正常。

(2) 做疲劳前的静载检测(主要目的是对比构件经受反复荷载后受力性能有何变化)。荷载分级加到疲劳上限荷载,每级荷载可取上限荷载的 10%,临近开裂荷载时不宜超过 5%,每级间歇时间 10~15min,记取读数,加满荷载后,分两次卸载。

(3) 调节疲劳机上、下限荷载,待示值稳定后读取第一次动载读数,以后每隔一定次数(30~50 万次)读取一次读数。

(4) 达到要求的疲劳次数后进行破坏加载。破坏加载分两种情况:一种是继续施加疲劳荷载直至结构破坏;另一种是做静载加载直到结构破坏,这种方法同前,但荷载距可以加大。

上述疲劳测试程序可用图 2.13 表示。

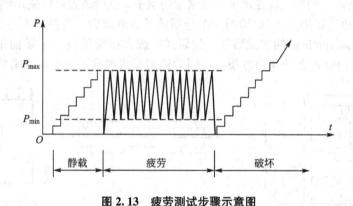

图 2.13 疲劳测试步骤示意图

实际的结构构件往往受任意变化的重复荷载作用,疲劳检测应尽可能使用符合实际情况的变幅疲劳荷载。

3. 疲劳试件安装要求

结构疲劳测试的时间长、振动量大,通常是脆性破坏,事先没有预兆,所以对试件的安装严格要求做到以下两点。

(1) 试件、千斤顶、分配梁等严格对中,并使试件平衡。用砂浆找平时,不宜铺厚,以免厚砂浆层被压酥。

(2) 架设预防试件脆性破坏的安全墩。

2.3.7 试验加载装置的设计

1. 强度要求

加载装置的强度首先要满足试验最大荷载量的要求，保证有足够的安全储备，同时要考虑到结构受载后有可能使局部构件的强度有所提高的情况。

例如，对于 X 形节点试件，随着梁、柱节点处轴力 N、剪力 Q 的增大，其强度会按比例提高。根据使用材料的性质及其差异，即使考虑了上述轴力的影响，试件的最大强度常比预计的大。这样，在做试验设计时，加载装置的承载能力总要求提高 70% 左右。

2. 刚度要求

试验加载装置也必须考虑刚度要求。正如混凝土应力应变曲线下降段测试试验，如果加载装置刚度不足，将难以获得试件极限荷载后的性能。

3. 真实要求

试验加载装置设计要能符合结构构件的受力条件，要求能模拟结构构件的边界条件和变形条件，严防失真。

如柱的弯剪试验，若采用图 2.14 所示的加载方法，则在轴向力的加力点处会有弯矩产生，形成负面约束，以致其应力状态与设想的有所不同，为了消除这个约束，在加载点和反力点处均应加设滚轴。

如图 2.15 所示是两种短柱受水平荷载试验的例子，试验装置可以采用图 2.15(a)所示的连续梁式加载，也可以用图 2.15(b)所示的建研式的加载装置，这是日本某建筑研究所研制的一种专门进行偏压剪试验的加载装置，建研式加载方法能保持上下端面平行，显然对窗间短柱而言，这种装置更符合受力条件，因为连续梁式加载不能保证受剪的端面平行。

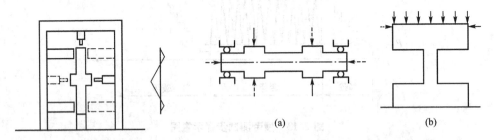

图 2.14 柱弯剪试验装置　　图 2.15 偏压剪短柱试验装置

所以，在加载装置中必须注意试件的支承方式，在前述受轴力和水平力的柱子的试验中，两个方向加载设备的约束会引起较为复杂的应力状态。在梁的弯剪试验中，在加载点和支承点的摩擦力均会产生次应力，使梁所受的弯矩减小。在梁柱节点试验中，如采用 X 形试件，若加力点和支承点的摩擦力较大，就会接近于抗压试验的情况，支承点的滚轴可按接触承压应力进行计算。实际试验时多用细圆钢棒作滚轴，当支承反力增大时，滚轴可能产生变形，甚至接近塑性，会有非常大的摩擦力，使试验结果产生误差。

4. 使用方便性要求

试验加载装置应尽可能简单，组装时节省时间，特别是当要做若干同类型试件的连续试验时，还应考虑能方便试件的安装，并缩短其安装调整的时间。如有可能，最好设计成多功能的，以满足各种试件试验的要求。

2.4 结构试验观测方案设计

在进行结构试验时，为了对结构物或试件在荷载作用下的实际工作有全面的了解，为了真实而正确地反映结构的工作，要求利用各种仪器设备量测出结构反应的某些参数，为结构分析工作提供科学依据。因此在正式试验前，应拟定测试方案。

测试方案包括的内容通常有：按整个试验目的要求，确定试验测试的项目；按确定的量测项目要求，选择测点位置；综合整体因素，选择测试仪器和测定方法。

拟定的测试方案要与加载程序密切配合，在拟定测试方案时应该把结构在加载过程中可能出现的变形等数据估算出来，以便在试验时能随时与实际观测读数比较，及时发现问题。同时，这些估算的数据对选择仪器的型号、量程和精度等也是完全必要的。

2.4.1 观测项目的确定

结构在荷载作用下的各种变形可以分成两类：一类是反映结构整体工作状况的变形，如梁的挠度、转角、支座偏移等，称作整体变形，又称作基本变形；另一类是反映结构的局部工作状况的变形，如应变、裂缝、钢筋滑移等，称作局部变形。在确定试验的观测项目时，首先应该考虑整体变形，因为整体变形能够概括结构工作的全貌，可以基本上反映出结构的工作状况。对梁来说，首先是挠度，转角的测定往往用来分析超静定连续结构。

对某些构件来说，局部变形也是很重要的。例如，钢筋混凝土结构出现裂缝，能直接说明其抗裂性能；再如，在对非破坏试验进行应力分析时，截面上的最大应变往往是推断结构极限强度的最重要指标之一。因此，只要条件许可，根据试验目的也经常需要测定一些局部变形的项目。

总的来说，破坏性试验本身能够充分地说明问题，观测项目和测点可以少些，而非破坏性试验的观测项目和测点布置，则必须满足分析和推断结构工作状况的最低需要。

2.4.2 测点的选择与布置

利用仪器仪表对试件的各类反应进行测量时，由于一个仪表只能测量一个测试点，因此，测量结构物的力学性能往往需要利用较多数量的测量仪表。一般来说，量测的点位越多越能了解结构物的应力和变形情况。但是，在达到试验目的的前提下，测点还是宜少不宜多，这样不仅可以节省仪器设备，避免人力浪费，而且还能使试验工作重点突出，精力集中，有助于提高效率和保证质量。在测量工作之前，应该利用已知的力学和结构理论对结构进行初步估算，然后合理地布置测量点位，力求减少试验工作量而尽可能获得必要的数据资料。这样，测点的数量和布置必须充分合理，并且是足够的。

对于一个新型结构或科研的新课题，由于对它缺乏认识，可以用逐步追近、由粗到细的办法，先测定较少点位的力学数据，经过初步分析后再补充适量的测点，再分析再补充，直到能足够了解结构物的性能为止。有时也可以做一些简单的试验进行定性后再决定测量点位。

测点的位置必须要有代表性，以便于分析和计算。

在测量工作中，为了保证测量数据的可靠性，还应该布置一定数量的校核性测点，由于在试验量测过程中部分测量仪器工作不正常或者发生故障，以及很多偶然因素影响量测数据的可靠性，因此不仅在需要知道应力和变形的位置上布置测点，也要求在已知应力和变形的位置上布点。这样就可以获得两组测量数据，前者称为测量数据，后者称为控制数据或校核数据。如果控制数据在量测过程中是正常的，可以相信测量数据是比较可靠的；反之，则测量数据的可靠性就差了。

测点的布置应有利于试验时操作和测读，不便于观测０读数的测点，往往不能提供可靠的结果。为了测读方便，应减少观测人员，测点的布置宜适当集中，便于一人管理若干个仪器。不便于测读和不便于安装仪器的部位，最好不要设测点，若非设不可则要妥善考虑安全措施，或者选择特殊的仪器或测定方法来满足测量的要求。

2.4.3 仪器的选择与测读的原则

1. 仪器的选择

在选择仪器时，必须从试验的实际需要出发，使所用仪器能很好地符合量测所需的精度与量程要求，但是应避免盲目选用高准确度和高灵敏度的精密仪器。一般的试验要求测定结果的相对误差不超过 5%，同时，应使仪表的最小刻度值小于最大被测值的 5%。

仪器的量程应该满足最大测量值的需要。若在试验中途调整，必然会导致测量误差增大，应当尽量避免。为此，仪器最大被测值宜小于选用仪表最大量程的 80%，一般以量程的 1/5～2/3 范围为宜。

选择仪表时必须考虑测读方便省时，必要时须采用自动记录装置。

为了简化工作、避免差错，量测仪器的型号规格应尽可能选用一样的，种类越少越好。有时为了控制观测结果的正确性，常在校核测点上使用另一种类型的仪器。

动测试验使用的仪表，尤其应注意仪表的线性范围、频响特性和相位特性等，要满足试验量测的要求。

2. 读数的原则

在进行测读时，一条原则是全部仪器的读数必须同时进行，至少也要基本上同时。如能使用多点自动记录应变仪进行自动巡回检测，则对进入弹塑性阶段的试件跟踪记录尤为合适。

观测时间一般应选在载荷过程中的加载间歇时间内的某一时刻。测读间歇可根据荷载分级粗细和荷载维持时间长短而定。

每次记录仪器读数时，应该同时记下周围的温度。

重要的数据应边做记录，边做初步整理，同时算出每级荷载下的读数差并进行比较。

2.4.4 仪器仪表准备计划

试验测试方案完成后，则需进行制订仪器仪表准备计划，需要说明仪器仪表的型号、数量、来源以及准备方式，责任到人，分头落实。

仪器仪表的准备方式大致有合作、借用、租赁、购置等几种。仪器仪表的准备也需要一定量的信息，进行多种方案的比较。

2.5 结构试验与材料力学性能的关系

2.5.1 概述

结构或构件的受力和变形特点除受荷载等外界因素影响外，还取决于组成这个结构或构件的材料自身抵抗外力的性能。材料的性能直接影响结构或构件的质量，因此对结构材料性能的检验与测定是结构试验中的一个重要的组成部分，只有充分了解材料的力学性能，才能在结构试验前或试验过程中正确估计结构的承载能力和实际工作状况，才能在试验后整理试验数据、处理试验结果等工作中做到有的放矢。

在结构试验中，按照结构或构件材料性质的不同，必须测定相应的一些基本数据，如混凝土的抗压强度、钢材的屈服强度和抗拉极限强度、砖石砌体的抗压强度等。在科学研究性的试验中，为了了解材料的荷载变形、应力应变关系，材料的弹性模量通常也属于最基本的数据之一而必须加以测定。根据试验研究的要求，有时还需要测定混凝土材料的抗拉强度以及各种材料的应力应变曲线等有关数据。

在测量材料的各种力学性能时，应该按照国家标准或部颁标准所规定的标准试验方法进行，试件的形状、大小、加工工艺及试验荷载、测量方法等都要符合规定的统一标准。这种标准试件试验得出相应的强度，称为"强度标准值"，是比较各种材料性能的相对指标。同时，把测定所得的其他数据（如弹性模量）作为用于结构试验资料整理分析或该项试验理论分析的相关参数。

在建筑结构抗震研究中，由于结构在试验时不仅承受一次单调静力荷载的作用，它将根据地震荷载作用的特点，在结构上施加周期性反复荷载，结构将进入非线性阶段工作，这时材料的应力应变关系就不能单纯按 $\sigma = E\varepsilon$ 来考虑，因此相应的材料试验也必须在周期性反复荷载下进行，这时钢材将会出现"包辛格效应"，就需要对混凝土材料进行应力应变曲线全过程的测定，特别要测定曲线的下降段部分，还需要研究混凝土的徐变-时间和握裹应力-滑移等关系，以供结构非线性分析使用。

在结构试验中，确定材料力学性能的方法有直接试验法与间接试验法两种。

(1) 直接试验法是最普通和最基本的测定方法。它是把材料按规定做成标准试件，然后在试验机上用规定的试验方法进行测定。在制作结构构件的同时留出足够组数的标准试件，用以配合试验研究工作的需要，测定相应的参数。要求标准试件的材料应该尽可能与结构试件的工作情况相同，对钢筋混凝土结构来说，应该使它们的材性、级配、龄期、养护条件和加荷速度等保持一致，同时必须注意，当采用的试件尺寸和试验方法有别于标准试件时，则应将试验结果按规定换算为标准试件的结果。

（2）间接试验法也称为非破损试验法，对于已建结构的生产鉴定性试验，由于结构的材料力学性能随时间发生变化，为判断结构目前实有的承载能力，在没有同条件试块的情况下，必须通过对结构各部位现有材料的力学性能进行检测来决定。非破损试验是采用某种专用设备或仪器，直接在结构上测量与材料强度有关的其他物理量，如硬度、回弹值、声波传播速度等，通过理论关系或经验公式间接测得材料的力学性能。半破损试验是在结构或构件上进行局部微破损或直接取样，推算出材料的强度，由试验所得到的力学性能直接鉴定结构构件的承载力。

这种间接测定的方法自20世纪50年代就开始应用了，近20年来，由于电子技术、固体物理学等的发展和应用，目前已具有足够精度和性能良好的仪器设备，非破损试验已发展成为一项专门的新型试验技术。

2.5.2 材料力学性能试验的基本要求

材料的力学性能指标是用钢材、钢筋和混凝土等各种试样或试块进行试验所得结果的平均值。但由于混凝土强度不均匀等原因，试验结果的平均值产生波动，因此用有波动的材料性能试验测定的平均值做结构试验数据处理或理论计算的基本依据时，结果也就会产生误差。

一般混凝土弹性模量约在测定平均值10%以内波动。混凝土强度大致也在10%的范围内变动，有时也可能较大，约为15%~20%。钢筋的强度波动较小，约为5%~10%。混凝土的材质不均匀，测定值必然会有较大的波动，尤其当试验方法不妥时，波动范围将会更大。此外，混凝土也因试件的形状、尺寸及养护条件等的不同而有区别，可以肯定测量平均值和混凝土实际强度并不一样。

在一般工程结构静力试验中，混凝土弹性模量的误差对试件的刚度、应力的影响是以线性关系表现的。混凝土强度对试件受压破坏时的强度影响较大，而钢筋强度的误差则对结构受拉破坏时的强度影响较大。

在实际工程结构试验时，由于混凝土浇筑方法、砖石砌块砌筑工艺、养护条件和试件形状、加荷速度等有所不同，材料的实际强度和材性试验结果也不尽相同，甚至同一批结构试件之间也会产生很大的差异。例如，浇筑钢筋混凝土构件时，用木模成型并快速脱模与用铁模成型的试块的材料试验结果之间将至少有5%~10%的误差，有时甚至更大。在砖石砌体砌筑中，一级工与五级工砌筑的砌体，强度差别可达50%。因此，在进行科研性试验研究中，要求材性试件与结构试件之间要保证做到严格的材料性质一致、施工工艺的一致和养护条件一致。对于钢筋混凝土构件，浇筑时要用同批搅拌的混凝土制作试件，并采用同样条件成型和养护。对于钢筋，要在构件中的同一根钢筋上留取材性试件，有时甚至在构件试验破坏后，从被破坏的试件中敲出钢筋取样进行材料试验。在砖石或砌块砌体砌筑时，要求同一工人用同批砖块或砌块和同批拌制的砂浆砌筑同一砌体试件。

2.5.3 材料力学性能的试验对强度指标的影响

非均匀材料的强度与材料本身的组成、制作工艺以及周围环境、材料龄期等多种因素有关。如混凝土，当骨料级配、水灰比、搅拌、振捣、成型、养护等参数与影响因素不同时，对混凝土的性能影响非常显著。在试验过程中，为使各种材料性能的相对指标具有可比性，具体措施如下所示。

1. 试件尺寸与形状的影响

国际上测定混凝土材料强度的试件通常有立方体和圆柱体两种。测定混凝土立方强度的立方体试件边长有 200mm、150mm 及 100mm 3 种。测定混凝土轴心受压强度的棱柱体试件则按 h/a 的某一比例（h 为试件的高度，a 为试件的边长）制作，如较多选用 100mm×100mm×300mm 和 150mm×150mm×450mm 两种试件。如果用圆柱体试件，通常按 $h/d=2$（h 为圆柱体高度，d 为圆柱体直径）的比例制作，选用 100mm×200mm 和 150mm×300mm 两种试件。

我国《普通混凝土力学性能试验方法标准》（GB/T 50081—2002）规定混凝土立方体抗压强度测定试验的立方体试件尺寸有边长为 200mm、150mm 及 10mm 3 种，其适用的集料最大粒径和测定强度之间的换算关系见表 2-6。当采用非标准试件进行试验时，必须将试验结果按表 2-6 所列换算系数按线性插值法进行修正。

表 2-6 立方体试件抗压强度试验的要求与换算系数

试块尺寸/mm	集料最大粒径/mm	换算系数
200×200×200	60	1.05
150×150×150	40	1.00
100×100×100	30	0.95

我国《混凝土结构设计规范》（GB 50010—2010）中规定的混凝土立方抗压强度值是按边长为 150m 的立方体试件试验而得的；而《公路钢筋混凝土及预应力混凝土桥涵设计规范》（JTGD 62—2004）中规定的混凝土立方抗压强度是按边长为 200mm 的立方体试件试验而得的。

《普通混凝土力学性能试验方法标准》（GB/T 50081—2002）中规定混凝土轴心抗压强度试验应采用 150mm×150mm×300mm 的棱柱体试件。如确有必要，可采用非标准尺寸的棱柱体试件，但其高宽比（h/a）应在 2~3 范围内，且试件允许的集料最大粒径应符合表 2-6 所列相同边长的立方体试件的要求。

2. 试验加荷速度（应变速率）的影响

在进行材料力学性能试验时，加荷速度愈快，即引起材料的应变速率越高，试件的强度和弹性模量也就相应提高。

钢筋的强度随加荷速度（或应变速率）的提高而加大。图 2.16(a) 所示的是国外所做的软钢试验结果，图中的数字为应变速率；图 2.16(b) 所示的是国内所做的试验结果，图中 t_s 为达到屈服的时间，反映了加载速度。显然，加荷速度和应变速率对强度是有影响的，但加荷速度基本上不改变弹性模量和图形的形状。

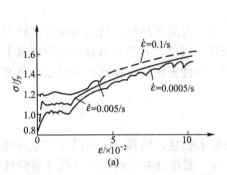
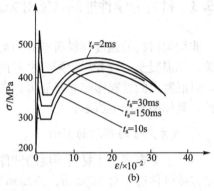

图 2.16 钢筋在不同应变速率下的应力应变关系

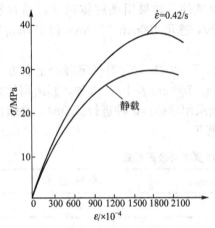

图 2.17 不同应变速率的混凝土应力-应变曲线

在打桩、爆炸等一类冲击荷载作用下，钢筋直接受到高速增加的荷载；但在地震力作用下，钢筋的应变速率取决于构件的状态。对钢筋混凝土框架而言，钢筋应变速率大致为(0.01~0.02)/s。

尽管混凝土是非金属材料，但它也和钢筋一样，随着加荷速度的增加，强度和弹性模量也有所提高。应变速率很高时，由于混凝土内部细微裂缝来不及发展，其初始弹性模量随应变速率的加快而提高。图 2.17 表示变形速率对混凝土应力-应变曲线的影响。一般认为，试件在不超过破坏强度值的 50%范围内开始加荷可以用任意速度进行，而不影响最后的强度指标。

在实际混凝土抗压试件试验中，当加荷速度使截面应力变化从 0.25MPa/s 提高到 7MPa/s 时，抗压强度指标可增长 9%，如果加荷速度变慢，则强度就可能显著降低。当应力从 0.25MPa/s 降低到 0.007MPa/s 时，强度将降低 10%~15%。

2.6 试验大纲及其他文件

结构试验的技术性文件一般包括试验大纲、试验记录和试验报告 3 个部分。

1. 试验大纲

结构试验组织计划的表达形式是试验大纲。试验大纲是进行整个试验工作的指导性文件，其内容的详略程度视不同的试验而定，但一般应包括以下几个部分。

(1) 试验项目来源，即试验任务产生的原因、渠道和性质。

(2) 试验研究目的，即试验最后应得出的数据，如破坏荷载值、设计荷载下的内力分布和挠度曲线、荷载-变形曲线等，弄清楚试验研究目的，就能确定试验目标。

(3) 试件设计要求，包括试件设计的依据及理论分析过程，试件的种类、形状、数量、尺寸，施工图设计和施工要求，还包括试件的制作要求，如试件原材料、制作工艺、制作精度等。

（4）辅助试验内容，包括辅助试验的目的、数量，试件的种类、数量及尺寸，试件的制作要求，试验方法等。

（5）试件的安装与就位，包括试件的支座装置、保证侧向稳定装置等。

（6）加载方法，包括荷载数量及种类、加载装置、加载图式、加载程序。

（7）量测方法，包括测点布置、仪表标定方法、仪表的布置与编号、仪表安装方法、量测程序。

（8）试验过程的观察，包括试验过程中除仪表读数外在其他方面应做的记录。

（9）安全措施，包括安全装置、脚手架、技术安全规定等。

（10）试验进度计划，即时间与劳动任务的对应关系。

（11）经费使用计划，即试验经费的预算计划。

（12）附件，如设备、器材及仪器仪表清单等。

2. 试验其他文件

除试验大纲外，每一项结构试验从开始到最终完成尚应包括以下几个文件。

（1）试件施工图及制作要求说明书。

（2）试件制作过程及原始数据记录，包括各部分实际尺寸及疵病情况。

（3）自制试验设备加工图纸及设计资料。

（4）加载装置及仪器仪表编号布置图。

（5）仪表读数记录表，即原始记录表格。

（6）量测过程记录，包括照片及测绘图等。

（7）试件材料及原材料性能的测定数值的记录。

（8）试验数据的整理分析及试验结果总结，包括整理分析所依据的计算公式，整理后的数据图表等。

（9）试验工作日志。

以上文件都是原始资料，在试验工作结束后均应整理装订归档保存，此外还有一个最主要的文件，那就是试验报告。

3. 试验报告

试验报告是全部试验工作的集中反映，它概括了其他文件的主要内容。编写试验报告时，应力求精简扼要。有时并不单独编写试验报告，而将其作为整个研究报告中的一部分。

试验报告的内容一般有：①试验目的；②试验对象的简介和考察；③试验方法及依据；④试验过程及问题；⑤试验成果处理与分析；⑥技术结论；⑦附录。

结构试验必须在一定的理论基础上才能有效地进行。试验的成果为理论计算提供了宝贵的资料和依据，决不可凭借一些观察到的表面现象，为结构的工作妄下断语，一定要经过周详的考察和理论分析，才可能对结构的工作做出正确的符合实际情况的结论。对结构试验应该有全面正确的认识，不应该认为结构试验纯粹是经验式的实验分析，应该认识到它是根据丰富的试验资料对结构工作的内在规律进行的更深一步的理论研究。

本 章 小 结

土木工程结构试验设计是对整个试验工作全面的设计与规划,起着指导性的作用,做好试验设计,应着重注意以下要点。

(1) 进行广泛的调查研究,收集相关资料,反复研究试验的目的,了解本项试验的任务要求,然后进行试验设计工作。

(2) 试件设计必须考虑试验的特点与要求,根据试验的目的确定试件的形状、尺寸和数量。由于足尺结构试验规模大,所需加载设备容量和费用很高,所以在进行研究性试验时,一般采用缩尺试件。试件的形状应根据结构的受力特点、应力状态、边界条件等综合考虑,使其能如实反映结构构件的实际工作。试件数量的大小关系到能否实现试验的目、整个试验的工作量大小问题,同时受试验研究的经费预算和时间期限的限制。在满足试验要求的前提下,试验数量要少而精,突出主要问题。以最少的试件,最少的人力、经费,得到最多的数据,满足研究目的要求。

(3) 土木工程结构试验中的试验荷载要与结构在实际工作中的受力情况相一致,试验时的荷载应使结构处某种实际可能的最不利的工作情况。当采用等效荷载时,试验荷载的大小要根据相应的等效条件换算得到,同时要注意荷载图式的改变对结构产生的各种影响。结构试验的加载制度要根据不同的结构按照相应的规范或标准的规定进行设计。

(4) 拟定的测试方案要与加载程序密切配合。对于破坏性试验,观测项目和测点可以少些,而非破坏性试验的观测项目和测点布置,必须满足分析和推断结构工作状况的最低要求。在满足试验目的的前提下,测点宜少不宜多,测点的位置必须具有代表性,为保证测量数据的可靠性,还要布置一定的校核性测点。

(5) 试验大纲是进行整个试验的指导文件,其内容视不同的试验而定。试验报告是全部试验工作的集中反映,概括了其他文件的主要内容,可单独编写,也可作为研究报告中的一部分。

思 考 题

1. 试件的制作应注意哪些问题?
2. 试件安装就位的关键要求是什么?试验支座通常采用哪几种构造型式?
3. 某试验拟用3个集中荷载代替简支梁设计承受的均布荷载,试确定集中荷载的大小及作用点,画出等效内力图($P=qL/3$,两侧加载点距支座 $L/8$)。

第3章 结构试验的加载设备

教学目标

掌握实验室与现场试验常用的各种试验装置与加载方法。
重点掌握液压加载方法,能在结构试验设计中选择和设计加载方案。
了解电液伺服加载方法与原理。
掌握伪静力、拟动力以及模拟地震振动台等试验方法。

教学要求

知识要点	能力要求	相关知识
结构试验加载方法	(1) 掌握常用加载方法和加载设备 (2) 了解各种加载设备的性能特点 (3) 学会正确选择加载手段和设备	荷载模拟 液压系统 电磁加载
荷载支承设备和试验台座	(1) 掌握支座的设计与设置要求 (2) 了解荷载支承设备的设置要求与试验台座的种类	虚设单位荷载法

引言

在土木工程试验实施过程中,最难实现的是试验荷载的模拟,为了使试验荷载的模拟更接近构件的真实受载状态,必须对试验加载设备有足够的了解。试验加载的设备都有哪些?试验加载设备的性能特点如何?如何正确地选择加载设备?这些问题都是我们必须掌握的知识。在结构试验中,能否正确进行加载方案设计和加载设备的选择是决定试验成败的关键。结构试验的加载方法包括重力加载法、液压加载法、惯性力加载法、机械力加载法、气压加载法、电磁加载法、人工激振加载法、环境随机振动激振法等。不同的加载方法使用不同的加载设备,这些设备与荷载支承装置和试验台座组成完整的试验加载系统。

3.1 概述

结构试验根据试验目的要求模拟结构在实际工作受力状态下的反应。结构加载试验是结构试验的基本方法,除少部分试验外,如在结构长期观测、环境激励下的结构试验,一般都需采用专门的加载设备。

在结构试验方案设计中，能否正确进行加载方案设计和加载设备的选择是决定试验成败的关键。结构实验室的加载设备、加载能力或试验现场的加载条件是决定试验设计中试件形状和尺寸的关键因素。合理地选择加载设备、正确进行加载方案设计，可以保证结构试验的顺利完成，提高试验精度，节约试验经费。若加载方案设计不当，加载设备选择不合理，则会影响试验工作顺利进行，或者达不到试验的目的，甚至导致试验失败，严重时还会发生安全事故。

试验人员应当熟悉各种常用加载方法和加载设备，掌握各种加载设备的性能特点，根据不同试验目的和试验对象正确选择加载手段和设备。

试验中产生荷载的方法和加载设备的种类有很多，按荷载性质不同可分为静力试验设备和动力试验设备；按加载方法不同可分为重力加载、机械力加载、普通液压加载和电液伺服加载、人工爆炸、环境激振加载、惯性力加载、电磁系统激振、压缩空气或真空作用加载以及地震模拟振动台加载等，每种方法都使用相应的加载设备，具有各自的特点。加载方法及加载设备随着科学技术的发展将不断发展。

本章将系统地介绍结构试验中常用的加载方法和加载设备。

3.2 重力加载法

重力加载是静力加载方法，也是结构试验中最早采用的加载方法，具有加载方便、就地取材、试验荷载稳定等特点，尤其适合建筑结构现场试验。其原理是利用物体的重力，作用在试验对象上，通过重物数量控制加载值的大小。在实验室和现场试验中，凡是便于运输、重量可以测定的物体均可用于重力加载，常用的加载重物有专门铸造的标准铸铁砝码、水、砂、石、砖、钢锭、混凝土块、载有重物的汽车等。重力加载可分为重力直接加载和间接加载法。

3.2.1 重力加载的荷载作用方式

1. 重力直接加载

重力直接加载是将物体的重力直接作用于结构上的一种加载方法，即在结构表面堆放重物来模拟构件表面的均布荷载(图3.1)。试验时可将重物按分级重量逐级施放，或在结构表面围设水箱(图3.2)，利用防水膜止水，再向水箱内灌水，利用水的密度及灌注的水深计算出作用于结构表面的荷载大小。利用水加载有许多优点，水的重力作用最接近于结构的重力状态，易于施加和排放，加卸载便捷，适合于大面积的平板试件，如楼面、屋面、桥面等建筑物的现场试验。水塔、水池、油库等特殊结构，利用水重力加载不但方便，而且与结构的实际使用状态一致，能检验结构的抗裂、抗渗性能。但利用水加载时要求水箱具有良好的防水性能，水深随结构的挠度变化而变化，且对结构表面平整度要求较高，同时观测仪表布置较为困难等。

2. 重力间接加载

为了减少重力加载时的工作量或将荷载转变为集中荷载，常利用杠杆原理把荷载放大

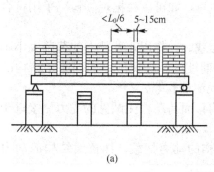 

图 3.1 用重物在板上加均布荷载

作用在结构试件上，如图 3.3 所示。利用杠杆支点间的比例关系，可减少劳动工作量。在试件支点处使用分配梁还可实现对试件的两点加载。杠杆加载装置应根据实验室或现场试验条件按力的平衡原理设计。根据荷载大小可采用单梁式、组合式或桁架式杠杆，其形式如图 3.4 所示。试验时，杠杆和挂篮的自重是直接作用于试件上的荷载，试验前需称量其重量，并作为第一级荷载施加于试件上，杠杆各支点的位置必须准确测量，实际加载值需根据各支点的比例关系计算得到。

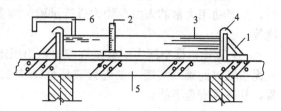

图 3.2 用水作均布荷载的装置
1—侧向支撑；2—标尺；3—水；4—防水胶布或塑料布；5—试件；6—水管

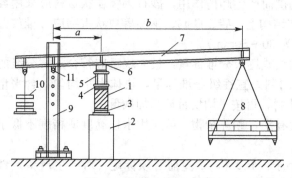 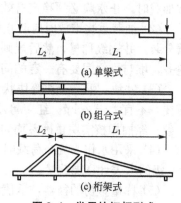

图 3.3 杠杆加载示意图
1—试件；2—支墩；3—试件铰支座；4—分配梁铰支座；5—分配梁；6—加载点；7—杠杆；8—加载重物；9—杠杆拉杆；10—平衡重；11—钢销（支点）

图 3.4 常用的杠杆形式

3.2.2 重力加载的特点和要求

1. 重力加载的特点

重力加载是一种传统的加载方式，它有以下特点。

(1) 重力加载的材料可以就地取材，重复使用，如可以根据现场情况采用符合要求的石、砖或水等重物。

(2) 加载值稳定，波动小。采用杠杆间接加载时，作用在试件上的荷载大小不随试件的变形而变化。因此，重力加载特别适用于长期性的结构试验，如混凝土结构的徐变试验、钢筋混凝土的耐久性试验、结构现场长期观测试验等。

(3) 重力加载能较好地模拟均布线荷载或均布面荷载，使试件的受力更接近于结构实际受力的状态。

(4) 当采用汽车载重加载时，可实现对结构的动力加载，如桥梁结构的动力加载试验等。

(5) 重力加载的工作量很大，加卸载速度缓慢，耗费时间长。在进行大荷载值的试验时，需要动用大量的人力、物力进行试验的准备和试验的加卸载工作以及重物的分装和运输等。

(6) 重物占据空间大，安全性较差，组织难度大，有些重力加载试验由于重物体积过大无法堆放而难以实现。在进行破坏性结构试验时，大量加载重物随着结构破坏一起塌落，易造成安全事故。

2. 重力加载的要求

重力加载采用的材料有如下要求。

(1) 加载重物的重量在试验期间稳定，重量不随时间变化。用砂、石、砖等吸湿性材料加载时应注意其含水量，砂在试验过程中可能会因失水或吸水使荷载减少或增加，应采取措施防止其含水量发生变化，试验结束后应立即抽样复查加载量的准确性。采用水等液体加载时，止水膜必须稳定有效，水的渗漏会使荷载量减小。

(2) 加载重物堆放时应防止因重物起拱而产生卸荷作用，砂石等颗粒状材料应采用容器分装，并逐级称量，然后规则地堆放在结构上；砖、砝码、钢锭等块状重物应分堆放置整齐，堆与堆之间要有一定的间隙(一般为30～50mm)。

(3) 铁块、混凝土块等块状重物应逐块或逐级分堆称量，最大块重应符合加载分级的需要，不宜大于25kg；红砖等小型块状材料，宜逐级分堆称量，块体大小均匀，含水量一致。经抽样核实块重确系均匀的小型块材，可按平均块重计算加载量。

(4) 采用水作为均布荷载时，不应含有泥、砂等杂物，可采用水柱高度或精度不低于1.0级的水表计算加载量。

(5) 称量重物的衡器，示值误差应小于±1.0%，试验前必须标定。对于生产鉴定性试验，应由计量监督部门认可的专门机构标定并出具检定证书。

3.3 机械力加载法

1. 机械力加载的作用方式

机械力加载是利用简单的机械原理对结构试件加载，土木工程结构试验中采用的有卷扬机加载法、倒链加载法、绞车加载法、花篮螺丝加载法、机械千斤顶加载法及弹簧加载法等。

(1) 吊链、卷扬机、绞车和花篮螺丝等主要是配合钢丝或绳索对结构施加拉力，还可与滑轮组联合使用，改变作用力的方向和拉力大小。拉力的大小通常用拉力测力计测定，按测力计的量程不同有两种装置方式。当测力计量程大于最大加载值时用图3.5(a)所示的串联方式，直接测量绳索拉力。如测力计量程较小，则需要用图3.5(b)所示的装置方式，此时作用在结构上的实际拉力应为

$$P = \varphi \cdot n \cdot K \cdot p$$

式中　　P——拉力测力计读数；

　　　　φ——滑轮摩擦系数(对涂有良好润滑剂的可取0.96~0.98)；

　　　　n——滑轮组的滑轮数；

　　　　K——滑轮组的机械效率。

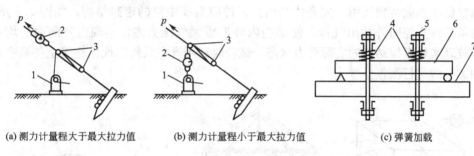

(a) 测力计量程大于最大拉力值　　(b) 测力计量程小于最大拉力值　　(c) 弹簧加载

图3.5　机械机具加载示意

1—绞车或卷扬机；2—测力计；3—滑轮；4—弹簧；5—螺杆；6—试件；7—台座或反弯梁

(2) 机械式千斤顶加载是利用螺旋千斤顶对结构施加压力荷载的，荷载大小由压力传感器测量。螺旋千斤顶加载值可达600kN。

(3) 弹簧加载法是利用弹簧压缩变形的恢复力对结构施加压力荷载，荷载值的大小由弹簧刚度与弹簧的压缩变形决定。图3.5(c)所示是利用弹簧加载装置对简支梁进行试验的装置，该试验装置在加载前使弹簧产生相应荷载值的变形，使弹簧保持压缩状态，依靠弹簧的回弹力施加荷载。弹簧加载法常用于长期加载试验。

2. 机械力加载的特点和要求

机械力加载设备简单，实现加载容易，在采用钢丝绳等索具时，便于改变荷载作用方向，适用于对结构施加水平集中荷载的情况。但机械加载能力有限，荷载值不宜太大。当采用卷扬机等机械设备加载时，应保证钢丝绳和滑轮组的质量，并具有足够的安全储备。采用卷扬机、倒链等机具加载时，力值量测仪表应串联在绳索中，直接测定加载值；当绳索通过导向轮或滑轮组对结构加载时，力值量测仪表宜串联在靠近试验结构端的绳索中。

3.4　气压加载法

气压加载是利用压缩气体或真空负压对结构施加荷载的方法，这种加载方式对试验对象施加的是均布荷载。

3.4.1 气压加载的作用方式

1. 气压正压加载

这种加载方式是通过橡胶气囊给试验对象施加荷载的,如图3.6所示。气囊安置在结构试件表面和反力支承板之间,压缩空气通过管道阀门进入气囊,气囊充气膨胀对物体施加荷载,荷载大小通过连接于气囊管道上的气压表或阀门进行测量。

2. 真空负压加载

真空负压加载是气压加载的另一种形式,试验对象为面积大、形状复杂的密封结构时,真空负压加载特别适用,如壳体结构。试件应制成中空的密封结构,如图3.7所示。试验时从试件空腔向外抽出气体,使结构内外形成大气压力差,实现由外向内的均布加载,能较真实地模拟结构的实际受力状态。试验时利用真空泵阀门或连接管上的真空表对所施加的荷载进行测量。

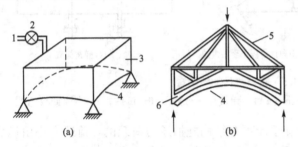
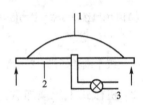

图3.6 压缩空气加载示意图
1—压缩空气;2—阀门;3—容器;4—试件;
5—支承装置;6—气囊

图3.7 大气压差加载
1—试验结构;2—支承装置;
3—接真空泵

3.4.2 气压加载的特点和要求

1. 气压加载的特点

(1)能真实地模拟面积大、外形复杂结构的均布受力状态。
(2)加、卸载方便可靠。
(3)荷载值稳定易控。
(4)需要采用气囊或将试件制作成密封结构,试件制作工作量大。
(5)施加荷载值不能太大。
(6)无法直接观测构件内表面。
(7)气温变化易引起荷载波动。

2. 气压加载的要求

(1)气囊或真空内腔需采用适当方法进行密封处理,接缝以及构件与基础之间须采用聚乙烯薄膜、凡士林、黄油等密封。

(2) 有时需在真空室或气囊壁上开设调节孔,以便控制荷载大小。

(3) 基础、反力架等要有足够的强度。

(4) 为防气温变化引起荷载波动,应增加恒压控制装置,使气体压力保持在允许的控制范围内。

(5) 充气囊不宜伸出试验结构构件的外边缘,确定加载量时,应考虑充气囊与结构表面接触的实际作用面积,按气囊中的气压值计算确定。

3.5 液压加载法

液压加载是土木工程结构试验最理想、最普遍的一种加载方法。这种加载装置提供的加载能力很大,目前世界上最大的结构试验机加载能力可达 30000kN,国内最大的结构试验机加载能力可达 20000kN,可以直接对大承载力的结构进行原型试验。液压加载装置体积小,便于搬运和安装。由液压加载系统、电液伺服阀和计算机构成先进的闭环控制加载系统,可用于振动台的动力系统,也可制作成多通道协同工作的加载系统。随着科学技术的发展,液压加载设备在结构试验中的应用发展迅速。

3.5.1 液压加载器的工作原理

液压加载器(俗称"千斤顶")是液压加载系统中的主要部件,主要由活塞、油缸和密封装置等构成,如图 3.8 所示。当油泵将具有一定压力的液压油压入千斤顶的工作油缸时,活塞在压力油的作用下向前移动,与试件接触后,活塞便向结构施加荷载,荷载值的大小由液压油的压强和活塞工作面积确定。即

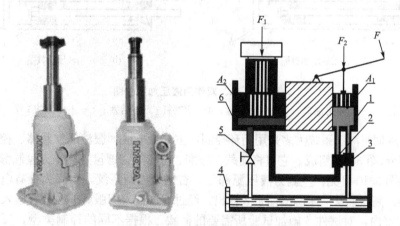

图 3.8 液压千斤顶工作原理
1—小液压缸;2—排油单向阀;3—吸油单向阀;4—油缸;5—截止阀;6—大液压缸

$$F = p \times A$$

式中 F——荷载值;

p——液压油压强;

A——活塞工作面积。

液压油的压强由连接于管路的压力表测定。在生产鉴定性实验中，压力表须由法定计量部门检定，为了直接确定千斤顶的实际作用力，常在千斤顶端部与试件（或反力架）之间装设测力传感器直接测量荷载大小。

液压千斤顶分为单作用式、双作用式、电液伺服式及张拉千斤顶等。

(1) 单作用式千斤顶的油缸只有一个供油口，如图 3.9(a)所示。这种千斤顶只能对试件施加单向作用力（压力），可用于结构静力试验。其活塞行程较大，顶端装有球铰，可在 $0°\sim15°$ 范围内转动，整个加载器可按结构试验的要求，能倒置、平置、竖置安装，并适宜于多个加载器组成同步加载系统使用，能满足多点加载的要求。

(2) 双作用式千斤顶有前后两个工作油腔及两个供油口，如图 3.9(b)所示。工作时一个供油口供油，另一个供油口回油，通过管路系统中的换向阀可以改变供油与回油的路径。后油腔供油、前油腔回油时，施加推力，反之则施加拉力。通过换向阀交替油缸的供油与回油，可使活塞对结构产生拉力或压力的双向作用，施加反复荷载，这种千斤顶适用于低周反复荷载试验。

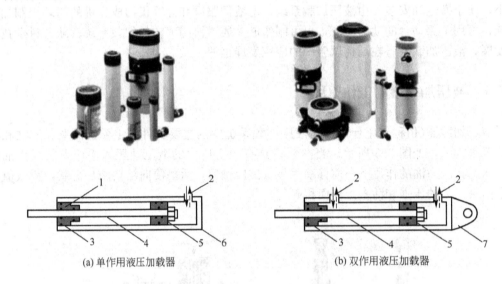

(a) 单作用液压加载器　　　　　　　　(b) 双作用液压加载器

图 3.9　单、双作用液压加载器图

1—端盖；2—进油出油口；3—油封装置；4—活塞杆；5—活塞；6—工作油缸；7—固定环

(3) 电液伺服液压系统大多采用闭环控制，主要由电液伺服液压加载器、控制系统和液压源三大部分（图 3.10）组成。它可将荷载、应变、位移等物理量直接作为控制参数，实行自动控制。由图 3.10 可见，左侧为液压源部分，右侧为控制系统，中间为带有电液伺服阀的液压加载器。高压油从液压源的油泵 3 输出，经过滤器进入伺服阀 4，然后输入到双向加载器 5 的左右室内，对试件 6 施加试验所需要的荷载。根据不同的控制类型，反馈信号由荷载传感器 7（荷载控制）、试件上的应变计 9（应变控制）或位移传感器 8（位移控制）测得。测得的信号分别经过与之相适应的调节器 10、12、11 放大，输出各控制变量的反馈值。反馈值可在记录及显示装置 13 上反映。指令发生器 14 根据试验要求发出指令信号。该指令信号与反馈信号在伺服控制器 15 中进行比较，其差值即为误差信号，经放大后反馈，用来控制伺服阀 4 操纵液压加载器 5 活塞的工作，从而完成了全系统的闭环控制。

电液伺服作动器是电液伺服振动台的起振器，多个电液伺服作动器可构成多通道加载

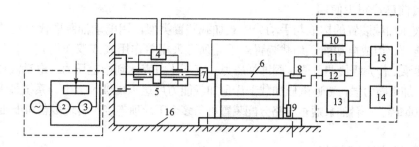

图 3.10 电液伺服液压系统工作原理
1—冷却器；2—电动机；3—高压油泵；4—电液伺服阀；5—液压加载器；
6—试验结构；7—荷载传感器；8—位移传感器；9—应变传感器；
10—荷载调节器；11—位移调节器；12—应变调节器；
13—记录及显示装置；14—指令发生器；
15—伺服控制器；16—试验台座

系统，可完成静力试验、拟动力试验、疲劳试验及动力试验等结构试验。

(4) 液压张拉千斤顶是专门用于预应力施工和试验的液压加载设备，工作过程与普通液压千斤顶相同，通常分为单孔张拉千斤顶和多孔张拉千斤顶。

① 单孔张拉千斤顶只能张拉单根钢绞线，张拉时不需要专门工具锚，本身自带夹具，这种张拉千斤顶既可用于逐根张拉钢绞线，也可用于退出已张拉的锚具夹片(退锚)，最大吨位达 260kN。

② 多孔液压张拉千斤顶能同时张拉多根钢绞线。活塞被加工成中空形式，以便钢绞线穿过，工作时在张拉千斤顶底部安装工作锚具及工作夹片，在活塞伸出的端部安装工作锚具及夹片，通过电动油泵驱动张拉千斤顶活塞移动，张拉钢绞线。油泵上的压力表可指示张拉力，当张拉力达到指定值(荷载、位移)时，操作油泵改变供油方向，千斤顶活塞回缩，使钢绞线松弛，回缩的钢绞线带动工作夹片夹紧钢绞线，使其保持张拉状态，并退出工具锚，卸除张拉千斤顶。多孔式张拉千斤顶根据张拉孔数的不同，其加载能力大致在 1000~6500kN 范围，同时可张拉 3~21 根钢绞线。

预应力张拉施工是严格的生产项目，张拉千斤顶必须由法定计量部门标定并出具检定证书，施工操作时需严格按照操作规程进行。

3.5.2 静力试验液压加载设备

静力试验液压加载用千斤顶可分为手动液压千斤顶和电动液压千斤顶。手动液压千斤顶工作时，油的工作压力由人力产生，工作系统由手动油泵、液压千斤顶、油路及压力表等组成。这种加载器活塞的最大行程约为 20cm。这类加载器规格很多，最大的加载能力可达 5000kN。

利用普通手动液压加载器(图 3.8)配合荷载架和静力试验台座，是液压加载方法中最简单的一种加载方法，设备简单，作用力大，加载、卸载安全可靠，与重力加载法相比，可大大减轻劳动强度和劳动量。但是如要求进行多点加载，则需要多人同时操纵多台液压加载器，这时难以做到同步加载、卸载，尤其当需要恒载时更难以保持稳压状态，所以这类加载器目前已经很少使用。

电动液压加载装置的构成与手动分体式加载装置类似，用电动油泵取代手动油泵，由电动机提供能源，组成电动液压加载装置。千斤顶可采用单作用式或双作用式。使用时，启动电动机使油泵工作，缓慢调节调压阀增加压力，直至压力表达到指定压力。电动液压加载装置操作简便，加载能力强，普通液压加载千斤顶加载能力可达10000kN以上，系统最大工作压强可达60~80MPa。一台油泵通过油路分配装置可与多个千斤顶连接，实现多点同步加载。

3.5.3 大型结构试验机

为在实验室里进行大型结构构件的试验，可以将大吨位的液压千斤顶制作成专门的液压加载系统。该系统由液压操作台、液压千斤顶、试验机架和管路系统组成，是集液压加载、反力机构、控制与测量于一体的比较完善的专用加载系统，图3.11所示的长柱结构试验机就是最典型的实例。对于长柱结构压力试验机，其试验空间可达3m以上，最大吨位超过30000kN。其结构可分为二立柱式和四立柱式两种，根据操作系统的不同，可分为普通液压式试验机和电液伺服式试验机。普通液压式试验机是通过液压操作柜操作使用的，试验数据利用指针显示并由人工记录。这种系统可以通过改造利用计算机进行显示和记录。电液伺服式结构试验机除了具有普通液压试验机的功能外，还增加了电液伺服阀和计算机控制系统，这种试验机利用电液伺服阀控制试验加载的速度，可进行力的控制和位移控制，加载试验精度高，并配有专门的数据采集和处理系统，操作和处理能自动完成，是近几年发展起来的最先进的结构试验机，吨位最大可达10000kN。

 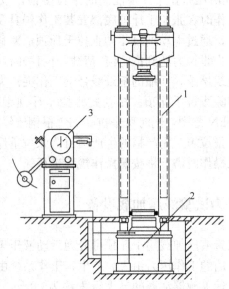

图3.11 长柱结构试验机
1—试验机架；2—液压加载器；3—操纵台

由于科研生产的需要，大型结构试验机作为结构实验室专门的试验设备其应用越来越广泛，可以进行柱、墙板、砌体、节点、梁等大型构件的受压与受弯试验。

3.5.4 电液伺服试验加载系统

电液伺服加载系统是一种闭环控制加载系统，最早于20世纪50年代应用于材料试验，后在70年代引入结构试验领域。它的出现是材料和结构试验技术的一个重大突破，这种设备能精确地模拟结构的实际受力过程，使研究人员最大限度地了解结构的性能。多通道电液伺服加载系统最早是专门为进行结构构件的拟动力试验而设计的，后被广泛应用于结构的各种试验。通过计算机编程技术可以模拟产生各种波谱，如正弦波、三角波、梯形波、随机波等对结构进行动力试验、精确的静力试验、低周反复荷载试验、疲劳试验、力控与位控之间方式转换的试验和拟动力试验等，试验精度高，自动化程度高。多通道电液伺服加载系统是一种多功能的加载系统，是结构实验室最理想的试验设备，特别是能真实地模拟地层、海浪等动荷载波谱的作用，特别适合于地震模拟振动台的激振系统。

多通道电液伺服加载系统主要由液压源、液压管路、电液伺服作动器、电液伺服阀、模拟控制器、测量传感器及计算机等组成，如图3.10所示。液压源及管路系统为整个电液伺服系统提供液压动力能源，其技术要求比普通液压源高；电液伺服作动器是电液伺服加载系统的动作执行者，分单出杆和双出杆两种结构形式。电液伺服阀是将电信号转化为液压信号的高精密元件，模拟控制器将位移、力等控制信号首先转换成电信号传输给电液伺服阀，电液伺服阀根据电信号控制作动器产生运动，完成推、拉试件等加载过程。模拟控制器由测量反馈器、运算器、D/A转换器等构成，是向电液伺服阀发出命令信号的电子部件，工作时完成波形产生、运算、信号转换（A/D、D/A转换）、输出、反馈调节等一系列复杂过程，指挥电液伺服作动器，完成期望的实验加载过程。电液伺服系统采用的是闭环控制加载方式，通过力、应变、位移等物理参数对试验过程进行控制，通常称为力控、位控或参控试验。上述工作过程如图3.12所示，工作时试验人员通过计算机编制试验程序或直接发出动作指令，指令信号传输给模拟控制器。模拟控制器经过信号转换等一系列过程后向电液伺服阀发出相应的模拟电信号，电液伺服阀则根据模拟电信号指挥作动器按试验设计的动作运动，如向试件施加需要的力、位移或应变等。电液伺服系统还将通过安装在作动器或试件上的力、位移或应变等传感器将作动器实际工作信号反馈给测量反馈调节器，并在运算器内与指令信号对比运算后产生调差信号，再向电液伺服阀发出调差命令，伺服阀根据调差命令继续操作作动器，该过程循环进行。整个操作过程包括命令信号产生、加载信号执行以及误差信号反馈等步骤，形成了一个闭合回路，因而称为闭环控制过程。模拟控制器含有微处理器，具有记忆、运算能力，每一个闭环控制过程都由模拟控制器在瞬间自动执行，整个试验过程中不需人为干预，试验人员只需通过计算机向模拟控制器发出试验加载指令并观测试验反馈值，也可预先编制好试验程序，而整个试验过程完全由计算机和试验系统自动完成。

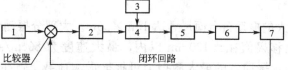

图3.12 电液伺服液压系统的基本闭环回路
1—指令信号；2—调整放大系统；3—油源；4—伺服阀；
5—加载器；6—传感器；7—反馈系统

3.5.5 电液伺服振动台

电液伺服振动台能很好地模拟地震过程或进行人工地震波的试验，是实验室内研究结构地震反应和破坏机理的最直接的方法。这种设备可用于研究工业与民用建筑、桥梁、水工结构、海洋结构、原子能反应堆等结构的抗震性能及动力特性等，是目前结构抗震研究中的重要试验手段之一。

电液伺服振动台主要由台面和基础、高压油源、管路系统、电液伺服作动器、模拟控制系统、计算机控制系统和数据采集处理系统七大部分组成，如图 3.13 所示。该系统是一种跨学科的复杂高科技产品，其设计和建造涉及土建、机械、液压、电子技术、自动控制和计算机技术等多个学科。

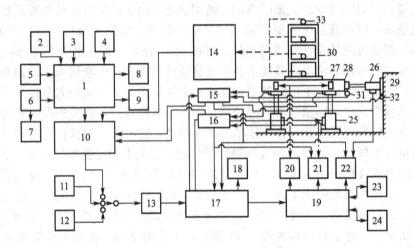

图 3.13 模拟地震振动台系统框图

1~10—计算机主机及各部设备；11—信号发生器；12—数据记录仪；13—输入信号选择器；14—传感器调节器；15、16—水平、垂直振动控制器；17—电子控制站；18—示波器；19~24—液压源及其分配器；25~27—加振器及其限位器；28—振动台面；29—基础；30—试件；31、32—反馈用加速度、位移传感器；33—试件传感器

1. 振动台的基本性能指标

振动台的主要技术参数有承载能力、台面尺寸、激振力和使用频率范围等。承载能力和台面尺寸是决定振动台规模的主要技术指标，决定了振动台所能承担的试验规模，常分为 3 种规模：承载能力在 100kN 左右，台面尺寸在 2m×2m 以内的为小型；承载力在 200kN 左右，台面尺寸在 6m×6m 以内的为中型；大型振动台的承载能力可达数百吨以上。

目前，世界上最大的振动台台面尺寸达 15m×25m。大部分振动台都采用电液伺服方式驱动。振动台的位移幅值在 ±100mm 以内，最大速度为 80cm/s，最大加速度为 2g（1.2g 即可满足要求），振动台的最大激振力可根据最大荷载下产生的最大加速度确定，即加速度与运动质量之积。振动台的使用频率为 0~50Hz，特殊情况下可达 100Hz 以上，振动台频率的上限受电液伺服阀特性和油源系统流量限制。一般情况下，当试验模型的频

率相似常数 $S_w = 1/\sqrt{S_e}$，几何相似常数为 1/10 时，振动台满载时的最大频率不应低于 33Hz。

2. 台面与基础

振动台的台面要有足够的刚度和承载能力，自振频率应远离振动台的使用频率，以免产生共振，一般其一阶弯曲频率应高于最大使用频率的 $\sqrt{2}$ 倍。台面重量应尽量轻，以获得较大的激振加速度，目前大多数振动台台面是由钢板焊接而成的格栅结构。

振动台基础的设计与处理十分重要，如果设计不当则会对人身和建筑物产生严重的影响。基础的最大加速度应小于 0.005 且基础最小重量应大于最大激振力的 20 倍，通常基础重量约为最大台面重量(包括构件)的 20~50 倍。

3. 油源与管路系统

油源与管路系统是驱动振动台的液压动力源，其压力及流量均应满足振动台最大激振力和最大工作速度的要求。地震过程是一个脉冲过程，模拟地震时需要液压泵站的瞬间流量很大，为减小系统流量，常在管路系统中设置大型蓄能器以提供瞬时所需驱动力。在容许的系统压力下降范围内，蓄能器能瞬时提供很大的流量，试验时可选用较小工作流量的液压泵站，这是地震模拟试验台比较经济的组成方式。

4. 控制系统

为了真实再现地震波的作用，地震模拟振动台需要一个精密的控制系统。目前运行的振动台有两种控制方式，一种是纯模拟量控制；另一种是"模拟+数字"控制。模拟控制方法有两种：一种是采用位移反馈控制的 PID 控制方法，并采用压差反馈作为提高系统稳定的补偿，德国的 SCHENCK 公司采用的是这种控制方法；另一种方法是将位移、速度和加速度共同进行反馈的三参量反馈控制方法，美国 MTS 公司采用的就是这种控制方法。

为了提高振动台的控制精度，很多振动台利用计算机进行数字迭代补偿地震再现时的失真。试验时，振动台台面的地震波是期望再现的地震波信号，但振动台是一个非常复杂的控制对象，其振动效果不仅与模拟控制系统、作动器、台面等部分的工作特性有关，而且与试件的特性也有关系，尤其当结构模型在试验过程中不断出现非线性变化直到破坏时，使振动台在试验过程中的工况变化很大，而导致计算机给台面输入激励信号所产生的反应与输出的期望之间存在误差。为了减小这种误差，利用计算机采用数字迭代控制方法，即在每次驱动振动台后，将台面再现的结果与期望信号进行比较，根据二者的差异对驱动信号进行修正后再次驱动振动台，并再一次比较台面再现结果与期望信号，直到台面再现的结果满足要求为止，可以在台面上得到较满意的地震效果。

3.6 惯性力加载法

惯性力加载法用于对结构施加动力荷载，激发结构产生动力反应，采集其动力反应时程，分析结构自振频率、阻尼等动力特性参数。惯性力加载法有初位移法、初速度法、反冲击法及离心力法等。

3.6.1 初位移法的作用方式

初位移法是利用钢丝绳等使结构沿振动方向张拉产生一初始位移，然后突然释放使结构产生自由振动的方法，如图 3.14 所示。试验时在钢丝绳中设一钢拉杆，当拉力达到拉杆极限拉力时，拉杆被拉断而突然卸载，选择不同的拉杆截面可获得不同的拉力和初位移。

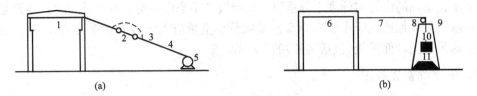

图 3.14 用张拉突卸法对结构施加冲击力荷载
1—结构物；2—钢拉杆；3—保护索；4—钢丝绳；5—绞车；6—实验模型；
7—钢丝；8—滑轮；9—支架；10—重物；11—减振垫层

初位移法应根据自由振动测试的目的布置拉线点，拉线与被测试结构的联结部分应具有整体向被测试结构传递力的能力。每次测试时应记录拉力值以及拉力与结构轴线间的夹角。测量振动波时，应取记录波形中的中间数个波形，测试过程中不应使被测试结构出现裂缝。

3.6.2 初速度加载法的作用方式

初速度加载法也称突然加载法，其基本原理是利用运动重物对结构施加瞬间的水平或垂直冲击，如摆锤法或落重法，如图 3.15 所示，使结构产生初速度而获得所需的冲击荷载。

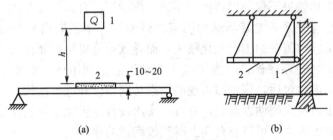

图 3.15 初速度加载法
1—重物；2—垫层

采用初速度法加载时，应注意作用力的总持续时间应尽可能短于结构有效振型的自振周期，使结构的振动成为初速度的函数而不是冲击力的函数。采用摆锤法时，应防止摆锤和建筑物有相近的自振频率，否则摆的运动会使建筑物产生共振。使用落重法时，应尽量减轻重物下落后的跳动对结构自振特性的影响，可采取加垫砂层等措施。冲击力的大小应按结构强度确定，以防结构产生局部损伤。重物下落后附着于结构一起振动的，其质量会改变结构振动特性参数。因此,重物质量应尽量小,测试结果应根据重物质量修正。

反冲击激振法是利用反冲击激振器对结构施加动荷载的,故也称之"火箭激振"。它适用于现场结构试验,小型反冲击激振器可用于实验室内构件试验。图 3.16 是反冲激振器的结构示意图。激振器的壳体用合金钢制成,其结构主要由以下五部分组成:①燃烧室壳体,为圆筒形,一端与喷管相连,另一端固定于底座上;②底座,它与燃烧室固装后,安装到被试验结构上,在底座内腔装有点火装置;③喷管,采用先收缩后扩散的形式,将燃烧室内燃气的压力势能转变为动能,可控制燃气的流量及推力方向;④主装火药,是激振器的能源;⑤点火装置,包括点火头(电阻丝和引燃药)和点火药。

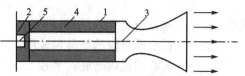

图 3.16 反冲激振器结构示意图
1—燃烧室壳体;2—底座;3—喷管;
4—火药;5—点火装置

反冲激振器工作时先将点火装置内的点火药点燃,使主装火药很快达到燃烧温度,主装火药开始在燃烧室中平稳地燃烧,产生的高温高压气体从喷管口以极高的速度喷出。如果气流每秒喷出的质量为 W_s,根据动量守恒定律可知反冲力 p(作用在结构上的脉冲力)为:

$$p = W_s v / g$$

式中 v——气流从喷口喷出的速度;
g——重力加速度。

目前使用的反冲激振器的反冲力按 1~8kN 分为 8 种,反冲输出近似于矩形脉冲,上升时间为 2ms,持续时间为 50ms,下降时间为 3ms,点火延时时间为 25±5ms。

采用单个反冲激振器激振时,一般将激振器布置在建筑物顶部,尽量靠近建筑物质心的轴线,取得的效果较好。如将单个激振器布置在离质心位置较远的地方,可以进行建筑物的抗震试验。如在结构平面对角线相反方向上布置两台相同反冲力的激振器,则测量抗振的效果会更好。在高耸构筑物或高层建筑试验中,可将多个反冲激振器沿结构的不同高度布置,以进行高阶振型的测定。

3.6.3 离心力加载法的作用方式

离心力加载是利用旋转质量产生的离心力对结构施加简谐振动荷载。其运动具有周期性,作用力的大小和频率按一定规律变化,使结构产生强迫振动。

靠离心力加载的机械式激振器的工作原理如图 3.17 所示,当一对偏心质量块朝相反方向运转时,离心力将产生一定方向的激振力。

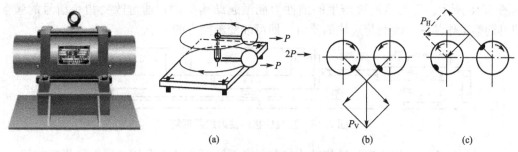

图 3.17 机械式激振器的工作原理图

由偏心质量块产生的离心力为

$$P = m\omega^2 r$$

式中　m——偏心质量块的质量；

　　　ω——偏心质量块的旋转角速度；

　　　r——偏心质量块的旋转半径。

在任何时刻产生的离心力都可以分解成垂直与水平方向两个分力。

$$P_V = P\sin\alpha = m\omega^2 r \sin\omega t$$
$$P_H = P\cos\alpha = m\omega^2 r \cos\omega t$$

使用时将激振器底座固定在试验结构物上，由底座把激振力传递给结构，使结构受到简谐变化的激振力作用。底座应有足够的刚度，以保证激振力的传递效率。

激振器产生的激振力等于各旋转质量块离心力的合力。改变质量或调整偏心质量块的转速，即改变角频率 ω 就可调整激振力的大小。

激振器由机械和电控两部分组成。机械部分是由两个或多个偏心质量块组成，小型激振器的偏心质量块安装在圆形旋转轮上，调整偏心轮的位置，可产生垂直或水平的激振力。近年研制成功的大型同步激振器在机械构造上采用了双偏心水平旋转式方案，偏心质量块安装于扁平的扇形筐内，可使旋转质量更为集中，提高了激振力，降低了功率消耗。

普通机械式激振器工作频率范围较窄，大致在 50～60Hz 以下，由于激振力与转速的平方成正比，所以当工作频率很低时，激振力很小。

为了改进一般激振器的稳定性和测速精度，提高激振力，在电气控制系统中采用了单相可控硅，速度、电流双闭环反馈电路系统，对直流电机实现无级调速控制。利用测速发电机进行速度反馈，通过调整角机产生角差信号，反馈到速度调节器与给定信号进行比较。这种系统可以保证两台或多台激振器不仅旋转速度相同，而且不同激振器之间的旋转角度也按一定关系运行。

多台同步激振器同时使用时，不但可以提高激振力，而且可以扩大使用范围。如果将激振器分别安装在结构物的不同特定位置上，则可以激发结构物的某些高阶振型，为研究结构高频特性带来便利；如果利用两台激振器进行反向同步激振，就能进行扭振试验；如果使激振器产生水平激振并与刚性平台相连，就构成了早期的机械式水平振动台。

3.6.4　直线位移惯性力加载

直线位移惯性力加载系统的主要动力部分是电液伺服加载系统，由闭环伺服控制器通过电液伺服阀控制固定在结构上的双作用液压加载器，带动质量块作水平直线往复运动，如图 3.18 所示。运动质量块产生的惯性力能激起结构振动，通过改变指令信号的频率，即可调整工作频率；改变荷重块的质量，即可改变激振力的大小。

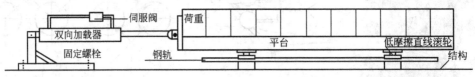

图 3.18　直线位移惯性力加载系统

这种加载方法适用于现场结构动力加载。在低频工作条件下其各项性能指标较好，可产生较大的激振力。其工作频率通常较低,适用于1Hz以下的激振环境。

3.6.5 惯性力加载的要求

进行惯性力激振振动加载试验时,应正确选择激振器的安装位置;合理选择激振力,防止引起测试结构的振型畸变;当激振器安装在楼板上时,应避免受楼板竖向自振频率和刚度的影响;激振力应具有传递途径;激振测试中宜采用扫频方式寻找共振频率,在共振频率附近测试时,应保证半功率带宽内有不少于5个频率的测点。

3.7 电磁加载法

电磁加载是根据通电导体在磁场中受到与磁场方向垂直的力作用的原理,在磁场(永久磁场或直流励磁磁场)中放入动圈,线圈中通入交变电流,固定于动圈上的杆件在电磁力作用下产生往复运动,向试验对象施加荷载;若向动圈上通入直流电,则可产生恒定荷载。目前常用的电磁加载设备有电磁式激振器和电磁振动台。

电磁式激振器由励磁系统(包括励磁线圈、铁芯、磁极)、动圈(工作线圈)、弹簧、顶杆等部件组成,图3.19是电磁式激振器的结构图。顶杆固定在动圈上,线圈位于磁隙中,顶杆由弹簧支承处于平衡状态。工作时弹簧产生的预压力应稍大于电磁激振力,防止激振时产生顶杆撞击试件的现象。

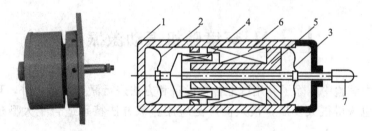

图 3.19 电磁式激振器构造及工作原理
1—外壳;2、3—弹簧;4—动圈;5—铁芯;6—励磁线圈;7—顶杆

激振器工作时,在励磁线圈中通入恒定的直流电,在磁极板间的空隙中形成强大的恒定磁场,将低频信号发生器输出的交流信号经功率放大器放大后输入工作线圈,工作线圈将按交变电流的变化规律在磁场中运动,带动顶杆推动试件振动。电磁激振器的结构简图可参见图3.19。根据电磁感应原理,产生的力为

$$F = 0.102 BIl \times 10^{-4}$$

式中 B——磁场强度;
l——工作线圈导线的有效长度;
I——通过工作线圈的交变电流强度。

当通过工作线圈的交变电流以简谐振动规律变化时,通过顶杆作用于结构的激振力也按同样规律振动。在B、l不变的情况下,激振力量与电流强度I成正比。工作时,电磁激振器安装于支座上,既可以作垂直激振,也可以作水平激振。

电磁式激振器的工作频率范围较宽，一般为0~200Hz，有些产品可达1000Hz，推力可达数千牛。电磁式激振器重量轻，控制方便，能根据需要产生各种波形的激振力，其缺点是激振力不大，一般仅适合于小型结构及模型试验。

3.8 人激振动加载法

在动力试验的加载方法中，在实验室内一般通过比较复杂的设备来实现，在现场试验时由于条件的限制，通常希望有更简单的加载方法，既不需要复杂的设备，又能满足加载试验的需要。

试验人员利用身体在结构物上做有规律的运动，即使身体做与结构自振周期相近的往复运动，就能产生较大的激振力，有可能产生适合完成振动试验的物体振动幅值。采用人激振动的方法对于自振频率比较低的大型结构来说，完全有可能被激振到足可进行量测的程度。

试验表明，一个体重约70kg的人在做频率为1Hz、双振幅为15cm的前后运动时，将产生大约0.2kN的惯性力。在1%临界阻尼的情况下，共振时的动力放大系数约为50，这意味着作用于建筑物上的有效作用力约为10kN。

利用这种方法曾在一座15层钢筋混凝土建筑物上施加动载，在开始的几个周期运动就达到了最大值，操作人员停止运动让结构做有阻尼自由振动，成功获得了结构的自振周期和阻尼系数。

3.9 环境随机振动激振法

在结构动力试验中，除了利用以上各种设备和方法进行激振加载以外，环境随机振动激振法近年来也获得很大发展，被人们广泛应用。该方法特别适合于大型建筑物的振动试验。

环境随机振动激振法也称脉动法。在自然环境中存在很多微弱的激振能量，如大气运动、河水流动、机械的振动、汽车行驶以及人群的移动等，都使地面存在着复杂的激振力。这些激振能量使结构产生各种振动，由于这种振动很微弱，一般不为人们所注意。在采用高灵敏度的传感器测量并经过放大器放大后，就能清楚地观测和记录下这种振动信号。由于环境引起的振动是随机的，因而把这种激振方法称为环境随机激励法。环境随机激励产生的脉动信号含有丰富的结构振动信息，它所包含的频谱相当丰富，利用这种脉动现象可以测定和分析结构的动力特性，试验时既不需要任何激振设备，又不受结构形式和大小的限制。

使用环境随机振动激振法时应避免环境及系统中的冲击信号干扰，为了获得足够的试验数据，试验时需要较长的观测时间，测量结构振型和频率时连续观测和采样时间不应少于5min，在测量阻尼时不应少于30min，并且在观测期间须保持环境激励信号的稳定性，不能有大的波动。因此，试验多选择在夜间或凌晨进行，测量桥梁时则需要完全封闭交通。随着现代计算机技术的发展以及高灵敏度传感器和新型信号处理分析仪的应用，脉动法试验得到了迅速的发展和应用，目前已经能够从记录到的结构脉动信号中识别出全部模态参数，这使环境随机激振法成为进行结构模态试验的一种不可或缺的方法。

3.10 荷载支承设备和试验台座

3.10.1 支座

支座是试验中的支承装置，是正确传递作用力、模拟实际工作荷载形式的设备，支承设备通常由支座和支墩组成。

支墩由钢或钢筋混凝土制成，在现场也可用砖块临时砌筑，支墩上部应有足够大的平整支承面，最好在砌筑时铺以钢板。支墩本身的强度必须经过验算，支承底面积要按地面实际承载力复核，保证试验时不致发生沉陷或过度变形。

铰支座一般采用钢材制作，按自由度的不同可分为活动铰支座、固定铰支座和球铰支座3种形式，如图3.20所示。

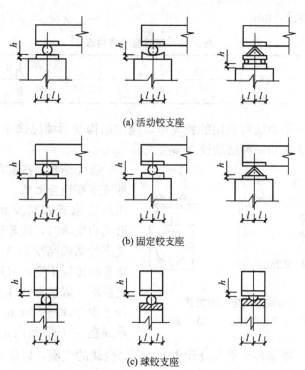

图 3.20　铰支座的形式和构造

对铰支座的基本要求是，必须保证结构在支座处能自由转动以及结构在支座处力的可靠传递。在制作试件时，应在试件支承处预先埋设支承钢垫板，或者在试验时另加钢垫板。铰支座的长度不应小于试验结构构件在支承处的宽度，垫板宽度应与试验结构构件的设计支承长度一致，厚度不应小于垫板宽度的1/6。支承垫板的长度l可按下式计算。

$$l=\frac{R}{bf_c}$$

式中 R——支座反力，N；

b——构件支座宽度，mm；

f_c——试件材料的抗压强度设计值，N/mm²。

在构件支座处铰支座的上下垫板应有足够的刚度，其厚度 d 可按下式计算。

$$d=\sqrt{\frac{2f_c a^2}{f}}$$

式中 f_c——试件抗压强度设计值，N/mm²；

f——垫板钢材的强度设计值，N/mm²；

a——滚轴中心至垫板边缘的距离，mm。

滚轴的长度一般不得小于试件支承处的宽度，直径可按表3-1取用，并按下式进行强度验算。

$$\sigma=0.418\sqrt{\frac{RE}{rb}}$$

式中 E——滚轴材料的弹性模量，N/mm²；

r——滚轴半径，mm。

表3-1 滚轴直径选用表

滚轴受力/(kN/mm)	<2.0	2.0～4.0	4.0～6.0
滚轴直径/mm	40～60	60～80	80～100

对于梁、桁架等平面结构使用的铰支座，应按结构变形情况选用图3.20中的某一形式，由一种固定铰支座和一种活动铰支座组成。

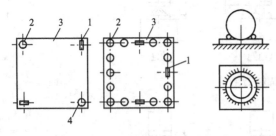

图3.21 板壳结构的支座布置方式
1—滚轴；2—钢球；3—试件；4—固定球铰

板壳结构应按实际支承情况，利用各种铰支座组合而成。一般情况下，常采用四角支承或四边支承的方式（图3.21）。沿周边支承时，滚珠支座的间距不宜超过支座处结构高度的3～5倍。为了保持滚珠支座位置不变，可用φ5mm的钢筋做成定位圈，焊接在滚珠下的垫板上。滚珠直径至少为30～50mm。为了保证全部的支承面在一个平面内，防止某些支承处脱空，影响试验结果，应将各支承点设计成上下可做微调的支座，以便调整高度保证与试件严密接触，使试件均匀受力。

进行柱或墙板试验时，为了获得试验时的纵向弯曲系数，构件两端均应采用铰支座。进行柱试验时，选用的铰支座分为单向铰支座和双向铰支座。图3.22所示的双向刀型铰支座适用于在两个方向发生屈曲的试验场合，如薄壁弯曲型钢压杆纵向压屈试验时应采用这类支座形式。柱或墙板进行偏心受压试验时，可以通过调节螺丝调整刀口与试件几何中心线的距离，满足不同偏心距的要求。

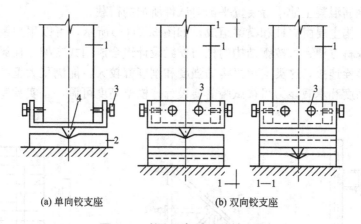

(a) 单向铰支座　　　　(b) 双向铰支座

图 3.22　柱和压杆试验的铰支座
1—试件；2—铰支座；3—调整螺丝；4—刀口

进行轴心受压和偏心受压试验时，结构构件两端应分别设置刀型铰支座，其刀口的长度不应小于试验结构的截面宽度。安装时，上下刀口应在同一平面内，刀口的中心线应垂直于试验结构发生纵向弯曲的所在平面，并应与试验机或荷载架的中心线重合，刀口中心线与试验结构截面形心间的距离为加载偏心距。在压力试验机上做短柱轴心受压强度试验时，如果试验机上、下压板中的一个已设有球铰，则短柱两端可不再设置刀型铰支座；对于双向偏心受压试验，结构构件两端应分别设置球型支座或双层正交刀型铰支座，且球铰中心应与加载点重合，两层刀口的交点应落在加载点上。

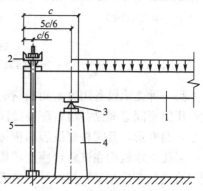

图 3.23　嵌固端支座构造
1—试件；2—上支座刀口；3—下支座刀口；4—支墩；5—拉杆

悬臂梁的嵌固端支座可按图 3.23 设置，上支座中心线和下支座中心线至梁端的距离应分别为设计嵌固长度 c 的 $1/6$ 和 $5/6$，拉杆应有足够强度和刚度。

结构试验用的支座是结构试验装置中模拟结构受力和边界条件的重要组成部分，对于不同的结构形式、不同的试验要求，要求有不同形式与构造的支座与之相适应，这也是在结构试验设计中需要着重考虑和研究的一个重要问题。

3.10.2　荷载支承设备

进行结构试验加载时，部分设备必须有反力装置才能够达到加载要求。如液压加载器(即千斤顶)的活塞只有在其行程受到约束时，才会对试件产生推力；利用杠杆加载时，必须有支承点承受拉力。因此，在试验加载时要满足试验的加载要求，就必须有一套荷载支承设备。

1. 竖向支承设备

实验室内竖向荷载支承设备是由横梁、立柱组成的反力架和试验台座，也可利用适宜小型构件的抗弯大梁或空间桁架式台座。现场试验时则使用平衡重物、锚固桩头或专门为试验而浇筑的钢筋混凝土地梁等装置平衡对试件所加的荷载。

荷载支承机构主要由立柱和横梁组成，如图3.24(a)所示，可以用型钢制成。其特点是制作简单、取材方便、可按钢结构的柱与横梁设计组合成门式支架。横梁与铰的连接采用精制螺栓或销栓连接。这类支承机构的强度和刚度都较大，能满足大型结构构件试验的要求，支架的高度和承载能力可按试验需要设计，横梁高度可调，是实验室内最常用的荷载支承设备。

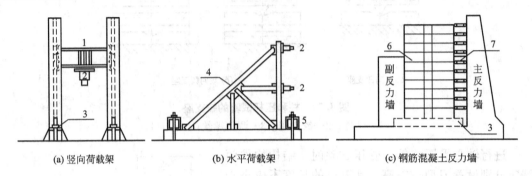

(a) 竖向荷载架　　　　(b) 水平荷载架　　　　(c) 钢筋混凝土反力墙

图3.24 加载架示意图

1—横梁；2—千斤顶；3—地脚螺栓；4—三角架；5—压梁；6—试件；7—伺服千斤顶

另一种支承设备用大截面圆钢制成立柱，配以型钢制成的横梁，圆钢立柱两端车有螺纹，用螺帽固定横梁并与台座连接固定。此类加载架较轻便，但刚度较小，使用不当容易产生弯曲变形，且螺杆螺纹容易损坏。

需要支承机构在试验台座上移位时，可配置电力驱动机构，以试验台的槽道为导轨驱动门式支架前后移动，横梁可调节升降，将液压加载器连接在横梁上，构成的加荷架就组成了一台移动式的结构试验机。试件在台座上安装就位后，加荷架可按试件需要调整位置，再用地脚螺栓固定支架，即可进行试验加载。使用这种荷载支架能大大减轻试验安装与调整的工作量。

2. 水平方向支承设备

为了适应结构抗震试验研究的要求，进行结构抗震的静力和动力试验时，需要给结构或模型施加模拟地震荷载的低周反复水平荷载。水平荷载架是施加水平荷载的反力设备，主要由三角架、压梁以及地脚螺栓组成。水平荷载架也用钢材制成，压梁把三角架用地脚螺栓固定在地面试验台座上，靠摩擦力传递水平力，如图3.24(b)所示。

为了使这类支承机构随着试验需要在试验台座上移位，有单位设计了新型的加载架，它的特点是有一套电力驱动机使H形或三角形支架接受控制能前后运行，H形支架的横梁可上下移动升降，液压加载器可连接在横梁上，这样整个加载架就相当于一台移动式的结构试验机，当试件在台座上安装就位后，加荷架即可按试件位置需要调整位置，然后用立柱上的地脚螺栓固定机架，即可进行试验加载，这种新型加载支架的应用，大大减轻了试验安装与调整的工作量。

由于水平荷载架的刚度和承载能力较小，近年来国内外大型结构实验室为了满足试验要求的需要，大都建造了大型的反力墙，如图3.24(c)所示，用以承受和抵抗水平荷载所产生的反作用力。反力墙的变形要求较高,一般采用钢筋混凝土、预应力钢筋混凝土的实体结构或箱形结构,在墙体的纵横方向按一定距离间隔布置锚孔,以便按试验需要在不同的位置上固定为水平加载用的液压加载器。

3.10.3 结构试验台座

1. 试验台座

实验室内的试验台座是永久性的固定设备,可以平衡施加在试验结构上的荷载所产生的反力。

试验台座的台面可与实验室地坪标高一致,可以充分利用实验室的地坪面积,且室内运输搬运试件比较方便,其缺点是试验活动易受干扰。试验台座的台面也可以高出地平面成为独立的体系,此时试验区划分比较明确,不易受周边活动及试件搬运的影响。

试验台座的长度和宽度为十几米到几十米,台座的承载能力一般在 $200\sim1000kN/m^2$ 范围内。台座的刚度极大,受力后变形极小,能允许在台面上同时进行多个结构试验,不需考虑相互之间的影响。

试验台座除具有平衡加载时产生的反力外,也能用以固定横向支架,保证构件的侧向稳定。还可以通过水平反力支架对试件施加水平荷载。由于试验台座自身刚度很大,所以能消除试件试验时支座沉降变形的影响。

台座设计时,在其纵向和横向均应按各种试验组合可能产生的最不利受力情况进行验算与配筋,以保证它有足够的强度和整体刚度。用于动力试验的试验台座还应具有足够的质量和耐疲劳强度,防止引起共振和疲劳破坏,尤其要注意局部预埋件和焊缝的疲劳破坏。如果实验室内同时拥有静力试验台座和动力试验台座,则动力台座必须采取隔振措施,避免在试验时引起相互干扰。

目前,国内外常见的试验台座按结构构造的不同可以分为板式试验台座和箱式试验台座。

1) 板式试验台座

板式试验台座的结构为整体的钢筋混凝土或预应力钢筋混凝土的厚板。利用结构的自重和刚度平衡结构试验时施加的荷载。按荷载支承装置、台座连接固定的方式和构造形式的不同,可分为槽式和地锚式两种形式。

(1) 槽式试验台座。槽式试验台座(图 3.25)是目前国内用得较多的一种比较典型的静力试验台座。其构造特点是沿台座纵向布置几条槽轨,该槽轨是用型钢制成的纵向框架式结构,埋置在台座的混凝土内。槽轨用于锚固加载支架,平衡结构物上的荷载所产生的反力。如果加载架立柱用圆钢制成,可直接用螺帽固定于槽内;如加载架立柱由型钢制成,则在其底部设计成钢结构柱脚的形式,用地脚螺栓固定在槽内。试验加载时,立柱受拉力,槽轨应该和台座的混凝土有牢固的连接,以防被拔出。这种台座的特点是加载点位置可沿试验台座的纵向随意调整,不受限制,容易满足试验结构加载位置的需要。

(2) 地锚式试验台座。地锚式试验台座的特点是,台面上每隔一定间距设置一个地脚

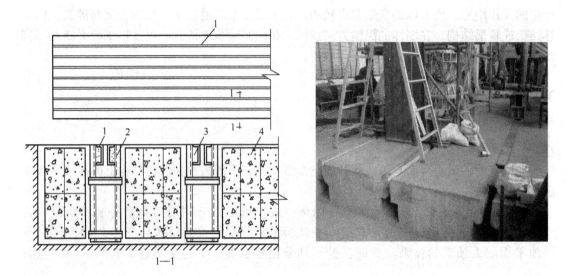

图3.25 槽式试验台座
1—槽轨；2—型钢骨架；3—高强度等级混凝土；4—混凝土

螺栓，螺栓下端锚固在台座内，顶端镶嵌在台座表面特制的圆形孔穴内(略低于台座表面标高)，使用时利用套筒螺母与加载架的立柱连接，不用时可用圆形盖板将孔穴盖住，保护螺栓端部并防止脏物落入孔穴。缺点是螺栓受损后修理困难。由于螺栓和孔穴位置已经固定，所以试件安装的位置受到限制，没有槽式台座灵活方便。此类试验台座通常设计成预应力钢筋混凝土结构，可以节省材料。图3.26为地锚式试验台座的示意图。此类试验台座不仅适用于静力试验，同时可以安装疲劳试验机进行结构构件的动力疲劳试验。

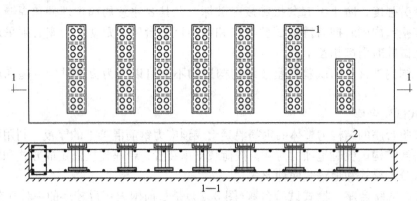

图3.26 地锚式试验台座
1—地脚螺栓；2—台座地槽

2) 箱式试验台座

图3.27为箱式试验台座示意图。这种试验台座的规模较大，由于台座本身构成箱形结构，所以比其他形式的台座具有更大的刚度。在箱形结构的顶板上，沿纵、横两个方向按一定间距留有竖向贯穿的孔洞，便于沿孔洞连线的任意位置固定试件，可先将槽轨固定在相邻的两孔洞之间，然后将立柱或拉杆按需要加载的位置固定在槽轨中。试验时也可将立柱或拉杆直接安装于孔内，故也称作孔式试验台座。试验时测量工作和试验加载工作可

在台座上面进行,也可在箱形结构内部完成。由于台座结构下部构成实验室的地下室,也可供进行长期荷载试验或特殊试验使用。大型箱形试验台座可同时兼作实验室建筑的基础。

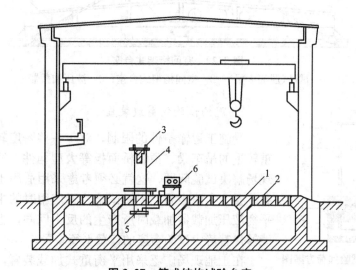

图 3.27　箱式结构试验台座
1—箱形台座；2—顶板上的孔洞；3—试件；4—加荷架；
5—液压加载器；6—液压操纵台

2. 抗弯大梁式台座和空间桁架式台座

在现场试验或在缺少大型试验台座的小型实验室内试验时,可以采用抗弯大梁式或空间桁架式台座来满足中小型构件试验或混凝土制品检验的要求。

抗弯大梁台座本身是一刚度极大的钢梁或钢筋混凝土大梁,其构造如图 3.28 所示,当用液压加载器加载时,所产生的反作用力通过门式加载架传至大梁,试验结构的支座反力也由台座大梁承受,使之保持平衡。台座的荷载支承及传力机构可用上述型钢或圆钢制成的加荷架。抗弯大梁台座由于受大梁本身抗弯能力与刚度的限制,一般只能试验跨度在 7m 以下、宽度在 1.2m 以下的板和梁。

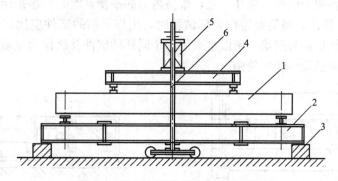

图 3.28　抗弯大梁台座的荷载试验装置
1—试件；2—抗弯大梁；3—支墩；4—分配梁；5—液压加载器；6—荷载加荷架

空间桁架台座一般用于试验中等跨度的桁架及屋面大梁,如图 3.29 所示。通过液压加载器及分配梁对试件进行集中力加载，液压加载器的反作用力由空间桁架自身进行平衡。

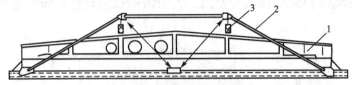

图3.29 空间桁架式台座
1—试件(屋面大梁)；2—空间桁架式台座；3—液压加载器

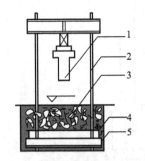

图3.30 现场试验加荷方案图
1—试验试件；2—荷载架；3—平衡重；4—铺板；5—横梁

3. 现场试验的荷载装置

受施工运输条件的限制，对于一些跨度较大的屋架、自重较重的吊车梁、预制桥面板等大型构件，经常需要在施工现场解决试验问题，这就必须考虑采用适用于现场试验的加载装置。实践表明，现场试验装置使用时的主要困难是如何平衡液压加载器加载时所产生的反力问题，也就是需要解决能够代替静力试验台座的荷载平衡装置。

在工地现场广泛采用平衡重式加载装置，其工作原理与前述抗弯大梁或试验台座相同，即利用平衡重物承受并平衡液压加载器所产生的反力，如图3.30所示。

安装加载架时必须有预设的地脚螺栓与之连接。为此，在试验现场必须开挖地槽，在预制的地脚螺栓下埋设横梁，也可采用钢轨或型钢作为横梁，然后在上面堆放块石、钢锭或铸铁等重物，重物的重量必须经过计算。地脚螺栓应露出地面以便于与加载架连接，连接方式可采用螺栓帽或正反扣的花篮螺栓，甚至可采用直接焊接的方式。

平衡重式加载装置的缺点是要耗费较大的劳动量。目前，有的单位采用打桩或用爆扩桩的方法作为地锚，也有的利用厂房基础下原有桩头作为锚固，在两个或几个基础间，沿柱的轴线浇捣钢筋混凝土大梁，作为抗弯平衡使用，试验结束后该大梁可代替原设计的地梁使用。

现场试验时，常常受到加载设备与装置的限制，在缺乏上述加载装置时，也可采用成对构件试验的方法，即将一个试件作为试验对象，另一个试件作为台座或平衡装置使用，通过简单的框架将两个试件约束在一起，维持内力的平衡，此时较多采用结构卧位试验的方法，如图3.31所示。当需要进行破坏试验时，用作平衡的试件应比试验对象的强度和刚度大一些，这往往较为困难，所以常采用两个同样的试件并联作为平衡构件使用，这种方法在重型吊车梁试验中经常使用。

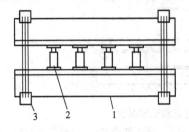 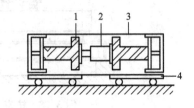

图3.31 吊车梁成对卧位试验
1—试件；2—千斤顶；3—箍架；4—滚动平车

本 章 小 结

本章系统地介绍了土木工程结构试验中的加载方法及相关设备，包括重力加载、液压加载、惯性力加载、机械力加载、气压加载、电磁加载、人工激振加载、环境随机振动激振、荷载支承装置和试验台座等内容，详细阐述了各种加载方法的作用方式、所需的加载设备、基本原理和要求，重点介绍了液压加载法。这些方法是土木工程结构试验长期以来从科研和生产实践中总结出来的行之有效的方法，各有其特点，有的较适合于现场试验，如重力加载法、人工激振加载法、环境随机振动激振法等；有的技术先进、复杂，体现了现代土木工程结构试验的发展水平，如电液伺服加载系统、地震模拟振动台等。同时，反力设备是结构试验中必不可少的部分，本章介绍了支座、反力架、试验台座、水平反力墙及适于现场试验的试验大梁等。在结构试验中，采取合理的加载方法，设置可靠的支座和反力设施，是保证试验得以顺利进行的关键。

思 考 题

1. 重力加载方法的作用方式及其特点、要求分别是什么？
2. 液压加载千斤顶可分为哪几种？各有什么特点？
3. 液压加载装置有哪几类？各由哪几部分构成？
4. 简述液压加载的工作原理。
5. 电液伺服加载系统的工作原理是什么？与普通液压加载系统有何区别？
6. 什么是环境随机振动激振法？其有何特点？
7. 支座有哪几种？其自由度个数和方向如何判定？
8. 在结构试验中，反力设施有哪些？它们各自的作用是什么？

第4章
土木工程结构试验的量测技术

> **教学目标**

熟练掌握电阻应变片的基本原理与粘贴使用技术。
掌握各种电测传感器的工作原理、适用范围以及优缺点,为试验观测设计、仪表选择提供必要的知识准备。
了解常用机械仪表的工作原理。
掌握仪器设备的选择依据及数据采集系统的构成部分。

> **教学要求**

知识要点	能力要求	相关知识
测量仪表的基本特性	(1) 了解测量仪表的组成 (2) 掌握测量仪表的技术指标	测试系统
传感器	(1) 了解传感器的工作原理及组成部分 (2) 掌握应变计的工作原理 (3) 掌握位移传感器的工作原理 (4) 掌握测力传感器的工作原理 (5) 掌握裂缝测量仪器的使用方法 (6) 掌握测振传感器的工作原理及作用方法	电测法
试验记录仪与数据采集系统	(1) 掌握常见试验记录仪的工作原理 (2) 掌握数据采集系统的组成	传感器 A/D 转换器

> **引言**

为了实现试验目的,通过试验得到理想数据,必须充分了解测试仪器。测试仪器的工作原理是什么?仪器的技术指标有哪些?使用仪器时有什么注意事项?如何正确选择测试仪器?我们只有正确地选择了测试仪器,掌握了仪器的正确使用方法才能得到想要的数据。目标结构的应力和变形性能是量测参数的重要组成部分。结构静态参数有局部纤维应变和整体变形两大类,结构动态参数主要是结构的动力特征和结构振动随时间变化的动态反应。由于静态和动态参数的特征不同,采用的量测仪表和量测方法也有所区别,在仪器使用过程中一定要注意。

4.1 概 述

在土木工程结构试验中,试件作为一个系统,所受到的外部作用是系统的输入(如力、位移、温度等），试件的反应是系统的输出（如应变、应力、裂缝、位移、速度、加速度等）。通过对输入与输出数据的量测、采集和分析处理，可以了解试件系统的工作特性，从而对结构的性能做出定量的评价。结构试验的量测技术，就是采用各种仪器设备量测、采集输入与输出数据。为了能够准确地对结构的性能做出定量的评价，要求量测方法要正确，采集数据要准确、可靠。

随着科学技术的不断发展，各学科互相渗透，新的量测仪器不断出现，从最简单的逐个测读、手工记录的仪表，发展到应用电子计算机快速连续采集和处理的复杂系统，种类繁多，原理各异。试验人员除对被测参数的性质和要求应有深刻理解外，还必须对有关量测仪表的原理、功能和要求有所了解，然后才有可能正确选择仪器设备，并掌握使用技术，量测、采集到准确、可靠的数据。

从测量技术的历史发展过程和实际使用情况看，数据的量测与采集方法有以下4类。

（1）用最简单的工具进行人工测量、人工记录，如用直尺测量变形。

（2）用仪器进行测量、人工记录，如用应变仪配应变计或位移计测量应变或位移。

（3）用仪器进行测量、记录，如用传感器及 X-Y 记录仪进行测量、记录，或用传感器、放大器和磁带记录仪进行测量、记录。

（4）用自动化数据采集系统进行测量、记录、处理。

用于数据采集的仪器设备种类繁多，按它们的功能和使用情况可以分为传感器、放大器、显示器、记录器、分析仪器、数据采集仪，或一个完整的数据采集系统等。仪器设备还可分为单件式仪器和集成式仪器。单件式仪器是指一个仪器只具有单一的功能，集成式仪器是指把多种功能集中在一起的仪器。在不同种类的仪器中，传感器的功能主要是感受各种物理量（力、位移、应变等），并把它们转换成电信号或其他容易处理的信号；放大器的功能是把传感器传来的信号进行放大，使之可被显示和记录；显示器的功能是把信号用可见的形式显示出来；记录器是把采集得到的数据记录下来长期保存；分析仪器的功能是对采集得到的数据进行分析处理；数据采集仪可用于自动扫描和采集，可作为数据采集系统的执行机构。数据采集系统是一种集成式仪器，它包括传感器、数据采集仪和计算机或其他记录器、显示器等，可用来进行自动扫描、采集，还能进行数据处理。

土木工程结构试验对量测数据的精确度要求，通常根据试验目的和要求确定，并根据精度要求选择量测方法和量测仪表。为此，全面了解量测仪表的技术性能、使用方法和适用范围等是完全必要的。

4.2 测量仪表的基本特性

测量是指对被测对象进行检出、变换、分析、处理、判断、控制和显示等，这些环节的组合称为"测量系统"。在测量系统中，有以敏感元件为中心的检出部分，有转换信号提高效率的变换放大部分，有执行信息分析处理的数据分析处理部分和联系以上各部分的控制系统等。随着计算机自动控制技术的迅速发展，测量系统正在不断改进和完善，目前已在工程结构试验中广泛应用。

4.2.1 测量仪表的组成

每种测量仪表都应具备检出、变换、放大和显示记录等基本功能。一切测量仪表也都是由具备这些功能的元件或部件组合而成的。

测量仪表的组成如图 4.1 所示。其中,检出变换部分的敏感元件一般都直接与被测对象接触或直接附着在被测对象上,用来感受被测对象的参数变化;有时还需要将感受的参数经过变换后才能送入放大系统,最后送至读数器、显示仪或记录器等进行数字或模拟记录。

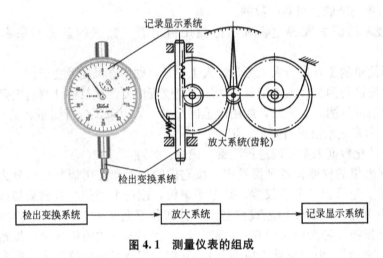

图 4.1 测量仪表的组成

4.2.2 测量仪表的技术指标

1. 技术指标

反映测量仪表性能优劣的是仪表的技术指标,测量仪表的主要技术指标如下。

1) 刻度值 A

设置有指示装置的仪表一般都配有分度表,刻度值是指分度表上每一个最小刻度所代表的被测量的数值。刻度值的倒数为该仪表的放大率 V,即 $V=1/A$。

2) 量程 S

量程是指仪表所能测量的最小至最大的量值范围,即仪表刻度盘上的上限值和下限值之差。在整个测量范围内,仪表提供的可靠程度并不相同,通常在上、下限值附近测量误差较大,故不宜在该区段内使用。

3) 灵敏度 K

灵敏度 K 是指被测量的量的单位变化所引起的仪器示值的变化,即某实际物理量的单位输出增量 Δy 与输入增量 Δx 的比值。当仪表的输出特性曲线为一条直线时,各点的斜率相等,K 为常数,如图 4.2(a)所示。若输出特性曲线为一条曲线,说明仪表的灵敏度将随被测物理量的大小变化而变化。在图 4.2(b)中,x_1、x_2 两处的灵敏度是不相等的。

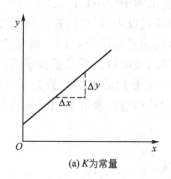 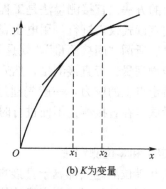

(a) K 为常量　　　　　　　(b) K 为变量

图 4.2　仪表的灵敏度

4）分辨率

当输入量从某个任意非零值开始缓慢地变化时，将会发现只要输入的变化值不超过某一数值，仪表的示值是不会发生变化的。因此，使仪表示值发生变化的最小输入变化值称为"仪表的分辨率"。

5）滞后

某一输入量从起始量程增至最大量程，再由最大量程减至最小量程，正反两个行程输出值之间的偏差称为"滞后"。滞后常用全量程中的最大滞后值与满量程输出值之比来表示。这种现象是由机械仪表中有内摩擦或仪表元件吸收能量引起的。

6）精确度

精确度简称"精度"，是精密度和准确度的综合反映。精度高的仪表，意味着随机误差和系统误差都很小。精度最终是用测量误差的相对值表示的，误差越小，精度越高。在工程应用中，为了简单表示仪表测量结果的可靠程度，可用仪表精确度等级 A 来表示。

$$A = \frac{\Delta_{g.max}}{x_{max} - x_{min}} \times 100\% \tag{4-1}$$

式中　$\Delta_{g.max}$——最大绝对允许误差值；

x_{max}、x_{min}——测量范围的上、下限值。

7）可靠性

仪表的可靠性可定义为：在规定的条件下（满足规定的技术指标，包括环境、使用、维护等指标），满足给定的误差极限范围内连续工作的可能性，或者说构成仪表的元件或部件的功能随着时间的增长仍能保持稳定的程度。现代的测试仪表元件数目都很多，每个元件都应该有很高的可靠性才能保证仪表具有可靠性。

8）频率响应

动测仪器输出信号的幅值和相位随输入信号的频率变化而变化的特性，常用幅频和相频特性曲线来表示，分别说明仪器输出信号与输入信号间的幅值比和相位角偏差与输入信号频率的关系。

2. 测量方法

常用的测量方法有直接测量法和间接测量法、偏位测定法和零位测定法。

1）直接测量法和间接测量法

直接测量法是用一个事先按标准量分度的测量仪表对某一被测的量进行直接测定，从而得出该量数值的方法。直接测量法是工程结构试验中应用最广泛的一种方法，但直接测量不等于必须用直读式仪表进行，用电压表（直读式仪表）和电位差计（比较式仪表）测量电压均属直接测量。所谓"间接测量"，就是不直接测量待求量，而是对与待求量 X 有确切函数关系的其他物理量进行直接测量，然后通过已知函数关系式求待求量的值。例如，测量某一构件某特定点上的应力，一般先通过测定应变然后根据函数关系式（$\sigma = E\varepsilon$）再导出应力。间接测量法是在直接测量不便进行时或没有相应仪表可采用时或直接测量引起误差过大时使用。

2) 偏位测定法和零位测定法

偏位测定法和零位测定法都属于直接测量法。

当测量仪表是用指针相对于刻度线的偏位来直接表示被测量的大小时，这种测量方法就称为"偏位法"。用偏位法测量时，指针式仪表内没有标准量具，而只设有用标准量具标定过的刻度尺。刻度尺的精确度不可能做得很高，因而这种测量方法的测量精度不高。

零位法是使被测的量和某已知标准量对仪表指零机构的作用达到平衡而进行测量的方法，即两个作用的总效应为零。总效应为零（指零机构的示值为零）表示被测量的值等于该已知标准量的值。在零位法中，测量结果的误差主要取决于标准量的误差，因而测量精度高于偏位测定法。但采用零位法测量必须及时调整标准量，这就需要一段时间过程，因此测量速度受到限制。

偏位法测量和零位法测量在工程结构试验中均被广泛采用。接触式位移计（百分表）、动态电阻应变仪等都是采用偏位法进行测定的，而天平秤和静态电阻应变仪等是采用零位法进行测量的。一般认为零位法比偏位法测量更精确，尤其当利用桥路特性对被测量加以放大后，量测精度可以进一步提高。

3. 仪器误差及消除方法

仪器本身的误差属于系统误差范畴，产生系统误差的原因主要是仪器在生产工艺上或设计上存在缺陷（如零件的尺寸、安装位置和刻度分划不准确等），或者是由于使用日久导致零件磨损、零件变形等。在设计原理上用线性关系近似地代替非线性关系也会产生系统误差。

仪器系统误差出现的规律可分为定值误差和变值误差两种。在整个测量过程中，误差的大小和符号都保持不变的称为"定值误差"（如仪器的刻度不准确）。变值误差较复杂，分为累进误差、周期误差和按复杂规律变化的误差 3 种；在测量过程中，随时间递增或递减的误差称"累进误差"，周期性地改变数值及符号的误差称为"周期误差"。

消除系统误差的基本方法是事先找出仪器存在的系统误差及其变化规律，并对其建立各种修正公式或绘制修正曲线、修正表格等。这就需要对仪器进行定期率定，率定方法有如下 3 种。

（1）在专门的率定设备上进行。这种设备能产生一个已知标准量的变化，把它和被率定仪器的示值做比较，求出被率定仪器的刻度值。采用这种方法时，要求率定设备的准确度要比被率定仪器的准确度高一个等级以上。

（2）采用和被率定仪器同一等级的"标准"仪器进行比较来率定。所谓"标准"仪器的准确度并不比被率定的仪器高，但它不常使用，因而可认为该仪器的度量性能技术指标可保持不变，准确度也为已知。显然这种率定方法的准确度取决于"标准"仪器的准确度。因为被率定仪器和"标准"仪器具有同一精度，故率定结果的准确度要比在专门的率定设备上进行率定差。但此法不需要特殊率定设备，所以常被采用。

(3) 利用标准试件率定仪器。将标准试件放在试验机上加载，使标准试件产生已知的变化量，根据这个变化量就可以求出安装在试件上的被率定仪器的误差。此法准确度不高，但它更简单，容易实现，所以被广泛采用。

4. 结构试验对仪器设备的使用要求

(1) 测量仪器不应该影响结构的工作，要求仪器自重轻、尺寸小，尤其是对模型结构试验，还要考虑仪器的附加质量和仪器对结构的作用。

(2) 测量仪器具有合适的灵敏度和量程。

(3) 安装使用方便，稳定性和重复性好。

(4) 价廉耐用，可重复使用，安全可靠，维修容易。

(5) 在达到上述要求的条件下，尽量要求多功能、多用途，以适应多方面的需要。

4.3 传 感 器

4.3.1 基本原理

传感器的作用是感受所需要测量的物理量（或信号），按一定规律把它们转换成可以直接测读的形式然后直接显示，或者是电量的形式然后传输给下一步的仪器。目前，结构试验中较多采用的是将被测非电量转换成电量的电测传感器。

1. 机械式传感器

机械式传感器利用机械原理进行工作，主要由以下四部分组成。

(1) 感受机构：直接感受被测量的变化。

(2) 转换机械：把感受到的变化转换成长度或角度等的变化，并且加以放大或缩小以及转向等。

(3) 显示装置：用来显示被测量的大小，通常由指针和度盘等组成。

(4) 附属装置：如外壳、防护罩、耳环、装夹具，它使仪器成为一个整体，并便于安装使用。

机械式传感器通常不能进行数据传输，需要带有显示装置，所以机械式传感器是带有显示器的传感器。

2. 电测传感器

电测传感器利用某种特殊材料的电学性能或某种装置的电学原理，把所需测量的非电物理量变化转换成电量变化，如把非电量的力、应变、位移、速度、加速度等转换成与之对应的电流、电阻、电压、电感、电容等。电测传感器主要由以下 4 部分组成。

(1) 感受部分：直接感受被测量的变化，它可以是一个弹性钢筒、一个悬臂梁或是一个简单的滑杆等。

(2) 转换部分：它把所感受到的物理量变化转换成电量变化。如把应变转换成电阻变化的电阻应变计，把振动速度转换成电压变化的线圈磁钢组件，把力转换成电荷变化的压电晶体等。

(3) 传输部分：把电量变化的信号传输到放大器或者记录器和显示器的导线（或电缆）和相应的接插件等。

(4) 附属装置：指传感器的外壳、支架等。

电测传感器可以进一步按输出电量的形式分为电阻应变式传感器、磁电式传感器、电容式传感器、电感式传感器、压电式传感器等。

3. 其他传感器

另外，还有红外线传感器、激光传感器、光纤维传感器、超声波传感器等；还有些传感器是利用两种或两种以上的原理进行工作的复合式传感器，即能对信号进行处理和判断的智能传感器。

通常，传感器输出的电信号很微弱，在有些情况下，还需要按传感器的种类配置放大器，对信号进行放大处理，然后输送到记录器和显示器中。放大器的主要功能就是把信号放大，它必须与传感器、记录器和显示器相匹配。

4.3.2 应变计

在外力作用下，工程结构内部产生应力，不同部位的应力值既是评定结构工作状态的重要指标，又是建立结构理论的重要依据。迄今为止，还没有较好的方法直接测定构件截面的应力值，一般方法是先测定应变，而后通过应力和应变的关系间接测定应力。应变测量在工程结构试验测量中有极其重要的地位，是测量其他物理量的基础。

测量应变通常是在预定的标准长度范围（即标距）l 内进行。测量长度变化增量的平均值 Δl 由 $\varepsilon = \Delta l / l$ 求得，这就是应变测量的基本原理。所以，应变的测量实质上是测量标距 l 的变化增量 Δl。l 的选择原则上应尽量小，特别是对于应力梯度较大的结构和应力集中的测点。但对某些非均质材料组成的结构，l 应有适当范围，如对混凝土来说，l 应取大于骨料最大粒径的 3 倍，对砖石结构 l 取大于 4 皮砖等，才能正确反映平均值 Δl。

测量应变的方法有很多，主要有电测法、机测法和光测法等。

1. 应变电测法

电测法以电阻应变仪量测为主。电测法的基本原理是：将一种特制的电阻应变片作为受感元件，粘贴在被测试件上，当试件由于受到外荷载的作用而发生变形时，电阻应变片也随之变形，并发生电阻的变化。在一定的工作范围内，电阻应变片的电阻变化与试件发生的应变成比例关系。根据测得的电阻变化，通过应变仪可获得试件上被测点的应变值。在弹性范围内，通过虎克定律又可将该点的应变转换为该点的应力值。

1) 电阻应变片的原理及构造

电阻应变片的工作原理是基于电阻丝具有应变效应，即电阻丝的电阻值随其变形而发生改变。由物理学可知，金属丝的电阻 R 与长度 L 和截面积 A 有如下关系

$$R = \rho \frac{L}{A} \tag{4-2}$$

式中　R——电阻丝的电阻值，Ω；
　　　L——电阻丝的长度，mm；
　　　ρ——电阻率，$\Omega \cdot \text{mm}^2/\text{m}$；
　　　A——电阻丝的截面积，mm^2。

当电阻丝受力变形而伸长或缩短时，电阻变化为

$$dR = \frac{\partial R}{\partial \rho} d\rho + \frac{\partial R}{\partial L} dL - \frac{\partial R}{\partial A} dA$$

$$= \frac{L}{A} d\rho + \frac{\rho}{A} dL - \frac{\rho L}{A^2} dA \tag{4-3}$$

$$\frac{dR}{R} = \frac{dL}{L} + \frac{d\rho}{\rho} - \frac{\rho L}{A^2} dA \tag{4-4}$$

式中　$\dfrac{dL}{L}$——金属丝长度的相对变化，即应变；

　　　$\dfrac{d\rho}{\rho}$——电阻率的相对变化；

　　　$\dfrac{dA}{A}$——截面面积的相对变化。

电阻丝的截面积 $A = \dfrac{\pi D^2}{4}$（D 为电阻丝的直径）。因电阻丝纵向伸长时横向缩短，故有

$$\frac{dD}{D} = -\nu \frac{dL}{L} = -\nu \varepsilon \tag{4-5}$$

式中　ν——电阻丝材料的泊松比。

因此有

$$\frac{dA}{A} = \frac{\frac{2\pi D dD}{4}}{\frac{\pi D^2}{4}} = 2\frac{dD}{D} \tag{4-6}$$

$$\frac{dR}{R} = \frac{d\rho}{\rho} + \varepsilon + 2\nu\varepsilon \tag{4-7}$$

整理后得

$$\frac{dR/R}{\varepsilon} = \frac{d\rho/\rho}{\varepsilon} + (1 + 2\nu)$$

令 $K_0 = \dfrac{d\rho/\rho}{\varepsilon} + (1 + 2\nu)$，则有

$$\frac{dR}{R} = K_0 \varepsilon \tag{4-8}$$

式中　K——金属丝的灵敏度系数，标识单位应变引起的相对电阻变化，灵敏度系数越大，单位应变引起的电阻变化也越大。

K_0 受两个因素的影响：第一项是 $\dfrac{d\rho/\rho}{\varepsilon}$，它是由电阻丝发生单位应变引起的电阻率的改变，是应变的函数，但对大多数电阻丝而言，也是一个常量；第二项 $(1+2\nu)$ 是由电阻丝几何尺寸的改变引起的，选定金属丝材料后，泊松比 ν 为常数。因此，可以认为 K_0 是常数，式(4-8)所表达的电阻丝的电阻变化率与应变呈线性关系。对丝栅状应变片或箔式

应变片，考虑到已不是单根丝，故改用应变片的灵敏系数 K 代替 K_0。

2) 电阻应变片的构造

电阻应变片由敏感栅、基底、覆盖层和引出线构成，如图 4.3 所示。

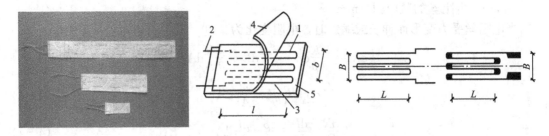

图 4.3　电阻应变片的构造
1—敏感栅；2—引出线；3—粘合剂；4—覆盖层；5—基底

(1) 敏感栅：它是应变片将应变变换成电阻变化量的敏感部分，是用金属或半导体材料制成的单丝或栅状体。敏感栅的形状与尺寸直接影响应变片的性能。图 4.3 所示的敏感栅的纵向中心线称为"纵向轴线"。敏感栅的尺寸用栅长 L 和栅宽 B 表示。圆弧端敏感栅的长度为两端圆弧内侧之间的距离；直线形横栅敏感栅的长度为两端横栅内侧之间的距离。与纵轴垂直方向上的敏感栅外侧之间的距离称栅宽 B。栅长和栅宽代表应变片的标称尺寸，即规格。

(2) 基底和覆盖层：它起定位和保护电阻丝的作用，并使电阻丝和被测试件之间绝缘。基底的尺寸通常代表应变片的外形尺寸。

(3) 粘合剂：是一种具有一定电绝缘性能的粘结材料。它将敏感栅固定在基底上或将应变片的基底粘贴在试件的表面上。

(4) 引出线：通过测量导线接入应变测量桥。引出线一般都采用镀银、镀锡或镀合金的软铜线制成，在制造应变片时与电阻丝焊接在一起。

3) 电阻应变片的分类

电阻应变片经常是按所用材料、适用的工作温度以及不同的用途进行分类的。

(1) 按敏感栅所用材料分类。按敏感栅材料的不同，可把应变片分为金属电阻应变片和半导体应变片。根据生产工艺的不同，金属电阻应变片又可分为金属丝式应变片、箔式应变片和薄膜应变片。

金属丝式应变片是用直径在 0.015～0.05mm 范围内的金属丝作敏感栅的应变片，常称"丝式应变片"。目前用得最多的有丝绕式（U 型）和短接式（H 型）两种，分别如图 4.4(a)、图 4.4(b) 所示。

金属箔式应变片的敏感栅是用厚度在 0.002～0.005mm 范围内的金属箔制成，如图 4.5 所示。其制作工艺不同于丝式应变片，它是通过光刻和腐蚀等工艺技术制成的。由于箔式应变片敏感栅的横向部分可以做成比较宽的栅条，因而它的横向效应比丝式的小。箔栅的厚度很小，能较好地反映构件表面的变形，也易于在弯曲表面上粘贴。箔式应变片的蠕变小，疲劳寿命长。在相同截面下，栅条和栅丝的散热性能好，允许通过的工作电流大，测量灵敏度也较高。

金属薄膜应变片是用真空蒸镀及沉积等工艺，将金属材料在绝缘基底上制成一定形状的薄膜而形成敏感栅的。这种应变片耐高温性能好，工作温度可达 800～1000℃。

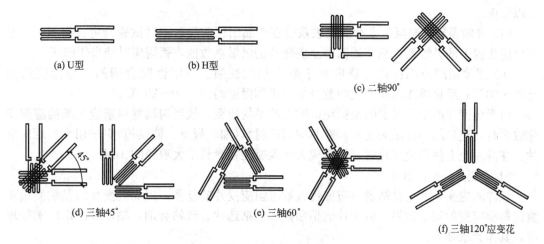

图 4.4 丝式应变片

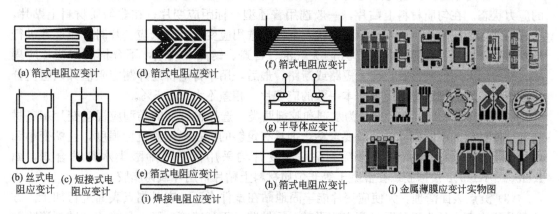

图 4.5 几种金属薄膜电阻应变计

半导体应变片的敏感元件是由半导体材料制成的。敏感元件硅件是从硅锭上沿所需的晶轴方向切割出来的，经过腐蚀减小截面尺寸后，在硅条的两端用真空镀膜设备再蒸发上一层黄金，然后再将丝栅内引线焊在黄金膜上，经二次腐蚀达到规定截面尺寸后，将其粘贴在酚醛树脂基底上。该片的优点是灵敏度高，频率响应好，可以做成小型和超小型应变片。其缺点是温度系数大，稳定性不如金属丝式应变片。

（2）按应变片适用的工作温度分类。按适用的工作温度分类，应变片可分为低温片、常温片、中温片和高温片。常温片的工作温度范围是－30～60℃，中温应变片的工作温度范围是60～350℃，高温片工作温度范围是350℃以上，工作温度低于－30℃的应变片称为"低温应变片"。

4）电阻应变片的技术性能

应变片的主要技术性能由下列指标给出。

（1）标距：指敏感栅在纵轴方向的有效长度 L。

（2）规格：以使用面积 $L \times B$ 表示。

（3）电阻值与电阻应变片配套使用的电阻应变仪中的测量线路，其电阻均以 120Ω 作为标准进行设计，因而应变片的阻值大部分为 120Ω 左右，否则应加以调整或对测量结果予以修正。

(4) 灵敏系数：电阻应变片的灵敏系数在产品出厂前经过抽样试验确定。使用时，必须把应变仪上的灵敏系数调节器调整至应变片的灵敏系数值，否则应对结果作修正。

(5) 温度适用范围：它主要取决于胶合剂的性质。可溶性胶合剂的工作温度约为 $-20 \sim 60℃$；经化学作用而固化的胶合剂的工作温度约为 $-60 \sim 200℃$。

由于应变片的应变代表的是标距范围内的平均应变，故当匀质材料或应变场的应变变化较大时，应采用小标距应变片。对非均匀性材料(如混凝土、铸铁等)应选用大标距应变片。在混凝土上使用应变片时，标距应大于混凝土粗骨料最大粒径的3倍。

5) 应变片的粘贴技术

试件的应变是通过粘结剂将应变传递给电阻应变片的丝栅，因而应变片的粘贴质量将直接影响应变的测量结果。应变片的粘贴技术包括选片、选粘合剂、粘贴和防水防潮处理等，具体要求如下。

(1) 应变片检查分选选择应变片的规格和类型。分选时应注意试件材料的性质和试件的应力状态。在匀质材料上贴片，一般选用普通型小标距应变片；在非匀质材料上贴片，应选用大标距应变片；处于平面应变状态下的应选用应变花。分选应变片时，应逐片进行外观检查，应变片丝栅应平直，片内无气泡、霉斑、锈点等缺陷，不合格的应变片应剔除。然后用万用电表检查，应无短路或断路。最后，用单臂电桥逐片测定阻值并以阻值分成若干组，同一测区应用阻值基本一致的应变片，相差不大于0.5%。

(2) 选择粘合剂。粘合剂分为水剂和胶剂两类。选择粘合剂的类型应视应变片基底材料和试件材料的不同而异。一般要求粘合剂具有足够的抗拉强度和抗剪强度，且蠕变小和电绝缘性能好。目前在匀质材料上粘贴应变片均采用氰基丙烯酸类水剂粘合剂，如KH501、KH502快速胶；在混凝土等非匀质材料上贴片时常用环氧树脂胶。

(3) 测点表面清理。为使应变片能牢固地贴在试件表面，应对测点表面进行加工。方法是先检查测点处表面状况，测点应平整、无缺陷、无裂缝等；用工具或化学试剂清除贴片处的漆层、油污、锈层等污垢，然后用锉刀或砂轮打平，再用 $0^{\#}$ 砂布在试件表面打成 $45°$ 的斜纹，要求表面平整、无锈、无浮浆等，并不使断面减小；吹去浮尘并用棉花蘸丙酮或酒精等清洗，直到棉花干擦时无污染为止。

(4) 应变片的粘贴与干燥。选择合适的胶粘剂，在试件上画出测点的纵横中心线，纵线应与应变方向一致。用水剂贴片时，先在试件表面的定向标记处和应变片基底上分别涂均匀胶层，待胶层发粘时迅速将应变片按正确位置就位，并取一块聚乙烯薄膜盖在应变片上，用手指沿一个方向滚压，挤出多余胶水，胶层应尽量薄，并注意应变计位置不滑动，快干胶粘贴用手指轻压 $1 \sim 2h$，其他胶则用适当方法加压 $1 \sim 2h$。在混凝土或砌体等表面贴片时，一般应先用环氧树脂胶作找平层，待胶层完全固化后再用 $0^{\#}$ 砂纸打磨、擦洗后方可贴片。当室温高于 $15℃$ 和相对湿度低于 60% 时可采用自然干燥，干燥时间一般为 $24 \sim 48h$。室温低于 $15℃$ 和相对湿度高于 60% 时应采用人工干燥(红外线灯照射或电吹热风)，但人工干燥前必须先经过 $8h$ 自然干燥，人工干燥的温度不得高于 $60℃$。

(5) 焊接导线。先在应变计引出线底下贴胶布或胶纸，以保证引出线不与试件形成短路；然后用胶固定端子或用胶布固定电线，要保证电线轻微拉动时引出线不断；最后用电烙铁把测量导线的一端与引出线焊接，焊点应圆滑、丰满、无虚焊，测量导线的另一端与应变仪测量桥连接。

(6) 应变片的粘贴质量检查。首先，借助放大镜用肉眼进行外观检查，应变片应无气泡，粘贴牢固，方位准确；而后用万用电表检查应变片应无短路和断路，用单臂电桥测量应变片的电阻值，应与粘贴前基本相同；用兆欧表测量应变片与试件的绝缘电阻，一般应在 50MΩ 以上，恶劣环境或长期测量则应大于 500MΩ；最后将其接入应变仪，观察应变片的零点漂移。漂移值小于 $5\mu\varepsilon$(3min 之内)认为合格；不合格的，则应铲除重贴。

(7) 防潮和防水处理。防潮措施必须在检查应变片贴片质量合格后立即进行。防护一般用胶类防潮剂浇注或加布带绑扎，防潮剂必须覆盖整个应变计并稍大 5mm 左右。防护应能防机械损坏。常用的电阻应变片防潮剂见表 4-1。

表 4-1 常用的电阻应变片防潮剂

序号	种类	配方或品牌	使用方法	固接条件	使用范围
1	凡士林	纯凡士林	加热去除水分，冷却后涂刷	室温	室内，短期<55℃
2	凡士林黄蜡	凡士林 40%~80%，黄蜡 20%~60%	加热去除水分，调匀，冷却后涂刷	室温	室内，短期<65℃
3	黄蜡松香	黄蜡 60%~70%，松香 30%~40%	加热溶化，脱水调匀，降温至 50℃左右用	室温	<70℃
4	石蜡涂料	石蜡 40%，凡士林 20%，松香 30%，机油 10%	松香研末，混合加热至 150℃，搅匀，降温至 60℃后涂刷	室温	一般室外-50~70℃
5	环氧树脂类	914 环氧粘结剂 A 组和 B 组	按重量 A：B=6：1 或按体积 A：B=5：1 混合调匀即可使用	20℃、5h 或 25℃、3h	室外各种试验及防水包扎，-60~60℃
5	环氧树脂类	E44 环氧树脂 100%，甲苯酚 15%~20%，间苯二胺 8%~14%	树脂加热至 50℃左右，依次加入甲苯酚、间苯二胺，搅匀	室温 10h	室内外各种试验及防水包扎，-15~80℃
6	酚醛-缩醛类	JSF-2	每隔 20~30min 涂 1 层，共 2~3 层	70℃、1h 或 140℃、1~2h	室内外各种试验 60~180℃
7	橡胶类	氯丁橡胶(88#，G_1G_2 等)90%~99%，列克纳胶(聚异氰酸酯)1%~10%	涂料预热至 50~60℃，搅拌匀分层涂敷，干后下层涂敷直至 5mm 左右	室温下硫化	液压下常温防潮
8	聚丁二烯类	聚丁二烯胶	用毛笔蘸胶，均匀涂在应变片上，加温固化	70℃、1h 或 130℃、1h	常温防潮
9	丙烯酸类树脂	P-4	涂刷或包扎	室温 5min 溶剂挥发，24min 完全固化或 80℃/30min 更佳	各种应力分析应变片及传感器防潮和保护，也可固定接线与绝缘-70~120℃

6）电阻应变片的测量电路

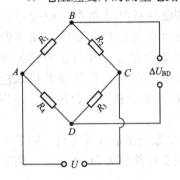

图 4.6 惠斯登电桥

由电阻应变片的工作原理可知，当电阻应变片的灵敏系数 K 为 2.0、被测量的机械应变为 $1\times 10^{-3}\sim 1\times 10^{-6}$ 时，电阻变化率为 $dR/R=K\varepsilon=2\times 10^{-3}\sim 2\times 10^{-6}$。这是个非常微弱的电信号，用量电器检测是很困难的，所以必须借助放大器将微弱信号放大，才能推动量电器工作。而电阻应变仪就是电阻应变片的专用放大器及量电器。

(1) 电桥基本原理。

电阻应变仪采用的测量电路是惠斯登电桥电路（图 4.6）。电桥的 4 个桥臂上分别接入电阻 R_1、R_2、R_3、R_4，在 A、C 端接入电源，B、D 端为输出端。

电路处于平衡状态时，B 点的电压等于 D 点的电压，即输出等于零。因此，A 点到 D 点的电压降必等于 A 点到 B 点的电压降；同理，C 点到 D 点的电压降也必然等于 C 点到 B 点的电压降。故有

$$I_4 R_4 = I_1 R_1 \tag{4-9}$$

$$I_2 R_2 = I_3 R_3 \tag{4-10}$$

因为桥路达到平衡时，输出为零，即 $U_{BD}=0$，因此有

$$I_1 = I_2, \quad I_3 = I_4 \tag{4-11}$$

消去电流项 I，得电桥平衡时（$U_{BD}=0$）的条件为

$$R_1 R_3 = R_2 R_4 \tag{4-12}$$

设 V_i 为输入电压，V_0 为输出电压。

根据基尔霍夫定律，可以得到输出电压 V_0 与输入电压 V_i 的关系如下

$$V_0 = V_i \cdot \frac{R_1 R_3 - R_2 R_4}{R_1 + R_2 (R_3 + R_4)} \tag{4-13}$$

当 $R_1=R_2=R_3=R_4$，即 4 个桥臂电阻值相等时，称为等臂电桥。当电桥平衡，即输出电压 $V_0=0$ 时，有

$$R_1 R_3 - R_2 R_4 = 0 \tag{4-14}$$

如桥臂电阻发生变化，电桥将失去平衡，输出电压 $V_0 \neq 0$。

测量应变时，可以只接一个应变计（R_1 为应变计），这种接法称为 1/4 电桥；接两个应变计（R_1 和 R_2 为应变计），称为半桥接法；接 4 个应变计（R_1、R_2、R_3 和 R_4 均为应变计），称为全桥接法。

当进行全桥测量时，假定 4 个桥臂的电阻变化分别为 ΔR_1、ΔR_2、ΔR_3、ΔR_4，且变化前的电桥为平衡的，则输出电压为

$$V_0 = V_i \cdot \frac{R_2 R_4}{R_1 + R_2 R_3 + R_4} \left(\frac{\Delta R_1}{R_1} - \frac{\Delta R_2}{R_2} + \frac{\Delta R_3}{R_3} - \frac{\Delta R_4}{R_4} \right) \tag{4-15}$$

在式（4-15）中，利用了 $\Delta R_1 \Delta R_3=0$、$\Delta R_2 \Delta R_4=0$ 及 $(R_1+\Delta R_1+R_2+\Delta R_2)(R_3+\Delta R_3+R_4+\Delta R_4)=(R_1+R_2)(R_3+R_4)$。如 4 个应变计规格相同，即 $R_1=R_2=R_3=R_4$，$K_1=K_2=K_3=K_4=K$，则有

$$V_0 = \frac{1}{4} V_i \cdot K (\varepsilon_1 - \varepsilon_2 + \varepsilon_3 - \varepsilon_4) \tag{4-16}$$

由式(4-16)可知,当 $\Delta R \leqslant R$ 时,输出电压与应变成线性关系,与4个桥臂应变的代数和呈线性关系;相邻桥臂的应变符号相反,如 ε_1 与 ε_2,相对桥臂的应变符号相同,如 ε_1 与 ε_3。

用电阻应变仪测量应变时,用电阻应变仪中的电阻和电阻应变计共同组成惠斯登电桥。当应变计发生应变时,其电阻值会发生变化,使电桥失去平衡;如果在电桥中接入一可变电阻,调节可变电阻使电桥恢复平衡,这个可变电阻调节值与应变计的电阻变化有对应关系,通过测量这个可变电阻调节值来测量应变的方法称为零位读数法。如果不用可变电阻,直接测量电桥失去平衡后的输出电压,再换算成应变值,这种方法称为直读法(或偏位法)。

采用何种电桥和应变计布置应根据试验要求而定。当用于测量非匀质材料的应变时,或当应变测点较多时,应尽量采用1/4电桥,以避免各个应变测点之间相互影响。

随着电子技术的发展,配置有高精度、高分辨率的积分电压表的数据采集仪广泛应用于结构试验,应用于应变测量。数据采集仪测量应变常采用直读法,直接测量电桥失去平衡后的输出电压,通过换算可得到相应的应变值。将式(4-15)改写为

$$\frac{V_0}{V_i} = \frac{R_1 R_3 - R_2 R_4}{R_1 + R_2 R_3 + R_4} = \frac{R_1 R_3 + R_2 R_3 - R_2 R_3 - R_2 R_4}{R_1 + R_2 R_3 + R_4}$$

$$= \frac{R_3(R_1 + R_2) - R_2(R_3 + R_4)}{R_1 + R_2(R_3 + R_4)} = \frac{R_3}{R_3 + R_4} - \frac{R_2}{R_1 + R_2} \quad (4-17)$$

即输出电压与输入电压之比为 R_1、R_2、R_3 和 R_4(R_1、R_2、R_3 和 R_4 是电阻或应变计)的函数,当电桥中应变计的电阻发生变化时,V_0/V_i 也将发生变化。令

$$V_r = \left(\frac{V_0}{V_i}\right)_2 - \left(\frac{V_0}{V_i}\right)_1 \quad (4-18)$$

可以得到对于不同的电桥,由 V_r 计算应变的表达式。在式(4-18)中,$\left(\frac{V_0}{V_i}\right)_2$ 为发生应变后的电压比值,$\left(\frac{V_0}{V_i}\right)_1$ 为发生应变前的电压比值。

对1/4电桥,只有一个应变计,应变的表达式为

$$\varepsilon = \frac{-4V_r}{K(1+2V_r)} \quad (4-19)$$

对半桥电桥(弯曲桥路),有两片应变计,一片受拉,另一片受压,并且应变绝对值相等,应变的表达式为

$$\varepsilon = \frac{-2V_r}{K} \quad (4-20)$$

对半桥电桥(泊松比桥路),有两片应变计,一片受拉,另一片横向受压,应变的表达式为

$$\varepsilon = \frac{-4V_r}{K[(1+\nu)-2V_r(\nu-1)]} \quad (4-21)$$

对全桥电桥(弯曲桥路),有4片应变计,两片受拉,另外两片受压,应变的表达式为

$$\varepsilon = \frac{-V_r}{K} \quad (4-22)$$

对全桥电桥(弯曲泊松比桥路),有4片应变计,两片一拉一压,另外两片横向一压一拉,应变的表达式为

$$\varepsilon = \frac{-2V_r}{K(1+\nu)} \quad (4-23)$$

对全桥电桥(泊松比桥路),有4片应变计,两片相对的受拉,另外两片相对的横向受压,应变的表达式为

$$\varepsilon = \frac{-2V_r}{K[(1+\nu)-V_r(1-\nu)]} \tag{4-24}$$

用上述方法测量应变，在试件没有发生应变时，先同时测量 V_i 和 V_0，将比值 (V_0/V_i) 存放在某一变量中，作为 $\varepsilon=0$ 时的参考值；试件发生应变后，应变计电阻和 (V_0/V_i) 也发生相应变化，这时再同时测量 V_i 和 V_0。利用式(4-18)～(4-24)计算 V_r 和应变值 ε。使用这种测量方法时，要求有一个精度高、分辨率高的积分式电压表。由于在计算应变中只要用到测量时的电压比值 (V_0/V_i)，并不要求 V_i 保持恒定，所以这种测量方法对电桥输入电压的稳定性要求不高。

(2) 温度补偿技术。

用电阻应变片测量应变时，除能感受试件应变外，由于环境温度变化的影响，同样也能通过应变片的感受而引起电阻应变仪指示部分的示值变动，这种变动称为"温度效应"。

温度变化使应变片的电阻值发生变化的原因有两个：一是由于电阻丝温度改变 Δt 时，电阻将随之改变；二是试件材料与应变片电阻丝的线膨胀系数不相等，但两者又粘合在一起，这样温度改变 Δt 时，应变片中产生了温度应变，引起一个附加电阻变化，这个变化可用电阻增量 ΔR_t 表示。根据桥路输出公式得

$$V_0 = \frac{V_i}{4}\frac{\Delta R_t}{R} = \frac{V_i}{4}K\varepsilon_t \tag{4-25}$$

式中　ε_t——视应变。

当应变片的电阻丝为镍铬合金丝时，温度变动 1℃ 时产生相当于钢材($E=2.1\times10^5$)应力为 14.7N/mm^2 的示值变动。这个量不能忽视，必须设法消除，消除温度效应的方法称为"温度补偿"。

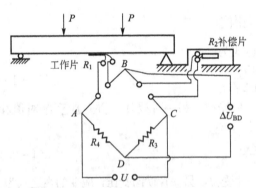

图 4.7　温度补偿应变计桥路连接示意图

温度补偿的方法是在电桥的 BC 臂上接一个与工作应变片 R_1 同样阻值的应变片 R_2 作为温度补偿应变片。如图 4.7 所示，工作片 R_1 贴在受力试件上，既受应变作用又受温度作用，故 ΔR_1 由两部分组成，即 $\Delta R_1 = \Delta R_e + \Delta R_t$。补偿片 R_2 的材料与试件材料相同并置于试件附近，具有同样的温度变化，但不受外力的补偿试件上只有 ΔR_t 的变化。故由式(4.25)得

$$V_0 = \frac{V_i}{4}\frac{\Delta R_1 + \Delta R_{1,t} - \Delta R_{2,t}}{R} = \frac{V_i}{4}\frac{\Delta R_1}{R} = K\varepsilon_1 \tag{4-26}$$

由此可见，测量结果仅为试件受力后产生的应变值，温度产生的电阻增量(或视应变)自动消除。

当找不到一个适当位置来安装温度补偿片，或者工作片与补偿片的温度变动不相等时，应采用温度自补偿片。温度自补偿片是一种单元片，可由两个单元组成。两个单元的相应效应可以通过改变外电路来调整，使用时应参阅相关说明书。

2. 应变的其他量测方法

1) 机测法

应变机测法的主要优势在于操作简单，可重复使用，但精度一般稍差。手持式应变仪

和百分表应变仪是两种常用的测量应变的仪器。

(1) 手持式应变仪。

手持式应变仪如图4.8所示。它是一台自行成套的应变仪,主要由两片弹簧钢片连接两个刚性骨架组成,两个骨架可作无摩擦的相对移动。骨架两端附带有锥形插轴,测量时将锥形插轴插入结构表面预定的孔穴里。结构表面的预定孔穴应按照仪器插轴之间的距离设置,这个距离就是仪器的标距。试件的伸长或缩短量由装在骨架上的千分表测读。千分表每一刻度代表的应变为$(1/1000)L$,L为应变仪的标距。

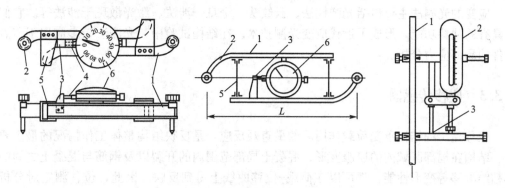

图4.8 手持式应变仪
1—刚性骨架;2—插轴;3—骨架外凸缘;4—千分表插杆;5—薄钢片;6—千分表

不同型号手持式应变仪的标距有很大差别。国外手持式应变仪标距有50mm、250mm等,国产手持式应变仪有200mm和250mm两种。由于标距不同,其上千分表每一刻度代表的应变值也不相同。一般大标距适于量测非匀质材料的应变。

用手持式应变仪测量应变的操作步骤为:①根据试验要求确定标距,在标距两端粘结两个脚标(脚标上做有锥形孔穴);②结构变形前,用手持式应变仪先测读一次;③结构变形后,再用手持式应变仪测读;④变形前后的读数差即为标距两端的相对位移,由此可求得平均应变。由于用手持应变仪测量应变时,将应变仪两端的锥形插轴插入试件表面的脚标内,而脚标离构件表面的距离为a,因而在弯曲平面内测量时,千分表的示值将大于(对受拉边)或小于(对受压边)试件表面纤维的实际伸长或缩短量,这时应对实测值进行修正。假定受弯构件截面的应变符合平截面假定,则修正后的应变为:

$$\varepsilon = \frac{h}{2\left(a+\dfrac{h}{2}\right)} \frac{\Delta L'}{L} \qquad (4-27)$$

式中 h——试件截面高度;

a——试件表面至脚标孔穴底的距离;

$\Delta L'$——在高度a处的位移示值;

L——应变仪标距。

手持式应变仪的主要优点是:仪器不需要固定在测点上,因而一台仪器可进行多点的测量。其缺点是每测读一次要重新变更一次位置,这样很可能引入较大误差。因此,为减小测量误差,在整个测试过程中最好每个操作者固定一台仪器,并保持读数方法和测试条件前后一致,使读数误差可以降至最低。尽管手持式应变仪的测量误差偏大,但当用于测量混凝土构件的长期应变（徐变）、墙板的剪切变形以及在大标距范围内进行其他应变测量时，手持式应变仪还是相当方便的。

(2) 百分表应变仪。

百分表应变仪的适用范围很广，可以广泛地用于大多数构件甚至是实际结构以及足尺试件的应变测量。其标距可任意选择，读数可用百分表也可用千分表或其他电测位移传感器。百分表应变装置的工作原理和操作步骤与手持式应变仪基本相同。

2) 光测法

应变的光测法主要包括光弹性法、云纹法、全息干涉法、激光散斑干涉法等。它们各自具有的独特功能，形成了近代应变光测技术。在结构试验中，光测法较多应用于节点或构件的局部应力分析。

4.3.3 位移传感器

位移是工程结构承受荷载作用后的最直观反应，是反映结构整体工作情况的最主要参数。结构在局部区域内的屈服变形、混凝土局部范围内的开裂以及钢筋与混凝土之间的局部粘结滑移等变形性能，都可以在荷载-位移曲线上得到反映。因此，位移测定对分析结构性能至关重要。总的来说，结构的位移主要是指试件的挠度、侧移、转角、支座偏移等参数。量测位移的仪表有机械式、电子式及光电式等多种仪表。在工程结构试验中，位移测量广泛采用的仪表有接触式位移计、应变梁式位移传感器、滑线电阻式位移传感器和差动变压器式位移传感器等。

1. 线位移传感器

1) 接触式位移计

接触式位移计为机械式仪表，其构造如图4.9所示。它主要由测杆、齿轮、指针和弹簧等机械零件组成。测杆的功能是感受试件变形；齿轮是将感受到的变形放大或变换方向；测杆弹簧使测杆紧跟试件的变形，并使指针自动返回原位。扇形齿轮和螺旋弹簧的作用是使齿轮相互之间只有单面接触，以消除齿隙造成的无效行程。

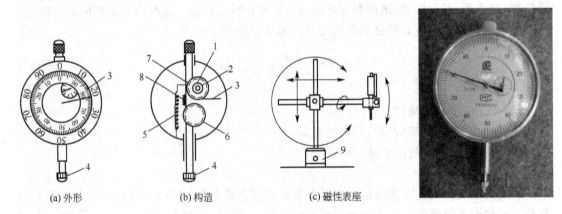

图 4.9　接触式位移计

1—短针；2—齿轮弹簧；3—长针；4—测杆；5—测杆弹簧；6～8—齿轮；9—表座

接触式位移计根据刻度盘上最小刻度值所代表的量不同分为百分表(最小刻度值为0.01mm)、千分表(最小刻度值为0.001mm)和挠度计(最小刻度值为0.05mm或0.1mm)。

接触式位移计的度量性能指标有刻度值、量程和允许误差。一般百分表的量程为5mm、10mm、30mm，允许误差为0.01mm。千分表的量程为1mm，允许误差为0.001mm。挠度计量程为50mm、100mm、300mm，允许误差为0.05mm。

使用时，将位移计安装在磁性表架上，用表架横杆上的颈箍夹住位移计的颈轴，并将测杆顶住测点，使测杆与测面保持垂直。表架的表座应放在一个不动点上，打开表座上的磁性开关以固定表座。

2) 应变梁式位移传感器(图4.10)

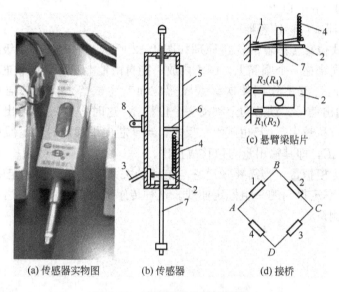

图 4.10 应变梁式位移传感器

1—应变片；2—悬臂梁；3—引线；4—拉簧；5—标尺；6—标尺指针；7—测杆；8—固定环

应变梁式位移传感器的主要部件是一块弹性好、强度高的铍青铜制成的悬臂梁(弹性簧片)，如图4.10(c)所示。簧片固定在仪器外壳上。在悬臂梁固定端粘贴4片应变片，组成全桥或半桥测量电路。悬臂梁的悬臂端与拉簧相连接，拉簧与指针固接。当测杆随位移移动时，传力弹簧使悬臂梁产生挠曲，即悬臂梁固定端产生应变，通过电阻应变仪即可测得应变与试件位移间的关系。

这种位移传感器的量程一般为30~150mm，读数分辨率可达0.01mm。由材料力学得知，位移传感器的位移 $\delta = \varepsilon C$。ε 为铍青铜梁上的应变，由应变仪测定；C 为与拉簧材料性能有关的刚度系数。

悬臂梁固定端的4片应变片按图4.10(c)所示的贴片位置和图4.10(d)所示的接线方式连接，且取 $\varepsilon_1 = \varepsilon_3 = \varepsilon$、$\varepsilon_2 = \varepsilon_4 = -\varepsilon$，则桥路输出为

$$V_0 = \frac{1}{4} V_i \cdot K(\varepsilon_1 - \varepsilon_2 + \varepsilon_3 - \varepsilon_4) = \frac{V_i}{4} K \cdot 4\varepsilon \tag{4-28}$$

由此可见，采用全桥接线且贴片符合图中所示位置时，桥路输出灵敏度最高，应变放大了4倍。

常用的机电复合式电子百分表的构造原理和应变梁式位移传感器相同。

3) 滑线电阻式位移传感器

滑线电阻式位移传感器由测杆、滑线电阻和触头等组成，其构造与测量原理如图4.11所示。沿线电阻固定在表盘内，触点将电阻分成R_1及R_2。工作时将电阻R_1和R_2分别接入电桥桥臂，预调平衡后输出等于零。当测杆向下移动一个位移δ时，R_1便增大ΔR_1，R_2将减小ΔR_2。由相邻两臂电阻增量相减的输出特性得知

$$V_0 = \frac{1}{4}V_i \cdot \frac{\Delta R_1 - (-\Delta R_1)}{R} = \frac{V_i}{4}K2\varepsilon \tag{4-29}$$

采用这样的半桥接线时，输出量与电阻增量（或与应变）成正比，也即与位移成正比，其量程可达10~100mm以上。

4) 差动变压器式位移传感器

差动变压器式位移传感器的构造原理如图4.12所示。它由一个初级线圈和两个次级线圈分内外两层同绕在一个圆筒上，圆筒内放一能自由地上下移动的铁芯。对初级线圈加入激磁电压时，通过互感作用使次级线圈感应而产生电势。当铁芯居中时，感应电势$e_{s1} - e_{s2} = 0$，无输出信号。铁芯向上移动一个位移δ，这时$e_{s1} \neq e_{s2}$，输出为$\Delta E = e_{s1} - e_{s2}$。铁芯向上移动的位移越大，$\Delta E$也越大。反之，当铁芯向下移动时，$e_{s1}$减小而$e_{s2}$增大，所以，$e_{s1} - e_{s2} = -\Delta E$，即其输出量与位移成正比。

由于输出量为模拟量，当需要知道它与位移的关系时，应通过率定确定。图4.12中的$\Delta E - \delta$直线是率定得到的一组标定曲线。这种传感器的量程大，可达500mm，适用于整体结构的位移测量。

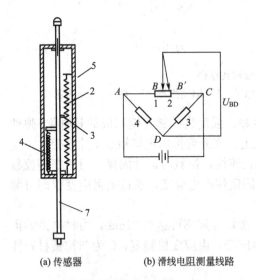

图4.11 滑线电阻式位移传感器 图4.12 差动变压器式位移传感器
1—测杆；2—滑线电阻；3—触头；4—弹簧 1—初级线圈；2—次级线圈；3—圆形筒；4—铁芯

以上所述各种位移传感器主要用于测量沿传感器测杆方向的位移。因而在安装位移传感器时，使测杆的方向与测点位移的方向一致是非常关键的。此外，测杆与测点接触面的凹凸不平也会产生测量误差。位移计应该固定在一个专用表架上，表架必须与试验用的荷载架及支承架等受力系统分开设置。

5) 磁致伸缩位移传感器

磁致伸缩位移传感器(图 4.13)是利用磁致伸缩原理，通过两个不同磁场相交产生一个应变脉冲信号来准确地测量位移的。测量元件是一根波导管，波导管内的敏感元件由特殊的磁致伸缩材料制成。测量过程是：由传感器的电子室内产生电流脉冲，该电流脉冲在波导管内传输，从而在波导管外产生一个圆周磁场，当该磁场和套在波导管上作为位移变化的活动磁环产生的磁场相交时，由于磁致伸缩的作用，波导管内会产生一个应变机械波脉冲信号，这个应变机械波脉冲信号以固定的声音速度传输，并很快被电子室检测到。由于这个应变机械波脉冲信号在波导管内的传输时间和活动磁环与电子室之间的距离成正比，通过测量时间，就可以高度精确地确定这个距离。由于输出信号是一个真正的绝对值，而不是比例的或放大处理的信号，所以不存在信号漂移或变值的情况，更无须定期重标。

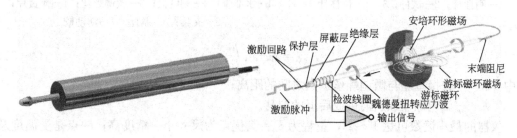

图 4.13 磁致伸缩位移传感器

磁致伸缩位移传感器是根据磁致伸缩原理制造的高精度、长行程绝对位置测量的位移传感器。它采用非接触的测量方式。由于测量用的活动磁环和传感器自身并无直接接触，不至于被摩擦、磨损，因而其使用寿命长、环境适应能力强，可靠性高，安全性好，便于系统自动化工作，即使在恶劣的工业环境下，也能正常工作。此外，它还能承受高温、高压和强振动，现已被广泛应用于位移的测量、控制中。

2. 角位移传感器

受力结构的节点、截面或支座截面都有可能发生转动。对转动角度进行测量的仪器有很多，也可以根据量测原理自行设计。常用的测角传感器有杠杆式测角器、水准式倾角仪和电子倾角仪。

1) 杠杆式测角器

杠杆式测角器构造示意如图 4.14 所示，将刚性杆 1 固定在试件 2 的测点上，结构变形带动刚性杆转动，用位移计测出 3、4 两点位移，即可算出转角

$$\alpha = \arctan \frac{\delta_4 - \delta_3}{L} \tag{4-30}$$

当 $L=100$mm，位移计刻度差值 $\Delta=0.1$mm 时，则可测得转角值为 1×10^{-3} 弧度，具有足够的精度。

2) 水准式倾角仪

图 4.15 所示为水准式倾角仪的构造。水准管 1 安置在弹簧片 4 上，一端铰接于基座 6 上，另一端被微调螺丝 3 顶住。当仪器用夹具 5 安装在测点上后，用微调螺丝使水准管的气泡居中，结构变形后气泡漂移，再扭动微调螺丝使气泡重新居中，度盘前后两次读数的差即为测点的转角，即

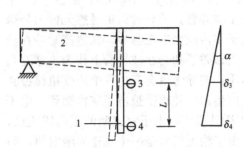
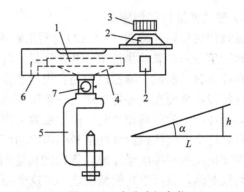

图 4.14 杠杆式测角仪
1—刚性杆；2—试件；3、4—位移计

图 4.15 水准式倾角仪
1—水准管；2—刻度盘；3—微调螺丝；4—弹簧片；5—夹具；6—基座；7—活动铰

$$\alpha = \arctan \frac{h}{L} \quad (4-31)$$

式中　L——铰接基座与微调螺丝顶点之间的距离；

　　　h——微调螺丝顶点前进或后退的位移。

仪器的最小读数可达 $1''\sim 2''$，量程为 $3°$。其优点为尺寸小、精度高；缺点是受温度及振动影响大，在阳光下暴晒会引起水准管爆裂。

3) 电子倾角仪

电子倾角仪实际上是一种传感器，它通过电阻变化测定结构某部位的转动角度，其构造原理如图 4.16 所示。其主要装置是一个盛有高稳定性导电液体的玻璃器皿，在导电液体中插入 3 根电极 A、B、C，并加以固定，电极等距离设置且垂直于器皿底面。当传感器处于水平位置时，导电液体的液面保持水平，3 根电极浸入液内的长度相等，故 A、B 极之间的电阻值等于 B、C 极之间的电阻值，即 $R_1 = R_2$，使用时将倾角仪固定在试件测点上，试件发生微小转动时倾角仪随之转动。因导电液面始终保持水平，因面插入导电液内的电极深度必然发生变化，使 R_1 减小 ΔR，R_2 增大 ΔR。若将 AB、BC 视作惠斯登电桥的两个臂，则建立电阻改变量 ΔR 与转动角度 α 间的关系就可以用电桥原理测量和换算倾角 α，$\Delta R = K\alpha$。

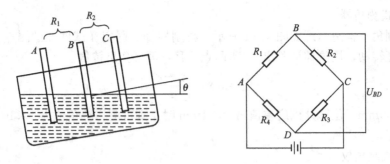

图 4.16 电子倾角仪构造原理

3. 剪切变形测量

梁柱节点或框架节点的剪切变形可用百分表或手持应变仪测定其对角线上的伸长或缩

短量得到,并按经验公式求得剪切变形,当采用图 4.17(a)所示测量方法时,剪切变形按式(4-32)计算;当采用图 4.17(b)所示测量方法时,剪切变形按式(4-33)计算。

$$\gamma = \alpha_1 + \alpha_2 = \frac{2ab}{\sqrt{a^2+b^2}}(\delta_1+\delta_1'+\delta_2+\delta_2') \tag{4-32}$$

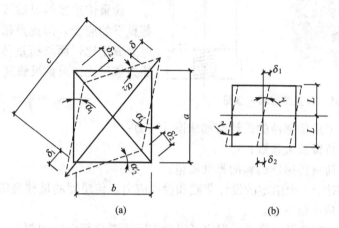

图 4.17 剪切变形测量

$$\gamma = \frac{\delta_1+\delta_2}{2L} \tag{4-33}$$

4. 扭角测量

图 4.18 是利用位移计量测扭角的装置,用它可近似测定空间壳体受到扭转后单位长度的相对扭角。扭角的计算式为

$$\theta = \frac{\mathrm{d}\varphi}{\mathrm{d}x} = \frac{\Delta\varphi}{\Delta x} = \frac{f}{ba} \tag{4-34}$$

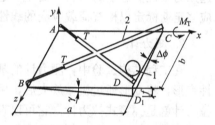

图 4.18 千分表测扭角装置
1—千分表;2—可伸缩十字刚性架

4.3.4 测力传感器

工程结构静力试验需要测定的力主要是荷载与支座反力,其次有预应力施力过程中钢丝或钢绳的张力,此外还有风压、油压和土压力等。测力传感器是用来测量对结构(试件)的作用力(荷载)的支座反力的测力设备。测力传感器分机械式与电测两种。由于电测仪器具有体积小、反应快、适应性强及便于自动化等优点,目前使用比较普遍。

1. 荷重传感器

荷重传感器可以测量荷载、反力以及其他各种外力。根据荷载性质不同,荷重传感器的形式有拉伸型、压缩型和通用型 3 种。各种荷载传感器的外形基本相同,其核心部件是一个厚壁筒,如图 4.18 所示。壁筒的横断面大小取决于材料的允许最高应力。在壁筒上贴有电阻应变片,以便将机械变形转换为电量。为避免在储存、运输或试验期间损坏应变片,设有外罩加以保护。为便于设备或试件连接,在筒壁两端加工有螺纹。荷重传感器的负荷能力可达 1000kN 或更高。

若按图 4.19 所示在筒壁的轴向和横向布片,并按全桥接入应变仪电桥,根据桥路输

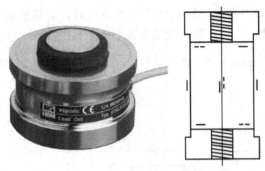

出特性可求得 $V_0 = \dfrac{V_i}{4} K\varepsilon \cdot 2(1+\nu)$。

其中，$2(1+\nu)=A$，A 为电桥输出放大系数，可提高其量测灵敏度。

荷重传感器的灵敏度可表达为每单位荷重下的应变，因此灵敏度与设计的最大应力成正比，而与荷重传感器的最大负荷能力成反比。荷重灵敏度为

$$K_0 = \dfrac{\varepsilon A}{P} = \dfrac{\sigma A}{PE} \qquad (4-35)$$

图 4.19 荷重传感器内壁筒

式中 P、σ——荷重传感器的设计荷载和设计应力；
　　　A——桥臂放大系数；
　　　E——荷重传感器材料的弹性模量。

由此可见，对于一个给定的设计荷载和设计应力，传感器的最佳灵敏度由桥臂系数 A 的最大值和 E 的最小值确定。

荷重传感器的构造极为简单，用户可根据实际需要自行设计和制作。但应注意，必须选用力学性能稳定的材料作筒壁，选择稳定性好的应变片及粘合剂。传感器投入使用后，应当定期标定以检查荷载应变的线性性能和标定常数。

2. 测力计

在工程结构试验中，测力计的基本原理是利用钢制弹簧、环箍或簧片在受力后产生弹性变形，将变形通过机械放大后，用指针度盘表示或借助位移计反映力的数值。最简单的拉力计就是弹簧式拉力计。它可以直接由螺旋形弹簧的变形求出拉力值。拉力与变形的关系预先经过标定，并在刻度尺上示出。

在工程结构试验中，用于测量张拉钢丝或钢丝绳拉力的环箍式拉力计如图 4.20 所示。它由两片弓形钢板组成一个环箍，在拉力作用下，环箍产生变形，通过一套机械传动放大系统带动指针转动，指针在度盘上的示值即为外力值。图 4.21 是另一种环箍式拉、压测力计，它用粗大的钢环作为"弹簧"，钢环在拉、压力作用下的变形经过杠杆放大后推动位移计工作。位移计示值与环箍变形关系应预先标定。这种测力计大多只用于测定压力。国产的环箍式测力计（称"标准测力计"）有 100N～1000kN 等多种。

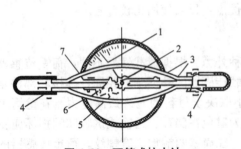

图 4.20 环箍式拉力计
1—指针；2—中央齿轮；3—弓形弹簧；4—耳环；
5—连杆；6—扇形齿轮；7—可动接板

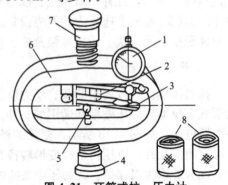

图 4.21 环箍式拉、压力计
1—位移计；2—弹簧；3—杠杆；4、7—下、上压头；
5—立柱；6—钢环；8—拉力夹头

4.3.5 裂缝量测仪器

在结构试验中，结构或构件的裂缝发生和发展、裂缝的位置和分布、长度和宽度是反映结构性能的重要指标。特别是混凝土结构、砌体结构等脆性材料组成的结构，对确定结构的开裂荷载、研究结构的破坏过程及结构的抗裂及变形性能均有十分重要的价值。因此，裂缝测量是一项必要的测量项目。

裂缝测量主要有两项内容：
(1) 开裂，即裂缝发生的时刻和位置。
(2) 度量，即裂缝的宽度和长度。

最常用的发现开裂的简便方法是借助放大镜用肉眼观察，为便于观察可先在试件表面刷一层白色石灰浆或涂料，还可以用应变计或导电漆膜来测量开裂。在测区连续搭接布置应变计或导电漆膜；当某处开裂时，该处跨裂缝的应变计读数就出现突变、或跨裂缝的漆膜就出现火花直至烧断，由此现象可以确定开裂。另一种方法是利用材料开裂时发射出声能的现象，将传感器布置在试件的表面或内部。通过测量声波来确定开裂。

测量裂缝宽度通常用读数显微镜（图 4.22），它由光学透镜与游标刻度等组成。可以用印有不同宽度线条的裂缝标尺与裂缝对比来确定裂缝宽度；用一组具有不同厚度的标准塞尺进行试插，正好插入裂缝的塞尺厚度即为该裂缝的宽度。裂缝标尺和塞尺的测量结果较粗略，但能满足一定的使用要求。

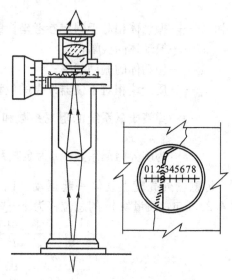

图 4.22 读数显微镜测量裂缝

4.3.6 测振传感器

工程结构动力荷载试验测量系统的测量仪表包括拾振器、测振放大器和记录仪。拾振器是一种将机械振动信号变换成电参量的敏感元件，其种类繁多。按测量参数不同可分为位移式、速度式和加速度式；按构造原理不同可分为磁电式、压电式、电感式和应变式；从使用角度出发又可分为绝对式（或称"惯性式"）和相对式、接触式和非接触式等。

1. 惯性式拾振器原理

振动具有传递作用，测振时很难在振动体附近找到一个静止的基准点作为固定的参考系来安装仪器。因此，往往需要在仪器内部设法构成一个基准点，构成方法是在仪器内部设置"弹簧质量体系"，这样的拾振器称为"惯性式拾振器"，其工作原理如图 4.23 所示。

它主要由质量块 m、弹簧、阻尼器和外壳等组成。使用时将仪器外壳紧固在振动体上，当振动体发生振动时，拾振器随之一起振动。质量 m 的运动微分方程为

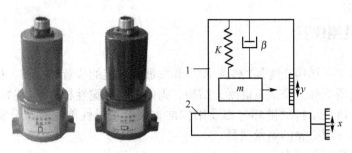

图 4.23 拾振器力学原理
1—拾振器；2—振动体

$$m(\ddot{x}+\ddot{x}_m)+c\dot{x}_m+kx_m=0 \quad (4-36)$$

$$x=x_0\sin\omega t \quad (4-37)$$

式中 x——振动体相对于固定参考坐标的位移；

x_0——振动体的振幅；

ω——振动体的振动频率；

x_m——质量块相对于仪器外壳的位移；

c、k——弹簧质量系统的阻尼系数和弹簧系数（$c=2m\eta$，ξ 为阻尼比，$\xi=\dfrac{c}{c_c}$，$c_c=2m\omega_n$ 为临界阻尼系数，η 为衰减系数，ω_n 为拾振器的固有频率，$\omega_n=\sqrt{\dfrac{k}{m}}$）。

传感器外壳随振动体一起运动。以 Y 表示质量块 m 相对于传感器外壳的位移，由图 4.23 可知，质量块 m 的总位移为 $x+y$，它的运动方程为

$$m\cdot\dfrac{d^2(x+y)}{dt^2}+c\dfrac{dy}{dt}+k\cdot y=0 \quad (4-38)$$

$$m\cdot\dfrac{d^2y}{dt^2}+c\dfrac{dy}{dt}+k\cdot y=mx_0\omega^2\cdot\sin\omega t \quad (4-39)$$

式(4-39)为一单自由度有阻尼的强迫振动的方程，它的通解为

$$y=B\cdot e^{-nt}\cos(\sqrt{\omega^2-n^2}\,t+\alpha)+Y_0\cdot\sin(\omega t-\phi) \quad (4-40)$$

其中，$n=\dfrac{c}{2m}$。

式(4-40)中第一项为自由振动解，由于阻尼作用而很快衰减；第二项为强迫振动解，其中

$$Y_0=\dfrac{X_0\left(\dfrac{\omega}{\omega_n}\right)^2}{\sqrt{\left(1-\dfrac{\omega^2}{\omega_n^2}\right)^2+4\xi^2\dfrac{\omega^2}{\omega_n^2}}} \quad (4-41)$$

$$\phi=\arctan\dfrac{2\xi\dfrac{\omega}{\omega_n}}{1-\left(\dfrac{\omega}{\omega_n}\right)^2} \quad (4-42)$$

式中 ξ——阻尼比，$\xi=\dfrac{n}{\omega_n}$；

ω_n——质量弹簧系统的固有频率，$\omega_n = \sqrt{\dfrac{k}{m}}$。

由式(4-40)可知，传感器动力系统的稳态振动为

$$y = Y_0 \sin(\omega t - \phi) \tag{4-43}$$

2. 传感器的频率特性

将式(4-43)与式(4-37)相比较，可以看出传感器中的质量块相对外壳的运动规律与振动体的运动规律一致，但两者相差一个相位角ϕ。质量块的振幅Y_0与振动体的振幅X_0之比为

$$\frac{Y_0}{X_0} = \frac{\left(\dfrac{\omega}{\omega_n}\right)^2}{\sqrt{\left(1-\dfrac{\omega^2}{\omega_n^2}\right)^2 + 4\xi^2\dfrac{\omega^2}{\omega_n^2}}} \tag{4-44}$$

式(4-44)和(4-41)分别为测振传感器的幅频特性和相频特性，相应的曲线称为幅频特性曲线(图4.24)和相频特性曲线(图4.25)。由图4.24、图4.25可知，当$\dfrac{\omega}{\omega_n}$较大时，即振动频率较传感器的固有频率大很多时，不管阻尼比ξ的大小如何，$\dfrac{Y_0}{X_0}$趋近于1，ϕ趋近于180°，表示质量块的振幅和振动体的振幅趋于相等，而它们的相位趋于相反，这是测振传感器的理想状态。当$\dfrac{\omega}{\omega_n}$接近于1时，$\dfrac{Y_0}{X_0}$值随阻尼值的变化而作很大的变化，这一段的相位差ϕ随着$\dfrac{\omega}{\omega_n}$的变化而变化，表示仪器测出的波形有畸变。当$\dfrac{\omega}{\omega_n}$趋于零时，$\dfrac{Y_0}{X_0}$值也趋于零，表示传感器难以反映所要测的振动。所以，在设计和选择测振传感器时，应使传感器的固有频率ω_n与所测振动的频率ω相比尽可能小，即使$\dfrac{\omega}{\omega_n}$尽可能大。但是，降低传感器的固有频率有时会有困难，这时可以适当选择阻尼器的阻尼值来延伸传感器的频率下限。

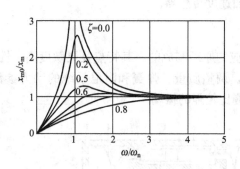

图 4.24　幅频特性曲线

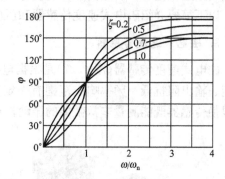

图 4.25　相频特性曲线

以上讨论是关于测量位移的传感器，如果使传感器的固有频率远远大于所测振动的频率，可以得到关于惯性式加速度传感器的频率特性。当$\omega_n \gg \omega$时，由式(4-41)、式(4-42)可得

$$Y_0 \approx X_0 \frac{\omega^2}{\omega_n^2}, \quad \phi \approx 0 \tag{4-45}$$

所测振动的加速度为

$$\frac{d^2x}{dt^2} = -X_0 \cdot \omega^2 \cdot \sin\omega t \tag{4-46}$$

令 a_m 为所测振动加速度的幅值，$a_m = X_0 \cdot \omega^2$，由式(4-45)可知

$$Y_0 \approx \frac{1}{\omega_n^2} \cdot a_m \tag{4-47}$$

式(4-47)表示传感器的位移幅值与被测振动的加速度幅值成正比，这就是惯性式加速度传感器的工作原理。以 $\frac{\omega}{\omega_n}$ 为横坐标，以 $Y_0 \frac{\omega_n^2}{a_m}$ 为纵坐标，可得加速度传感器的幅频特性曲线（图 4.26）。

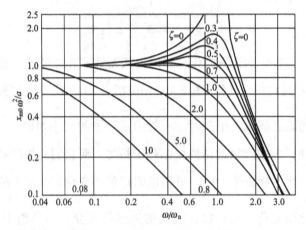

图 4.26　加速度计幅频特性曲线

以上介绍的质量、弹簧和阻尼系统是测振传感器的感受部分，感受到的振动信号要通过各种转换方式转换成电信号，转换方式有磁电式、压电式、电阻应变式等。传感器所测的振动量通常是位移、速度和加速度等，按它们的转换方式和所测振动量可以分成很多种类，以下简要介绍磁电式速度传感器和压电式加速度传感器。

3. 磁电式速度传感器

磁电式速度传感器（图 4.27）是根据电磁感应的原理制成的，其特点是灵敏度高、性能稳定、输出阻抗低，频率响应范围有一定宽度，调整质量、弹簧和阻尼系统的动力参数，可以使传感器既能测量非常微弱的振动，也能测比较强的振动。

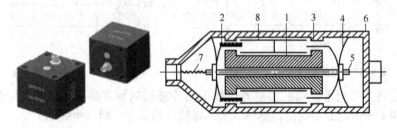

图 4.27　磁电式速度传感器

1—磁钢；2—线圈；3—阻尼环；4—弹簧片；5—芯轴；
6—外壳；7—输出线；8—铝架

磁电式速度传感器内部磁钢和壳体相固连,并通过壳体安装在振动体上,与振动体一起振动;芯轴和线圈组成传感器的系统质量,通过弹簧片(系统弹簧)与壳体连接。振动体振动时,系统质量与传感器壳体之间发生相对位移,因此线圈与磁钢之间也发生相对运动,根据电磁感应定律,感应电动势 E 的大小为

$$E = Bln\nu \tag{4-48}$$

式中 B——线圈所在磁钢间隙的磁感应强度;
　　 l——每匝线圈的平均长度;
　　 n——线圈匝数;
　　 ν——线圈相对于磁钢的运动速度,即系统质量相对于传感器壳体的运动速度。

从式(4-48)可以看出,对于传感器来说 Bln 是常量,所以传感器的电压输出(即感应电动势 E)与相对运动速度 ν 成正比。

图 4.28 所示为一摆式测振传感器,它的质量弹簧系统设计成转动的形式,因而可以获得较低的仪器固有频率。摆式传感器可以测垂直方向和水平方向的振动。它也是磁电式传感器,输出电压与相对运动速度成正比。

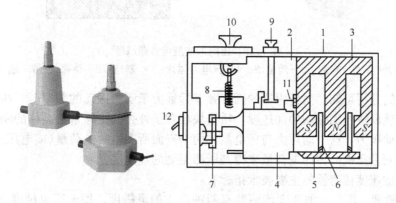

图 4.28　摆式测振传感器

1—外壳;2—有机玻璃盖;3—磁钢;4—重锤;5—线圈架;6—线圈;7—十字簧片;
8—弹簧;9—锁紧螺丝;10—捏手;11—指针;12—输出线

摆式测振传感器的主要技术指标有:

(1) 传感器质量弹簧系统的固有频率:它直接影响传感器的频率响应,固有频率取决于质量的大小和弹簧的刚度。

(2) 灵敏度:传感器在测振方向上受到一个单位振动速度时的输出电压。

(3) 频率响应:当所测振动的频率变化时,传感器的灵敏度、输出的相位差等也随之变化,这个变化的规律称为传感器的频率响应。对于一个阻尼值,只有一条频率响应曲线。

(4) 阻尼:传感器的阻尼与频率响应有很大关系,磁电式测振传感器的阻尼比通常设计成 0.5~0.7。

磁电式传感器输出的电压信号一般比较微弱,需要用电压放大器进行放大。

4. 压电式加速度传感器

由物理学知道,当一些晶体材料受到压力并产生机械变形时,在其相应的两个表面上

出现异号电荷，去掉外力后，晶体又重新回到不带电的状态，这种现象称为压电效应。压电式加速度传感器是利用晶体的压电效应制成的，其特点是稳定性高、机械强度高及能在很宽的温度范围内使用，但灵敏度较低。

图 4.29 所示为压电式加速度传感器的结构原理。压电晶体片上是质量块，用硬弹簧将它们夹紧在基座上；质量弹簧系统的弹簧刚度由硬弹簧的刚度和晶体片的刚度组成，刚度很大，质量块的质量较小，因而质量弹簧系统的固有频率很高，可达数千赫兹，高的甚至可达 100~200kHz。

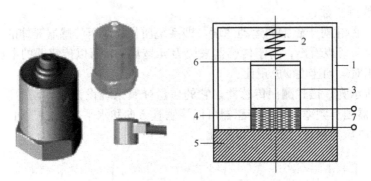

图 4.29 压电加速度传感器原理
1—外壳；2—弹簧；3—质量块；4—压电晶体片；5—基座；6—绝缘垫；7—输出端

由前面的分析可知，当传感器的固有频率远远大于所测振动的频率时，质量块相对于外壳的位移就反映所测振动的加速度；质量块相对于外壳的位移乘上晶体的刚度就是作用在晶体上的动压力，这个动压力与压电晶体两个表面所产生的电荷量（或电压）成正比，因此可以通过测量压电晶体的电荷量来得到所测振动的加速度。

压电式加速度传感器的主要技术指标有：

(1) 灵敏度：压电式加速度传感器有两种形式的灵敏度，即电荷灵敏度 S_q（S_q 的单位是 pC/g，pC 是微微库仑，g 是重力加速度）和电压灵敏度 S_v（S_v 的单位通常是 mV/g）。传感器灵敏度的大小取决于压电晶体材料的特性和质量块的质量大小。传感器几何尺寸越大亦即质量块越大，灵敏度越大，但使用频率越窄；传感器体积减小亦即质量块减小，灵敏度也减小，但使用频率范围加宽。因此，在选择压电式加速度传感器时，要根据测试要求综合考虑。

(2) 安装谐振频率 $f_{安}$：$f_{安}$ 是指传感器牢固地（用钢螺栓）装在一个有限质量（目前国际上公认的标准是取体积为 $1in^3$，质量为 180g）的物体上的谐振频率。

压电式加速度传感器本身有一个固有谐振频率，但是传感器总是要通过一定的方式安装在振动体上，这样谐振频率就要受安装条件的影响。传感器的安装谐振频率与传感器的频率响应有密切关系，不好的安装方法会大大影响测试的质量。

(3) 频率响应：根据对测试精度的要求，通常取传感器安装谐振频率的 1/10~1/5 为测量频率的上限，测量频率的下限可以很低，所以压电式加速度传感器的工作频率很宽。

(4) 横向灵敏度比：传感器受到垂直于主轴方向振动时的灵敏度与沿主轴方向振动的灵敏度之比。在理想的情况下，传感器的横向灵敏度比应等于零，即当与主轴垂直方向振动时不应有信号输出。

(5) 幅值范围：传感器灵敏度保持在一定误差大小（通常在 5%~10% 范围内）时的输

入加速度幅值的范围，也就是传感器保持线性的最大可测范围。

压电式加速度传感器用的放大器有电压放大器和电荷放大器两种。

4.4 试验记录仪与数据采集系统

4.4.1 概况

采集数据时，为了把数据（各种电信号）保存、记录下来，以备分析处理，必须使用记录器。记录器把这些数据按一定的方式记录在某种介质上，需要时可以把这些数据读出、或输送给其他分析处理仪器。

数据的记录方式有两种，即模拟式和数字式。从传感器（或通过放大器）传送到记录器的数据一般都是模拟量，模拟式记录就是把这个模拟量直接记录在介质上，数字式记录则是把这个模拟量转换成数字量后再记录在介质上。模拟式记录的数据一般都是连续的，数字式记录的数据一般都是间断的。记录介质有普通记录纸、光敏纸、磁带、磁盘和数字光盘等，采用何种记录介质与仪器的记录方法有关。

4.4.2 X-Y 记录仪

X-Y 记录仪是一种常用的模拟式记录器，如图 4.30 所示。它用记录笔把试验数据以 X-Y 平面坐标系中的曲线形式记录在纸上，得到的是两个试验变量的关系曲线或某个试验变量与时间的关系曲线。

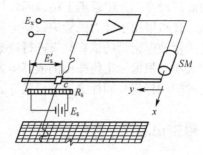

图 4.30 X-Y 记录仪及其工作原理

X-Y 记录仪的工作原理：X、Y 轴各由一套独立的，以伺服放大器、电位器和伺服马达组成的系统驱动滑轴和笔滑块；用多笔记录时，将 Y 轴系统作相应增加，则可同时得到若干条试验曲线。试验时，将试验变量 1（如某一个位移传感器）接通到 X 轴方向，将试验变量 2（如荷载传感器）接通到 Y 轴方向；试验变量 1 的信号使滑轴沿 X 轴方向移动，试验变量 2 的信号使笔滑块沿 Y 轴方向移动，移动的大小和方向与信号一致，由此带动记录笔在坐标纸上画出试验变量 1 与试验变量 2 的关系曲线。如果在 X 轴方向输入时间信号，使滑轴或使坐标纸沿 X 轴按规律匀速运动，则可以得到某一试验变量与时间的关系曲线。

对 X-Y 记录仪记录的试验结果进行数据处理，通常需要先把模拟量的试验结果数字化,用尺直接在曲线上量取大小,根据标定值按比例换算得到代表试验结果的数值。

4.4.3 光线示波器

光线示波器(图 4.31)也是一种常用的模拟式记录器,主要用于振动测量的数据记录。它将电信号转换为光信号并记录在感光纸或胶片上,得到的是试验变量与时间的关系曲线。

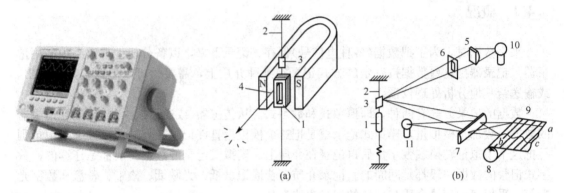

图 4.31 光线示波器的工作原理
1—线圈;2—张线;3—反光镜;4—软铁柱;5、7—棱镜;6—光栅;
8—传动装置;9—纸带;10、11—光源

光线示波器的工作原理:当振动的信号电流输入振动子线圈 1 时,在固定磁场内的振动子线圈就发生偏转,与线圈连着的小镜片 3 及其反射的光线也随之偏转,偏转的角度大小和方向与输入的信号电流相对应,光线射在前进着的感光记录纸 9 上即留下所测信号的波形,与此同时在感光记录纸上用频闪灯打上时间标记。光线示波器可以同时记录若干条波形曲线,还可以用于静力试验的数据记录。

对光线示波器记录的试验结果进行数据处理,与 X-Y 记录仪相同,要用尺直接在曲线上量取大小,根据标定值按比例换算得到代表试验结果的数值。关于时间的数值,可用记录纸上的时间标记按同样方法进行换算。

4.4.4 磁带记录仪

磁带记录仪是一种常用的较理想的记录器,如图 4.32 所示。它可以用于振动测量和静力试验的数据记录,将电信号转换成磁信号并记录在磁带上,得到的是试验变量与时间的变化关系。

磁带记录仪由磁带、磁头、磁带传动机构、放大器和调制器等组成,工作原理如图 4.32 所示。记录时,从传感器来的信号输入到磁带记录仪,经过放大器和调制器的处理,通过记录磁头把电信号转换成磁信号,记录在以规定速度做匀速运动的磁带上。重放时,使记录有信号的磁带按原来记录时的速度(也可以改变速度)做匀速运动,通过重放磁头从磁带"读出"磁信号,并转换成电信号,经过放大器和调制器的处理,输出给其他仪器。

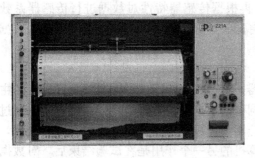 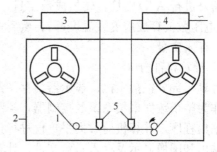

图 4.32　磁带记录及其构造原理
1—磁带；2—传动机构；3—记录放大器；4—重放放大器；5—磁头

磁带记录仪的记录方式有模拟式和数字式两种，对记录数据进行处理应采用不同的方法。用模拟式记录的数据，可通过重放，把信号输送到 X-Y 记录仪或光线示波器等，用前面所提到的方法，得到相应的数值；或者可把信号输送给其他分析仪器，用 A/D 转换得到相应的数值。用数字式记录的数据，可直接输送给打印机打印输出或计算机等。

磁带记录仪的特点：

(1) 工作频带宽，可以记录从直流到 2MHz(DC-2MHz)的信号。
(2) 可以同时进行多通道记录，并能保持多通道信号之间正确的时间和相位关系。
(3) 可以快速记录、慢速重放或慢速记录、快速重放，使数据记录和分析更加方便。
(4) 通过重放，可以很方便地将磁信号还原成电信号，输送给各种分析仪器。

4.4.5　数据采集系统

1. 数据采集系统的组成

通常，数据采集系统的硬件由 3 个部分组成：传感器部分、数据采集仪部分和计算机（控制器）部分。

1) 传感器部分

传感器部分包括前面所提到的各种电测传感器，它们的作用是感受各种物理变量，如力、线位移、角位移、应变和温度等，并把这些物理量转变为电信号。一般情况下，传感器输出的电信号可以直接输入数据采集仪；如果某些传感器的输出信号不能满足数据采集仪的输入要求，则还要加上放大器等。

2) 数据采集仪部分

数据采集仪各组成部分包括：

(1) 与各种传感器相对应的接线模块和多路开关。其作用是与传感器连接，并对各个传感器进行扫描采集。

(2) A/D 转换器。对扫描得到的模拟量进行 A/D 转换，转换成数字量。

(3) 主机。其作用是按照事先设置的指令或计算机发给的指令来控制整个数据采集仪，进行数据采集。

(4) 储存器。可以存放指令、数据等。

(5) 其他辅助部件。数据采集仪的作用是对所有的传感器通道进行扫描，把扫描得到的电信号进行 A/D 转换，转换成数字量，再根据传感器特性对数据进行传感器系数换算（如把电压数换算成应变或温度等），然后将这些数据传送给计算机，或者将这些数据打印输出、存入磁盘。

3) 计算机部分

计算机部分包括主机、显示器、存储器、打印机、绘图仪和键盘等。计算机的主要作用是作为整个数据采集系统的控制器，控制整个数据采集过程。在采集过程中，通过运行数据采集程序，计算机对数据采集仪进行控制。计算机还可以对数据进行计算处理，实时打印输出和图像显示及存入磁盘文件。计算机的另一个作用是在试验结束后，对数据进行处理。

数据采集系统可以对大量数据进行快速采集、处理、分析、判断、报警、直读、绘图、储存，实现试验控制和人机对话等，还可以进行自动化数据采集和试验控制，它的采样速度可高达每秒几万个数据或更多。

以数据采集仪为主配置的数据采集系统是一种组合式系统，如图 4.33 所示，它可满足不同的试验要求。在传感器部分中，可根据试验任务把要用的传感器接入系统，传感器与系统连接时，可以按传感器输出的形式进行分类，分别与采集仪中相应的测量模块连接。例如，应变计和应变式传感器与应变测量多路开关连接，热电偶温度计与热电偶测温多路开关连接，热敏电阻温度计和其他传感器可与相应的多路开关连接。该数据采集仪的主机具有与计算机高级语言相类似的命令系统，可进行设置、测量、扫描、触发、转换计算、存储和子程序调用等操作，还具有时钟、报警、定速等功能。该数据采集仪具有各种不同的功能模块，例如积分式电压表模块用于 A/D 转换；高速电压表用于动力试验的 A/D 转换；控制模块用于控制磁盘驱动器、打印机和其他仪器；各种多路开关模块用于与各种传感器连成测量电路；执行扫描和传输各种电信号；等等。这些模块都是插件式的，可以根据数据采集任务的需要进行组装，把所需要用的模块插入主机或扩充箱的槽内。图 4.33 中配置的计算机部分，可以进行实时控制数据采集，也可以使采集仪主机独立进行数据采集。进行实时控制数据采集时，通过数据采集程序的运行，计算机向数据采集仪发出采集数据的指令；数据采集仪对指定的通道进行扫描，对电信号进行 A/D 转换和系数换算，然后把这些数据存入输出缓冲区；计算机再把数据从数据采集仪读入计算机内存，对数据进行计算处理，实时打印输出和图像显示，存入磁盘文件。

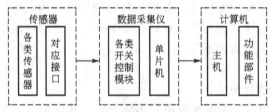

图 4.33　组合式数据采集系统的组成

2. 数据采集系统分类

目前，国内外数据采集系统的种类有很多，按其系统组成的模式大致可分为以下几种。

(1) 大型专用系统将采集、分析和处理功能融为一体，具有专门化、多功能和高档次的特点。

(2) 分散式系统由智能化前端机、主控计算机或微型计算机系统、数据通信及接口等组成,其特点是前端可靠近测点,消除了长导线引起的误差,并且稳定性好、传输距离长、通道多。

(3) 小型专用系统以单片机为核心,具有小型、便携、用途单一、操作方便、价格低等特点,适用于现场试验时的测量。

(4) 组合式系统是一种以数据采集仪和微型计算机为中心,按试验要求进行配置组合成的系统,它适用性广、价格便宜,是一种比较容易普及的形式。

3. 数据采集过程

采用上述数据采集系统进行数据采集时,数据的流通过程如图4.34所示。数据采集过程的原始数据是反映试验对象状态的物理量,如力、温度、线位移、角位移和应变等。这些物理量通过传感器转换成为电信号;通过数据采集仪的扫描采集进入数据采集仪;再通过A/D转换变成数值量;通过系数换算变成代表原始物理量的数值;然后,把这些数据打印输出、存入磁盘,或暂时存在数据采集仪的内存中;通过连接采集仪和计算机的接口,将储存在数据采集仪内存中的数据传输到计算机;计算机再对这些数据进行计算处理,如把位移换算成挠度、把力换算成应力等;计算机把这些数据存入文件、打印输出,并可以选择其中部分数据显示在屏幕上,如位移与荷载的关系曲线等。

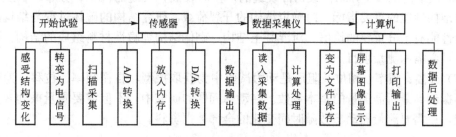

图 4.34 数据流通过程

数据采集过程受数据采集程序的控制,数据采集程序主要由两部分组成,第一部分的作用是数据采集的准备,第二部分的作用是正式采集。程序的运行有6个步骤,分别为启动采集程序、采集准备、采集初读数、采集待命、执行采集、终止程序运行。

数据采集过程结束后,所有采集到的数据都存在磁盘文件中,进行数据处理时可直接从这个文件中读取。各种数据采集系统所用的数据采集程序有:①生产厂商为该采集系统编制的专用程序,常用于大型专用系统;②固化的采集程序,常用于小型专用系统;③利用生产厂商提供的软件工具,用户自行编制的采集程序,主要用于组合式系统。

本 章 小 结

(1) 在结构试验中,只有取得了准确的应变、应力、裂缝、位移、速度或加速度等数据,才能通过数据处理和分析得到正确的试验结果,对试件的工作特性有正确了解,从而对结构的性能做出定量的评价,进而为创立新的计算理论提供依据。

(2) 量测仪表包括传感器、放大器、显示器、记录器、分析仪器、数据采集仪或数据采集系统等。传感器能感受各种物理量(力、位移、应变等)的变化，并将感受到的物理量变化转换成电信号或其他信号；放大器能把传感器传来的信号进行放大，使之可被显示或记录；显示器的功能是把信号用可见的形式显示出来；记录器能把测量得来的数据记录下来，长期保存；分析仪器的功能是对采集得到的数据进行分析处理；数据采集仪可用于自动扫描和采集，可作为数据采集系统的执行机构；数据采集系统是一种集成式仪器，它包括传感器、数据采集仪和计算机或其他记录器、显示器等，它可用来进行自动扫描、采集，还能进行数据处理。

(3) 应变测量在结构试验测量中占有极重要的地位。直接测定构件截面的应力值目前还较困难，通常的方法是先测定应变，再通过材料的应力-应变关系曲线或方程换算为应力值。

(4) 结构位移是结构承受荷载作用后的最直观反映。结构在局部区域内的屈服变形、混凝土局部范围内的开裂以及钢筋与混凝土之间的局部粘结滑移等变形性能，都可以在荷载-位移曲线上得到反映。它反映了结构的整体变形，还可区分结构的弹性和非弹性性质。位移测定对分析结构性能至关重要。

(5) 结构静载试验测定的力主要是荷载与支座反力，其次有预应力、施力过程中钢丝或钢绳的张力、风压、油压和土压力等。

(6) 在结构试验中，结构或构件裂缝的产生和发展，裂缝的位置、分布、长度和宽度是反映结构性能的重要指标，对确定结构的开裂荷载、研究结构的破坏过程与结构的抗裂及变形性能有十分重要的价值。对混凝土结构、砌体结构等脆性材料组成的结构，裂缝测量是一项必需的测量项目。

(7) 振幅、频率、相位及阻尼是动力试验中为获取振型、自振频率、位移、速度和加速度等振动参量所需测量的基本参数。在动力问题的研究中，不但需要测量振动参数的大小量级，还需要测量振动参数随时间变化的全部数据资料。

思 考 题

1. 测量仪表主要由哪几部分组成？主要技术性能指标有哪些？
2. 简述测量仪表的选用原则。
3. 如何测定结构或构件的内力？测量应变时对标距有何要求？
4. 简述电阻应变片的工作原理以及电阻应变计的主要技术指标。
5. 桥路的连接方法有几种？
6. 简述电阻应变计粘贴的基本要求。
7. 线位移测量仪器有哪几种？简述线位移测量时仪器安装的基本要求。
8. 测力计的一般原理是什么？力的测定方法有哪些？
9. 裂缝测量主要有哪几个项目？如何测量裂缝宽度？
10. 惯性式测振传感器(又称拾振器)的力学原理是什么？怎样才能使测振传感器的工作达到理想状态？
11. 磁电式测振传感器的主要技术指标有哪些？
12. 数据采集方法主要有哪几种？简述数据采集系统的数据采集过程。

第5章 土木工程结构静载试验

教学目标

熟悉结构试验前的各项准备工作的内容和要求,掌握试验大纲的编制方法。

掌握结构静力试验(单调加载)加载制度的设计、加载方案和量测方案的设计。

掌握结构静力试验中试验加载和观测设计的一般规律与不同类型结构试验的特殊问题。

掌握常用结构构件量测数据的整理分析方法。

掌握对预制构配件结构性能的检验与评定方法。

教学要求

知识要点	能力要求	相关知识
结构试验前的准备	了解结构试验前准备工作的内容	
静载试验加载和量测方案的确定	(1) 掌握结构静载试验加载程序 (2) 掌握结构静载试验量测方案的确定方法	
一般结构构件的静载试验	(1) 掌握受弯构件的静载试验的工作内容 (2) 掌握压杆和柱的静载试验的工作内容 (3) 掌握桁架结构静载试验的工作内容	等效荷载
试验资料的整理与分析	(1) 了解试验原始资料的整理内容 (2) 了解试验结果的表达方式 (3) 了解应变测量结果计算的处理方法 (4) 了解挠度测量结果计算的处理方法 (5) 掌握结构性能评定及数据处理方法	应力状态 应变分析

引言

在实际工程中,大部分工程结构在工作时所承受的都是静力荷载。因此,静力试验是结构试验中使用次数最多、最常见的基本试验。在试验过程中,一般通过重力或各种类型的加载设备实现或满足加载要求。那么实施静载试验前应该做好哪些准备工作?静载试验使用什么样的设备、仪表?如何选择?加载制度如何?对不同类别的构件试验方法是否相同?试验数据处理方法又如何?带着问题进行本章的学习,有助于更好地掌握静载试验技术。

5.1 土木工程结构静载试验概述

在结构的直接作用中,起主导作用的是静力荷载,因此结构静载试验是土木工程结构试验中最基本最常见的试验。静载试验主要用于模拟结构承受静力荷载作用下的工作情况,试验时,可以观测和研究结构或构件的承载力、刚度、抗裂性等基本性能和破坏机理。土木工程结构是由大量的基本构件组成的,主要是承受拉、压、弯、剪、扭等基本作用力的梁、板、柱等系列构件。通过静力试验,可以深入了解这些构件在各种基本作用力作用下的结构性能和承载力问题、荷载与变形的关系以及混凝土结构的荷载与裂缝的关系,还有钢结构的局部或整体失稳等问题。

大量的工程实践和为编制各类结构设计规范而进行的试验研究,为结构静载试验积累了许多经验,试验技术和试验方法已日趋成熟。我国第一本完整反映钢筋混凝土和预应力混凝土结构静载试验方法的国家标准《混凝土结构试验方法标准》(GBJ 50152—1992)已颁布实施多年。它既统一了量大面广的生产鉴定性试验方法,又对一般科研性试验方法提出了基本要求,对生产和科研有广泛的实用性,是一本具有中国特色的试验方法标准。可以说,这对提高结构工程质量和促进土木工程学科的发展已产生积极的影响。

5.2 试验前的准备

试验前的准备指正式试验前的所有工作,包括试验规划和准备两个方面。这两项工作在整个试验过程中时间长、工作量大,内容也最复杂。准备工作的好坏将直接影响试验结果。因此,每一阶段、每一细节都必须认真、周密地进行。具体内容包括以下几项。

1. 调查研究、收集资料

准备工作首先要把握信息,这就要调查研究、收集资料,充分了解本项试验的任务和要求,明确试验目的,以便确定试验的性质和规模,试验的形式、数量和种类,正确地进行试验设计。

在生产鉴定性试验中,调查研究主要是向有关设计、施工和使用单位或人员收集资料。设计方面包括设计图纸、计算书和设计所依据的原始资料(如工程地质资料、气象资料和生产工艺资料等);施工方面包括施工日志、材料性能试验报告、施工记录和隐蔽工程验收记录等;使用方面主要是使用过程、超载情况或事故经过等。

在科学研究性试验中,调查研究主要面向有关科研单位和情报检索部门以及必要的设计和施工单位,收集与试验有关的历史(如国内外有无做过类似的试验及采用的方法及结果等)、现状(如已有哪些理论、假设和设计、施工技术水平及材料、技术状况等)和将来发展的要求(如生产、生活和科学技术发展的趋势与要求等)。

2. 试验大纲的制订

试验大纲是在取得了调查研究成果的基础上,为使试验有条不紊地进行,取得预期效果而制订的纲领性文件,内容一般包括以下几项。

(1) 概述。简要介绍调查研究的情况，提出试验的依据及试验的目的意义与要求等，必要时还应有理论分析和计算。

(2) 试件的设计与制作要求。包括设计依据及理论分析和计算，试件的规格和数量，制作施工图及对原材料、施工工艺的要求等。对鉴定试验，也应阐明原设计要求、施工或使用情况等。试验数量按结构或材质的变异性与研究项目间的相关条件确定，按数理统计规律求得，宜少不宜多。一般鉴定性试验为避免尺寸效应，根据加载设备能力和试验经费情况，应尽量接近实体。

(3) 试件安装与就位。包括就位的形式（正位、卧位或反位）、支承装置、边界条件模拟、保证侧向稳定的措施和安装就位的方法及机具等。

(4) 加载方法与设备。包括荷载种类及数量、加载设备装置、荷载图式及加载制度等。

(5) 量测方法与内容。主要说明观测项目、测点布置和量测仪表的选择、标定、安装方法及编号图、量测顺序规定和补偿仪表的设置等。

(6) 辅助试验。做结构试验时往往要做一些辅助试验，如材料物理力学性能的试验和某些探索性小试件或小模型、节点试验等。本项应列出试验内容，阐明试验目的、要求、试验种类、试验个数、试件尺寸、制作要求和试验方法等。

(7) 安全措施。包括人身和设备、仪表等方面的安全防护措施。

(8) 试验进度计划。

(9) 试验组织管理。一个试验，特别是大型试验，参加试验人数多，牵涉面广，必须严密组织，加强管理。包括技术档案资料、原始记录管理、人员组织和分工、任务落实、工作检查、指挥调度以及必要的交底和培训工作。

(10) 附录。包括所需器材、仪表、设备及经费清单，观测记录表格，加载设备、量测仪表的率定结果报告和其他必要文件、规定等。记录表格设计应使记录内容全面、方便使用，其内容除了记录观测数据外，还应有测点编号、仪表编号、试验时间、记录人签名等栏目。

总之，整个试验的准备必须充分，规划必须细致、全面。每项工作及每个步骤必须十分明确。防止盲目追求试验次数多、仪表数量多、观测内容多和不切实际的提高量测精度等，以免给试验带来混乱和造成浪费，甚至使试验失效或发生安全事故。

3. 试件准备

试件准备包括试件的设计、制作、验收及有关测点的处理等。

在设计制作时应考虑到试件安装、固定及加载量测的需要，在试件上做必要的构造处理。如钢筋混凝土试件支承点预埋钢垫板、局部截面加设分布筋等；平面结构侧向稳定支承点配件安装、倾斜面上的加载面增设凸肩以及吊环等，都不要疏漏。

试件制作工艺必须严格按照相应的施工规范进行，并做详细记录，按要求留足材料力学性能试验试件并及时编号。

在试验前，应对照设计图纸仔细检查试件，测量试件各部分实际尺寸、构造情况、施工质量、存在缺陷（如混凝土的蜂窝、麻面、裂纹，木材的疵病，钢结构的焊缝缺陷、锈蚀等）、结构变形和安装质量。钢筋混凝土还应检查钢筋位置、保护层的厚度和钢筋的锈蚀情况等。这些情况都将对试验结果有重要影响，应做详细记录并存档。在已建房屋的鉴定性试验中，还必须对试验对象的环境和地基基础等进行一些必要的调查和考察。

检查试件之后，尚应对其进行表面处理，例如去除或修补一些有碍试验观测的缺陷，钢筋混凝土表面的刷白、分区划格（刷白的目的是便于观测裂缝；分区划格则的目的是使荷载与测点准确定位、记录裂缝的发生和发展过程以及描述试件的破坏形态）等。观测裂缝的区格尺寸一般取 10~30mm，必要时也可缩小。

此外，为方便操作，有些测点的布置和处理（如手持应变计、杠杆应变计、百分表应变计脚标的固定、钢测点的去锈）以及应变计的粘贴、接线和材性非破损检测等，也应在这个阶段进行。

4. 材料物理力学性能测定

结构材料的物理力学性能指标对结构性能有直接的影响，是结构计算的重要依据。试验中的荷载分级、试验结果的承载能力和工作状况的判断与评估、试验后数据处理与分析等都需要在正式试验之前，对结构材料的实际物理力学性能进行测定。

测定项目通常有强度、变形性能、弹性模量、泊松比、应力-应变曲线等。

测定的方法有直接测定法和间接测定法两种。直接测定法就是在制作结构或试件时留下小试件，按有关标准方法在材料试验机上测定。间接测定法通常采用非破损试验法，即用专门仪器对结构或构件进行试验，测定与材性有关的物理量推算出材料性质参数，而不破坏结构、构件。

5. 试验设备与试验场地的准备

试验计划应用的加载设备和量测仪表在试验前应进行检查、修整和必要的率定，以保证达到试验的使用要求。率定必须有报告，以供资料整理或使用过程中修正。

试验场地在试件进场前也应加以清理和安排，包括水、电、交通和清除不必要的杂物，集中安排好试验使用的物品。必要时应做场地平面设计，架设或准备好试验中的防风、防雨和防晒设施，避免对荷载和量测造成影响。现场试验的支承点的地基承载力应经局部验算和处理，下沉量不宜太大，保证结构作用力的正确传递和试验工作顺利进行。

6. 试件安装就位

按照试验大纲的规定和试件设计要求，在各项准备工作就绪后即可将试件安装就位。保证试件在试验全过程都能按计划模拟条件工作，避免因安装错误而产生附加应力或出现安全事故，是安装就位的中心问题。

简支结构的两支点应在同一水平面上，高差不宜超过试件跨度的 1/50。试件、支座、支墩和台座之间应密合稳固，为此常采用砂浆坐缝处理。

超静定结构包括四边支承和四角支承板的各支座应保持均匀接触，最好采用可调节支座。若带测定支反力测力计，应调节至该支座所承受的试件重量为止，也可采用砂浆坐浆或湿砂调节。

5.3 静载试验加载和量测方案的确定

5.3.1 加载方案

加载方案的确定是一个比较复杂的问题，涉及很多技术因素，与试验性质和试验目的、试件的结构形式和大小、荷载的作用方式和选用加载设备的类型、加载制度的选择和要求以及试验经费等众多因素有关,必须综合考虑。通常在满足试验目的的前提下,应尽可能按试验方法标准中规定的技术要求进行,使确定的方案合理、经济,并且安全可靠。关于加载方法前面已有详细介绍,这里仅就加载程序和加载制度进行讨论。

试验加载程序是指试验进行期间荷载与时间的关系。加载程序可以有多种,应根据试验对象的类型和试验目的与要求不同而选择,一般结构静载试验的加载程序分为预载、标准荷载(正常使用荷载)、破坏荷载 3 个阶段,如图 5.1 所示。

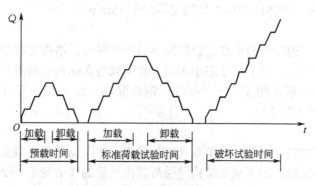

图 5.1 静载试验加载程序

有的试验只需要加至正常使用荷载即可,试验后试件还可以继续使用,现场结构或构件的检验性试验多属此类。对于研究性试验,当加至标准荷载后,一般不卸载而须继续加载,直至试件进入破坏阶段。

加载制度的确定及分级加(卸)载的目的:一是为了控制加(卸)载速度,二是便于观察试验过程中结构的变形等情况,三是为了统一加载步骤。

1. 预载阶段

预载的目的:一是使试件的支承部位和加载部位接触良好,进入正常工作状态;二是检查全部试验装置的可靠性;三是检查全部观测仪表工作正常与否。总之,通过预载可以发现问题,以便做进一步改进或调整,是试验前的一次预演。

预载一般分二到三级进行,预载值一般不宜超过标准荷载值的 40%,对混凝土构件,预载值应小于计算开裂荷载值。

2. 正式加载阶段

1) 荷载分级

标准荷载之前,每级加载值宜为标准荷载的 20%,一般分五级加至标准荷载,标准荷载以后,每级不宜大于标准荷载的 10%。当荷载加至计算破坏荷载的 90% 以后,为了确定准确的破坏荷载值,每级应取不大于标准荷载的 5%。对需要做抗裂检测的结构,加载至计算开裂荷载的 90% 后,应改为不大于标准荷载的 5% 施加,直至第一条裂缝出现。

对柱进行加载试验,一般按计算破坏荷载的 1/15~1/10 分级,接近开裂或破坏荷载时,应减至原来的 1/3~1/2 施加。

对不需要测变形的砌体抗压试验,按预期破坏荷载的 10% 分级,每级在 1~1.5min 内加完,恒载 1~2min。加至预期破坏荷载的 80% 后,不分级直接加至破坏。

应当注意的是，当对试验结构同时施加水平荷载时，为保证每级荷载下的竖向荷载和水平荷载的比例不变，试验开始时首先应施加与试件自重成比例的水平荷载，然后再按规定的比例同步施加竖向和水平荷载。

2）分级间隔时间

为了保证在分级荷载下所有量测内容的仪表读数准确和避免不必要的误差，要求不同结构在每级荷载加完后应有一定的级间停留时间，其目的是使结构在荷载作用下的变形得到充分发挥和达到基本稳定后再量测。为此，试验方法标准中规定，钢结构一般不少于10min，混凝土结构、砌体结构和木结构应不少于15min。

3）恒载时间

恒载时间是指结构在短期标准荷载作用下的持续时间。结构在标准荷载下的状态是结构的长期实际工作状态。为了尽量缩小短期试验荷载与实际长期荷载作用的差别，恒载时间应满足下列要求：钢结构不少于 30min；钢筋混凝土结构不少于 12h；木结构不少于 24h；砖砌体结构不少于 72h。

4）空载时间

空载时间是指卸载后到下一次重新开始加载之间的间隔时间。规定空载时间对研究性试验来说是完全必要的，因为观测结构经受荷载作用后的残余变形和变形的恢复情况均可说明结构的工作性能。要使残余变形得到恢复，需要有一定的空载时间，有关试验标准规定：对一般钢筋混凝土结构，取 45min；较重要的结构构件和跨度大于 12m 的结构，取 18h；钢结构取 30min。为了解变形恢复过程，需定期观测和记录变形值。

3. 卸载阶段

卸载一般按加载级距进行，也可放大 1 倍或分两次卸完，视不同结构和不同试验要求而定。

5.3.2 量测方案

制订试验量测方案时主要考虑以下 3 个问题：一是根据试验的目的和要求，确定观测项目，选择量测区段，布置测点位置；二是按照确定的量测项目，选择合适的仪表；三是确定试验观测方法。

1. 确定观测项目

在确定观测项目时，首先应考虑结构的整体变形，因为整体变形最能概括结构工作的全貌，结构任何部位的异常变形或局部破坏都能在整体变形中得到反映。例如，通过对钢筋混凝土简支梁跨中控制截面弯矩与挠度曲线的量测(图 5.2)，不仅可以知道结构刚度的变化，而且可以了解结构的开裂、屈服、极限承载能力和极限变形能力以及其他性能，其挠度曲线的不正常发展还能反映结构的其他特殊情况。

对于一般生产鉴定性试验，也应量测结构的整

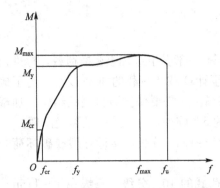

图 5.2 钢筋混凝土简支梁弯矩-挠度曲线

体变形。在缺乏量测仪器的情况下，只测定最大挠度一项也能作出基本的定量分析。这说明结构变形测量是观测项目中必不可少的，也是最基本的。对曲率和转角变形的量测以及支座反力的量测，也是实测分析的重要观测项目，在超静定结构中应用较多，通过其量测值可以绘制结构的内力图。

其次是局部变形量测。如钢筋混凝土结构的裂缝出现直接说明其抗裂性能，而控制截面上的应变大小和方向则可分析推断截面的应力状态，验证设计与计算方法是否合理正确。在破坏性试验中，实测应变又是推断和分析结构最大应力和极限承载力的主要指标。在结构处于弹塑性阶段时，实测应变、曲率或转角以及位移也是判定结构工作状态和结构抗震性能的主要依据。

2. 测点布置

对结构或构件进行内力和变形等各种参数的量测时，测点的选择和布置应遵循以下原则。

(1) 在满足试验目的的前提下，测点宜少不宜多，简化试验内容，保证重点部位的测点。

(2) 测点的位置必须有代表性，以便测取最关键的数据。

(3) 为了保证量测数据的可靠性，在结构的对称部位应布置一定数量的校核点。这是因为在试验过程中，由于偶然因素会有部分仪器或仪表工作不正常或发生故障，直接影响量测数据的可靠性，因此不仅在需要量测的部位设置测点，也应在已知参数的位置上布置校核性测点，以便于判别量测数据的可靠程度。

(4) 测点的布置应保证试验工作的安全、方便。特别是当控制部位的测点大多数处于比较危险的位置时，应妥善考虑安全措施。

3. 仪器选择

综合多方面因素，选择仪器时应考虑下列问题。

(1) 选用的仪器仪表必须能满足试验所需的精度和量程要求，使测读尽可能方便。试验中若仪器量程不够，中途调整必然会增大量测误差，应尽量避免。

(2) 现场试验。由于仪器所处环境条件复杂，影响因素较多，电测仪器的适应性不如机械式仪表，所以尽可能选用干扰少的机械式仪表。但是当测点较多时，机械式仪表却不如电测试仪表灵活、方便，选用时应作具体分析和技术比较。

(3) 试验结构的变形与时间有关，测读时间应有一定限制，必须遵守有关试验方法标准的规定，尤其当试件进入弹塑性阶段时变形增加较快，应尽可能选用自动记录仪表。对于某些大型结构试验，从量测方便和安全方面考虑，宜采用远距离自动量测仪表。

(4) 量测仪器的规格和型号，选用时应尽可能相同，这样既有利于读数方便，又有利于数据分析，减少读数和数据分析的误差。

4. 测读原则

仪器的测读时间应在每加一级荷载后的间歇时间内，全部测点读数时间应基本相同，只有在同一时间测得的数据才能说明结构在某一承载状态下的实际情况。对重要控制点的量测数据，应边记录边整理，并与预先估算的理论值进行比较，以便发现问题，查找原因，及时修正试验进程。

每次记录仪表读数时,应同时记下当时的天气情况,如温度、湿度、晴天或阴雨天等,以便发现气候变化对读数的影响。

对于具体结构静载试验的操作过程,将通过下面试验实例作详细介绍。

5.4 一般结构构件的静载试验

5.4.1 受弯构件的静载试验

1. 试验装置与加载方案

梁和板是受弯构件中的典型构件,也是土木工程中基本构件。预制板和梁等受弯构件一般都是简支的,在试验安装时多采用正位试验,其一端采用铰支承,另一端采用滚动支承。为了保证构件与支承面的紧密接触,在支墩与钢板、钢板与构件之间应用砂浆找平。对于板一类宽度较大的试件,要防止支承面翘曲,也可采用异位(卧位、反位)试验。当采用异位试验方法时,应注意结构实际工作状态与试验状态的不一致造成的影响,如混凝土试件自重产生裂缝、试件自重产生的附加内力、变形等。

板承受均布荷载时可采用重力加载,荷载布置应均匀,避免因构件变形造成重物块起拱而改变构件的受力形式。当荷载较大采用液压加载时,可用多点集中荷载等效,并注意同步加载。

梁的试验荷载较大,一般采用液压加载。荷载布置应符合试验加载图式。当受试验条件限制而采用等效荷载时,除应注意控制截面内力等效外,还应注意非控制截面的内力差异对试验结果产生的影响,同时加强非控制截面强度,以防出现其他破坏形式。

在受弯构件试验中,经常利用几个集中荷载来代替均布荷载,图5.3所示为采用在跨度四分点加两个集中荷载的方式来代替均布荷载,并取试验梁的跨中弯矩等于设计弯矩时的荷载作为梁的试验荷载,这时支座截面的最大剪力也可以达到均布荷载梁的剪力设计数值。如能采用4个集中荷载来加载试验,则会得到更为理想的结果。采用上述等效荷载试验能较好地满足 M 与 V 值的等效,但试件的变形不一定满足等效条件,应考虑修正。

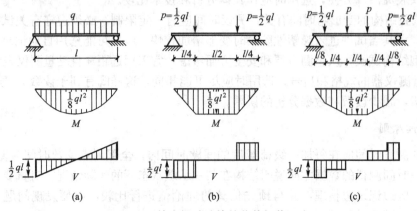

图5.3 简支梁试验等效荷载加载图式

试件支座形式应符合实际边界条件。对于简支板和梁应保证一边是固定铰支座，其余边是滚动铰支座，以使试验装置稳定和试件内不产生轴向力，当采用分配梁加载时，分配梁的两支座也应如此。试验支座本身应进行强度和刚度设计，其尺寸也要满足与其接触物件的局部强度。

正常使用荷载之前一般分五级加载，每级荷载约为使用荷载的 20%；正常使用荷载之后每级荷载加密一倍，约为使用荷载的 10%；为了得到准确的开裂荷载或破坏荷载，在达到开裂荷载或破坏荷载的 90% 后，级距再加密，约为使用荷载的 5%。

加载设备吨位适当，以大于试验最大荷载的 20%~50% 为宜。对于破坏性试验，由于混凝土梁破坏前钢筋屈服，构件变形较大，所以选择和安放液压加载器时，应注意加载器量程，以免因量程不够使试验无法继续。

2. 观测方案

观测项目根据试验目的确定。对于鉴定性试验，一般只测定构件的承载力、抗裂度和各级荷载作用下的挠度及裂缝开展情况；对于科研性试验，除上述观测项目外，一般还要观测截面应变大小和分布规律，有时还要测量截面曲率。

1) 挠度的测量

梁的挠度值是量测数据中最能反映其综合性能的一项指标，其中最主要的是测定梁跨中最大挠度值 f_{max} 及弹性挠度曲线。

测量挠度一般用百分表，选用时要注意量程。挠度测量必须扣除支座影响，因此测量单向板和梁跨中最大挠度时，除在跨中布置沉降测点外，还应在支座处布置沉降测点，测点数目不得少于 3 个，如图 5.4 所示。测量悬臂式结构构件的最大挠度时，除在自由端布置沉降测点外，还应在固定端布置沉降测点和转角测点；测量变形曲线时，测点应布置在构件跨度方向的中点和 $L/4$ 处，包括支座变形在内，测点数目不宜少于 5 个。对于跨度大于 6m 的构件，测点数目还应适当增加。对宽度大于 600mm 的单向板和梁，同一截面挠度测点应布置 2~3 个，取其平均值作为该截面处挠度。对于双向板，挠度测点应沿两个跨度方向的跨中或挠度较大部位布置，且任意方向的测点数目包括支座测点在内，测量跨中最大挠度时不得少于 3 个，测量变形曲线时不宜少于 5 个。精度要求不高时可以在试件上固定标尺，用水准仪测量。

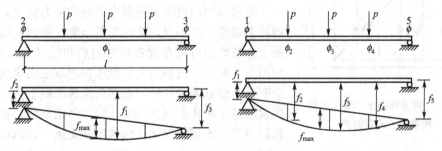

图 5.4　梁的挠度测点布置

2) 应变的测量

梁、板弯曲应变的测量是主要测量内容之一，通常要测量正负弯矩控制截面和有突变的截面的应变(应力)分布规律及中和轴位置，因此沿截面高度连续布置应变测点，测点数量不少于5个。测点可等距布置,采用不等距布置时采用外密里疏,以测出较大应变,获得较好精度。图5.5(a)所示为测量梁截面最大纤维应变;图5.5(b)所示为测量中和轴的位置和应变分布规律而布置的测点。

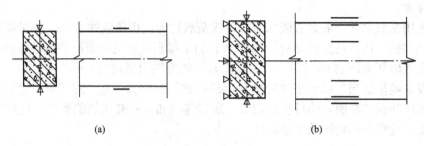

图5.5 测量梁截面应变分布的测点布置

测量梁弯剪区混凝土的主应力(应变)时,可布置适当数量的应变花,并计算主应力大小和方向,绘制主应力迹线图。

同时,为了校核试验的正确性及便于整理试验结果时进行误差修正,经常在梁的端部凸角上的零应力处设置少量测点以检验整个量测过程是否正常。

图5.6所示为一钢筋混凝土梁测量应变的测点布置图,截面1-1为测量纯弯曲区域内正应力的单向应变测点;截面2-2为测量剪应力与主应力的应变网络测点;截面3-3为梁端零应力区校核测点。

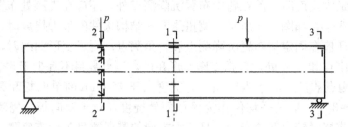

图5.6 钢筋混凝土梁测量应变的测点布置图

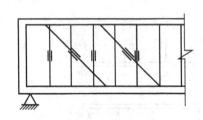

图5.7 钢筋混凝土梁弯起钢筋和箍筋的应变测点

3) 钢筋的应力测量

为探求钢筋混凝土梁板中钢筋的受力情况,需要在钢筋上布置应变测点,抗弯测量布置在控制截面受力主筋上,抗剪测量可布置在弯起钢筋和控制截面箍筋上,如图5.7所示。钢筋应变测量可在混凝土浇筑前贴电阻应变计,做好绝缘和防护处理后浇筑混凝土;也可以在浇筑混凝土时在测点处预留孔洞,露出钢筋,在试验前粘贴应变计或试验时用机械式应变测量仪表测量。

测量构件曲率时,可在构件受拉一侧安放曲率计,混凝土构件出现裂缝后曲率计至少要跨过两条裂缝,以测量平均曲率。

4) 裂缝的测量

开裂荷载测量的关键是及时发现第一条裂缝,因此应该事先估计裂缝可能出现的区段。在加载过程中或持荷时间内发现第一条裂缝时,按前一级荷载确定开裂荷载。由于混凝土抗拉强度离散性较大，事先不易确定裂缝的位置，因此可在梁板受拉边沿连续贴应变计或涂导电涂层等方法判断开裂时间。此外，也可用荷载-挠度曲线判别法判断开裂时刻，当荷载-挠度曲线的斜率首次发生突变时的荷载值为开裂荷载。

测量最大裂缝宽度时，可选 3 条目测最大裂缝测量其宽度，取其中最大值作为最大裂缝宽度。弯曲垂直裂缝宽度应在结构构件的侧面相应于主筋高度处测量，弯剪斜裂缝的宽度应在斜裂缝与箍筋交汇处或斜裂缝与弯起钢筋交汇处测量。

构件开裂后应立即对裂缝的发生和发展情况进行详细观测，用测量仪器确定各级荷载作用下的主要裂缝宽度、长度、位置、走向、裂缝间距和正常使用荷载作用下的最大裂缝宽度。试验后绘出裂缝展开图，统计出平均裂缝宽度和平均裂缝间距。

当裂缝肉眼可见时，其宽度可用最小刻度为 0.01mm 及 0.05mm 的读数放大镜测量。

3. 安装就位

试件安装就位时，必须注意使构件、加载设备及测量仪表位置准确、方向正确，应避免安装倾斜，否则将会引起荷载、测量误差，还可能造成安全事故。对于破坏性试验，应事先估计破坏形态，注意加强安全防范措施。

5.4.2　压杆和柱的静载试验

柱是工程结构中的基本承重构件，在实际工程中钢筋混凝土柱大多数属于偏心受压构件。

1. 试验装置与加载方案

柱子试验可采用正位或卧位方案，有大型结构试验机条件时，试件可在长柱试验机上进行试验，也可以利用静力试验台座上的大型荷载支承设备和液压加载系统配合进行试验。对高大的柱子正位试验时安装和观测都比较费力，这时改用卧位试验方案比较安全，但安装就位和加载装置又比较复杂，同时卧位试验难以有效消除自重影响，对于长细比较大的柱子，自重产生的二阶弯矩影响越加明显，故常用于短柱试验。

为了减小支座与柱端的转动摩擦以及加载过程中避免出现施力位置改变，柱子试验支座通常采用刀口铰支座。轴心受压采用双刀口铰支座，偏心受压采用单刀口铰支座。

柱子一般按估算破坏荷载的 $1/15 \sim 1/10$ 分级加载，接近开裂荷载及破坏荷载时，级距加密至原分级的 $1/2$ 甚至更小。

2. 观测方案

对压杆与柱的试验，一般观测其破坏荷载、各级荷载下的侧向挠度值及变形曲线、控制截面或区域的应力变化规律以及裂缝开展情况。

试件的挠度由布置在受拉边的百分表或挠度计进行量测，与受弯构件相似，除了量测中点最大的挠度值外，可用侧向五点布置法量测挠度曲线。对于正位试验的长柱，它的侧移可用经纬仪观测。

在受压区的侧面布置应变测点时，可以沿该侧面的对称轴线单排布点，或在该侧面的边缘对称布置两排测点。为验证构件平截面变形的性质，可沿截面高度布置 5~7 个应变测点。受拉区钢筋应变同样可以用内部电测方法进行。图 5.8 所示为柱测点布置图。

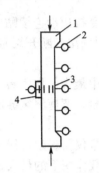

图 5.8 钢筋混凝土柱
测点布置
1—试件；2—百分表；
3—应变计；4—曲率计

3. 安装就位

为保证加载图式准确，除了要注意构件端部约束条件外，安装时还应注意偏心距的准确性。

安装轴心受压柱时一般先将构件进行几何对中，即将构件轴线对准作用力的中心线。构件在几何对中后再进行物理对中，即加载达试验荷载的 20%～40% 时，测量构件中央截面两侧或 4 个面的应变，并调整作用力的轴线，直到各点应变均匀为止。在构件物理对中后即可进行加载试验。对于偏压试件，也应在物理对中后沿加力中线量出偏心距离，再把加载点移至偏心距的位置上进行试验。对钢筋混凝土结构，由于材质的不均匀性，物理对中一般难以实现，因此实际试验中仅需保证几何对中即可。

5.4.3 桁架的静载试验

1. 试验装置与加载方案

桁架尺寸大、重心高，平面外强度、刚度极小，试验时应充分注意这些特点。

桁架试验在室内一般多采用正位加载方案。由于桁架平面外刚度极小，正位试验时应设置侧向支承，保证桁架侧向稳定。侧向支承应当不妨碍桁架受力和平面内挠曲变形。在施工现场做鉴定性试验时，也可以采用两榀桁架对顶做卧位试验。卧位试验可以解决桁架侧向稳定问题，但自重的影响无法消除，向下的侧面观测困难。

桁架一般承受节点荷载，有时也承受上弦节间荷载。桁架试验可用重力加载或液压加载器多点同步加载。利用杠杆进行多点加载时，各杠杆吊篮不应放在桁架的同一侧，以防杠杆产生的侧向推力造成桁架平面外失稳。两榀桁架同时做正位试验时，可将两榀桁架并排放置，用堆放屋面板等重物的方法加载。

桁架受力后下弦伸长，滚动支座的水平位移往往较大，应当留有足够的位移空间；此外，要保证支座滚动后，不改变桁架支承点位置和桁架端节点应力状态。

2. 观测方案

桁架试验的观测项目主要有：桁架挠度及变形曲线；开裂荷载和破坏荷载；杆件截面应变(应力)；节点应变(应力)分布；结构裂缝发展及分布；节点刚度及变形对杆件次应力的影响。

桁架挠度一般用位移计测量，当变形较大、精度要求不高时也可用挠度计、标尺配水准仪测量。挠度测点布置在桁架下弦节点上，必要时上弦节点也布置测点。测量最大挠度时，分别在跨中节点和两支座处布置 3 个测点；测量变形曲线时，适当增加测点数目，可在每个节点上布置测点。桁架节点较多时，可利用结构和荷载的对称性半跨布置测点，在另外半跨布置少量校验性测点，以减少测点数量，如图 5.9 所示。

上弦有节间荷载时为压弯构件，按弹性铰支座连续梁计算，其余杆件内力按铰接桁架计算，只有轴向力。但实际桁架的杆件连接并非铰接，节点有一定刚性。由于节点刚性的影响，杆件截面除了有轴力外，实际还可能存在双向弯矩甚至扭矩。不考虑节点刚性的影

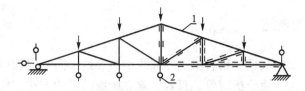

图 5.9 桁架测点布置
1—应变计；2—位移图计

响时，应变测点应远离节点，布置在杆件中间截面上；若要考虑节点刚性影响，则除中间截面布置测点外，节点附近的杆件截面也应布置测点。同一截面测点布置的数量以满足求解全部内力为准。

为测量桁架节点平面应力分布，可布置适当数量的应变花测点。

对于钢筋混凝土桁架，开裂荷载及裂缝测量方法与梁板类似，测量开裂荷载的关键是及时发现第一条裂缝。

3. 安装就位

桁架在正常使用荷载下挠度较大，尤其在破坏前挠度更大。因此，安装试件时，应防止试验过程中试件或吊篮着地或加载器、测量仪表量程不够。

5.5 试验资料的整理与分析

试验所得到的数据包含着丰富的结构工作信息，只有对试验数据进行计算、表达和分析，找出结构工作的规律，才能对结构工作性能进行评定。试验结果的计算、表达和分析过程就是资料整理过程。

5.5.1 试验原始资料的整理

试验的原始资料主要有：
(1) 试验对象的考察记录、图例、照片。
(2) 试验大纲、材料力学性能试验结果。
(3) 仪表的测读数据记录及裂缝记录图。
(4) 试验情况记录。
(5) 破坏形态描述、图例、照片。

试验原始记录汇集应保持完整性、科学性、严肃性，不得随意更改。

为方便观察、分析规律，试验测读数据应列表计算，算出每个测点在各级荷载下的递增值和累计值，多测点时还要算出平均值。对于最大变形、最大应变等控制性数据，应在现场及时整理、通报，以便指导下一步试验。

整理资料时，对于异常数据应进行判断，判断其是否是仪器故障或安装不当造成的，如果是，则可舍去；如果分析不出原因，则应根据统计学的偶然误差理论来处理这些异常数据。异常数据有时包含着人们尚未认识的客观规律，绝不能轻易舍弃。

5.5.2 试验结果的表达

为了方便分析,试验数据常用表格、图像或函数表达。同一组数据可以同时用这 3 种方法表达,目的就是为了使分析简单、直观。建立函数关系的方法主要有回归分析、系统识别等方法,这里介绍最常用的直观的表格和图像的方法。

1. 表格

表格是最基本的数据表达方法,无论绘制图像还是建立函数表达式,都需要数据表。表格分为汇总表格和关系表格两大类。汇总表格把试验结果中的主要内容或试验中的某些重要数据汇集于一个表格中,起着类似于摘要和结论的作用,表中的行与行、列与列之间没有必然的关系;关系表格是把相互有关的数据按一定的格式列于表中,表中行与行、列与列之间有一定的关系,它的作用是使有一定关系的若干变量的数据更加清楚地表示出变量之间的关系和规律。

表格的形式不拘一格,关键在于完整、清楚地显示数据内容。对于工程检测试验记录表格,表格内容除了记录数据外,还应适当包括工程名称、委托单位、检测单位、检测日期、气象环境条件、仪器名称、仪器编号及试验、测读、记录、校核、项目负责人的签字等内容。

2. 图像

表格的直观性不强,试验数据经常用图像表达,图像表达方式有曲线图、形态图、直方图和馅饼图等。试验中常用曲线图表达数据关系,用形态图表达试件破坏形态和裂缝扩展形态。

1) 曲线图

对于定性分析和整体分析来说,曲线图是最合适的表达方法,它可以直观地反映数据的最大值、最小值、走势、转折。

(1) 坐标的选择与试验曲线的绘制。选择适当的坐标系、坐标参数和坐标比例,有时对于反映数据规律是相当重要的。

试验分析中常用直角坐标反映试验参数间的关系。直角坐标系只能反映两个变量间的关系。有时会遇到变量不止两个的情况,这时可采用"无量纲变量"作为坐标来表达。例如,为了验证钢筋混凝土矩形单筋梁的截面承载力公式

$$M_u = A_s \sigma_s \left(h_0 - \frac{A_s \sigma_s}{2 b \alpha_1 f_c} \right)$$

需要进行大量的试验研究,而每一个试件的配筋率 $\rho = \dfrac{A_s}{bh_0}$、混凝土强度等级 f_{cu}、截面形状和尺寸 bh_0 都有差别,若将每一试件的实测极限弯矩 M_u^0 和计算极限弯矩 M_u^c 逐一比较,就无法用曲线表示。但若将纵坐标改为无量纲,用 $\dfrac{M_u^0}{M_u^c}$ 来表示,横坐标分别以 ρ 和 f_{cu} 表示,则即使截面相差较大的梁,也能反映其共同的规律。图 5.10 说明,当配筋率超过某一临界值或混凝土等级低于某一临界值时,则按上述公式算得的极限弯矩将偏于不安全。

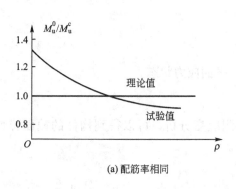
(a) 配筋率相同

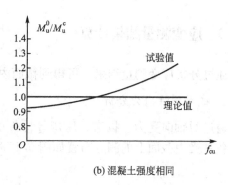
(b) 混凝土强度相同

图 5.10 混凝土梁承载力试验曲线

上面的例子表明，如何组合试验参数作为坐标轴，应根据分析目标而定，同时还要有专业的知识并仔细地考虑。

不同的坐标比例和坐标原点会使曲线变形、平移，应选择适当的坐标比例和坐标原点使曲线特征突出并占满整个坐标系。

绘制曲线时，运用回归分析的基本概念，使曲线通过较多的试验点，并使曲线两旁的试验点大致相等。

(2) 常用试验曲线。

常用的试验曲线有荷载-变形、荷载-应变、荷载-应力曲线等。

荷载变形曲线有很多，诸如结构或构件的整体变形曲线；控制点或最大挠度点的荷载变形曲线；截面的荷载变形(转角)曲线；铰支座与滚动支座的荷载侧移曲线；变形时间曲线、反复荷载作用下的结构构件的延性曲线；滞回曲线；等等。

图 5.11 所示是 3 条荷载挠度曲线。曲线 1 及曲线 2 的 OA 段说明结构处于弹性状态。曲线 2 整体表现出结构的弹性和弹塑性性质，这是钢筋混凝土结构的典型现象。钢筋混凝土结构由于结构裂缝、钢筋屈服会在曲线上先后出现两个转折点。结构变形曲线反映出的这种特性可以在整体挠曲曲线和支座侧移曲线中得到验证。对于加载过程，曲线 3 属于反常现象，说明试验存在问题。

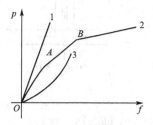
图 5.11 荷载-变形曲线特征

荷载-变形曲线可反映出结构工作的弹塑性性质；反复荷载下的结构延性曲线可反映出结构的软化性质；滞回曲线可反映出结构的恢复力性质；变形时间曲线可反映出结构的长期工作性能；等等。

2) 形态图

在试验过程中，应在构件上按裂缝展开面和主侧面给出其开展过程并注上出现裂缝的荷载值及宽度、长度，直至破坏。待试验结束后拍照或用坐标纸按比例作描绘记录。

此外，结构破坏形态、截面应变图都可以采用绘图方式记录。

除上述的试验曲线和图形外，根据试验研究的结构类型、荷载性质、变形特点等，还可以绘出一些其他结构特性曲线，如超静定结构的荷载反力曲线、节点局部变形曲线、节点主应力轨迹图等。

5.5.3 应变测量结果计算

通过分析应变测量结果，可得到截面内力、平面应力状态。

1. 截面弹性内力分析

通过对轴向受力、拉弯、压弯等构件的实测应变分析，可以得到构件的截面弹性内力。各种受力截面上的测点布置如图 5.12 所示。

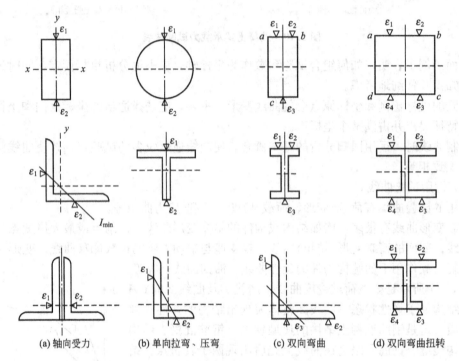

(a) 轴向受力　(b) 单向拉弯、压弯　(c) 双向弯曲　(d) 双向弯曲扭转

图 5.12　各种受力截面上的测点布置

1) 轴向拉、压构件

拉、压构件测点布置如图 5.12(a)所示。根据截面中和轴或最小惯性矩轴上布置的测点应变，截面轴向力可按下式计算：

$$N = \sigma \cdot A = \bar{\varepsilon} E \cdot A \tag{5-1}$$

式中　E、A——材料弹性模量和截面面积；

$\bar{\varepsilon}$——实测的截面平均应变，$\bar{\varepsilon} = \dfrac{1}{n} \sum \varepsilon_i$。

2) 单向压弯、拉弯构件

这类构件测点布置如图 5.12(b)所示。由材料力学可知，截面边缘应力计算公式为

$$\sigma_1 = \frac{N}{A} \pm \frac{My_1}{I} \tag{5-2}$$

$$\sigma_2 = \frac{N}{A} \pm \frac{My_2}{I} \tag{5-3}$$

注意到，$y_1 + y_2 = h$，$\sigma_1 = \varepsilon_1 E$，$\sigma_2 = \varepsilon_2 E$，则截面轴力和弯矩计算公式为

$$N=\frac{EA}{h}(\varepsilon_1 y_2+\varepsilon_2 y_1) \tag{5-4}$$

$$M=\frac{EA}{h}(\varepsilon_2-\varepsilon_1) \tag{5-5}$$

式中 A、I——构件截面面积和惯性矩；

ε_1、ε_2——截面上、下边缘的实测应变值；

y_1、y_2——截面中和轴至截面上、下边缘测点的距离。

3）双向弯曲构件

构件受轴力 N、双向弯矩 M_x 和 M_y 作用时，截面上测点布置如图 5.12（c）所示。根据测得的 4 个应变 ε_1、ε_2、ε_3、ε_4，利用外插法求出截面相应 4 个角的应变值 ε_a、ε_b、ε_c、ε_d，再利用公式中任意 3 个方程，即可求解 N、M_x 和 M_y。

$$\sigma_a=\varepsilon_a E=\frac{N}{A}+\frac{M_x}{I_x}y_1+\frac{M_y}{I_y}x_1 \tag{5-6}$$

$$\sigma_b=\varepsilon_b E=\frac{N}{A}+\frac{M_x}{I_x}y_1+\frac{M_y}{I_y}x_2 \tag{5-7}$$

$$\sigma_c=\varepsilon_c E=\frac{N}{A}+\frac{M_x}{I_x}y_2+\frac{M_y}{I_y}x_1 \tag{5-8}$$

$$\sigma_d=\varepsilon_d E=\frac{N}{A}+\frac{M_x}{I_x}y_2+\frac{M_y}{I_y}x_2 \tag{5-9}$$

对于图 5.12(c)的测点布置，可利用式(5-6)~式(5-8)，消去 σ_c 中的最后一项，即可求出 N、M_x 和 M_y。

若构件除轴向力 N 和弯矩 M_x 及 M_y 作用外，还有扭转力矩 B 作用时，则在上述各式中再加上一项 $\sigma_\omega=B\frac{\omega}{I_m}$。利用上述 4 个方程可同时解出 N、M_x、M_y 和 B。

一般 3 个测点以上的分析，采用数解法比较困难，多采用图解法求解。下面通过两个例子介绍图解法。

【**例题 5-1**】 已知 T 形截面形心 $y_1=200$mm，高度 $h=600$mm，实测上、下边缘的应变为 $\varepsilon_1=100\times10^{-6}$、$\varepsilon_2=400\times10^{-6}$，用图解法分析截面上存在的内力及其在各测点产生的应变值。

解：按比例画出截面几何形状及实测应变图，如图 5.13 所示。通过水平中和轴与应变图的交点 e 作一条垂线，得到轴向力产生的应变 ε_N 和弯曲产生的应变 ε_M，其值计算如下所示。

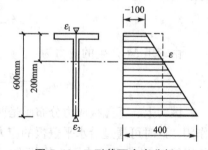

图 5.13 T 形截面应变分析

$$\varepsilon_0=\left(\frac{\varepsilon_2-\varepsilon_1}{h}\right)y_1=\left(\frac{400-100}{600}\right)\times10^{-6}\times200=100\times10^{-6}$$

$$\varepsilon_N=\varepsilon_1+\varepsilon_0=(100+100)\times10^{-6}=200\times10^{-6}$$

$$\varepsilon_{1M}=\varepsilon_1-\varepsilon_N=(100-200)\times10^{-6}=-100\times10^{-6}$$

$$\varepsilon_{2M}=\varepsilon_2-\varepsilon_N=(400-200)10\times10^{-6}=200\times10^{-6}$$

通过本例的分析可知，材料力学中的概念如弯曲应变符合平截面假定、截面形心处的应变不受双向弯曲的影响等，是图解法的基础。

【例题 5-2】 在一个对称的箱形截面上布置 4 个测点，测得应变后换算成应力，画出应力图并延长至边缘，得边缘应力为 $\sigma_a = -44\text{MPa}$，$\sigma_b = -22\text{MPa}$，$\sigma_c = 24\text{MPa}$，$\sigma_d = 54\text{MPa}$，如图 5.14 所示。用图解法分析截面上的应力及其在各测点上的应力值。

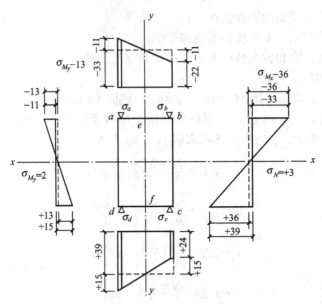

图 5.14 对称截面应变分析

解： 求出上、下盖板中点处的应力，即

$$\sigma_e = \frac{\sigma_a + \sigma_b}{2} = \frac{-44-22}{2} = -33(\text{MPa})$$

$$\sigma_f = \frac{\sigma_c + \sigma_d}{2} = \frac{24+54}{2} = 39(\text{MPa})$$

由于 σ_e、σ_f 的符号不同，可知有轴向力 N 和垂直弯矩 M_x 共同作用。对 σ_e、σ_f 进一步分解得图 5.14 右侧应力图，可知其轴向力为拉力，其值为

$$\sigma_N = \frac{\sigma_e + \sigma_f}{2} = \frac{-33+39}{2} = 3(\text{MPa})$$

由弯矩 M_x 产生的应力为：

$$\sigma_{M_x} = \pm \frac{\sigma_f - \sigma_e}{2} = \pm \frac{39+33}{2} = \pm 36(\text{MPa})$$

因为上、下盖板应力分布图呈两个梯形，说明除了有 N 和 M_x 作用外，还有其他内力作用，这时可通过沿水平盖板的应力分布，在 y 轴上各引水平线得到其余应力，进一步分解得图 5.14 左侧应力图。其值为：

上盖板左右余下应力为

$$\frac{\sigma_a - \sigma_b}{2} = \pm \frac{-44-(-22)}{2} = \pm 11(\text{MPa})$$

下盖板左右余下应力为

$$\frac{\sigma_d - \sigma_c}{2} = \pm \frac{54-24}{2} = \pm 15(\text{MPa})$$

由于截面上、下相应测点余下的应力绝对值及其符号均不相同，说明它们是由水平弯

矩 M_y 和扭矩 M_T 联合作用引起的，其值为

$$\sigma_{M_y} = \pm \frac{-15+11}{2} = \mp 2 (\text{MPa})$$

$$\sigma_{M_T} = \mp (\frac{-15-11}{2}) = \pm 13 (\text{MPa})$$

求得 4 种应力后，根据截面几何性质，按材料力学公式，即可求得各项内力值。实测应力分析结果见表 5-1。

表 5-1 应力分析结果

应力组成	符号	各点应力/MPa			
		σ_a	σ_b	σ_c	σ_d
轴向力产生的应力	σ_N	+3	+3	+3	+3
垂直弯矩产生的应力	σ_{M_x}	-36	-36	+36	+36
水平弯矩产生的应力	σ_{M_y}	+2	-2	-2	+2
扭矩产生的应力	σ_{M_T}	-13	+13	-13	+13
各点实测应力	$\sum$	-44	-22	+24	+54

2. 平面应力状态分析

用应变花测量平面应力状态的主应力（应变）大小和方向时，可用二片应变计或三片应变计作为一个应变花。

当主应力方向未知时，则必须用三片应变计作为一个应变花，测量一个测点的 3 个方向的应变。常用的应变花形式见表 5-2。

表 5-2 应变花及其形式参数

应变花名称	应变花形式	应变花形式参数		
		A	B	C
45°直角应变花		$\dfrac{\varepsilon_0 + \varepsilon_{90}}{2}$	$\dfrac{\varepsilon_0 - \varepsilon_{90}}{2}$	$\dfrac{2\varepsilon_{45} - \varepsilon_0 - \varepsilon_{90}}{2}$
60°等边三角形应变花		$\dfrac{\varepsilon_0 + \varepsilon_{60} + \varepsilon_{120}}{3}$	$\varepsilon_0 - \dfrac{\varepsilon_0 + \varepsilon_{60} + \varepsilon_{120}}{3}$	$\dfrac{\varepsilon_{60} - \varepsilon_{120}}{\sqrt{3}}$
伞形应变花		$\dfrac{\varepsilon_0 + \varepsilon_{90}}{2}$	$\dfrac{\varepsilon_0 - \varepsilon_{90}}{2}$	$\dfrac{\varepsilon_{60} - \varepsilon_{120}}{\sqrt{3}}$

(续)

应变花名称	应变花形式	应变花形式参数		
		A	B	C
扇形应变花	ε_{135}, ε_{90}, ε_{45}, ε_0	$\dfrac{\varepsilon_0+\varepsilon_{45}+\varepsilon_{90}+\varepsilon_{135}}{4}$	$\dfrac{\varepsilon_0-\varepsilon_{90}}{2}$	$\dfrac{\varepsilon_{135}-\varepsilon_{45}}{2}$

为了简化计算，通常将应变花中的一个应变计的方向与水平轴 x 轴重合，则应变花的其他应变计与轴的夹角就由特殊角度组成。由材料力学可知，不同形式的应变花的主应变 ε_1、ε_2、主应变方向 θ_x（与 x 轴夹角）和剪应变 γ_{max} 的计算有着共同的规律，其通式为

$$\begin{matrix}\varepsilon_1\\\varepsilon_2\end{matrix}=A\pm\sqrt{B^2+C^2}$$

$$\gamma_{max}=2\sqrt{B^2+C^2}$$

$$\tan2\theta_x=\frac{C}{B}$$

式中 A、B、C——应变花形式参数，见表 5-2。

主应力 σ_1、σ_2、主应力方向 θ_x（与 x 轴夹角）和剪应力 τ_{max} 按下式计算。

$$\begin{matrix}\sigma_1\\\sigma_2\end{matrix}=\left(\frac{E}{1-\upsilon}\right)A\pm\left(\frac{E}{1+\upsilon}\right)\sqrt{B^2+C^2}$$

$$\tau_{max}=\left(\frac{E}{1+\upsilon}\right)\sqrt{B^2+C^2}$$

$$\tan2\theta_x=\frac{C}{B}$$

式中 E、υ——材料弹性模量和泊松比。

若主应力方向已知，可用两个应变计作为一个应变花。两个应变计分别沿主应力方向布置，且测得应变即为主应变，分别为 ε_1、ε_2，则主应力 σ_1、σ_2 和剪应力 τ_{max} 按下式计算。

$$\sigma_1=\frac{E}{1-\upsilon^2}(\varepsilon_1+\upsilon\varepsilon_2)$$

$$\sigma_2=\frac{E}{1-\upsilon^2}(\varepsilon_2+\upsilon\varepsilon_1)$$

$$\tau_{max}=\frac{E}{2(1+\upsilon)}(\varepsilon_1-\varepsilon_2)=\frac{\sigma_1-\sigma_2}{2}$$

5.5.4 挠度测量结果计算

构件的挠度是指构件自身的变形，所测的是构件某点的沉降，因此要扣除支座影响。如图 5.15(a)所示的简支梁，消除支座影响后，实测跨中最大挠度 f_q^0 为

$$f_q^0=u_m^0-\frac{u_l^0+u_r^0}{2}$$

如图 5.15(b)所示悬臂梁，扣除支座影响后，自由端实测最大挠度 f_q^0 为

$$f_q^0=u_1^0-u_2^0-l\cdot\tan\alpha$$

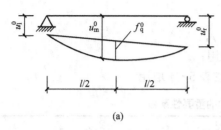
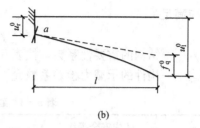

图 5.15 挠度测点布置原理图

此外，计算构件实测挠度时还应加上构件自重、加载设备重等产生的挠度。构件实测短期挠度 f_s^0 计算公式如下

$$f_s^0 = \varphi(f_q^0 + f_g^c)$$

式中　f_q^0——消除支座影响后的挠度实测值；

　　　f_g^c——构件自重和加载设备重产生的挠度；

　　　φ——用等效集中荷载代替均布荷载时的加载图式修正系数。

φ 定义为均布荷载图式跨中挠度与等效集中荷载图式跨中挠度之比，按弹性理论计算。混凝土构件出现裂缝后，用按弹性理论计算的 φ 进行修正会有一定误差。

由于仪表初读数是在试件和试验装置安装后读取的，加载后测量的挠度值中未包括自重引起的挠度，因此计算时应予以考虑。f_g^c 的值可近似按构件开裂前的线性段外插确定，如图 5.16 所示。也可按下式确定。

$$f_g^c = \frac{M_g}{\Delta M_b} \cdot \Delta f_b^0$$

图 5.16 外插法确定自重挠度

式中　ΔM_b、Δf_b^0——对于简支梁分别为开裂前跨中截面弯矩增量与相应跨中挠度增量，对于悬臂梁分别为固端截面弯矩增量与相应自由端挠度增量；

　　　M_g——构件与加载设备重产生的截面弯矩，对于简支梁为跨中截面弯矩；对于悬臂梁为固端截面弯矩。

5.5.5　结构性能评定

通过结构试验，对结构的承载能力、变形、抗裂度、裂缝宽度进行评定，给出评定结论，也是试验数据整理的一项工作。对于鉴定性试验，应按相关设计规范的要求对结构进行评定，看其是否满足规范的要求；对于科研性试验，应对理论分析结果进行评定，看其与试验结果的符合程度。

1. 结构、构件承载力评定

对生产鉴定性试验，按下式计算构件的承载力检验系数实测值 γ_u^0。

$$\gamma_u^0 = \frac{P_u^0}{P} \quad \text{或} \quad \gamma_u^0 = \frac{S_u^0}{S}$$

式中　P_u^0、S_u^0——分别为构件破坏荷载、破坏荷载效应实测值；

　　　P、S——分别为构件承载力检验荷载、检验荷载效应。

并应满足

$$\gamma_u^0 \geqslant \gamma_0 [\gamma_u]$$

式中　γ_0——结构的重要性系数，按表 5-3 取用；

　　　$[\gamma_u]$——构件的承载力检验系数允许值，按表 5-4 取用。

表 5-3　建筑结构的重要性系数

结构安全等级	γ_0
一级	1.1
二级	1.0
三级	0.9

表 5-4　承载力检验指标

受力情况	标志标号	承载力检验标志		$[\gamma_u]$
轴心受拉、偏心受拉、受弯、大偏心受压	①	受拉主筋处最大垂直裂缝宽度达到 1.5mm 或挠度达到跨度的 1/50	Ⅰ~Ⅲ级钢筋，冷拉Ⅰ、Ⅱ级钢筋	1.20
			冷拉Ⅲ、Ⅳ级钢筋	1.25
			热处理钢筋、钢丝、钢绞线	1.45
	②	受压区混凝土破坏	Ⅰ~Ⅲ级钢筋，冷拉Ⅰ、Ⅱ级钢筋	1.25
			冷拉Ⅲ、Ⅳ级钢筋	1.30
			热处理钢筋、钢丝、钢绞线	1.40
	③	受拉主筋拉断		1.50
轴心或偏心受压	④	混凝土受压破坏		1.45
受弯构件受剪	⑤	腹部斜裂缝宽度达到 1.5mm 或斜裂缝末端混凝土剪压破坏		1.35
	⑥	斜截面混凝土斜压破坏或受拉主筋端部滑脱，其他锚固破坏		1.50

对于科学研究型试验，按下式计算承载力检验系数实测值 γ_u^0。

$$\gamma_u^0 = \frac{R(f_c^0, f_s^0, a^0, \cdots)}{S_u^0}$$

当 $\gamma_u^0 = 1$ 时，说明理论计算与试验结果的符合程度良好；当 $\gamma_u^0 < 1$ 时，说明计算结果比试验结果小，偏于安全；当 $\gamma_u^0 > 1$ 时，说明计算结果比试验结果大，偏于不安全。

混凝土构件达到下列破坏标志之一时，即认为达到承载力极限状态。

(1) 轴心受拉、偏心受拉、受弯、大偏心受、压构件。

① 受拉主筋应力达到屈服强度、受拉应变达到 0.01。

② 受拉主筋拉断。

③ 受拉主筋处最大垂直裂缝宽度达到 1.5mm。

④ 挠度达到跨度的 1/50，悬臂构件挠度达到跨度的 1/25。

⑤ 受压区混凝土压坏。

⑥ 锚固破坏或主筋端部混凝土滑移达到 0.2mm。

(2) 轴心受压或小偏心受压构件。

① 混凝土受压破坏。
② 受压主筋应力达到屈服强度。
(3) 受弯构件剪切破坏。
① 箍筋或弯起钢筋或斜截面内的纵向受拉主筋应力达到屈服强度。
② 斜裂缝端部受压区混凝土剪压破坏。
③ 沿斜截面混凝土斜向受压破坏。
④ 沿斜截面撕裂形成斜拉破坏。
⑤ 箍筋或弯起钢筋与斜裂缝交汇处的斜裂缝宽度达 1.5mm。
⑥ 锚固破坏或主筋端部混凝土滑移达 0.2mm。

试验加载应保证有足够的持荷时间，因此，结构承载力应按下述规定取值：在加载过程中出现上述破坏标志之一时，取前一级荷载作为结构的实测承载力；在持荷结束后出现上述破坏标志之一时，以此时荷载作为结构的实测承载力；在持荷时间内出现上述破坏标志之一时，取本级与前一级荷载的平均值作为结构的实测承载力。

试验记录资料也是确定构件承载力的参考依据，包括混凝土或钢筋的应变、荷载-挠度曲线顶点、构件最大挠度、最大裂缝宽度出现时刻等。

2. 结构挠度评定

对生产鉴定性试验，挠度应满足下式要求。

$$f_s^0 \leqslant [f_s]$$

式中　f_s^0、$[f_s]$——正常使用短期荷载作用下，构件的短期挠度实测值和短期挠度允许值。

对于混凝土构件

$$[f_s] = \frac{Q_s}{Q_l(\theta-1)+Q_s}[f]$$

$$[f_s] = \frac{M_s}{M_l(\theta-1)+M_s}[f]$$

式中　Q_s、Q_l——短期荷载组合值、长期荷载组合值；
　　　M_s、M_l——按荷载短期效应组合值、荷载长期效应组合值计算的弯矩；
　　　θ——考虑荷载长期效应组合对挠度增大的影响系数（取值原则：①对钢筋混凝土受弯构件，当 $\rho'=0$ 时，取 $\theta=2.0$；当 $\rho'=\rho$ 时，取 $\theta=1.6$；当 ρ' 为中间数值时，θ 按线性内插法取用。对翼缘位于受拉区的倒 T 形截面 θ 应增加 20%。②对预应力混凝土受弯构件，取 $\theta=2.0$)；
　　　$[f]$——结构挠度允许值。

对于科研性试验，比较计算挠度与实测挠度的符合程度。

3. 结构抗裂性评定

对于正常使用时不允许出现裂缝的混凝土构件，构件的抗裂性检验应符合下式要求。

$$\gamma_{ck}^0 \geqslant [\gamma_{ck}]$$

$$[\gamma_{ck}] = 0.95\frac{\gamma f_{tk}+\sigma_{pc}}{f_{tk}\sigma_{sc}}$$

式中 γ_{ck}^0——构件抗裂系数实测值,即构件的开裂荷载实测值与正常使用短期检验荷载值之比;

$[\gamma_{ck}]$——构件的抗裂检验系数允许值;

γ——受压区混凝土塑性影响系数;

σ_{sc}——荷载短期效应组合下,抗裂验算截面边缘的混凝土法向应力;

σ_{pc}——检验时在抗裂验算边缘的混凝土预压应力计算值,应考虑混凝土收缩徐变造成预应力损失随时间变化的影响系数 β,$\beta=\dfrac{4j}{120+3j}$,j 为施加预应力后的时间,以天计;

f_{tk}——检验时混凝土抗拉强度标准值。

对于正常使用时允许出现裂缝的混凝土构件,构件的裂缝宽度应符合下式要求:

$$W_{s,max}^0 \leqslant [W_{max}]$$

式中 $W_{s,max}^0$——在正常使用短期荷载作用下,受拉主筋处最大裂缝宽度的实测值;

$[W_{max}]$——构件检验的最大裂缝宽度允许值。

4. 构件结构性能评定

根据结构性能检验的要求,对被检验的构件,应按表 5-5 所列项目和标准进行性能检验,并按下列规定进行评定。

表 5-5 复式抽样再检的条件

检验项目	标准要求	二次抽样检验指标	相对放宽
承载力	$\gamma_0[\gamma_u]$	$0.95\gamma_0[\gamma_u]$	5%
挠度	$[f_s]$	$1.10[f_s]$	10%
抗裂性	$[\gamma_{ck}]$	$0.95[\gamma_{ck}]$	5%
裂缝宽度	$[W_{max}]$	—	0

(1) 当结构性能检验的全部检验结果均符合表 5-5 规定的标准要求时,该批构件的结构性能应评为合格;

(2) 当构件的第一次检验结果不能全部符合表 5-5 所列的标准要求,但又能符合第二次检验要求时,可再抽两个试件进行检验。第二次检验时,对承载力和抗裂检验要求降低 5%;对挠度检验提高 10%;对裂缝宽度不允许再做第二次抽样,因为原规定已放松,且可能的放松值就在观察误差范围之内。

(3) 对第二次抽取的第一个试件检验时,若都能满足标准要求,则可直接评为合格。若不能满足标准要求,但又能满足第二次检验指标时,则应继续对第二次抽取的另一个试件进行检验,检验结果若能满足第二次检验的要求,该批构件的结构性能仍可评为合格。

应该指出,对每一个试件,均应完整地取得 3 项检验指标,只有 3 项指标均合格时,该批构件的性能才能评为合格。在任何情况下,只要出现低于第二次抽样检验指标的情况,即判为不合格。

【例题 5-3】 预应力圆孔板板长 3510mm,跨度 3400mm;板宽 1180mm;灌缝宽 20mm。板自重 7.8kN,抹面 0.4kPa,灌缝 0.1kPa,活荷载 4.0kPa。实配钢筋为低碳冷拔丝 16ϕ^b5。裂缝控制等级为二级,混凝土强度等级为 C30。在荷载短期效应组合下,按实际配筋计算的板底混凝土拉应力 $\sigma_{sc}=5.0$ MPa,预压应力计算值 $\sigma_{pc}=3.0$ MPa,计算挠度值 $f_s^0=5.3$ mm。试按均布加载和 3 分点加载计算正常使用短期荷载检验值 Q_s、F_s 以及相应于承载力检验指标时的检验荷载值和抗裂检验荷载值。

解: 由题知 $L_0=3.4$ m,$b=1.2$ m,$Q_K=4.0$ kPa,$\gamma_Q=1.4$,恒载 G_K 包括构件自重 G_{K1} 和装修重量 G_{K2},$\gamma_G=1.2$。

(1) 结构自重。

$$G_K=G_{K1}+G_{K2}=\frac{7.8}{3.51\times1.2}+(0.4+0.1)=1.85+0.5=2.35(\text{kPa})$$

构件自重折算为 3 分点荷载。

$$F_{GK1}=\frac{3}{8}G_{K1}bL_0=\frac{3}{8}\times1.85\times1.2\times3.4=2.83(\text{kN})$$

(2) 正常使用短期荷载检验值。

均布加载:$Q_s=G_K+Q_K=2.35+4.0=6.35(\text{kPa})$

3 分点加载:$F_s=\frac{3}{8}(G_K+Q_K)bL_0=\frac{3}{8}\times6.35\times1.2\times3.4=9.72(\text{kN})$

(3) 承载力检验荷载值。

均布加载:$Q=\gamma_0[\gamma_u]Q_d-G_{K1}$

3 分点加载:$F_s=\gamma_0[\gamma_u]F_d-F_{GK1}$

γ_0 为结构重要性系数,一般预制构件按二级考虑,$\gamma_0=1.0$;Q_d、F_d 为承载力检验系数设计值,按下式计算。

对均布荷载:$Q_d=\gamma_G G_K+\gamma_Q Q_K=1.2\times2.35+1.4\times4.0=8.42(\text{kPa})$

3 分点加载:$F_d=\frac{3}{8}Q_d bL_0=\frac{3}{8}\times8.42\times1.2\times3.4=12.88(\text{kN})$

具体计算结果见表 5-6。

表 5-6 承载力检验荷载计算

检验标志编号		⑤	②	①	③	⑥
$\gamma_0[\gamma_u]$		1.35	1.4	1.45	1.50	1.50
均布加载/kPa	荷载加载值	11.37 9.52	11.79 9.94	12.23 10.36	12.65 10.78	12.36 10.78
三分点加载/kN	荷载加载值	17.39 14.56	18.03 15.20	18.68 15.85	19.33 16.49	19.33 16.49

(4) 抗裂检验荷载值。

$$[\gamma_{cr}]=0.95\frac{\gamma f_{tk}+\sigma_{pc}}{\sigma_{sc}}=\frac{(1.75\times2)+3.0}{5.0}\times0.95=1.24$$

均布加载:$[\gamma_{cr}]Q_s-G_{K1}=1.24\times6.35-1.85=6.02(\text{kPa})$

3 分点加载:$[\gamma_{cr}]F_s-F_{GK1}=1.24\times9.72-2.83=9.22(\text{kN})$

在上述抗裂检验荷载作用下,若持续 10min 未观察到裂缝,则抗裂检验合格。

本 章 小 结

结构静力试验是结构试验中最为常见的试验，也是结构试验的基础性试验。通过对本章的学习，应掌握如下内容。

（1）充分的试验准备、准确的试验安装、正确的加载程序、合理的测点布置为结构试验的准确性和试验的顺利进行提供了保障。因此，试验前应根据加载图式和必要的安全防范措施进行试验安装；根据试验目的合理安排测点数量和位置；试验过程中应严格按照试验规程规定的试验步骤、加载程序等试验方法进行试验。

（2）土木工程一般构件的静载试验，包括试验装置与加载方案、观测方案以及试件的安装就位等。

（3）试验成果最终体现在试验数据的整理和分析中。试验数据的整理、分析不仅涉及对数据的误差处理，还涉及专业知识。

思 考 题

1. 一般结构静载试验的加载程序分为哪几个阶段？预载的目的是什么？对预载的荷载值有何要求？
2. 正式加载试验应如何分级？对分级间隔时间有何要求？对在短期标准荷载作用下的恒载时间有何规定？为什么？
3. 对结构或构件进行内力和变形测量时，对测点的选择和布置有哪些要求？
4. 如何计算和修正受弯构件的实测挠度值？
5. 量测数据的整理包括哪些内容？试验结果的表达方法有哪几种？
6. 进行预制混凝土构件性能检验时，对不允许出现裂缝的预应力构件应检验哪些项目？对允许出现裂缝的构件应检验哪些项目？

第6章
土木工程结构动载试验

> **教学目标**

熟悉结构动力试验常用的荷载模拟技术。
熟悉动载试验测量仪器的工作原理及技术指标。
掌握结构动力特性的各种测试方法。
掌握结构动力反应的各种测试方法。
了解地震模拟振动台试验、强震观测和人工爆破模拟地震试验等内容。
了解结构疲劳试验的方法。

> **教学要求**

知识要点	能力要求	相关知识
工程结构动力特性的试验测定	(1) 了解人工激振法内容 (2) 了解环境随机振动法内容	
工程结构的动力反应试验测定	(1) 了解寻找主振源的试验测定方法 (2) 了解结构动态参数的测量 (3) 了解工程结构动力系数的试验测定方法 (4) 了解工程结构动应力的试验测定	
工程结构疲劳试验	(1) 了解疲劳试验项目 (2) 了解疲劳试验荷载 (3) 掌握疲劳试验的步骤 (4) 掌握疲劳试验的观测 (5) 疲劳试验试件的安装	
动载试验资料的整理与分析	掌握结构自振特性的实测数据处理方法	

> **引言**

动载试验与静载试验相比具有一定的特殊性。造成结构振动的动荷载是随时间而改变的,其中有些是确定性振动,有些是随机振动,在数据处理的复杂性上有着明显的差别。结构在动荷载作用下的反应与结构本身动力特性有着密切关系,动荷载产生的动力效应有时远远大于相应的静力效应,甚至一个不大的动荷载就可能使结构遭受严重破坏。通过动载试验研究结构或构件的动力响应是目前结构理论研究的热点,通过学习本章的内容应掌握结构动载试验技术。

6.1 土木工程结构动载试验概述

在工程结构所受的荷载中，除了静荷载外，往往还会受到动荷载的作用。所谓动荷载，通俗地讲，就是随时间而变化的荷载，如冲击荷载、随机荷载（如风荷载、地震荷载）等均属于动荷载的范畴。从动态的角度来讲，静荷载只是动荷载的一种特殊形式而已。

数十年来，人们越来越清楚地意识到，动荷载对工程结构的强度、刚度及稳定性的影响占有举足轻重的地位。

1940 年秋，美国 Tacoma 悬索桥由于风致振动而遭受严重破坏。这一事故震惊了当时的桥梁界，它开始提醒人们对像悬索桥这种大跨度的柔性桥梁结构在设计时必须考虑风振影响，对结构进行动力分析不容忽视。因此，风致振动的研究得到了足够的重视。

除了风振对悬索桥的影响外，运行的车辆产生的移动荷载对桥梁结构的振动影响，世界各地地震灾害对工程结构的破坏，风荷载对高层建筑、高耸结构的作用，海洋钻井平台尤其是深水域的海洋钻井平台的风、浪、流、冰及地震环境荷载对其作用以及建筑物的抗爆，多层厂房中的动力机械设备引起的振动，动力设备基础的振动等，在设计时必须考虑这些动荷载的影响，必须对其进行动力分析。

对结构进行动力分析的目的是保证结构在整个使用期间，在可能发生的动荷载作用下能够正常工作，并确保其一定的可靠度。这就要求人们寻求结构在任意动荷载作用下随时间而变化的响应规律。结构动载试验就是通过试验方法对各类结构进行分析研究，随着结构动力加载设备和振动测试技术的发展，结构的动力加载试验研究已成为人们研究结构振动问题的重要手段。

研究和实测工程结构在动荷载下的振动影响问题，归纳起来有以下几方面。

(1) 实测工程结构物在实际动荷载下的振动反应（振幅、频率、加速度、动应力等）。通过量测得到的数据和资料，研究受振动影响的结构性能是否安全可靠、存在什么问题。

① 动力机器作用下的厂房结构振动。
② 在车辆移动荷载作用下的桥梁振动。
③ 地震作用时对工程结构所产生的振动反应。
④ 在风荷载作用下高层建筑或高耸构筑物（电视塔、输电铁塔、斜拉桥和悬索桥的索塔等）所引起的风振反应。
⑤ 大雨对斜拉桥的斜拉索产生的雨振对索塔的振动反应。
⑥ 爆炸产生的瞬时冲击荷载对结构引起的振动影响。

(2) 采用各种类型的激振手段，对原型结构或模型结构进行动力特性试验，主要测定工程结构的自振频率、阻尼系数和振型等。动力性能参数亦称自振特性参数或振动模态参数，是研究结构的抗震、抗风性能和能力的基本参数。

① 在结构抗震设计中，地震作用的强弱在很大程度上决定于结构的自振周期。为了确定地震力的大小，必须了解各类结构的自振周期。据调查，对于不同类型的工程结构在同一地震荷载作用下，其动力反应（抗震能力）相差几倍，甚至十几倍。为此，国内外专家对各类结构自振特性的实测和研究十分重视。

② 通过结构动力性能试验了解结构的自振频率，可以避免和防止动荷载作用所产生

的干扰力与结构发生共振现象。同时也可以防止因结构本身的动力特性对仪器设备的工作产生干扰影响，可以采取相应的措施进行隔振或减振。

③ 结构受动力作用特别是地震作用后，结构受损开裂使其刚度发生变化，刚度的减弱使结构的自振周期变长，阻尼增大。可以通过实测结构自身动力特性的变化来识别结构的损伤程度，为结构的可靠度"诊断"提供依据。

(3) 工程结构或构件(桥梁等)的疲劳试验。研究和实测移动荷载及重复荷载作用下的结构疲劳强度。

与静载试验相比，动载试验具有一定的特殊性。首先，造成结构振动的动荷载是随时间而改变的，其中有些是确定性振动，例如机器设备产生的振动，可以根据机器转速用确定函数来描述其有规律的振动，而在很多实际情况下属于随机振动，即不确定性振动。对于确定性振动和随机振动从量测到数据分析处理，其方法和难易程度都有较大差别。结构在动荷载作用下的反应与结构本身动力特性有密切关系，动荷载产生的动力效应，有时远远大于相应的静力效应，甚至一个不大的动荷载就可能使结构遭受严重破坏。因此，结构的动载试验要比静载试验复杂得多。

6.2 工程结构动力特性的试验测定

工程结构的动力特性又称结构的自振特性，是反映结构本身所固有的动态参数，主要包括结构的自振频率、阻尼系数和振型等一些基本参数。这些特性是由结构的组成形式、质量分布、结构刚度、材料性质、构造连接等因素决定的，与外荷载无关。

工程结构的动力特性可以根据结构动力学的原理计算得到，但由于实际结构的组成形式、刚度、质量分布和材料性质等因素不同，经过简化计算得出的理论值误差比较大，因此结构的动力特性参数只能通过试验测定。为此，采用试验手段研究各种结构物的动力特性引起人们的关注和重视。由于建筑物的结构形式各异，其动力特性相差很大，所采用试验方法和仪器设备也不完全相同，因此试验结果会出现较大差异。但因为结构动力特性试验一般不会破坏结构，通常可以在实际结构上进行多次反复试验，以获得可靠的试验结果。

要想用试验方法实测结构的自振特性，就要设法对结构激振，使结构产生振动，根据试验仪器记录到的振动波形图进行分析计算即可得到。

结构动力性能试验的激振方法主要有人工激振法和环境随机激振法。人工激振法又可分为自由振动法和强迫振动法。

6.2.1 人工激振法

1. 自由振动法

在试验中采用初位移或初速度的突卸或突加荷载的方法，使结构受一冲击荷载作用而产生自由振动。在现场试验中可用反冲激振器(简易火箭法)对结构产生冲击荷载；在工业厂房中可以通过锻锤、冲床、行车刹车等使厂房产生自由振动；在桥梁上则可用载重汽车越过障碍物或紧急刹车产生冲击荷载；在实验室内进行模型试验时，可用锤击法使模型产生自由振动。

试验时一般将测振传感器布置在结构可能产生最大振幅的部位，但要避开某些杆件可能产生的局部振动。

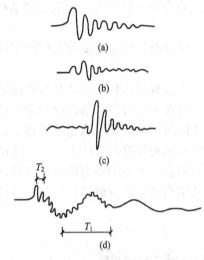

图 6.1 各种类型的振动记录

图 6.1 所示为结构自由振动时的振动记录图例。图 6.1(a)为突卸荷载产生的自由振动；图 6.1(b)是撞击荷载位置与拾振器布置较远时的振动记录图；图 6.1(c)是吊车刹车时的制动力引起的厂房自由振动图形；图 6.1(d)是结构作整体激振时，其组成构件也作振动，它们之间频率相差较大，从而形成两种波形合成的自由振动图。

1) 振动频率的测定

从实测得到的有阻尼的结构自由振动图上，可以根据时间信号直接测量振动波形的周期，如图 6.2 所示。为了消除荷载影响，起始的第一、第二个波不取用。同时，为了提高精确度，可以取若干个波的总时间除以波的数量得出平均数作为基本周期，其倒数就是基本频率，即 $f=1/T$。

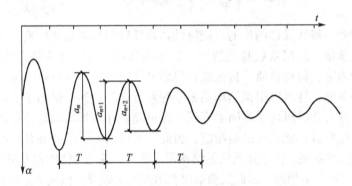

图 6.2 周期与阻尼系数的确定

2) 结构的阻尼特性测定

结构的阻尼特性用对数衰减率或阻尼比来表示。根据动力学公式，在有阻尼的自由振动中，相邻两个振幅按指数曲线规律衰减，二者之比为常数，即

$$\frac{a_{n+1}}{a_n}=e^{-\gamma T}$$

则对数衰减率为

$$\lambda=\gamma T=\ln\frac{a_n}{a_{n+k}}$$

在实际工程测量中，常采用平均对数衰减率。在实测振动图中量取 k 个波，其平均值为

$$\lambda_{平均}=\frac{1}{k}\ln\frac{a_n}{a_{n+1}}$$

阻尼比为

$$D=\frac{\lambda}{2\pi}$$

式中　　a_n——第 n 个波峰的峰值；
　　　　a_{n+k}——第 $n+k$ 个波峰的峰值；
　　　　γ——波曲线衰减系数；
　　　　T——周期；
　　　　D——阻尼比。

由于实测振动波形记录图一般没有零线，所以量测阻尼时采用波形的峰-峰量法，如图 6.2 所示，这样比较方便而且准确度高。因此，用自由振动法得到的周期和阻尼系数均比较准确。

2. 强迫振动法

强迫振动法亦称共振法，一般采用惯性式机械离心激振器对结构施加周期性的简谐振动，使结构产生简谐强迫振动。由结构动力学可知，当干扰力的频率与结构本身自振频率相等时，结构就产生共振，利用共振现象测定结构的自振特性。

试验时，应将激振器牢牢地固定在结构上，使其不跳动，否则将影响试验结果；激振器的激振方向和安装位置要根据所测试结构的情况和试验目的而定。一般说来，整体建筑物的动荷载试验多为水平方向激振，楼板或桥梁的动荷载试验多为垂直方向激振。激振器的安装位置应选在所要测量的各个振型曲线都不是节点的地方，要特别注意。

1) 结构的固有频率(第一频率或基本频率)的测定

利用激振器可以连续改变激振频率的特点，使结构发生第一次共振，第二次共振……当结构产生共振时，振幅出现最大值，这时候记录下振动波形图，在图上找到最大振幅对应的频率就是结构的第一自振频率(即基本频率)。然后在共振频率附近进行稳定的激振试验，仔细地测定结构的固有频率和振型。图 6.3 所示为对结构进行频率扫描激振时所得到的发生共振时的记录波形图。根据记录波形图可以作出频率-振幅关系曲线(或称共振曲线)。当采用偏心式激振器时，应注意到转速不同，激振力大小也不一样。激振力与激振器转速的平方成正比。为了准确地定出共振曲线，应把振幅折算为单位激振力作用下的振幅，即振幅除以相应的激振力。或把振幅换算为在相同激振力作用下的振幅，即 A/ω^2，A 为振幅，ω 为激振器的圆频率。

以 A/ω^2 为纵坐标，ω 为横坐标，作共振曲线，如图 6.3 和图 6.4 所示，曲线上振幅最大峰值所对应的频率即为结构的固有频率(或称基本频率)。基本频率对结构的动力特性而言非常重要。

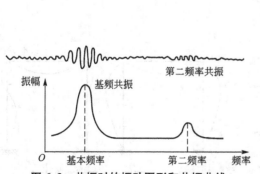

图 6.3　共振时的振动图形和共振曲线

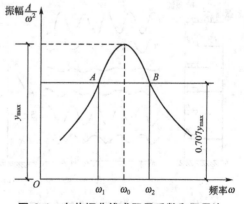

图 6.4　由共振曲线求阻尼系数和阻尼比

2) 由共振曲线确定结构的阻尼系数和阻尼比

按照结构动力学原理,采用半功率法由共振曲线图求得结构的阻尼系数和阻尼比。

如图 6.4 所示,共振曲线的纵坐标最大值 y_{max} 的 0.707 倍处作一水平线与共振曲线相交于 A 和 B 两点,其对应横坐标分别为 ω_1 和 ω_2,则半功率点带宽为

$$\Delta\omega = \omega_2 - \omega_1$$

阻尼系数

$$\beta = \frac{\Delta\omega}{2} = \frac{\omega_2 - \omega_1}{2}$$

阻尼比

$$D = \frac{\beta}{\omega}$$

3) 结构的振型测量

结构振动时,结构上各点的位移、速度和加速度都是时间和空间的函数。由结构动力学可知,当结构按某一固有频率振动时,各点的位移之间呈现一定的比例关系。如果这时沿结构各点将其位移连接起来,形成一定形式的曲线,则称为结构按此频率振动的振动形式,简称对应该频率时的结构振型。对应于基本频率、第二频率、第三频率分别有基本振型(第一振型)、第二振型、第三振型。

采用共振法测量结构振型是最常用的基本试验方法。为了易于得到所需要的振型,在结构上布置激振器或施加激振力时,要使激振力作用在振型曲线上位移最大的部位。为此在试验前需要通过理论计算,对可能产生的振型要做到"心中有数"。然后决定激振力的作用点,即安装激振器的位置。对于测点的数量和布置原则,应视结构形式而定,要求能满足获得完整的振型曲线即可。对整体结构如高层建筑试验时,沿结构高度的每个楼层或跨度方向连续布置水平或垂直方向的测振传感器。当激振器使结构发生共振时,同时记录下结构各部位的振动图,通过比较各点的振幅和相位,即可给出该频率的振型图。图 6.5 所示为共振法测量某多层建筑物的振型。图 6.5(a) 为测振传感器的布置;图 6.5(b) 为共振时记录下的振动波形图;图 6.5(c) 为建筑物的振型曲线。绘制振型曲线时必须注意,要根据相位规定位移的正负值。

对于框架结构(图 6.6),激振器布置在框架横梁的中间,测振传感器布置在梁和柱子的中间、柱端及 1/4 处,这样便能较好地测出框架结构的振型曲线。图 6.6 所示为框架结构的第一振型和第二振型。

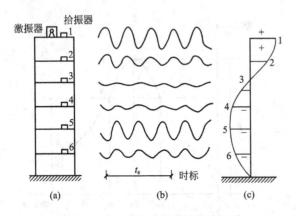

图 6.5 用共振法测量建筑物的振型

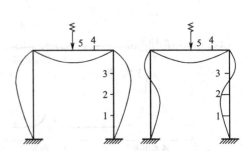

图 6.6 测框架振型时测点布置

桥梁结构的振型测量方法与上述方法基本相同，桥梁结构多数为梁、板结构，激振器一般布置在跨中位置，测点沿跨度方向（从跨中到两端支座处）连续布置垂直方向的测振传感器，视跨度大小一般不少于5个测点，以便将各测点的振幅（位移）连接形成振型曲线。亦可用自由振动法即采用载重汽车行驶到梁跨中位置紧急刹车的方法，使桥梁产生自由振动，但只能测量到结构的第一振型（主振型）。

6.2.2 环境随机振动法

环境随机振动法又称脉动法，即利用脉动来测量和分析结构动力特性的方法。人们在试验观测中发现，建筑物由于受外界环境的干扰而经常处于微小而不规则的振动之中，其振幅一般在0.01mm以下，这种环境随机振动称为脉动。

建筑物或桥梁的脉动与地面脉动、风动或气压变化有关，特别是受火车和机动车辆行驶、机器设备开动等所产生的扰动及大风或其他冲击波传来的影响尤为显著，其脉动周期为0.1~0.8s。由于任何时候都存在着环境随机振动，而由此引起建筑物或桥梁结构的脉动是经常存在的。其脉动源不论是风动还是地面脉动，都是不规则的和不确定的变量，在随机理论中称此变量为随机过程，它无法用一个确定的时间函数来描述。由于脉动源是一个随机过程，因此所产生的建筑物或桥梁结构的脉动也必然是一个随机过程。大量试验证明，建筑物或桥梁的脉动有一个重要性质，它能明显地反映出其本身的固有频率和其他自振特性。所以采用脉动法测量和分析结构动力特性成为目前最常用的试验方法。

我国在20世纪50年代就开始应用此方法，但由于测量仪器和分析手段的限制，一般只能获得第一振型及频率。20世纪70年代以后，随着计算机技术的发展和动态信号处理机的应用，这一方法获得了突破性进展和更广泛的应用。其关键技术是可以从测量获得的脉动信号中识别出结构的固有频率、阻尼比、振型等多种模态参数，还可以识别出整体结构的扭转空间振型。同时，一些专用计算机和频谱分析仪的相继出现，更完善了动态信号数据处理和分析手段，可以进一步获得比较完整的动力性能参数。

采用脉动法的优点是不需要专门的激振设备，而且不受结构形式和大小的限制，适用于各种结构。但是由于脉动信号比较微弱，测量时要选用低噪声和高灵敏度的测振传感器和放大器，并配有速度足够快的记录设备。

脉动法测量的记录波形图进行分析通常采用以下几种方法。

1. 主谐量法

1）基本概念

从结构脉动反应的时程记录波形图上可以发现连续多次出现"拍"现象，根据这一现象可以按照"拍"的特征直接读取频率量值。其基本原理是根据建筑物的固有频率的谐量是脉动信号中最主要的成分，在实测脉动波形记录上可直接反映出来。振幅越大，"拍"现象越明显，其波形光滑处的频率会多次重复出现，这就充分反映了结构的某种频率特性。如果建筑物各部位在同一频率处的相位和振幅符合振型规律，那么就可以确定该频率就是建筑物的固有频率。通常基本频率出现的机会最多，比较容易确定。对一些较高的建筑物或斜拉桥和悬索桥的索塔，有时第二、第三频率也可能出现，但相对基频出现的次数少。一般记录的时间长一些，分析结果的可靠性就大一些。在记录比较规则的部分，确定是某一固有频率后，就可分析出频率所对应的振型。

2) 应用实例

上海外滩某大厦是我国新中国成立前建成的一幢高层建筑，主楼为18层，顶楼最高处为25层，建筑立面和平面形状如图6.7(a)所示，整个结构大致对称。由于建造历史已久，为了检查其结构的安全性，专门对该建筑物进行了动力特性的实测和分析。

测点布置如图6.7(a)所示，主要在大楼的楼梯处安放测点，使用701拾振器测量水平振动。测点位于2.5m层、5.5m层、10.5m层、17.5m层和顶层。

大楼的固有频率和振型实测结果：图6.7(d)为脉动记录图中大楼长轴方向的水平振动波形。从时标线可以读出脉动周期为$T_1=0.88s$，即固有频率$f_1=\frac{1}{0.88s}=1.14Hz$，并读出某一瞬时各测点记录图上的振幅值，根据各点测量通道的放大倍数值（仪器标定结果得出），即可算出各测点的振幅值，见表6-1。

表6-1 各测点的振幅计算值

测　点	记录图上各测点同一时刻的振幅值/mm	放大倍数k	计算振幅值/μm
顶层	9	600	15
17.5m层	11	940	12.5
10.5m层	18	1890	9.5
5.5m层	13	2040	6.3
2.5m层	8	1440	5.5

根据各测点的振幅值，可作出振型曲线，如图6.7(b)所示。同样在测定建筑物短轴方向水平振动的记录曲线中，可算出周期$T_1=1.15s$，固有频率$f_1=0.87Hz$。记录图中有一段出现了第二频率的振动图形，如图6.7(e)所示，在同一瞬间有几点相位差180°，读取第二周期$T_2=0.35s$，其固有频率为$f_2=2.9Hz$。用同样方法可得出第二振型曲线，如图6.7(c)所示。

2. 频谱分析法

在脉动法测量中采用主谐量法确定基频和主振型比较容易，测定第二频率及相应振型时，脉动信号在记录曲线中出现的机会少，振幅也小，所测得的误差较大，而且运用主谐量法无法确定结构的阻尼特性。

对于一般工程结构的脉动记录波形，应看成是各种频率的谐量合成的结果，而建筑物固有频率的谐量和脉动源卓越频率处的谐量为其主要成分。因此，运用傅里叶级数积分方法将脉动信号分解并作出其频谱图。在频谱图上，建筑物固有频率处和脉动源处的振动频率处必然出现突出的峰，一般在基频处更为突出，而二频、三频处有时也很明显，但并不是所有峰都是建筑物的固有频率，需要通过分析加以识别，这就是频谱分析法的基本原理。需要注意，用频谱分析法分析脉动记录图时应采用较快的速度记录振动波形，所记录曲线的长度要远大于建筑物的基本周期，而且要用专门的频谱分析仪得到建筑物的脉动频谱图。图6.8所示为专用计算机分析得到的某建筑物的脉动频谱图。图中横坐标为频率，纵坐标为振幅。3个突出的峰1、2、3为分别建筑物的前3个固有频率。

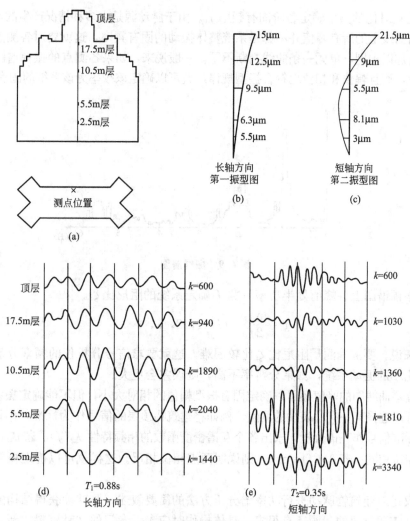

图 6.7　用脉动法测建筑物动力特性

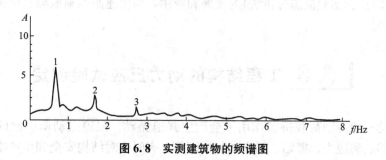

图 6.8　实测建筑物的频谱图

3. 功率谱分析法

人们可以利用脉动振幅谱即功率谱(又称均方根谱)的峰值确定建筑物的固有频率和振型，用各峰值处的半功率带确定阻尼比。

将建筑物各测点处实测得到的记录信号输入到傅里叶信号分析仪进行数据处理，就可以得到各测点的脉动振幅谱(均方根谱)$\sqrt{G_g(f)}$曲线，如图 6.9 所示。然后根据振幅谱曲线图的峰值点对比的频率确定各阶固有频率 f_i。由于脉动源是由多种情况产生的,所以实测到的振幅谱曲线上的所有峰值并不都是系统整体振动的固有频率,这就要对各测点的振幅谱图综合分析加以识别,单凭一条曲线判断不了。一般说来,如果各测点的振幅谱图上都有某频率的峰值,而且幅值和相位也符合振型规律,就可以确定该频率为该系统的固有频率。

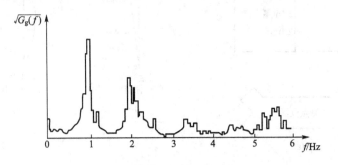

图 6.9　振幅谱图

根据振幅谱图上各峰值处半功率带宽 f_i 确定系统的阻尼比 ζ_i。

$$\zeta_i = \frac{\Delta f_i}{2f_i} \quad (i=1,2,3,\cdots)$$

一般来说,要准确测量阻尼比 ζ_i 比较困难,这就要求信号分析仪的频率分辨率高,尤其对阻尼比小的振动系统,如果分辨率不高,则误差会更大。

由振幅谱曲线图的峰值还可以确定固有振型幅值的相对大小,但不能确定振型幅的正负号,为此可以选择某一有代表性的测点。例如将建筑物顶层的信号作为标准,再将各测点信号分别与标准信号作互谱分析,求出各个互谱密度函数的相频特性 $\theta_{kg}(f)$。若 $\theta_{kg}(f)=0$,则说明两点相位相同;若 $\theta_{kg}(f)=\pm\pi$,则说明两点相位相反。这样就可以确定振幅值的正负号了。

以上仅是对建筑物脉动进行功率谱分析方法的简要叙述,要准确获得结构的实际动力特性参数,需要解决的问题还有很多,具体操作时应参考专门的文献资料。新的振动模态参数识别技术(或称实验模态分析法)的发展和应用,为快速而准确地确定结构的动力特性开辟了新途径。

6.3　工程结构的动力反应试验测定

工程结构一般在动荷载持续作用下会产生强迫振动。强迫振动所引起的结构动力反应,即动位移、动应力、振幅、频率和加速度等,有时会对结构安全和生产中的产品质量产生不利影响,对人类健康构成危害。产生强迫振动的动荷载大部分是直接作用在结构上的,例如工业厂房的动力机械设备作用,桥梁在汽车、火车通过时的作用,风荷载对高层建筑和高耸构筑物的作用,以及地震力或爆炸力对结构的作用等。但也有部分动荷载对结构不是直接作用的,即属于外部干扰力(如汽车、火车及附近的动力设备等)对结构间接作用引起的振动,在设计时难以确定。因此在科研和生产活动中,人们常常通过结构振动实测,用直接量测得到的动力反应参数来分析研究结构是否安全和最不安全部位、存在的问题。若属于外部干扰力引起的振动，亦可通过实测数据查明影响最大的主振源在何处。根据这些实测结果对结构的工作状态作出评价，并对结构的正常使用提出建议和解决方案。

1. 寻找主振源的试验测定

引起结构动力反应的动荷载通常是很复杂的，许多情况下是由多个振源产生的。若是直接作用在结构上的动力设备，可以根据动力设备本身的参数（如转速等）进行动荷载特性计算。但在很多场合下，属于外界干扰力间接作用引起的振动反应不可能用计算方法得到，这时就得用试验方法确定。首先找出对结构振动起主导作用且危害最大的主振源，然后测定其特性，即作用力的大小、方向和性质。

测定方法如下所列。

1) 逐台开动法

当有多台动力机械设备同时工作时，可以逐台开动，实测结构在每个振源影响下的振动反应，从中找出影响最大的主振源。

2) 实测波形识别法

根据不同振源引起的强迫振动规律不同这一特点，其实测振动波形一定有明显的不同特征，如图6.10所示，因此可采用波形识别法判定振源的性质，作为探测主振源的参考依据。

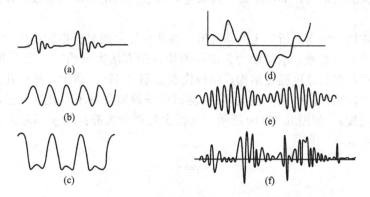

图6.10　各种振源的振动记录图

当振动记录波形为间歇性的阻尼振动并有明显尖峰和衰减特点时，表明是冲击性振源引起的振动，如图6.10(a)所示。

图6.10(b)为单一简谐振动并接近正弦规律的振动图形，可能是一台机器或多台转速相同的机器产生的振动。

图6.10(c)是两个频率相差2倍的简谐振源引起的合成振动图形。图6.10(d)为3个简谐振源引起的更为复杂的合成振动图形。当振动图形符合"拍振"规律时，振幅周期性地由小变大，又由大变小，如图6.10(e)所示，这表明有可能是两个频率接近的简谐振源共同作用，另外也有可能只有一个振源，但其频率与结构的固有频率接近。

图6.10(f)属于随机振动一类的记录图形，可能是由随机性动荷载引起的，例如液体或气体的压力脉冲。

对实测记录波形图进行频谱分析，可作为进一步判断主振源的依据，在频谱图上可清楚地识别出合成振动是由哪些频率成分组成的、哪一个频率成分具有较大的振幅，从而判断出主振源。

2. 结构动态参数的量测

对结构动态参数的量测就是在现场实测结构的动力反应,在生产实践中经常会遇到,很多是在特定条件下进行的。一般根据在动荷载作用时结构产生振动的影响范围,选择振动影响最大的特定部位布置测点,记录下实测振动波形,分析振动产生的影响是否有害。例如,现在许多大中城市的高层建筑逐年增多,高层建筑建造时需要打桩,打桩时所产生的冲击荷载对周围居住建筑的振动有很大影响,特别是在住户密集地区。有些旧建筑由于年久失修,墙体被振裂,地基下沉,房屋摇晃,不安全感极强。量测时需要在打桩影响范围内的居住建筑处布置测点,实测打桩对周围建筑物的振动影响。根据实测结果采取必要的措施,保障住户安全。另外,校核结构强度时应将测点布置在最危险的部位;若是测定振动对精密仪器和产品生产工艺的影响,则需要将测点布置在精密仪器的基座处和产品生产工艺的关键部位;若是测定机器(如织布机和振动筛等)运转所产生的振动频率对操作人员身体健康的影响,则必须将测点布置在操作人员经常所处的位置上。根据实测结果,参照国家相关标准作出结论。

3. 工程结构动力系数的试验测定

承受移动荷载的结构,如吊车梁、桥梁等,常常要测定其动力系数,以判定结构的工作情况。

移动荷载作用于结构上所产生的动挠度,往往比静荷载时产生的挠度大。动挠度和静挠度的比值称为动力系数。结构动力系数一般用试验方法实测确定。为了求得动力系数,先使移动荷载以最慢的速度驶过结构,测得挠度如图 6.11(a)所示,然后使移动荷载按某种速度驶过,这时结构产生最大挠度(实际测试中采取以各种不同速度驶过,找出产生最大挠度的某一速度),如图 6.11(b)所示。从图上量得最大静挠度 y_j 和最大动挠度 y_d,即可求得动力系数 μ。

$$\mu = \frac{y_j}{y_d}$$

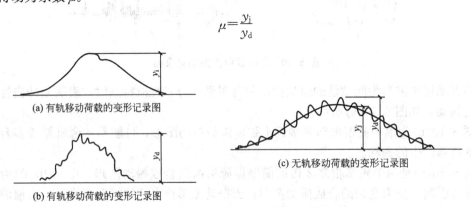

(a) 有轨移动荷载的变形记录图

(b) 有轨移动荷载的变形记录图

(c) 无轨移动荷载的变形记录图

图 6.11 动力系数测定

上述方法只适用于一些有轨的动荷载,对于无轨的动荷载(如汽车)不可能使两次行驶的路线完全相同。有的移动荷载由于生产工艺上的原因,用慢速行驶测最大静挠度也有困难,这时可以采取只试验一次用高速通过的方法,记录图形如图 6.11(c)所示。取曲线最大值为 y_d,同时在曲线绘出中线,相应于 y_d 处中线的纵坐标即 y_j,按上式即可求得动力系数。

一般采用差动式位移传感器量测动挠度,配备信号放大器和记录仪即可。

4. 工程结构动应力的试验测定

要测定动应力，可以在结构上粘贴电阻应变片，采用动态应变仪直接测量。

6.4 工程结构疲劳试验

6.4.1 概述

在工程结构中，有一些结构物或构件，如承受吊车荷载作用的吊车梁、直接承受悬挂吊车作用的屋架等，它们主要承受重复性的荷载作用。而这些结构物或构件在重复荷载作用下达到破坏时的强度比其静力强度要低得多，这种现象称为疲劳。结构疲劳试验的目的是了解在重复荷载作用下结构的性能及其变化规律。

疲劳问题涉及的范围比较广，对某一种结构物而言，它包含材料的疲劳和结构构件的疲劳。如钢筋混凝土结构中有钢筋的疲劳、混凝土的疲劳和组成构件的疲劳等。目前疲劳理论研究工作正在不断发展，疲劳试验也因目的和要求的不同而采取不同的方法。在这方面，国内外试验研究资料很多，但目前尚无标准化的统一试验方法。

近年来，国内外对结构构件——特别是钢筋混凝土构件的疲劳性能的研究比较重视，其原因有以下几个方面。

(1) 普遍采用极限强度设计和高强材料，以至于许多结构构件在高应力状态下工作。

(2) 正在扩大钢筋混凝土构件在各种重复荷载作用下的应用范围，如吊车梁、桥梁、轨枕、海洋石油平台、压力机架、压力容器等。

(3) 在使用荷载作用下，采用允许截面受拉开裂的设计。

(4) 为使重复荷载作用下的构件具有良好的使用性能，改进设计方法、防止重复荷载导致过大的垂直裂缝和提前出现斜裂缝。

疲劳试验一般均在专门的疲劳试验机上进行。例如，对大部分结构构件采用脉冲千斤顶施加重复荷载，也有的采用偏心轮式振动设备施加重复荷载。目前，国内对疲劳试验还是采取对构件施加等幅匀速脉动荷载，借以模拟结构构件在使用阶段不断反复加载和卸载的受力状态的方法，其作用如图 6.12 所示。

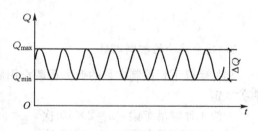

图 6.12 疲劳试验荷载简图

下面以钢筋混凝土结构为例，介绍疲劳试验的主要内容和方法。

6.4.2 疲劳试验项目

(1) 对于鉴定性疲劳试验，在控制疲劳次数的同时应取得下述有关数据，同时应满足现行设计规范的要求。

① 抗裂性及开裂荷载。

② 裂缝宽度及其发展。
③ 最大挠度及其变化幅度。
④ 疲劳强度。

(2) 对于科研性的疲劳试验，按研究目的和要求而定。如果是正截面的疲劳性能，一般应包括以下内容。

① 各阶段截面应力分布状况，中和轴变化规律。
② 抗裂性及开裂荷载。
③ 裂缝宽度、长度、间距及其发展。
④ 最大挠度及其变化规律。
⑤ 疲劳强度的确定。
⑥ 破坏特征分析。

6.4.3 疲劳试验荷载

1. 疲劳试验荷载取值

疲劳试验的上限荷载 Q_{max} 根据构件在最大标准荷载最不利组合下产生的弯矩计算而得，荷载下限根据疲劳试验设备的要求而定。如 AMSLER 脉冲试验机取用的最小荷载不得小于脉冲千斤顶最大动负荷的 3%。

2. 疲劳试验速度

疲劳试验荷载在单位时间内重复作用的次数（即荷载频率）会影响材料的塑性变形和徐变。另外，频率过高时对疲劳试验附属设施带来的问题也较多。目前，国内外尚无统一的频率规定，主要依据疲劳试验机的性能而定。

荷载频率不应使构件及荷载架发生共振，同时应使构件在试验时与实际工作时的受力状态一致。为此荷载频率 θ 与构件固有频率 ω 之比应满足条件

$$\frac{\theta}{\omega} < 0.5 \quad \text{或} \quad > 1.3$$

3. 疲劳试验的控制次数

构件经受下列控制次数的疲劳荷载作用后，抗裂性、刚度、强度必须满足现行规范中有关规定。

中级工作制吊车梁：$n = 2 \times 10^6$ 次。
重级工作制吊车梁：$n = 4 \times 10^6$ 次。

6.4.4 疲劳试验的步骤

构件疲劳试验的过程可归纳为以下几个步骤。

1. 疲劳试验前预加静载试验

对构件施加不大于上限荷载的 20% 的预加静载 1~2 次，消除松动及接触不良，压牢构件并使仪表运转正常。

2. 正式疲劳试验

第一步，先做疲劳前的静载试验，其目的主要是对比构件经受反复荷载后受力性能有何变化。荷载分级加到疲劳上限荷载，每级荷载可取上限荷载的20%，临近开裂荷载时应适当加密，第一条裂缝出现后仍以20%的荷载施加，每级荷载加完后停歇10～15min，记取读数，加满后分两次或一次卸载，也可采取等变形加载方法。

第二步，进行疲劳试验。首先调节疲劳机的上、下限荷载，待示值稳定后读取第一次动载读数，以后每隔一定次数（如30万～50万次）读取数据。根据要求可在疲劳试验过程中进行静载试验(方法同上)，试验完毕后重新启动疲劳机继续疲劳试验。

第三步，做破坏试验。达到要求的疲劳次数后进行破坏试验时有两种情况：一种是继续施加疲劳荷载直至破坏，得出承受荷载的次数；另一种是做静载破坏试验，方法同前，荷载分级可以加大。

疲劳试验的步骤可用图6.13表示。

应该注意，不是所有的疲劳试验都采取相同的试验步骤，随试验目的和要求的不同，试验步骤可以多种多样。如带裂缝的疲劳试验，静载可不分级缓慢地加到第一条可见裂缝出现为止，然后开始疲劳试验，如图6.14所示。

另外，在疲劳试验过程中可变更荷载上限，如图6.15所示。提高疲劳荷载的上限，可以在达到要求的疲劳次数之前进行，也可在达到要求的疲劳次数之后进行。

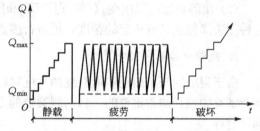

图6.13 疲劳试验步骤示意图

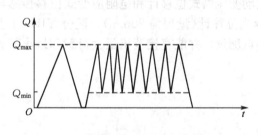

图6.14 带裂缝疲劳试验步骤示意图

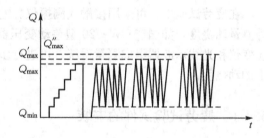

图6.15 变更荷载上限的疲劳试验

6.4.5 疲劳试验的观测

1. 疲劳强度

构件所能承受疲劳荷载作用的次数 n，取决于最大应力值 σ_{max}（或最大荷载 Q_{max}）及应力变化幅度 ρ（或荷载变化幅度），按设计要求取最大应力值 σ_{max} 和疲劳应力比值 $\rho = \sigma_{min}/\sigma_{max}$。依据此条件进行疲劳试验，在控制的疲劳次数内，构件的强度、刚度、抗裂性应满足现行规范要求。

当进行科研性疲劳试验时，构件是以疲劳极限强度和疲劳极限荷载作为最大的疲劳承载能力，构件达到疲劳破坏时的荷载上限值为疲劳极限荷载，构件达到疲劳破坏时的应力最大值为疲劳极限强度。为了得到给定 ρ 值条件下的疲劳极限强度和疲劳极限荷载，一般采取的办法是：根据构件实际承载能力，取定最大应力值 σ_{max} 进行疲劳试验，求得疲劳破坏时荷载作用次数 n，从 σ_{max} 与 n 的双对数直线关系中求得控制疲劳次数下的疲劳极限强度，并将其作为标准疲劳极限强度。它的统计值作为设计验算时疲劳强度取值的基本依据。

疲劳破坏的标志应根据相应规范的要求而定，对科研性的疲劳试验，有时为了分析和研究破坏的全过程及其特征，往往将破坏阶段延长至构件完全丧失承载能力。

2. 疲劳试验的应变测量

一般采用电阻应变片测量动应变，测点布置依试验具体要求而定。测试方法有以下两种。

（1）用动态电阻应变仪和记录器（如光线示波器）组成测量系统。这种方法的缺点是测点数量少。

（2）用静动态电阻应变仪（如 YJD 型）和阴极射线示波器或光线示波器组成测量系统。这种方法简便且具有一定的精度，可进行多点测量。

3. 疲劳试验的裂缝测量

由于裂缝的开始出现和微裂缝的宽度对构件安全使用具有重要意义。因此裂缝测量在疲劳试验中也是非常重要的，目前测裂缝的方法是利用光学仪器目测或利用应变传感器电测裂缝等。

4. 疲劳试验的挠度测量

在疲劳试验中，可采用接触式测振仪、差动变压器式位移计和电阻应变式位移传感器等测量动挠度，如国产 CW-20 型差动变压器式位移计（量程为 20mm），配合 YJD-1 型应变仪和光线示波器组成测量系统，可进行多点测量，并能直接读出最大荷载和最小荷载下的动挠度。

6.4.6 疲劳试验试件的安装

构件的疲劳试验不同于静载试验，它连续进行的时间长，试验过程中振动大，因此构件的安装就位以及相配合的安全措施均须认真对待，否则将会产生严重后果。

（1）严格对中。荷载架上的分布梁、脉冲千斤顶、试验构件、支座以及中间垫板都要对中，特别是千斤顶轴心一定要同构件断面纵轴在一条直线上。

（2）保持平稳。疲劳试验的支座最好是可调的，即使构件不够平直也能调整安装水平，另外千斤顶与试件之间、支座与支墩之间、构件与支座之间都要确实找平，用砂浆找平时不宜铺厚，因为厚砂浆层易压酥。

（3）安全防护。疲劳破坏通常是脆性断裂，事先没有明显预兆。为防止发生事故，对人身安全、仪器安全均应做好防范措施。

现行的疲劳试验都是采取实验室等幅疲劳试验的方法，即疲劳强度以一定的最小值和最大值重复荷载试验结果而确定。实际上，结构构件承受的是变化的重复荷载作用，随着测试技术的不断进步,等幅疲劳试验将被符合实际情况的变幅疲劳试验代替。

另外,疲劳试验结果的离散性是众所周知的。即使在同一应力水平下的许多相同试件,它们的疲劳强度也有显著的差异。因此,对试验结果的处理,大都是采用数理统计的方法进行分析的。

各国结构设计规范对构件在多次重复荷载作用下的疲劳设计都是提出原则要求,而无详细的计算方法,有些国家则在有关文件中加以补充规定。目前,我国正在积极开展结构疲劳的研究工作,结构疲劳试验的试验技术、试验方法相应地也在迅速发展。

6.5 试验资料的整理与分析

本节主要介绍动参数实测后的数据处理,着重阐述结构自振特性的实测数据处理方法。

6.5.1 合成波形的谐量分析

在工程中,我们常常会遇到几种振动成分叠加在一起的合成振动,为了掌握它们包含着哪些频率成分,往往要对其合成波形进行谐量分析。所谓合成波形的谐量分析,即将两个或两个以上的合成波形分解成单一波形的分析方法。具体地说,即分解成知其幅值、频率大小的单一波形。

1. 典型合成波形的简化分析法

在对合成波形进行谐量分析时,常会遇到一些具有某些特点的典型合成波形,可根据这些特点直接分解。

(1) 图 6.16 所示波形是两个频率相差较大(相差两倍以上)的波形合成的。它的特点是:上、下包络线形状相同;上、下包络线间距为一恒定值。此时,对其作包络线,其包络线即为低频分量,幅值为 A_1,频率为 $f_1=1/T_1$。包络线中的波形即为高频分量,幅值为 A_2,频率为 $f_2=1/T_2$。

(2) 图 6.17 所示波形是两个频率较接近的合成波形,其波形具有"拍振"特征。它有如下特点。

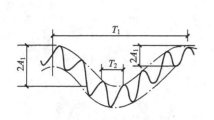

图 6.16 包络线法

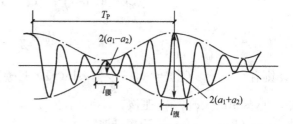

图 6.17 拍振波形分析

① 包络线峰与峰之间的距离代表的时间即是"拍振"的周期 T_p。

② "拍振"的频率是两个谐量频率之差($f_p = f_2 - f_1$)。

③ 上、下两包络线的最大宽度是两谐量振幅和的两倍,即 $2(a_1 + a_2)$。

④ 上、下两包络线的最小宽度是两谐量振幅差的两倍，即 $2(\alpha_1-\alpha_2)$。

⑤ 在"拍振"的一个周期 T_p 内，波峰的个数等于该"拍振"振幅较大的那个谐量波峰的个数，即 $f_1=N/T_p$（N 为 T_p 内的波峰个数）。

⑥ 若 $l_腹<l_腰$，则频率较低的那个谐量的幅值较大；反之，若 $l_腹>l_腰$，则频率较高的那个谐量的幅值较大。

其中，①中的 T_p 可借助仪器"时标"得出，由③、④可列出如下方程。

$$2(\alpha_1-\alpha_2)=A_1$$
$$2(\alpha_1+\alpha_2)=A_2$$

式中　A_1、A_2——由波形量出的谐量幅值。

由⑤可求出振幅较大的那个谐量的频率 f_1。至此，即可求得 f_1、α_1、α_2、T_p。

再由⑤、⑥，若 $l_腹<l_腰$，则

$$f_2=f_1+f_p$$

若 $l_腹>l_腰$，则

$$f_2=f_1-f_p$$

即两个谐量的 α_1、α_2、f_1、f_2 均可求出。

2. 复杂周期振动波形分解法

对于由多个简谐频率成分合成在一起的复杂周期振动波形，可采用傅里叶分解法进行分解。它基于傅里叶级数展开原理：任意一个圆频率为 ω 的周期函数都可分解为包括许多简谐形式的级数，即

$$f(t)=\frac{a_0}{2}+\sum(a_K\cos K\omega t+b_K\sin K\omega t)$$

$$a_K=\frac{2}{T}\int_0^T f(t)\cos K\omega t\,\mathrm{d}t \quad K=0,1,2,3,\cdots$$

$$b_K=\frac{2}{T}\int_0^T f(t)\sin K\omega t\,\mathrm{d}t \quad K=1,2,3,\cdots$$

式中　a_K、b_K——傅里叶系数；
　　　T——$f(t)$ 的周期。

现令

$$y_K=\sqrt{a_K^2+b_K^2}$$

$$\varphi_K=\arctan\frac{a_K}{b_K} \quad K=1,2,3,\cdots$$

$$y_0=\frac{a_0}{2}$$

则有

$$f(t)=y_0+\sum_{K=1}^{\infty}y_K\sin(K\omega t+\varphi_K) \quad K=1,2,3,\cdots$$

式中　$y_1\sin(\omega t+\varphi_1)$——基波；
　　　$y_K\sin(K\omega t+\varphi_K)$——$K$ 次谐波。

由以上可知，要求出 a_K、b_K，必须要知其 $f(t)$。而实际上，很难用一个数学表达式来描述这一复杂的周期函数，故通常采用近似积分法，在 $f(t)$ 的一个周期内取 n 等分，如图 6.18 所示。

在图 6.18 中，t_r 是以 $r(r=1,2,3,\cdots,n)$ 为变量的时间变量；$f(t_r)$ 是以 t_r 为变量

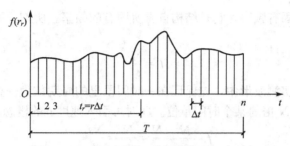

图 6.18　复杂周期振动波形的近似积分法

的一个函数值；Δt 是所取每一等份的时间间隔。同时有

$$T = n\Delta t, \quad \omega = 2\pi f = \frac{2\pi}{n\Delta t}, \quad t_r = r\Delta t$$

则有

$$a_K = \frac{2}{T}\int_0^T f(t)\cos K\omega t\,dt = \frac{2}{n}\sum_{r=1}^{n} f(t_r)\cos\left(Kr\frac{2\pi}{n}\right) \quad K=0,1,2,3,\cdots$$

$$b_K = \frac{2}{T}\int_0^T f(t)\sin K\omega t\,dt = \frac{2}{n}\sum_{r=1}^{n} f(t_r)\sin\left(Kr\frac{2\pi}{n}\right) \quad K=1,2,3,\cdots$$

$$y_0 = \frac{a_0}{2} = \frac{1}{n}\sum_{r=1}^{n} f(t_r)$$

将以上 a_K、b_K、y_0 代入即可。

分解后即可绘出时域图和频域图，如图 6.19 所示。

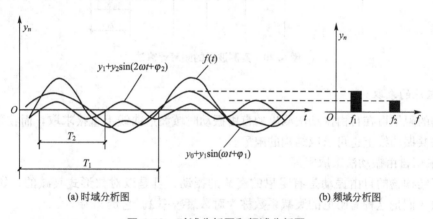

(a) 时域分析图　　　　　　　　　　　(b) 频域分析图

图 6.19　时域分析图和频域分析图

6.5.2　工程结构自振特性的数据处理方法

结构自振特性有 3 个主要参数：自振频率、阻尼、振型。以下就此 3 个参数的求取作详细阐述。

1. 自振频率的求取

前面讲述了获取结构自振特性的脉动法、自由振动法，因它们实测得到的时域波形可求取被测结构的自振频率。

自振频率又称为固有频率,它是结构自身所固有的频率。所谓频率,即单位时间内的周期数 N,即

$$f=\frac{N}{t}$$

为便于计算,在实测波形中,先保证在一时间段里的周期数为一整数,这时所对应的时间段不一定恰好是 N 倍的某个时间单位。此时可引入速度 v 的概念,则可将 f 写成

$$f=\frac{N}{t}=\frac{N}{\frac{s}{v}}=\frac{N}{\frac{st_0}{s_0}}=\frac{Ns_0}{st_0}$$

式中　N——所选时间段 t 内的周期数;
　　　t_0——单位时间;
　　　s_0——t_0 时间内的长度;
　　　s——t 时间内的长度。其自振频率通常以赫兹(Hz)为单位。

实测波形的频率计算法如图 6.20 所示。

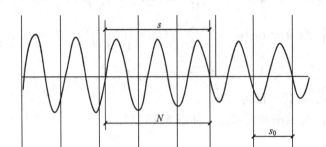

图 6.20　实测波形的频率计算法

2. 阻尼的求取

结构的阻尼可在自由振动法测出的自由振动时域波形曲线上直接求取,而在采用共振法得到的共振曲线上也可求取结构的阻尼。

1) 采用自由振动法求取阻尼

由于结构物的自由振动是有阻尼的衰减的振动,且是以对数形式衰减的,如图 6.20 所示,故人们把这种有阻尼的衰减系数称为对数衰减率 λ。它定义为

$$\lambda = \ln \frac{a_n}{a_{n+1}}$$

式中　a_n、a_{n+1}——前后两相邻波形的幅值。

然而在实测中,由于要有足够的样本,需要拓展到 a_{n+k},故作如下变换

$$\frac{a_n}{a_{n+k}} = \frac{a_n}{a_{n+1}} \cdot \frac{a_{n+1}}{a_{n+2}} \cdot \frac{a_{n+2}}{a_{n+3}} \cdots \frac{a_{n+k-1}}{a_{n+k}}$$

对方程两边取对数 $\ln \frac{a_n}{a_{n+k}} = \ln \frac{a_n}{a_{n+1}} + \ln \frac{a_{n+1}}{a_{n+2}} + \ln \frac{a_{n+2}}{a_{n+3}} + \cdots + \ln \frac{a_{n+k-1}}{a_{n+k}} = K\lambda$

故有

$$\lambda = \frac{1}{K} \ln \frac{a_n}{a_{n+k}}$$

根据粘滞理论，图 6.21 所示的有阻尼的单自由度体系时程曲线的解答式可表述为
$$a(t)=Ae^{-\xi t_n}\cos(\omega t-\alpha)$$
则有
$$\frac{a_n}{a_{n+1}}=\frac{Ae^{-\xi t_n}}{Ae^{-\xi(t_n+T)}}=e^{\xi T}$$

式中　T——图 6.21 所示时程曲线的一个周期；
　　　ξ——结构的阻尼比。

两边取对数
$$\ln\frac{a_n}{a_{n+1}}=\xi T=\lambda$$

故有
$$\xi=\frac{\lambda}{T}=\frac{\lambda}{2\pi}$$

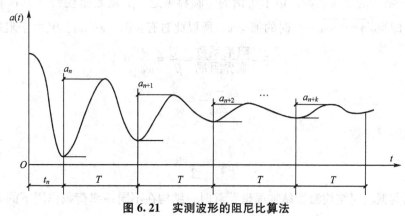

图 6.21　实测波形的阻尼比算法

2) 采用共振法求取阻尼

由结构动力学可知，有阻尼的单自由度体系在简谐荷载作用下的动力放大系数为
$$\mu_d=[(1-v^2)^2+4v^2\xi^2]^{-\frac{1}{2}}$$
$$v=\frac{\omega}{\omega_0}$$

式中　v——频率比；
　　　ω——简谐荷载（激振荷载）的圆频率；
　　　ω_0——被测结构的圆频率；
　　　ξ——被测结构的阻尼比。

在如图 6.22 所示的动力放大系数 μ_d 与激振频率 ω 的关系曲线（共振曲线）上，共振峰所对应的频率即被测结构的自振频率。在共振曲线上作一直线 $\mu_d=\frac{1}{\sqrt{2}}\mu_{dmax}$，与共振曲线相交，即将 $\mu_d=\frac{1}{\sqrt{2}}\left(\frac{1}{2\xi}\right)$ 代入 μ_d 的公式。代入后，对方程两边取平方，则有
$$v_1=1-\xi,\quad v_2=1+\xi$$
将以上两式相减可得

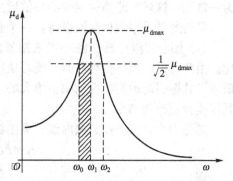

图 6.22　动力放大系数 μ_d 的曲线

$$v_2 - v_1 = 2\xi = \frac{\omega_2}{\omega_0} - \frac{\omega_1}{\omega_0}$$

故有

$$\xi = \frac{\omega_2 - \omega_1}{2\omega_0}$$

此外，由结构动力学可知，单自由度体系有阻尼自由振动的结构的特征方程为

$$\gamma^2 + 2\varepsilon\gamma + \omega_0 = 0$$

$$\gamma_{1,2} = -\varepsilon \pm \sqrt{\varepsilon^2 - \omega_0^2}$$

式中　γ——特征方程的根；

　　　ε——结构的衰减系数。由于所谓的"临界阻尼"β_{cr}就是指使特征方程有两个相等的实数根，即当$\sqrt{4\varepsilon^2 - 4\omega_0^2} = 0$时的那个$\varepsilon$，所以此时有：$\beta_{cr} = \varepsilon = \omega_0$。又由于阻尼比定义为

$$\xi = \frac{阻尼系数}{临界阻尼} = \frac{\beta}{\beta_{cr}} = \frac{\beta}{\omega_0}$$

故

$$\frac{\omega_2 - \omega_1}{2\omega_0} = \frac{\beta}{\omega_0}$$

则结构阻尼系数

$$\beta = \frac{\omega_2 - \omega_1}{2}$$

在采用共振法对结构激振施加简谐荷载时，结构在不同频率荷载作用下的共振曲线的幅值为

$$A = F\delta_{11}\mu_d$$

式中　F——激振力；

　　　δ_{11}——在单位荷载作用下且在此荷载作用方向上的结构位移。

如果激振力为一常量，则实测共振曲线的纵轴幅值A与动力放大系数μ_d呈比例关系，所以以上算式在实测共振曲线上同样适用。

值得注意的是，两种激振设备有两种不同的处理方法。

共振曲线的峰值是当振动频率等于结构的固有频率时使结构振动幅值达到最大，造成此最大幅值的原因只有共振。然而，能够引起结构幅值增大还有一种可能的原因是激振力变大。若两者混在一起，则分不清是由于哪种原因引起结构幅值的增大。所以要使激振力为一常量，这样才能确保结构的幅值增大只是由共振引起的。

目前通常采用两种激振设备：一个是偏心式激振器，另一个是电磁式激振器。

(1) 偏心式激振器。偏心式激振器的激振力与激振机的偏心块旋转频率的平方成正比。由此可见，当"扫频"时，偏心块旋转频率逐渐增大，其激振力也随之增加，这样就破坏了共振引起被测物振动幅值增大的"纯洁"性。解决的方法是，在绘制共振曲线时将其纵坐标更改为A/ω^2。

这是因为，更改前共振曲线的纵坐标为幅值

$$A = F\delta_{11}\mu_d = m\omega^2 r\delta_{11}\mu_d$$

则

$$\frac{A}{\omega^2} = mr\delta_{11}\mu_d$$

这样即把振幅换算为在相同激振力作用下的振幅值。

(2) 电磁式激振器。电磁式激振器的激振力随电流的正弦变化而变化。但此电流的正负最大值是不变的，被控制在一个带宽里，它不会像偏心式激振器那样激振力随旋转频率的平方增大而一直增大。当电磁式激振器的电流正弦频率逐渐加大时，激振力并不随之增大，它仍然被控制在这一带宽里。而共振所引起的幅值会大于最大激振力所引起的幅值。因而，不需对它做处理，纵坐标仍为幅值 A。

另外，实测时的频率通常为线频率 f，则将 $\omega=2\pi f$ 代入 ξ 中可得

$$\xi=\frac{f_2-f_1}{2f_0}=\frac{f_2-f_1}{f_1+f_2}$$
$$\beta=\pi(f_2-f_1)$$

3. 振型的求取

1) 各拾振器灵敏系数均相同时

依实测波形，在同一时刻量取每一层的振动幅值。令某一层的幅值为 1，按此比例作图即可。例如，图 6.23 所示为第一振型的图形，图 6.24 所示为第二振型的图形。从图中即可知其作图方法。

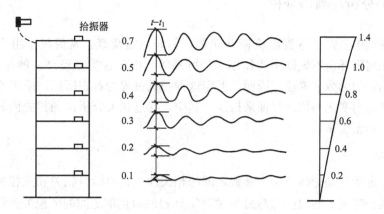

图 6.23 第一振型作图法（敲击法）

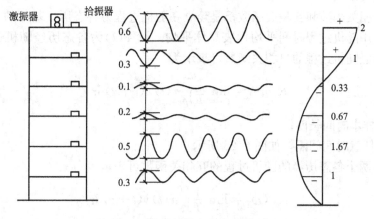

图 6.24 第二振型作图法（共振法）

2) 各拾振器的灵敏度各不相同时

第一步：
$$a_i = \frac{A_{0B}}{A_{0i}}$$

式中　a_i——第 i 台拾振器的修正系数；
　　　A_{0B}——标定时自令的一台"标准"拾振器的幅值；
　　　A_{0i}——标定时第 i 台拾振器的幅值。

第二步：
$$A_i' = a_i \times A_i$$

式中　A_i'——修正后的第 i 台拾振器的幅值；
　　　A_i——正式实测振型时第 i 台拾振器的实测幅值。

第三步：
$$X_i = \frac{A_i'}{A_{iB}}$$

式中　A_{iB}——自己设定的"标准"拾振器正式实测振型时的幅值；
　　　X_i——真实的该结构振型图各数值。

6.5.3 相关分析与频谱分析

在动力测试中，常会遇到随机振动问题，例如地震荷载、风荷载作用下的结构物振动，建筑物在周围环境不规则干扰作用下的脉动等。由于这类振动是一种非确定性振动，所以无法用确定的函数来描述。因而，假定这种随机过程为各态历经，采用不随试验时间和试验次数变化而变化的统计特征来描述。其中，通过相关分析得到相关函数，通过频谱分析得到功率谱密度函数。

1. 相关分析

所谓相关分析，是指研究两个参数之间的相关性，它包括自相关和互相关。其中，描述随机过程某一时刻 t_1 的数据值与另一时刻 $(t_1+\tau)$ 的数据值之间的依赖关系称为自相关函数；而描述两个随机过程中一个随机过程的某个时间 t_1 值与另一个随机过程时间 τ 的依赖关系称为互相关函数。

这里，自相关函数和互相关函数都是建立在随机过程为各态历经基础的。所谓各态历经，即意味着用随机过程时间平均代表总体平均。设 $x(t)$ 为各态历经随机过程的样本函数，则各态历经随机过程的自相关函数可表示为

$$R_x(\tau) = \lim_{T\to\infty} \frac{1}{T} \int_0^T x(t) x(t+\tau) d\tau$$

式中　T——样本时间长度；
　　　τ——任意时间间隔，如图 6.25 所示。

类似地，两个各态历经的随机过程的互相关函数可表示为

$$R_{xy}(\tau) = \lim_{T\to\infty} \frac{1}{T} \int_0^T x(t) y(t+\tau) d\tau$$

式中　$y(t+\tau)$——另一个各态历经的随机过程样本，如图 6.26 所示。

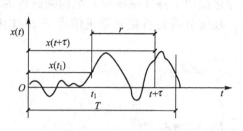

图 6.25 自相关函数计算

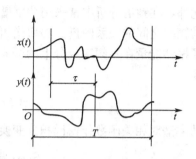

图 6.26 互相关函数计算

在工程中，可应用自相关分析判断振动信号是周期信号还是随机信号。当自相关函数 $R_x(\tau)\neq 0$ 时，振动信号为周期性（或确定性）信号；而当 $R_x(\infty)=0(\tau\to\infty)$ 时，并为随机信号。此外，若自相关曲线不随 τ 的增大而衰减，趋近于均方值 $\overline{x^2(t)}$，则表明随机信号中混有周期性信号，其频率等于 $R_x(\tau)$ 曲线后部分的波动频率，如图 6.27 所示，但在时域曲线中则很难看出。

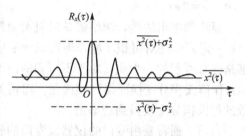

图 6.27 自相关函数的性质

采用脉动法求结构自振特性时，还可对实测的时域波形进行自相关分析，得出自相关曲线 $R_x(\tau)$，其曲线后部分的波动频率即是该结构的自振频率，并可由此波形求得该结构的阻尼参数。

互相关函数在实际工程中也有着很重要的应用。在结构振动问题中，常常需要分析激励力与其响应之间的关系，房屋结构各层之间的振动反应与基础振动之间的关系，利用互相关函数来确定两个随机信号之间的滞后时间峰值，确定信号传递效果明显的通道等。

2. 频谱分析

研究振动的某个物理量与频率之间的关系称为频谱分析。它是将振动的时间域信号变换到频率域上进行分析的。

例如，图 6.26 所示是铁路桥墩在列车单机通过时测得的振动位移波形，从实测的时域波形图 6.28(a)中很难辨别出桥墩的固有频率，而从频谱分析图 6.28(b)中则可看出 3 个主要高峰频率值。通过分析或通过其他振动实测资料即可综合分析确定出该桥梁的固有频率。

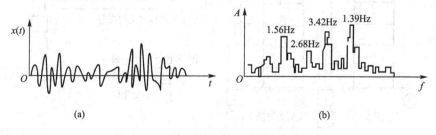

图 6.28 列车单机通过桥墩振动位移波形

此外，在频谱分析中常采用功率谱。所谓功率谱，是指纵坐标的物理量（如幅值）的均方值与频率之间的关系图谱。功率谱可理解为它强调了各频率成分对结构物影响的程度，反映了振动能量在各频率成分上的分布情况。频谱分析是直接对随机信号 $x(t)$ 作傅氏积分变换

$$x(f) = \int_{-\infty}^{+\infty} x(t) e^{-j\omega t} dt$$

功率谱对相关函数作傅氏积分变换

$$S(\omega) = \frac{1}{2\pi} \int_{-\infty}^{+\infty} R(\tau) e^{-j\omega \tau} d\tau$$

式中　$\omega = 2\pi f$。

要特别指出的是，功率谱是随机振动最好的频域描述。因为作频谱分析，其随机信号 $x(t)$ 一定要是绝对可积才能作傅氏积分变换。然而对于平稳随机过程，随机信号 $x(t)$ 并不都是绝对可积的。为此，对于不可积的情形就不能实现频谱分析，即不能直接对随机信号 $x(t)$ 作傅氏积分变换而得到频谱图。而相关函数可满足绝对可积条件，则可实现对相关函数的傅氏积分变换得到功率谱。

目前，通常是由专门的仪器或专门的软件来对实测得到的随机信号进行相关分析和频谱分析。有了相关函数曲线和功率谱图，就可对随机信号进行快速分析。

【例题 6-1】　实测某新村一栋 6 层框架结构住宅楼某一单元的动力特性。实测内容包括：(1)自振频率；(2)第一振型；(3)空间振型。

共采用 3 台磁电式拾振器进行脉动实测，其动态过程如图 6.29 所示。

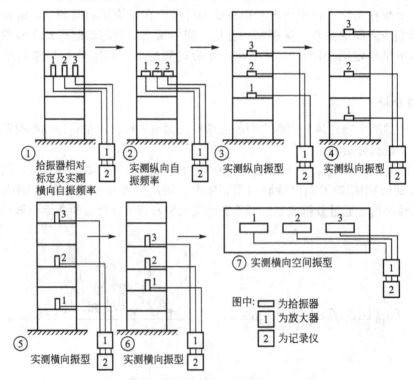

图 6.29　实测房屋自振特性动态过程

(1) 自振频率。自振频率实测结果见表6-2。

现以表6-2中带"*"的记录为例,其波形如图6.30所示。

则带"*"的自振频率记录的计算结果为

$$f=\frac{ns_0}{st_0}=\frac{12\times10}{36\times1}\approx3.33(\text{Hz})$$

表6-2 自振频率实测结果

方向	记录长度 s/mm	波数 N/个	时标 t_0/s	时标长度 s_0/mm	频率 f/Hz	平均频率 $\bar{f}$/Hz
横向	15	5	1	10	3.33	3.33
	15	5	1	10	3.33	
	36*	12	1	10	3.33	
纵向	12	4	1	10.5	3.50	3.50
	14.2	5	1	10	3.52	
	11.5	4	1	10	3.48	

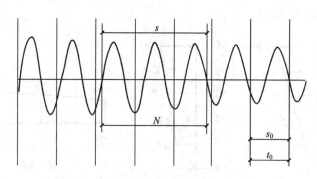

图6.30 脉动法实测波形

(2) 第一振型。对拾振器进行标定(取2#拾振器为标准拾振器),其标定记录见表6-3;空间振型记录见表6-4;第一横向和纵向振型分别见表6-5和表6-6。

表6-3 拾振器标定结果

拾振器标号	1#	2#	3#
记录幅值 A_{0i}/mm	17	12	12.5
修正系数 α_i	0.71	1	0.96

表6-4 拾振器标定结果

拾振器标号	1#	2#	3#
记录幅值 A_i/mm	12	10.6	11.2
修正值 A_i'/mm	8.52	10.6	10.75
振型 X_i	0.8	1	1.01

表 6-5　横向振型实测结果

拾振器标号	1#	2#	3#	1#	2#	3#
楼层	3	4	5	2	4	6
记录幅值 A_i/mm	9.8	9.3	11.5	7.1	8.8	13.6
修正值 A_i'/mm	6.96	9.3	11.04	5.04	8.8	13.1
振型 X_i	0.75	1	1.19	0.57	1	1.49

表 6-6　纵向振型实测结果

拾振器标号	1#	2#	3#	1#	2#	3#
楼层	3	4	5	2	4	6
记录幅值 A_i/mm	8	7	7.6	7.5	7.8	10.5
修正值 A_i'/mm	5.68	7	7.3	5.33	7.8	10.1
振型 X_i	0.81	1	1.1	0.68	1	1.29

各振型图如图 6.31 所示。

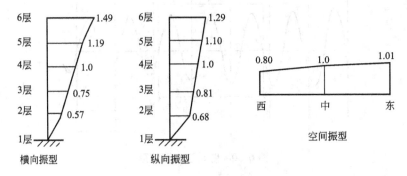

图 6.31　实测振型图

本 章 小 结

(1) 工程结构的动力特性又称结构的自振特性，是反映结构本身所固有的动态参数。工程结构动力特性的测试方法包括人工激振法和环境随机振动法，人工激振法可分为自由振动法和强迫振动法。

(2) 工程结构的动力反应试验测定包括寻找主振源和结构动态参数和动力系数的测定。

(3) 结构疲劳试验的目的就是了解在重复荷载作用下结构的性能和变化规律，结构的疲劳试验包括试验项目、试验荷载、试验步骤和试验观测以及试验试件的安装。

(4) 动载试验数据的整理与分析。

思 考 题

1. 工程结构的动力特性是指哪些参数？它与结构的哪些因素有关？
2. 结构动力特性试验通常采用哪些方法？
3. 如何采用自由振动法测得结构的自振频率和阻尼？
4. 如何采用共振法测定结构的自振频率和阻尼？振型是如何确定的？
5. 采用脉动法测量结构动力特性有哪些优点？在脉动法的实测振动波形图中，通常采用哪些方法可以分析得出结构的动力特性？
6. 工程结构的动力反应是指哪些参数？如何测定这些参数？测定这些动力反应参数有何意义？结构的动力系数的概念是什么？如何测定动力系数？结构疲劳试验的荷载值和荷载频率应如何确定？

第7章
土木工程结构模型试验

教学目标

熟练掌握试件模型设计方法。
熟练掌握荷载图式、加载程序、等效荷载。
熟练掌握测点的选择和布置方法、测量仪器的选择方法。
熟练掌握试验中的安全措施。
掌握模型材料、测试报告的内容。
了解相似理论及应注意的问题。

教学要求

知识要点	能力要求	相关知识
结构模型试验的特点	(1) 了解模型试验的种类 (2) 掌握结构模型试验的特点 (3) 掌握结构模型试验的应用范围	
模型设计相似原理	(1) 理解相似的概念 (2) 掌握相似常数 (3) 掌握并理解相似定理	第一相似定理 第二相似定理
相似条件的确定方法	(1) 掌握方程式分析法的原理 (2) 掌握量纲分析法 (3) 理解量纲的概念	量纲分析
模型材料与选用	(1) 掌握模型试验对模型材料的基本要求 (2) 了解常用的几种模型材料	

引言

土木工程结构模型试验是在试验规模、试验场所、设备容量和试验经费等各种条件都受限制的条件下,以结构的缩尺或相似模型为研究对象来研究结构工作性能的。它是按照原型的整体、部件或构件复制的试验代表物,较多采用缩小比例的模型试验。结构模型试验多用于科学研究试验,由于模型制作过程中相似理论对试验结果分析影响显著,那么如何减少由相似关系带来的影响、试验材料的选择应该遵循什么样的原则是这一章要介绍并要求掌握的重点内容。

7.1 概　　述

土木工程结构模型试验是在试验规模、试验场所、设备容量和试验经费等各种条件都受限制的条件下，以结构的缩尺或相似模型为研究对象来研究结构工作性能的。它是按照原型的整体、部件或构件复制的试验代表物，较多采用缩小比例的模型试验。

进行结构试验，除了必须遵循前述试件设计的原则与要求外，结构相似模型还应严格按照相似理论进行设计，要求模型和原型尺寸的几何相似并保持一定比例；要求模型和原型的材料相似或具有某种相似关系；要求施加于模型的荷载按原型荷载的某一比例缩小或放大；要求确定模型结构试验过程中参与的各物理量的相似常数，并由此求得反映相似模型整个物理过程的相似条件。最终按相似条件由模型试验推算出原型结构的相应数据和试验结果。

1. 缩尺模型

缩尺模型实质上是原型结构缩小几何尺寸的试验代表物，它不须遵循严格的相似条件，可选用与原型结构相同的材料，并按一般的设计规范进行设计和制造。缩尺模型用以研究结构性能，验证设计假定与计算方法的正确性，并可以将试验结果所证实的一般规律与计算方法推广到原型结构中去。在结构试验中，大量的试验对象都是采用这类缩尺模型。例如，为了验证上海体育馆圆形三向网架结构（直径为 125m）的理论计算结果和研究网架结构的次应力问题，曾经采用 1/20 的缩尺模型进行静载试验，取得了满意的结果。

2. 相似模型

相似模型要求满足比较严格的相似条件，即要求满足几何相似、力学相似和材料相似。它是用适当的缩尺比例和相似材料制成，在模型上施加相似力系，使模型受力后重演原型结构的实际工作状态，最后根据相似条件，由模型试验的结果推演原型结构的工作性能。例如，为了研究上海东方明珠广播电视塔结构（高度为 468m）的动力特性及结构的地震反应和破坏特征，1991 年在同济大学进行了 1/50 相似模型的振动台试验。

3. 土木工程结构模型试验的特点

1) 经济性好

由于结构模型的几何尺寸一般比原型小很多，强度模型尺寸与原型尺寸的比值多为 1/6～1/2，但有时也可取 1/20～1/10，因此模型的制作容易、装拆方便，节省材料、劳力和时间，并且可用同一个模型可进行多个不同目的的试验。

2) 针对性强

结构模型试验可以根据试验的目的，突出主要因素，简略次要因素。这对于结构性能的研究、新型结构的设计、结构理论的验证和推动新的计算理论的发展都具有一定的意义。

3) 数据准确

由于试验模型小，一般可在试验环境条件较好的室内进行试验，因此可以严格控制其主要参数，避免许多外界因素（如风吹、日晒、雨淋、温湿度变化和磁场变化等）的干扰，保证了试验结果的准确度。

4. 建筑结构模型试验的主要应用范围

1) 代替大型结构试验或作为大型结构试验的辅助试验

许多受力复杂、体积庞大的构件或结构物(如厂房的空间刚架、原子反应堆以及高层建筑和大跨度桥梁等),往往很难进行实物试验。这是因为现场试验条件复杂,试验荷载难以实现,室内的足尺试验又受经济能力和室内的空间限制,所以常用模型试验代替。对于某些重要的复杂结构,模型试验则作为实际结构试验的辅助试验。实物试验之前先通过模型试验获得必要的参考数据,这样使实物试验工作更有把握、更顺利地进行。

2) 作为结构分析计算的辅助手段

当设计受力较复杂的结构时,由于设计计算存在一定的局限性,往往通过模型试验做结构分析,弥补设计上存在的不足,核算设计计算方法的适应性,比较设计方案的优劣。

3) 验证和发展结构设计理论

新的设计计算理论和方法的提出,通常需要一定的结构试验来验证,由于模型试验具有较强的针对性,故验证试验一般均采用模型试验。

由于模型制作尺寸存在一定的误差,故常与计算机分析配合,试验结果与分析计算结果互相校核。此外,模型试验对某些结构局部细节起关键作用的问题很难模拟,如结构连接接头、焊缝特性、残余应力、钢筋与混凝土间的握裹力以及锚固长度等,故对这种结构在进行模型试验之后,还需进行实物试验以做最后的校核。

7.2 模型设计相似原理

1. 相似的概念

这里所讲的相似是指模型和实物相对应的物理量的相似,它比通常所讲的几何相似概念更广泛。所谓物理现象相似,是指除了几何相似之外,在进行物理过程的系统中,在相应的时刻第一过程和第二过程相应的物理量之间的比例应保持为常数。下面简略介绍和结构性能有关的几个主要物理量的相似。

2. 相似常数

1) 几何相似

如果模型上所有方向的线性尺寸均按实物的相应尺寸用同一比例常数确定,则模型与原型的几何尺寸相似。几何相似用数学形式可表达为

$$\frac{h_m}{h_p} = \frac{b_m}{b_p} = \frac{l_m}{l_p} = s_l \tag{7-1}$$

下标 m 与 p 分别表示模型和原型。

例如,对于一矩形截面,模型和原型结构的面积比、截面抵抗矩比和惯性矩比分别为

$$s_A = \frac{A_m}{A_p} = \frac{h_m b_m}{h_p b_p} = s_l^2 \tag{7-2}$$

$$s_W = \frac{W_m}{W_p} = \frac{\frac{1}{6} b_m h_m^2}{\frac{1}{6} b_p h_p^2} = s_l^3 \tag{7-3}$$

$$s_I = \frac{I_\mathrm{m}}{I_\mathrm{p}} = \frac{\frac{1}{12}b_\mathrm{m}h_\mathrm{m}^3}{\frac{1}{12}b_\mathrm{p}h_\mathrm{p}^3} = s_l^4 \tag{7-4}$$

根据变形体系的位移、长度和应变之间的关系，位移的相似常数为

$$s_x = \frac{x_\mathrm{m}}{x_\mathrm{p}} = \frac{\varepsilon_\mathrm{m} l_\mathrm{m}}{\varepsilon_\mathrm{p} l_\mathrm{p}} = s_\varepsilon s_l \tag{7-5}$$

2）质量相似

在结构的动力问题分析中，要求结构的质量分布相似，即模型与原型结构对应部分的质量成比例。

$$s_m = \frac{m_\mathrm{m}}{m_\mathrm{p}} \tag{7-6}$$

对于具有分布质量的部分，用质量密度 ρ 表示更为合适。质量密度相似常数为

$$s_\rho = \frac{\rho_\mathrm{m}}{\rho_\mathrm{p}} \tag{7-7}$$

由于模型与原型对应部分质量之比为 s_m，体积之比为 $s_V = \frac{V_\mathrm{m}}{V_\mathrm{p}} = s_l^3$，故质量密度相似常数为

$$s_\rho = \frac{s_m}{s_V} = \frac{s_m}{s_l^3} \tag{7-8}$$

3）荷载相似

在模型所有位置上作用的荷载与原型在对应位置上的荷载方向一致，大小成同一比例，称为荷载相似。用公式表达如下。

集中荷载相似常数

$$s_P = \frac{P_\mathrm{m}}{P_\mathrm{p}} = \frac{A_\mathrm{m} \cdot \sigma_\mathrm{m}}{A_\mathrm{p} \cdot \sigma_\mathrm{p}} = s_\sigma s_l^2 \tag{7-9}$$

线荷载相似常数

$$s_\omega = s_\sigma s_l \tag{7-10}$$

面荷载相似常数

$$s_q = s_\sigma \tag{7-11}$$

弯矩或扭矩相似常数

$$s_M = s_\sigma s_l^3 \tag{7-12}$$

当需要考虑结构自重的影响时，还需要考虑重量分布的相似。

$$s_{mg} = \frac{P_\mathrm{m}}{P_\mathrm{p}} = \frac{A_\mathrm{m} \cdot \sigma_\mathrm{m}}{A_\mathrm{p} \cdot \sigma_\mathrm{p}} = s_\sigma s_l^2 \tag{7-13}$$

4）物理相似

物理相似要求模型与原型的各相应点的应力和应变、刚度和变形间的关系相似。

$$s_\sigma = \frac{\sigma_\mathrm{m}}{\sigma_\mathrm{p}} = \frac{E_\mathrm{m}\varepsilon_\mathrm{m}}{E_\mathrm{p}\varepsilon_\mathrm{p}} = s_E s_\varepsilon \tag{7-14}$$

$$s_\tau = \frac{\tau_m}{\tau_\mathrm{p}} = \frac{G_m \gamma_m}{G_\mathrm{p} \gamma_\mathrm{p}} = s_G s_\gamma \tag{7-15}$$

$$s_\nu = \frac{\nu_m}{\nu_\mathrm{p}} \tag{7-16}$$

其中，s_σ、s_E、s_ε、s_τ、s_G、s_γ和s_ν分别为法向应力、弹性模量、法向应变、剪应力、剪切模量、剪应变和泊松比的相似常数。

由刚度变形关系可知刚度相似常数为

$$s_k=\frac{s_p}{s_x}=\frac{s_\sigma s_l^2}{s_l}=s_\sigma s_l \tag{7-17}$$

5) 时间相似

对于结构的动力问题，在随时间变化的过程中，要求结构模型和原型在对应的时刻进行比较，要求相对应的时间成比例，时间的相似常数为s_t。

$$s_t=\frac{t_m}{t_p} \tag{7-18}$$

6) 边界条件相似

要求模型和原型在与外界接触的区域内的各种条件保持相似，即要求支承条件相似、约束条件相似以及边界受力情况相似。模型的支承条件和约束条件可以由与原型结构构造相同的条件来满足与保证。

7) 初始条件相似

在动力问题中，为了保证模型与原型的动力反应相似，要求初始时刻运动的参数相似。运动的初始条件包括初始位置、初始速度和初始加速度等。模型上的速度、加速度与原型的速度和加速度在对应的位置和对应的时刻保持一定的比例，并且运动保持方向一致，称为速度和加速度相似。

3. 相似定理

1) 第一相似定理

对彼此相似的现象，其单值条件相同，其相似准数的数值也相同。

单值条件的因素：系统的几何特性、介质或系统中对所研究现象有重大影响的物理参数、系统的初始状态、边界条件等。

例：牛顿第二定律

对于实际的质量运动系统，则有

$$F_p=m_p a_p \tag{7-19}$$

而模拟的质量运动系统为

$$F_m=m_m a_m \tag{7-20}$$

因为这两个系统运动现象相似，故它们的各个对应物理量成比例。

$$F_m=s_F F_p,\quad m_m=s_m m_p,\quad a_m=s_a a_p \tag{7-21}$$

式中，s_F、s_m和s_a分别为两个运动系统中对应的物理量（即力、质量、加速度的相似常数）。

将式(7-21)代入式(7-20)得

$$\frac{s_F}{s_m s_a}F_p=m_p a_p \tag{7-22}$$

显然，只有当$\frac{s_F}{s_m s_a}=1$时，才能与式(7-19)一致，$\frac{s_F}{s_m s_a}$称为相似指标。

将式(7-21)代入式(7-20)可得

$$\frac{F_F}{m_p a_p} = \frac{F_m}{m_m a_m} = \frac{F}{ma} \tag{7-23}$$

因为式(7-23)是一无量纲比,对于所有的力学现象,这个比值都是相同的,故称它为相似准数,常用 π 表示。

2) 第二相似定理

某一现象各物理量之间的关系方程式都可以表示为相似准数之间的函数关系。

以简支梁在均布荷载 q 作用下的情况为例来说明,如图 7.1 所示。由材料力学知识可得梁跨中处的应力和挠度分别为

$$\sigma = \frac{ql^2}{8W} \quad \text{和} \quad f = \frac{5ql^4}{384EI} \tag{7-24}$$

式中 W——抗弯截面模量;
E——弹性模量;
I——截面抗弯惯性矩;
l——梁的跨度。

一般表达式为

$$g(\sigma, q, l, W, f, E, I) = 0 \tag{7-25}$$

式(7-24)中两式的两边分别同除以 σ 和 f,整理后即得到

$$\frac{ql^2}{\sigma W} = 8 \quad \text{和} \quad \frac{ql^4}{EIf} = \frac{384}{5} \tag{7-26}$$

由此可写出原型与模型相似的两个准数方程。

$$\pi_1 = \frac{ql^2}{\sigma W} = \frac{q_m l_m^2}{\sigma_m W_m} = \frac{q_p l_p^2}{\sigma_p W_p} = 8 \tag{7-27}$$

$$\pi_2 = \frac{ql^4}{EIf} = \frac{q_m l_m^4}{E_m I_m f_m} = \frac{q_p l_p^4}{E_p I_p f_p} = \frac{384}{5} \tag{7-28}$$

3) 第三相似定理

现象的单值条件相似,并且由单值条件导出来的相似准数的数值相等,是现象彼此相似的充分和必要条件。

7.3 相似条件的确定方法

如果模型和原型相似,则它们的相似常数之间必须满足一定的组合关系,这个组合关系称为相似条件。在进行模型设计时,必须首先根据相似原理确定相似指标或相似条件。

确定相似条件的方法有方程式分析法和量纲分析法两种。方程式分析法用于物理现象的规律已知,并可以用明确的数学物理方程表示的情况。量纲分析法则用于物理现象的规律未知,不能用明确的数学物理方程表示的情况。

7.3.1 方程式分析法

方程式分析法是指所研究现象中的各物理量之间的关系可以用方程式表达时,可以用

表达这一物理现象的方程式导出相似判据。因此，可以根据数学物理方程，利用相似转换法求得相似条件。

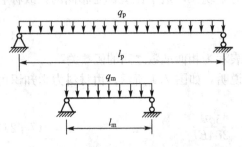

图7.1 受均布荷载作用的简支梁相似简图

【例题 7-1】 仍以简支梁受静力均布荷载为例，如图7.1所示。假定该梁在弹性范围内工作，不考虑时间因素对材料性能的影响，也不考虑剩余应力或温度应力的影响，而且认为由弹性变形对结构几何尺寸的影响可以忽略不计。

对于原型结构，在任意截面 x 处的弯矩为

$$M_p = \frac{1}{2} q_p x_p (l_p - x_p) \tag{7-29}$$

截面上的正应力为

$$\sigma_p = \frac{M_p}{W_p} = \frac{1}{2W_p} q_p x_p (l_p - x_p) \tag{7-30}$$

截面处的挠度为

$$f_p = -\frac{q_p x_p}{24 E_p I_p}(l_p^3 - 2x_p^3 l_p + x_p^3) \tag{7-31}$$

模型结构的任意截面 x 处的弯矩、应力和挠度的表达形式和式(7-29)、式(7-30)、式(7-31)形式相同，下角标不同。

当要求模型与原型相似时，各物理量之间的相似常数应满足如下相似关系。

$$\frac{h_m}{h_p} = \frac{b_m}{b_p} = \frac{l_m}{l_p} = s_l, \quad \frac{q_m}{q_p} = s_q, \quad \frac{E_m}{E_p} = s_E$$

$$\frac{\sigma_m}{\sigma_p} = s_\sigma, \quad \frac{f_m}{f_p} = s_f, \quad \frac{x_m}{x_p} = s_l, \quad \frac{W_m}{W_p} = s_{l^3}, \quad \frac{I_m}{I_p} = s_{l^4}$$

将上述相似关系整理后，代入表达简支梁模型的应力和挠度的方程式(7-30)、式(7-31)中，用原型物理量替代模型物理量。整理后得

$$\sigma_p = \frac{s_q}{s_l s_\sigma} \frac{1}{2W_p} q_p x_p (l_p - x_p) \tag{7-32}$$

$$f_p = -\frac{s_q}{s_E s_f} \frac{q_p x_p}{24 E_p I_p}(l_p^3 - 2x_p^3 l_p + x_p^3) \tag{7-33}$$

比较式(7-30)和式(7-32)及式(7-31)和式(7-33)，如果要想等式成立，则必有

$$\frac{s_q}{s_l s_\sigma} = 1 \quad 和 \quad \frac{s_q}{s_E s_f} = 1 \tag{7-34}$$

式(7-34)还可以表示成

$$\frac{q_m}{l_m \sigma_m} = \frac{q_p}{l_p \sigma_p} \quad \frac{q_m}{E_m f_m} = \frac{q_p}{E_p f_p} \tag{7-35}$$

即求得两个相似判据

$$\pi_1 = \frac{q}{l\sigma} \quad \pi_2 = \frac{q}{Ef} \tag{7-36}$$

当选定模型的几何比例 $s_L = 1/20$ 时，模型材料与原型材料相同，即 $s_E = 1$。当试验要求模型的应力与原型的应力相等时，即 $s_\sigma = 1$。根据相似指标 $s_q/s_L s_\sigma = 1$ 和 $s_q/s_E s_f = 1$，可求得 $s_q = s_L s_\sigma = 1/20$。

由此说明，模型上应加的均布荷载为原型上应加均布荷载的 1/20，模型上测到的挠度为原型挠度的 1/20。

7.3.2 量纲分析法

量纲的概念：被测量的种类称为这个量的量纲。

量纲的概念是在研究物理量的数量关系时产生的，它区别量的种类而不区别量的不同度量单位。如测量距离用米、厘米、英尺等不同的单位，但它们都属于长度这一种类，因此把长度称为一种量纲，用 [L] 表示。时间种类用时、分、秒、微秒等单位表示，它是有别于其他种类的另一种量纲，用 [T] 表示。通常，每一种物理量都对应有一种量纲。例如表示重量的物理量 G，它对应的量纲是属力的种类，用 [F] 量纲表示。

量纲分析法是根据描述物理过程的物理量的量纲和谐原理，寻求物理过程中各物理量间的关系而建立相似准数的方法。量纲分析区别于方程式分析，它不要求建立现象的方程式，只要求确定哪些物理量参加所研究的现象和这些量的单位系统量纲。

在一切自然现象中，各物理量之间存在着一定的联系。在分析一个现象时，可用参与该现象的各物理量之间的关系方程来描述，因此各物理量的量纲之间也存在着一定的联系。如果选定一组彼此独立的量纲作为基本量纲，而其他物理量的量纲可由基本量纲组成，则这些量纲称为导出量纲。

在量纲分析中有两个基本量纲系统：绝对系统和质量系统。绝对系统的基本量纲为长度、时间和力，而质量系统的基本量纲是长度、时间和质量。常用的物理量的量纲表示法见表 7-1。

表 7-1 常用的物理量的量纲表示法

物理量	质量系统	绝对系统	物理量	质量系统	绝对系统
长度	[L]	[L]	面积二次矩	$[L^4]$	$[L^4]$
时间	[T]	[T]	质量惯性矩	$[ML^2]$	$[FLT^2]$
质量	[M]	$[FL^{-1}T^2]$	表面张力	$[MT^{-2}]$	$[FL^{-1}]$
力	$[MLT^{-2}]$	[F]	应变	[1]	[1]
温度	$[\theta]$	$[\theta]$	比重	$[ML^{-2}T^{-2}]$	$[FL^{-3}]$
速度	$[LT^{-1}]$	$[LT^{-1}]$	密度	$[ML^{-3}]$	$[FL^{-4}T^2]$
加速度	$[LT^{-2}]$	$[LT^{-2}]$	弹性模量	$[ML^{-1}T^{-2}]$	$[FL^{-2}]$
角度	[1]	[1]	泊松比	[1]	[1]
角速度	$[T^{-1}]$	$[T^{-1}]$	动力粘度	$[ML^{-1}T^{-1}]$	$[FL^{-2}T]$
角加速度	$[T^{-2}]$	$[T^{-2}]$	运动粘度	$[L^2T^{-1}]$	$[L^2T^{-1}]$
压强、应力	$[ML^{-1}T^{-2}]$	$[FL^{-2}]$	线热胀系数	$[\theta^{-1}]$	$[\theta^{-1}]$
力矩	$[ML^2T^{-2}]$	[FL]	导热率	$[MLT^{-3}\theta^{-1}]$	$[FT^{-1}\theta^{-1}]$
能量、热	$[ML^2T^{-2}]$	[FL]	比热	$[L^2T^{-2}\theta^{-1}]$	$[L^2T^{-2}\theta^{-1}]$
冲力	$[MLT^{-1}]$	[FT]	热容量	$[ML^{-1}T^{-2}\theta^{-1}]$	$[FL^{-2}\theta^{-1}]$
功率	$[ML^2T^{-3}]$	$[FLT^{-1}]$	导热系数	$[MT^{-3}\theta^{-1}]$	$[FL^{-1}T^{-1}\theta^{-1}]$

量纲间的相互关系：

(1) 两个物理量相等不仅指数值相等，而且量纲也要相同。

(2) 两个同量纲参数的比值是无量纲参数，其值不随所取单位的大小而变。

(3) 在一个完整的物理方程式中，各项的量纲必须相同，因此方程才能进行加、减运算并用等号联系起来。这一性质称为量纲和谐。

(4) 导出量纲可和基本量纲组成无量纲组合，但基本量纲之间不能组成无量纲组合。

(5) 若在一个物理方程中共有 n 个物理参数 x_1，x_2，x_3，x_4，…，x_n 和 k 个基本量纲，则可组成 $(n-k)$ 个独立的无量纲组合。无量纲参数组合简称 π 数。同时这个物理方程式可以写成 $(n-k)$ 个独立的 π 数的方程式，即方程

$$f(x_1, x_2, x_3, \cdots, x_n) = 0 \tag{7-37}$$

可改写成

$$\phi(\pi_1, \pi_2, \pi_3, \cdots, \pi_{n-k}) = 0 \tag{7-38}$$

这一性质称为 π 定理。

下面以质量弹簧系统动力学问题为例介绍用量纲矩阵的方法寻求无量纲 π 函数的方法。

【例题 7-2】 设质量为 m，弹簧刚度为 A，阻尼为 c，质量变位为 x，时间为 t，受外力 P 作用，则该物理现象用微分方程表示为

$$m\frac{d^2x}{dt^2} + c\frac{dx}{dt} + kx - P = 0 \tag{7-39}$$

改写成函数的形式为

$$f(m, c, k, x, t, P) = 0 \tag{7-40}$$

方程中的物理量个数 $n=6$。采用绝对系统时基本量纲为 3 个，则 π 函数为

$$\phi(\pi_1, \pi_2, \pi_3) = 0 \tag{7-41}$$

所有物理量参数组成无量纲形式，则 π 数的一般形式为

$$\pi = m^{a_1} c^{a_2} k^{a_3} x^{a_4} t^{a_5} P^{a_6} \tag{7-42}$$

其中，a_1，a_2，a_3，…，a_6 为待定的指数。通过查表 7-1 得各物理量的量纲为：

m 为 $[FL^{-1}T^2]$　　c 为 $[FL^{-1}T]$

k 为 $[FL^{-1}]$　　x 为 $[L]$

t 为 $[T]$　　P 为 $[F]$

代入式 (7-42) 可得

$$[1] = [FL^{-1}T^2]^{a_1} [FL^{-1}T]^{a_2} [FL^{-1}]^{a_3} [L]^{a_4} [T]^{a_5} [F]^{a_6}$$
$$= [F^{a_1+a_2+a_3+a_6}] [L^{-a_1-a_2-a_3+a_4}] [T^{2a_1+a_2+a_5}] \tag{7-43}$$

根据量纲和谐要求，对量纲 F 有

$$\left.\begin{array}{r} a_1 + a_2 + a_3 + a_6 = 0 \\ -a_1 - a_2 - a_3 + a_4 = 0 \\ 2a_1 + a_2 + a_5 = 0 \end{array}\right\}$$

上面 3 个方程式中包含 6 个未知量，是一组不定方程式组。求解时需先确定其中 3 个未知量，才能用这 3 个方程式求出另外 3 个未知量。假若先确定了 a_1、a_4 和 a_5，则

$$\left.\begin{array}{r} a_2 = -2a_1 - a_5 \\ a_3 = a_4 + a_1 + a_5 \\ a_6 = -a_4 \end{array}\right\}$$

此时无量纲 π 数可改写成

$$\pi = m^{a_1} c^{2a_1-a_5} k^{a_1+a_4} x^{a_4} t^{a_5} P^{-a_4} = \left(\frac{mk}{c^2}\right)^{a_1} \left(\frac{kx}{P}\right)^{a_4} \left(\frac{tk}{c}\right)^{a_5} \quad (7-44)$$

由 $a_1=1$，$a_4=0$，$a_5=0$
　$a_1=0$，$a_4=1$，$a_5=0$
　$a_1=0$，$a_4=0$，$a_5=1$

可以得到 3 个独立的 π 数

$$\left. \begin{array}{l} \pi_1 = \dfrac{mk}{c^2} \\ \pi_2 = \dfrac{kx}{P} \\ \pi_3 = \dfrac{tk}{c} \end{array} \right\} \quad (7-45)$$

可见，当 a_1、a_4、a_5 取其他值时，可以得到其他 π 数，但相互独立的 π 数只有 3 个。由于 π 数对于相似的物理现象具有不变的形式，故设计模型时只需模型的物理量和原型的物理量有下述关系成立。

$$\left. \begin{array}{l} \dfrac{m_{\mathrm{m}} k_{\mathrm{m}}}{c_{\mathrm{m}}^2} = \dfrac{m_{\mathrm{p}} k_{\mathrm{p}}}{c_{\mathrm{p}}^2} \\ \dfrac{k_{\mathrm{m}} x_{\mathrm{m}}}{P_{\mathrm{m}}} = \dfrac{k_{\mathrm{p}} x_{\mathrm{p}}}{P_{\mathrm{p}}} \\ \dfrac{t_{\mathrm{m}} k_{\mathrm{m}}}{c_{\mathrm{m}}} = \dfrac{t_{\mathrm{p}} k_{\mathrm{p}}}{c_{\mathrm{p}}} \end{array} \right\} \quad (7-46)$$

【例题 7-3】 简支梁受静力集中荷载的相似如图 7.2 所示。

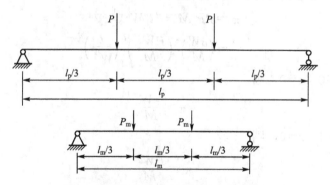

图 7.2　受集中荷载作用的简支梁相似简图

由材料力学知，受横向荷载作用的梁正截面的应力 σ 是梁的跨度 l、截面抗弯模量 W、梁上作用的荷载 P 和弯矩 M 的函数。将这些物理量之间的关系写成一般形式为

$$f(\sigma, P, M, l, W,) = 0 \quad (7-47)$$

物理量个数 $n=5$，基本量纲个数 $k=2$，所以独立的 π 数为 $(n-k)=3$。π 函数可表为

$$\phi(\pi_1, \pi_2, \pi_3) = 0 \quad (7-48)$$

所有物理量参数组成 π 函数的一般形式为

$$\pi = \sigma^a P^b M^c l^d W^e$$

用绝对系统基本量纲表示这些量纲。

σ 为 $[FL^{-2}]$；P 为 $[F]$；M 为 $[FL]$；l 为 $[L]$；W 为 $[L^3]$。

按照它们的量纲排列成"量纲矩阵"为：

$$\begin{array}{c|ccccc} & a & b & c & d & e \\ & \sigma & P & M & l & W \\ \hline [L] & -2 & 0 & 1 & 1 & 3 \\ [F] & 1 & 1 & 1 & 0 & 0 \end{array}$$

矩阵中的列是各个物理量具有的基本量纲的幂指数，行是各个物理量所对应的基本量纲。根据量纲和谐原理，可以写出表示基本量纲指数关系的联立方程，即由量纲矩阵中各个物理量对应于每个基本量纲的幂指数之和等于零，即

对量纲 $[L]$ $-2a+c+d+3e=0$

对量纲 $[F]$ $a+b+c=0$

先确定 a、b、d，则

$$c=-a-b$$

$$e=a+\frac{b}{3}-\frac{d}{3}$$

这时，各物理量指数可用如下矩阵表示。

$$\begin{array}{c|ccc|cc} & \sigma & P & l & M & W \\ & a & b & d & c & e \\ \hline a & 1 & 0 & 0 & -1 & 1 \\ b & 0 & 1 & 0 & -1 & 1/3 \\ d & 0 & 0 & 1 & 0 & -1/3 \end{array}$$

而 π 函数的一般形式可写成

$$\pi = \sigma^a P^b M^{-a-b} l^d W^{a+\frac{1}{3}b+\frac{1}{2}d}$$
$$= \left(\frac{\sigma W}{M}\right)^a \left(\frac{PW^{\frac{1}{3}}}{M}\right)^b \left(\frac{l}{W^{\frac{1}{3}}}\right)^d$$

令 $a=1$，$b=0$，$c=0$，则

$$\pi_1 = \frac{\sigma W}{M}$$

令 $a=0$，$b=1$，$c=0$，则

$$\pi_2 = \frac{PW^{\frac{1}{2}}}{M}$$

令 $a=0$，$b=0$，$c=1$，则

$$\pi_3 = \frac{l}{W^{\frac{1}{3}}}$$

同样，在量纲矩阵中，只要将第一行的各物理量幂指数代入 π 函数的一般形式中，可得到 π_1 数。同理，由第二行、第三行的幂指数可组成 π_2 和 π_3 数。因此，上面的矩阵又称"π 矩阵"。从上例可以看出，在量纲分析法中引入量纲矩阵分析，可使推导过程简单、明了。

综上所述，用量纲分析法确定无量纲函数（即相似准数）时，只要弄清物理现象所包含的物理量所具有的量纲即可，而无需知道描述该物理现象的具体方程和公式。因此，寻求

较复杂现象的相似准数,用量纲分析法进行分析是很方便的。量纲分析法虽能确定出一组独立的 π 数,但 π 数的取法有随意性,而且当参与物理现象的物理量愈多时,则随意性愈大。所以量纲分析法中选择物理参数是具有决定意义的。物理参数的正确选择取决于模型设计者的专业知识以及对所研究的问题初步分析的正确程度。甚至可以说,如果不能正确选择参数,量纲分析法就无助于模型设计。

7.4 模型材料与选用

适合制作模型的材料有很多,但没有绝对理想的材料。因此,正确地了解材料的性质及其对试验结果的影响,对于顺利完成模型试验具有决定性的意义。

1. 模型试验对模型材料的基本要求

1) 保证相似要求

要求模型设计满足相似条件,使模型试验结果可按相似准数及相似条件推算到原型结构上去。

2) 保证量测要求

要求模型材料在试验时能产生较大的变形,以便量测仪表能够精确地读数。因此,应选择弹性模量较低的模型材料,但也不宜过低以致影响试验结果。

3) 保证材料性能稳定,不因温度、湿度的变化而变化

一般模型结构尺寸较小,对环境变化很敏感,以致环境对它的影响远大于对原型结构的影响,因此材料性能稳定是很重要的,应保证材料徐变小。由于徐变是时间、温度和应力的函数,故徐变对试验结果的影响很大,而真正的弹性变形不应该包括徐变。

4) 保证加工制作方便

选用的模型材料应易于加工和制作,这对降低模型试验费用是极其重要的。一般来讲,对于研究弹性阶段应力状态的模型试验,模型材料应尽可能与一般弹性理论的基本假定一致,即材料是匀质、各向同性、应力与应变呈线性变化的,且有不变的泊松比系数。对于研究结构的全部特性(即弹性和非弹性以及破坏时的特性)的模型试验,通常要求模型材料与原型结构材料的特性较相似,最好是模型材料与原型结构材料一致。

2. 常用的几种模型材料

模型设计中常采用的材料有金属、塑料、石膏、水泥砂浆以及细石混凝土材料等。

1) 金属

金属的力学特性大多符合弹性理论的基本假定。如果试验对测量的准确度有严格要求,则金属是最合适的材料。在众多金属材料中,常用的材料是钢材和铝合金。铝合金允许有较大的应变量,并有良好的导热性和较低的弹性模量,因此金属模型中铝合金用得较多。钢和铝合金的泊松比约为 0.30,比较接近于混凝土材料。虽然用金属制作模型有许多优点,但它存在一个致命的弱点即加工困难,这就限制了金属模型的使用范围。此外,金属模型的弹性模量较塑料和石膏的都高,荷载模拟较为困难。

2) 塑料

塑料作为模型材料的最大优点是强度高而弹性模量低(约为金属弹性模量的 0.2~

0.01),且加工容易;缺点是徐变较大,弹性模量受温度变化的影响也大,泊松比(约为 0.35～0.50)比金属及混凝土的都高,而且导热性差。可以用来制作模型的塑料有很多种,热固性塑料有环氧树脂、聚酯树脂,热塑性塑料有聚氯乙烯、聚乙烯、有机玻璃等,而以有机玻璃用得最多。

有机玻璃是一种各向同性的匀质材料,弹性模量为 $(2.3～2.6) \times 10^3$ MPa,泊松比为 0.33～0.35,抗拉极限应力大于 30MPa。因为有机玻璃的徐变较大,试验时为了避免明显的徐变,应使材料中的应力不超过 7MPa,因为此时的应力已能产生 $2000\mu\varepsilon$,对于一般应变测量已能保证足够的精度。

有机玻璃材料市场上有各种规格的板材、管材和棒材,给模型加工制作提供了方便。有机玻璃模型一般用木工工具就可以加工,用胶粘剂或热气焊接组合成型。通常采用的粘结剂是氯仿溶剂,将氯仿和有机玻璃粉屑拌和而成粘结剂。由于材料是透明的,所以连接处的任何缺陷都能很容易地检查出来。对于具有曲面的模型,可将有机玻璃板材加热到 110℃软化,然后在模子上热压成曲面。

由于塑料具有加工容易的特点,故大量地用来制作板、壳、框架、剪力墙及形状复杂的结构模型。

3) 石膏

用石膏制作模型的优点是加工容易、成本较低、泊松比与混凝土十分接近,且石膏的弹性模量可以改变;其缺点是抗拉强度低,且要获得均匀和准确的弹性特性比较困难。

纯石膏的弹性模量较高,而且很脆,凝结也快,故用作模型材料时,往往需掺入一些掺和料(如硅藻土、塑料或其他有机物)并控制用水量来改善石膏的性能。一般石膏与硅藻土的配合比为 2∶1,水与石膏的配合比在 0.8～3.0 之间。这样形成的材料的弹性模量可在 400～4000MPa 之间任意调整。值得注意的是,加入掺和料后的石膏在应力较低时是有弹性的,而当应力超过破坏强度的 50% 时出现塑性。

制作石膏模型时,首先按原型结构的缩尺比例制作好模子,在浇筑石膏之前应仔细校核模子的尺寸,然后把调好的石膏浆注入模具成型。为了避免形成气泡,在搅拌石膏时应先将硅藻土和水调配好,待混合数小时后再加入石膏。石膏的养护一般在气温为 35℃ 及相对湿度为 40% 的空调室内进行,时间至少一个月。由于浇筑模型表面的弹性性能与内部弹性性能不同,因此制作模型时先将石膏按模子浇筑成整体,然后再进行机械加工(割削和铣)形成模型。

石膏广泛地用来制作弹性模型,也可大致模拟混凝土的塑性工作。配筋的石膏模型常用来模拟钢筋混凝土板壳的破坏(如塑性铰线的位置等)。

4) 水泥砂浆

水泥砂浆相对于上述几种材料而言比较接近混凝土,但基本性能又无疑与含有大骨料的混凝土存在差别。所以,水泥砂浆主要用来制作钢筋混凝土板壳等薄壁结构的模型,而采用的钢筋是细直径的各种钢丝和铅丝等。

值得注意的是,未经退火的钢丝没有明显的屈服点。如果需要模拟热轧钢筋,应进行退火处理。细钢丝的退火处理必须防止金属表面氧化而减小断面面积。

5) 细石混凝土

用模型试验研究钢筋混凝土结构的弹塑性工作或极限承载能力,较理想的材料应是细石混凝土。小尺寸的混凝土结构与实际尺寸的混凝土结构虽然有差别(如骨料粒径的影响等),但这些差别在很多情况下是可以忽略的。

非弹性工作时的相似条件一般不容易满足,并且小尺寸混凝土结构的力学性能的离散性也较大,因此混凝土结构模型的比例不宜太小,缩尺比例最好在 $1/25\sim 1/2$ 之间取值。目前,模型的最小尺寸(如板厚)可做到 $3\sim 5mm$,而要求的骨料最大粒径不应超过该尺寸的 $1/3$。这些条件在选择模型材料和确定模型比例时应予以考虑。

钢筋和混凝土之间的粘结情况对结构非弹性阶段的荷载-变形性能以及裂缝的发生和发展有直接影响。尤其当结构承受反复荷载(如地震作用)时,结构的内力重分配受裂缝发展和分布的影响,所以应对粘结问题予充分重视。由于粘结问题本身的复杂性,细石混凝土结构模型很难完全模拟结构的实际粘结力情况。在已有的研究工作中,为了使模型的粘结情况与原型结构的粘结情况接近,通常是使模型上所用钢筋产生一定程度的锈蚀或用机械方法在模型钢筋表面压痕,使模型结构粘结力和裂缝分布情况比用光面钢丝更接近原型结构的情况。

另外,用于小比例强度模型的还有微粒混凝土,又称"模型混凝土",是由细骨料、水泥和水组成的。按主要相似条件要求做配比设计时,因为强度模型的成功与否在很大程度上取决于模型材料和原结构材料间的相似程度,而影响微粒混凝土力学性能的主要因素是骨料体积含量、级配和水灰比,所以在设计时应首先基本满足弹性模量和强度条件,而变形条件则可放在次要地位。骨料粒径根据模型几何尺寸而定,与前述细石混凝土要求相同,一般以不大于截面最小尺寸的 $1/3$ 为宜。

本 章 小 结

(1) 结构试验模型一般分为缩尺模型和相似模型两种。相似模型必须满足相似条件,其试验结果可根据相似条件推演到原型结构中。与足尺试验相比,它具有经济性好、试验数据准确和针对性强等特点。

(2) 相似条件是指原型和模型之间相对应的各物理量的比例保持常数(相似常数),并且这些常数之间也保持一定的组合关系(相似条件)。确定相似条件的方法有方程式法和量纲分析法。前者适用于研究问题的规律已知并可以用明确的方程式表示的情况;后者适用于研究问题的规律未知的情况。

(3) 设计模型时,首先确定模型的相似条件,然后综合考虑各种因素,如模型的类型、模型材料、试验条件以及模型制作条件。一般首先确定模型材料和几何尺寸,然后再确定其他相似常数。

(4) 模型材料和原型材料的物理性能、力学性能和加工性能应相似。弹性模型材料可不与原型材料相似,而强度模型材料应与原型材料相似或相同。

(5) 混凝土模型一般采用置模浇筑的方法制作,制作砌体结构模型的关键是灰缝的砌筑质量、饱满程度尽量与实际相符;制作金属结构模型的关键是材料的选取和节点的连接。制作加工模型时,应认真研究模型的制作方案,避免焊接时烧穿铁皮和焊接变形。

思 考 题

1. 相似原理有哪几个相似定理？举例说明相似第一定理、相似第二定理的性质。
2. 相似常数、相似准数、相似指数有何联系与区别？
3. 什么是基本量纲？什么是导出量纲？它们之间有什么关系？

第8章 土木工程结构抗震试验

> **教学目标**

熟练掌握结构抗震的低周反复加载试验方法。
了解拟动力试验内容。
掌握模拟地震振动台试验方法。

> **教学要求**

知识要点	能力要求	相关知识
结构抗震试验的任务、内容和分类	(1) 了解结构抗震试验的任务和内容 (2) 掌握结构抗震试验的分类	
结构伪静力试验方法	(1) 理解伪静力试验的基本概念 (2) 掌握伪静力试验的加载方法 (3) 了解伪静力试验的测试项目 (4) 掌握伪静力试验的数据整理要点	
结构拟动力试验方法	(1) 理解结构拟动力试验的基本概念 (2) 了解拟动力试验的设备 (3) 掌握拟动力试验的操作方法和过程 (4) 了解拟动力试验的特点和局限性	
结构模拟地震振动台试验	(1) 了解模拟地震振动台在抗震研究中的作用 (2) 了解模拟地震振动台的组成 (3) 掌握模拟地震振动台的加载过程及试验方法	
人工地震模拟试验	(1) 掌握人工爆破的方法 (2) 了解人工地震模拟试验的动力反应问题 (3) 了解人工地震模拟试验的量测技术问题	
天然地震试验	(1) 了解工程结构的强震观测 (2) 了解天然地震试验场和工程结构地震反应观测体系	

> **引言**

自然灾害对人类生活产生的影响是巨大的。地震是一种自然现象,强烈的地震对建筑物、道路和桥梁会造成不同程度的破坏,并危及人类生命和财产安全。通过结构抗震试验来研究结构或构件的抗震性能、研发新型抗震材料、改进抗震设计方法是工程技术研究人员不可推卸的责任。通过学习本章的内容,掌握结构抗震试验技术。

8.1 土木工程结构抗震试验概述

1. 结构抗震试验的任务和内容

地震是一种自然现象,强烈的地震会造成道路、桥梁和建筑物的破坏,并危及人类生命和财产安全。现在世界各地每年大约发生 500 万次地震,其中造成灾害的强烈地震平均每年发生十几次。我国是一个多地震国家,平均每年至少有两次 5 级以上的地震。

根据我国现行抗震设计规范的要求,结构应具有"小震不坏,中震可修,大震不倒"的抗震能力。因此,结构抗震试验研究的主要任务有以下几个方面。

(1) 研究开发具有抗震性能的新材料。

(2) 对不同结构的抗震性能(包括抗震构造措施)进行研究,提出新的抗震设计方法。

(3) 通过对实际结构进行模型试验,验证结构的抗震性能和能力,评定其安全性。

(4) 为制定和修改抗震设计规范提供科学依据。

工程结构抗震试验是研究结构抗震性能的一个重要方面,可是使试验做到既解决问题又比较经济却不太容易。因为地震的发生是随机的,地震发生后的传播是不确定性的,从而导致结构的地震反应也是不确定性的,这给确定试验方案带来了困难。一般说来,结构抗震试验应包括 3 个环节:结构抗震试验设计、结构抗震试验方法和结构抗震试验分析。它们的关系如下所示。

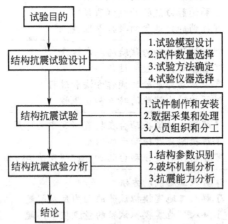

以上 3 个环节中,结构抗震试验设计是关键,结构抗震试验是中心,结构抗震试验分析是目的。

2. 结构抗震试验分类

结构抗震试验可分为两大类:结构抗震静力试验和结构抗震动力试验。然而,按试验方法考虑,在实验室经常进行的主要有伪静力试验方法、拟动力试验方法、模拟地震振动台试验方法和在现场进行的人工地震及天然地震试验,其中在实验室进行的 3 种试验方法是核心内容。

1) 伪静力试验方法

伪静力试验方法几乎可以应用于所有工程结构或构件的抗震性能研究,与振动台试验和拟动力试验相比，伪静力试验方法的突出优点是它的经济性和实用性，从而使它具有应用上的广泛性。从试验设备和设施来看，它的要求比较低，这是伪静力试验的一个优点。但是伪静力试验中没有考虑应变速率的影响，这又是它的不足。

2) 拟动力试验方法

拟动力试验又称计算机-加载器联机试验，是将计算机的计算和控制与结构试验有机地结合在一起的一种试验方法，与采用数值积分方法进行的结构非线性动力分析过程非常相似，不同的是结构的恢复力特性不再来自数学模型，而是直接从被试验结构上实时测取。拟动力试验的加载过程是伪静力的，但它与伪静力试验方法存在本质的区别，伪静力试验每一步的加载目标位移或力是已知的，而拟动力试验每一步的加载目标是由上一步的测量结果和计算结果通过递推公式得到的，而这种递推公式是基于被试验结构的离散动力方程的，因此试验结果代表了结构的真实地震反应，这也是拟动力试验优于伪静力试验之处。

3) 模拟地震振动台试验方法

模拟地震振动台可以真实地再现地震过程，是目前研究结构抗震性能较好的试验方法之一。目前全世界已经拥有近百台中型以上的模拟地震振动台，其功能也从当年的单向发展成为目前的三向六自由度的模拟地震振动台；控制系统的性能也随着科学技术的发展得到了很大的提高，从过去的 PID 调节控制、三参量反馈控制发展到了自适应控制阶段。模拟地震振动台试验主要用于检验结构抗震设计理论、方法和计算模型的正确与否，许多高层结构和超高层结构、大型桥梁结构、海洋工程结构都是通过缩尺模型的振动台试验来检验设计和计算结果的。振动台不仅可用于建筑结构、桥梁结构、海洋结构、水工结构试验，同时还可用于工业产品和设备等振动特性试验。

地震模拟振动台也有其局限性，一般振动台试验都为模型试验，比例较小容易产生尺寸效应，难以模拟结构构造且试验费用较高。

4) 人工地震

采用地面或地下爆炸法引起地面运动称为人工地震。人工地震可以用核爆和化爆产生，其中化爆方法简单、直观，并可考虑场地的影响，但试验费用高，难度大。

5) 天然地震试验

在频繁出现地震的地区或短期预报可能出现较大地震的地区，有意识地建造一些试验性结构或在已建结构上安装测震仪，以便发生地震时可以得到结构的反应。这种方法真实、可靠，但费用高，实现难度较大。

8.2 结构伪静力试验方法

8.2.1 伪静力试验的基本概念

伪静力试验方法一般以试件的荷载值或位移值作为控制量，在正、反两个方向对试件进行反复加载和卸载。如图 8.1 所示，在伪静力试验中，加载过程的周期远大于结构的基本周期，因此其实质还是用静力加载方法来近似模拟地震荷载的作用的，故称其为伪静力试验(又称为低周反复加载静力试验)。由于其所需设备和试验条件相对简单,甚至可用普通静力试验用的加载设备来进行伪静力试验,目前为国内外大量的结构抗震试验所采用。

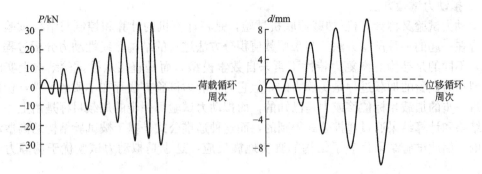

图 8.1 伪静力试验低周反复加载制度

伪静力试验中的加载过程可人为地加以控制,并可按需要随时加以修正;在试验过程中可暂停试验,以观察结构的开裂状态和破坏状态。

8.2.2 伪静力试验的加载装置

1. 伪静力试验的加载设备

1) 液压加载设备

(1) 单向千斤顶。单向千斤顶被广泛使用于静载试验中,由于其活塞仅能单方向作用,所以在进行低周反复加载时,要求在试件的左、右或上、下成对作用,在试验装置和油路控制上形成一拉一压,以满足反复加载的要求。

(2) 拉压千斤顶。拉压千斤顶的活塞在油缸内可通过控制油路产生拉压双向作用,以满足反复加载的要求。

2) 电液伺服加载系统

电液伺服加载系统示意图如图 8.2 所示,它将液压技术与自动控制技术相结合,形成一个闭环系统,从而控制加载试验。试验时,试验人员以荷载、位移、应变、速度、加速度等物理量为指令信号,通过电液伺服阀去控制液压系统中的高压液压油的流量,从而推动液压加载器油缸中的活塞对结构施加荷载。在加载过程中,以传感器量测的诸如荷载、位移、应变、加速度等相应物理量作为反馈信号,将其实时信号与指令信号进行比较,从而自动修正电液伺服阀的工作状态,使液压加载器活塞的动作趋于传感器量测的物理量并与指示信号相一致。因此,在结构试验中,电液伺服加载系统可用来精确地模拟试件所承受的实际荷载。当指令信号为逐级递增的反复荷载或位移时,就能够实现伪静力低周反复的加载要求。

在伪静力试验中,一般是以位移控制来实现对试件施加反复荷载。所以,在选择加载用的液压加载器时,不仅要考虑满足最大加载能力的要求,还要有足够大的活塞行程,以满足试件极限变形的要求。

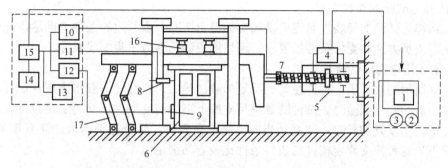

图 8.2　电液伺服加载系统示意图及实物图

1—冷却塔；2—电动机；3—高压油泵；4—电液伺服阀；5—液压加载器；6—试验结构；
7—荷重传感器；8—位移传感器；9—应变传感器；10—荷载调节器；11—位移调节器；
12—应变调节器；13—记录及显示装置；14—指令发生器；15—伺服控制器；
16—竖向加载器；17—四杆联动机构

2．伪静力试验的装置

1）伪静力试验的荷载支承装置

在伪静力试验中，结构承受的主要荷载是模拟地震作用的水平反复荷载。因此，除了与静载试验一样需要有满足竖向加载要求的荷载支承装置外，还必须有能满足水平荷载作用与反作用平衡要求的水平荷载支承装置。其主要的类型如下。

（1）移动式抗水平反力支架。在中小型实验室，当侧向水平加载不太大，且试件高度在 3~5m 时，可以采用钢桁架式反力支架与台座锚固，形成抗侧力荷载平衡装置，即称为移动式抗水平反力支架。

（2）移动式反力墙。移动式反力墙是由钢结构制成的板梁式反力墙，通过地脚螺栓与试验台座锚固组成抗侧力支承装置。

（3）抗侧力试验台座。抗侧力试验台座将抵抗水平荷载作用的反力墙与平衡竖向荷载的试验台座连成一体，以满足结构抗震试验要求。反力墙一般是钢筋混凝土或预应力混凝土的实体墙，或者是刚度较大的箱形结构，国外也有采用钢桁架固定式的反力墙。反力墙需要有足够的强度和刚度来承受和平衡水平荷载所产生的弯矩和剪力，以安置液压加载器实现对结构产生的水平惯性力，并能满足低周反复控制荷载或施加位移的要求。

2）伪静力试验的加载装置

设计伪静力试验加载装置时应提供和实际受力情况一致的边界条件，即尽可能使试件满足试验的支承方式和受力条件的要求。现举例说明伪静力试验加载装置。

（1）梁式压弯构件试验装置。

图 8.3 所示的梁式压弯构件在低周反复加载试验后，塑性铰一般将出现在试件荷载作用点的左、右两侧。试验时，试件既要满足支座上下的简支条件，又要满足试件在轴压下的纵向变形。当反复加载时，特别是当向上施加荷载时，要通过平衡重消除自重的影响。一般情况下，这种简支静定构件的边界条件比较容易满足。

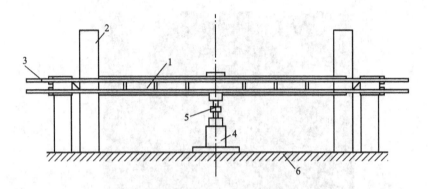

图 8.3　梁式压弯构件伪静力试验加载装置
1—试件；2—荷载支承架；3—拉杆；4—双向液压
加载器；5—荷载传感器；6—试验台座

（2）砖石及砌块墙体试验装置。

① 模拟墙体受竖向荷载作用的伪静力试验装置。图 8.4 所示竖向荷载是由液压加载器对墙体施加的集中荷载，加载器顶部装有特制的滚轴。当墙体受水平荷载反复作用而产生正、反方向的水平位移时，不会因竖向荷载作用而对墙体的水平位移产生约束。同时，竖向荷载的作用点与相对位置也不会发生变化，可以保证试件有可以平滑移动的边界受力状态。

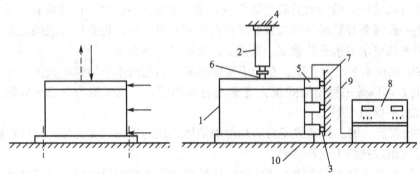

图 8.4　模拟墙体受竖向荷载作用的伪静力试验装置
1—试件；2—竖向荷载加载器；3—滚轴；4—竖向荷载支承架；5—水平
荷载双作用加载器；6—荷载传感器；7—水平荷载支承架；
8—液压加载控制台；9——输油管；10—试验台座

② 模拟墙体受弯矩作用的伪静力试验装置。由于多层砌体房屋的非顶层同时受到水平荷载和由上层墙体传来的作用于该层墙体顶部的弯矩，这就要求墙体顶部作用的是非均布的竖向荷载，并随着水平力作用方向变化做周期性的转换，如图 8.5(a)所示。这时，可以采用图 8.5(b)所示的试验装置，通过墙体顶部刚性的 L 形横梁施加水平反复荷载，在墙体顶部产生弯矩效应。

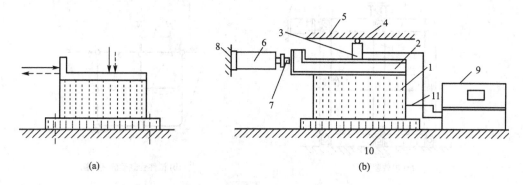

图 8.5　模拟墙体顶部受弯矩作用的伪静力试验装置
1—试件；2—L 形刚性梁；3—竖向荷载加载器；4—滚轴；5—竖向荷载支承架；
6—水平荷载双作用加载器；7—荷载传感器；8—水平荷载支承架；
9—液压加载控制台；10—试验台座；11—输油管

(3) 框架节点及梁柱组合件试验装置。

① 框架节点及梁柱组合件有侧移端加载的伪静力试验装置。在框架结构中，当受侧向水平荷载作用时，框架产生水平向侧移变形。这时，节点上柱反弯点可看作水平方向可移动的铰。相对于上柱反弯点，下柱的反弯点可看作固定铰，而节点两侧梁的反弯点均为水平可移动的铰，其变形如图 8.6 所示。这样的边界条件考虑了柱子的荷载-位移($P-\Delta$)效应，比较符合节点在实际结构中的受力状态。

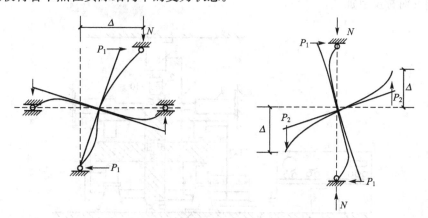

图 8.6　框架节点及梁柱组合试件的边界模拟

试验采用由槽钢焊接而成的几何可变的框式试验架，如图 8.7(a)所示。框架中的十字形节点试件可通过在柱端和梁端的预留孔用钢销分别与框架横梁和立柱上相应位置的圆孔联结，形成相应的铰接支承进行安装固定。整个装置用地脚螺栓固定在试验台座上。试件上部柱顶安装施加竖向荷载的液压加载器,用横梁和拉杆联结在框式试验架的上部横梁中央,形成荷载自平衡体系。

试验时,由固定在反力支承装置上的水平双作用液压加载器对框架试验架顶部施加低周反复水平荷载,使之形成如图 8.7(b)所示的柱顶加载有侧移的边界条件。

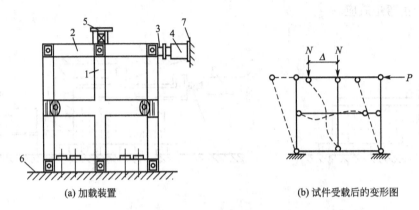

图 8.7 框架节点及梁柱组合体有侧移柱端加载试验装置
1—试件;2—几何可变的框式试验架;3—荷载传感器;4—水平荷载加载器;
5—竖向荷载加载器;6—试验台座;7—水平荷载支承架或反力墙

② 框架节点及梁柱组合体梁端加载的伪静力试验装置。在实际试验中,当以梁端塑性铰或节点核心区为主要研究对象时,可采用在梁端施加反对称反复荷载的方案。这时,节点边界条件是上、下柱反弯点均为不动铰,梁的两侧反弯点为自由端。试验采用如图 8.8 所示的装置。试件安装在荷载支承架内,在柱的上、下端都安装有铰支座,在柱顶由液压加载器施加固定的轴向荷载。在梁的两端用 4 个液压加载器同步施加反对称的低周反复荷载。也可使用两台双向作用加载器或电液伺服加载器代替两对反向加载的液压加载器作梁端反对称反复加载。

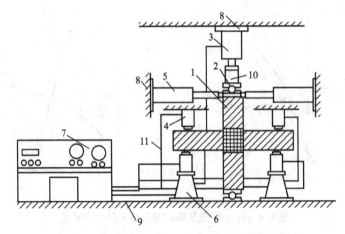

图 8.8 框架节点及梁柱组合体梁端加载试验装置
1—试件;2—柱顶球铰;3—柱端竖向加载器;4—梁端加载器;5—柱端侧向支承;
6—支座;7—液压加载控制台;8—荷载支承架;9—试验台座;
10—荷载传感器;11—输油管

8.2.3 伪静力试验的加载方法

伪静力试验的加载制度有如下规定。

（1）伪静力试验应采用控制作用力和控制位移的混合加载法。试件屈服前，按作用力控制分级加载，在临近开裂值和屈服值时宜减少级差，以便得到开裂荷载值及屈服荷载值。在达到屈服荷载前，可取屈服荷载的50%、75%和100%控制加载。试件屈服后，按位移控制加载，位移值应取试件屈服的最大位移值，并以该位移值的倍数（延性系数）为级差控制加载。

（2）正式试验前应先进行预加载，可反复试验两次。混凝土结构预加载值不宜超过开裂荷载计算值的30%；砌体结构不宜超过开裂荷载计算值的20%。

（3）正式试验时，宜先施加试件预计开裂荷载的40%~60%，并重复2~3次，再逐步加到预计开裂荷载100%。

（4）试验过程中，应保持反复加载的均匀性及连续性，加载与卸载的速率应保持一致。

（5）施加反复荷载的次数：屈服前，每级荷载可反复一次；屈服后，宜反复3次。当进行承载力或刚度退化试验时，反复次数不宜少于5次。

（6）对于整体原型结构或结构整体模型进行伪静力试验时，荷载按地震作用时的倒三角形分布，施加水平荷载的作用点集中在结构质量集中的部位，即作用在屋盖及各层楼面板上。结构顶层为1、底部为0，中间各层自上而下按高度比例递减，液压加载器作用的荷载通过各层楼板或圈梁传递。

8.2.4 伪静力试验的测试项目

伪静力试验的测试项目应根据试验的具体内容、目的和要求确定。在我国，伪静力试验多数针对砖石或砌块的墙体试验、钢筋混凝土框架结构的节点和梁柱组合体试验。

主要有以下几个测试项目。

1. 墙体试验

1）墙体变形

（1）墙体的荷载-变形曲线。将布置墙体顶部的电测位移计和水平液压加载器端部的荷载传感器测得的位移、荷载信号，绘制成墙体的荷载-变形曲线，即墙体的恢复力曲线。

（2）墙体侧向位移。主要是量测试件在水平方向上的低周反复荷载作用下的侧向变形。可在墙体另一侧沿高度在其中心线上均匀布置5个测点，即可测得墙顶最大位移值，又可测得侧向的位移曲线，如图8.9所示。并可由底梁处测点的位移值消除试件整体平移的影响。同时可由安装在底梁两侧的竖向位移计测得墙体的转动。如果将安装仪表的支架固定在试件的底梁

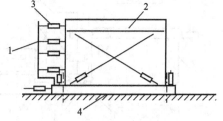

图8.9 墙体侧向位移和剪切变形的测点布置
1—安装在试验台座上的仪表支架；2—试件；
3—位移计；4—试验台座

上,试件整体平移的影响则自动消除。

(3) 墙体剪切变形。可由布置在墙面对角线上的位移计来量测,如图 8.9 所示。

2) 墙体应变

量测墙体应变需要布置三向应变测点(即应变花),从而求得主拉应力和剪切应力。测试时,由于墙体材料的不均匀性,较多使用大标距电阻应变片及机械式仪表,在较大标距内测得特定部位的平均应变。

3) 裂缝观测

要求量测墙体的初裂位置、裂缝发展过程和墙体破坏时的裂缝分布形式,目前大多用肉眼或读数放大镜观测裂缝。实际上,微裂缝往往发生在肉眼看见之前。可以利用应变计读数突增的方法,检测到最大应力和开裂部位。

4) 开裂荷载及极限荷载

只要准确测到初始裂缝,就可以确定开裂荷载。以荷载-变形曲线上的转折点为开裂荷载实测值;以荷载-变形曲线上荷载的最大值为极限荷载。此时,还需要记录竖向荷载的加载数值。

2. 钢筋混凝土框架节点及梁柱组合体试验

1) 节点梁端或柱端位移

在控制位移加载时,由量测的梁端或柱端加载截面处的位移控制加载量和加载程序,如图 8.10 所示。

2) 梁端或柱端的荷载-变形曲线

由所测位移和荷载绘制试验全过程的荷载-变形曲线。

3) 节点梁柱部位塑性铰区段转角和截面平均曲率

在梁上,可在距柱面 $\frac{1}{2}h_b$(h_b 为梁高)或 h_b 处布置测点;在柱上,可在距梁面 $\frac{1}{2}h_c$ (h_c 为柱宽)处布置测点,如图 8.11 所示。

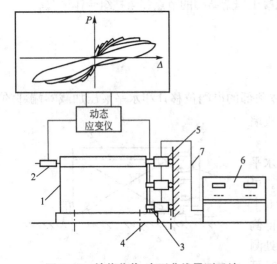

图 8.10 墙体荷载-变形曲线量测系统
1—试件;2—位移传感器;3—荷载传感器;4—试验台座;5—作动器;6—液压加载控制台;7—油管

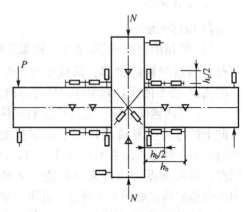

图 8.11 梁柱节点试验测点布置

4) 节点核心区剪切变形

由量测核心区对角线的变形计算确定。

5) 节点梁柱主筋应变

主筋上的应变由布置在梁柱与节点交界截面处纵筋上的应变测点量测。为测定钢筋塑性铰的长度，可按试验要求沿纵筋布置一定数量的测点。

6) 节点核心区箍筋应变

测点可按节点核心区箍筋排列位置的对角线方向布置，这样可以测得箍筋的最大应力。如果沿柱的轴线方向布置，则可测得沿柱轴线垂直截面上箍筋应力的分布规律，每一箍筋上布置 2～4 个测点，这样可以估算箍筋的抗剪能力和核心区混凝土剪切破坏后的应变发展情况。

7) 节点和梁柱组合体混凝土裂缝发展及分布情况

8) 荷载值与支承反力

8.2.5 伪静力试验的数据整理要点

荷载-变形滞回曲线及有关参数是伪静力试验结果的主要表达方式，它们是研究结构抗震性能的基本数据，可用于评定结构的抗震性能。例如，可以通过对结构的强度、刚度、延性、退化率和能量耗散等方面进行综合分析，来判断诸如结构是否具有良好的恢复力特性、是否具有足够的承载能力和一定的变形及耗能能力来抗御地震作用。同时，这些对指标的综合评定可用来比较各类结构、各种构造和加固措施的抗震能力，建立和完善抗震设计理论。

1. 强度

伪静力试验中各阶段强度指标的确定方法如下。

(1) 开裂荷载：试件出现垂直裂缝或斜裂缝时的荷载 P_c。

(2) 屈服荷载：试件刚度开始明显变化时的荷载 P_y。

(3) 极限荷载：试件达到最大承载能力时的荷载 P_u。

(4) 破坏荷载：试件经历最大承载能力后，达到某一剩余能力时的荷载值。按目前的试验标准和规程规定，破坏荷载可取极限荷载的 85%。

2. 刚度

结构刚度是结构变形能力的反映。结构在受地震作用后通过自身的变形来平衡和抵抗地震力的干扰和影响，而结构的地震反应将随着结构刚度的改变而变化。

由伪静力试验得到的 P-Δ 曲线可以看出，结构的刚度一直在变化之中，它与位移及循环次数均有关。在非线性恢复力特性中，由于是正向加载、卸载，反向加载的重复荷载试验，且有刚度的退化现象存在，其刚度问题远比单调加载时要复杂，如图 8.12 所示。

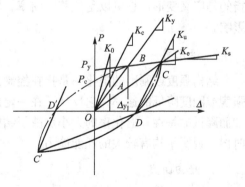

图 8.12 结构反复加载时的刚度

1) 加载刚度

初次加载的 P-Δ 曲线有一个切向刚度 K_0；当荷载加到 P_c 时，连接 OA 可得开裂刚度 K_c；荷载继续增加到 P_y 时，连接 OB 可得屈服刚度 K_y；P-Δ 曲线上的 C 点为受压区混凝土压碎剥落点，连接 BC 可得屈服后刚度 K_s。

2) 卸载刚度

从 C 点卸载后到 D 点时，荷载为零，这时连接 CD 即可得到卸载刚度 K_u。卸载刚度与开裂刚度或屈服刚度非常接近，并随着结构的受力特性和自身构造而改变。

3) 重复加载刚度

从 D 点到 C' 点为反向加载，从 C' 点到 D' 点为反向卸载。从 D' 点开始正向重复加载时，刚度随着循环次数的增加而降低，且与 DC' 段相对称。

4) 等效刚度

连接 OC，得到作为等效线性体系的等效刚度 K_e，它随着循环次数的增加而不断降低。

3. 骨架曲线

在变位移幅值加载的低周反复加载试验中，骨架曲线是将各次滞回曲线的峰值点连接后形成的包络线，图 8.13 是伪静力试验骨架曲线示意图。由图可见，动力骨架曲线与静力加载骨架曲线相似，但极限荷载稍小一些。

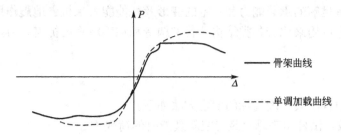

图 8.13　伪静力试验的骨架曲线

4. 延性系数

延性系数 μ 是最大荷载点相应的变形 δ_u 与屈服点变形 δ_y 之比，即 $\mu=\dfrac{\delta_u}{\delta_y}$。这里的变形指的是广义变形，它可以是位移、曲率、转角等，延性的大小对结构的抗震能力有很大的影响。

5. 退化率

结构强度或刚度的退化率是指在控制位移作等幅低周反复加载时，每施加一次荷载后强度或刚度降低的速率。它反映了在一定的变形条件下，强度或刚度随着反复荷载次数增加而降低的特性，退化率的大小反映了结构是否经受得起地震的反复作用。当退化率小的时候，说明结构有较大的耗能能力。

6. 滞回曲线

滞回曲线是指加载一周得到的荷载-位移（P-Δ）曲线，滞回环面积的大小反映了试件的耗能能力。根据结构恢复力特性的试验结果，可将滞回曲线归纳为梭形、弓形、反 S 形及 Z 形 4 种基本形状，如图 8.14 所示。

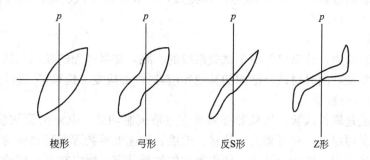

图 8.14　四种典型的滞回曲线

这 4 种滞回曲线的发生各有特点。

（1）梭形：通常发生于受弯、偏压、压弯以及不发生剪切破坏的弯剪构件上。

（2）弓形：通常发生于剪跨比较大、剪力较小，且配有一定箍筋的弯剪构件和偏压构件上，它反映了一定的滑移影响。

（3）反 S 形：通常发生于一般框架和有剪刀撑的框架、梁柱节点及剪力墙等构件上，它反映了更多的滑移影响。

（4）Z 形：通常发生于小剪跨而斜裂缝又可以充分发展的构件以及锚固钢筋有较大滑移的构件上，它反映了大量的滑移影响。

但是，结构的滞回曲线并不一定是以上 4 种之一。在许多有大剪力和锚固钢筋滑动的结构中，经常开始是梭形，继而发展为弓形、S 形，最终发展为 Z 形。因此，也有人将后 3 种形状的滞回曲线视为反 S 形滞回曲线。事实上，是滑移量决定了滞回曲线的形状。

7. 能量耗散

结构吸收能量的能力强弱，可以用滞回曲线所包围的滞回环面积及其形状来衡量。

8.3　结构拟动力试验方法

1. 结构拟动力试验的基本概念

地震是一种随机的自然现象，在强烈地震的作用下，结构将进入塑性状态甚至破坏。在低周反复加载试验中，其加载过程所模拟的地震荷载是假定的，因此，它与地震引起的实际反应相差很大。显然，如果能按某一确定的地震反应来制订相应的加载过程，则是最理想的。为寻求这样一种理想的加载方案，人们设想通过计算机数值分析控制试验加载。

人们利用计算机直接检测和控制整个试验，这种方法是将计算机分析与恢复力实测结合起来的半理论半经验的非线性地震反应分析方法，结构的恢复力模型不需事先假定，即通过直接量测作用在试件上的荷载和位移而得到解的恢复力特性，再通过计算机来求解结构非线性地震反应方程，这就是计算机联机试验加载方法，即拟动力试验。

2. 拟动力试验的设备

拟动力试验的加载设备与伪静力试验类似，一般由计算机、电液伺服加载器、传感器、试验台座等组成。

1) 计算机

在拟动力试验中，计算机是整个试验系统的心脏，加载过程的控制和试验数据的采集都由计算机来实现，同时对试验结构的其他反应参数（如应变、位移等）进行分析和处理。

2) 电液伺服加载器

拟动力试验是联机试验，加载器必须具有电液伺服功能。电液伺服加载器由加载器、控制系统和液压源组成，它可将力、位移、速度、加速度等物理量直接作为控制参数。由于它能较精确地模拟试件所受外力，产生真实的试验状态，所以在近代试验加载技术中被广泛用于模拟各种振动荷载，特别是地震荷载等。

3) 传感器

在拟动力试验中一般采用电测传感器。其他常用的传感器有力传感器、位移传感器、应变计等，力传感器一般内装在电液伺服加载器中。

4) 试验装置

试验可采用与静力试验一样的台座，试验装置的承载能力应大于试验设计荷载的150%。试件安装时，应考虑推拉力作用时试件与台座之间可能发生的松动。反力架与试件底部宜通过刚性拉杆连接，使之不发生相对位移。

3. 拟动力试验的操作方法和过程

拟动力试验是指计算机与加载器联机，对试件进行的加载（这里所指的加载是广义的加载，一般情况下是指向试件施加位移试验）。计算机系统用于采集结构反应的各种参数，并根据这些参数进行非线性地震反应分析计算，通过 D/A 转换向加载器发出下一步要执行的指令。当试件受到加载器作用后，产生反应，计算机再次采集试件的各种反应参数，并进行分析计算，向加载器发出指令……直至试验结束。在整个试验过程中，计算机实际上是在进行结构的地震反应时程分析。在分析中，要注意计算方法的适用范围，保证计算结果的收敛性，有多种计算方法可供选择，如线性加速度法、Newmark - β 法，Wilson - θ 法等。下面以线性加速度法为例，介绍拟动力试验的运算过程。

1) 输入地面运动加速度

地震波的加速度值是随时间 t 的变化而改变的。为了便于计算，首先将实际地震记录的加速度时程曲线按一定时间间隔 Δt 数字化，可以认为在这一时间段内加速度直线变化。这样，就可以用数值积分来求解运动方程。

$$m\ddot{x}_n + c\dot{x}_n + F_n = -m\ddot{x}_{0n}$$

式中　$\ddot{x}_n$、$\ddot{x}_{0n}$ 及 $\dot{x}_n$ ——第 n 步时的地面运动加速度、结构运动加速度及速度；
　　　F_n ——结构第 n 步时的恢复力。

2) 计算下一步的位移值

当采用中心差分法求解时，第 n 步的加速度可以用第 $n-1$ 步、第 n 步和第 $n+1$ 步的位移量表示。此时有

$$\ddot{x}_n = \frac{x_{n+1} - 2x_n + x_{n-1}}{\Delta t^2}$$

$$\dot{x}_n = \frac{x_{n+1} - x_{n-1}}{2\Delta t}$$

将以上两式代入运动方程，可得

$$x_{n+1} = \left[m + \frac{\Delta t}{2}c\right]^{-1} \times \left[2mx_n + \left(\frac{\Delta t}{2}c - m\right)x_{n-1} - \Delta t^2 F_n - m\Delta t^2 \ddot{x}_{0n}\right]$$

即由位移 x_{n-1}、x_n 和恢复力 F_n 求得第 $n+1$ 步的指令位移 x_{n+1}。

3) 位移值的转换

由加载控制系统的计算机将第 $n+1$ 步指令位移 x_{n+1} 通过 D/A 转换成输入电压，再通过电液伺服加载系统控制加载器对结构加载，由加载器用准静态的方法对结构施加与 x_{n+1} 位移相对应的荷载。

(1) 量测恢复力 F_{n+1} 及位移值 x_{n+1}。当加载器按指令位移值 x_{n+1} 对结构施加荷载时，通过加载器上的荷载传感器测得此时的恢复力 F_{n+1}，并由位移传感器测得位移反应值 x_{n+1}。

(2) 由数据采集系统进行数据处理和反应分析。将 x_{n+1} 及 F_{n+1} 值连续输入用于数据处理和反应分析的计算机系统，利用位移 x_n、x_{n+1} 和恢复力 F_{n+1} 按同样方式重复进行计算和加载，用求得的位移值 x_{n+2} 和恢复力值 F_{n+2} 连续对结构进行试验，直到输入加速度时程的指定时刻为止。

4. 拟动力试验的特点和局限性

拟动力试验是将地震实际反应所产生的惯性力作为荷载加在试验结构上，使之产生反应位移的试验与振动台试验相比，地震模拟振动台是带动试验结构的基础振动，两者的效果是很接近的，但拟动力试验能进行原型或接近原型的结构试验，这是拟动力试验的第一个特点。

在联机加载过程中，由于每一个往复步长大致持续 60s 左右，所以这样的加载过程完全可以看成是静态的，试验结构重现地震作用的反应也可以人为地缓慢地进行，特别是破坏过程，以利于观察和研究，这是第二个特点。

但拟动力试验也有其局限性，主要因为是计算机的积分运算和电液伺服试验系统的控制都需要一定的时间，因此不是实时的试验分析过程。力学特征随时间而变化的结构物的地震反应分析将受到一定限制，不能分析研究依赖于时间的粘滞阻尼的效果。

另外，进行拟动力试验必须具备及时进行运算及数据处理的手段、准确的试验控制方法及高精度的自动化量测系统，而这些条件只能通过计算机和电液伺服试验系统装置实现。因此，拟动力试验要求有一定的设备和技术条件。

再者，结构物的地震反应本是一种动力现象，拟动力试验是用静力试验方法来实现的，必然有一定的差异，因此必须尽可能减少数值计算和静载试验两方面的误差以及尽可能提高其相应的精度。拟动力试验分析方法是一种综合性试验技术，虽然它的设备庞大，分析系统复杂，但却是一种很有前途的试验方法。

8.4 结构模拟地震振动台试验

结构模拟地震振动台能够再现各种形式的地震波，可以较为方便地模拟若干次地震现象的初震、主震及余震的全过程。因此，在振动台上进行结构抗震试验，可以了解试验结构在相应各阶段的力学性能，使研究人员能直观地了解地震对结构产生的破坏现象，为建立力学模型提供可靠的依据。

20世纪70年代以来，为进行结构的地震模拟试验，国内外先后建立起了一些大型的模拟地震振动台。模拟地震振动台与先进的测试仪器及数据采集分析系统的配合，使结构动力试验的水平得到很大的发展和提高，并极大地促进了结构抗震研究的发展。

8.4.1 模拟地震振动台在抗震研究中的作用

近年来，模拟地震振动台的试验研究成果在结构抗震研究及工程实践中得到了越来越广泛的应用。同时，工程实践中不断出现的新问题也促进了模拟地震振动台的更新和完善。模拟地震振动台已在抗震研究中发挥了巨大的作用，为抗震科研的发展做出了很大的贡献。模拟地震振动台的在抗震研究中的作用如下。

1. 研究结构的动力特性、破坏机理和震害原因

借助于系统识别方法，通过对振动台台面的输入及结构物的反应(输出)的分析，可以得到结构的各种动力参数，从而为研究结构物的各种动力特性以及结构抗震分析提供了可靠的依据。

通过对模拟地震振动台试验中结构破坏现象的观察，分析结构物的破坏机理，进行相应的理论计算，研究结构物的薄弱环节，指导工程结构的抗震设计。

2. 验证抗震计算理论和计算模型的正确性

通过模型试验来研究新的计算理论或计算模型的正确性，并将其推广到原型结构中去。

3. 研究动力相似理论，为模型试验提供依据

通过对不同比例的模型进行试验，研究相似理论的正确性，并将其推广至原型结构的地震反应与震害分析中。

4. 检验产品质量、提高抗震性能，为生产服务

随着各项建设事业的发展，诸如城市管线、电力、通信、运输、核反应堆的管道及连接部分等生命线工程的抗震问题，逐渐引起了人们的重视。只有抗震试验合格的产品，才能允许在地震频发区使用。

5. 为结构抗震静力试验提供依据

根据振动台试验中的结构变形形式，确定沿结构高度静力加载的荷载分布比例；根据量测结构的最大加速度反应，确定静力加载时荷载的大小；根据结构动力反应的位移时程，控制静力试验的加载过程。

8.4.2 模拟地震振动台的组成

模拟地震振动台是再现各种地震波对结构进行动力试验的一种先进试验设备，主要由

以下几个部分组成：台面和基础、高压油源和管路系统、电液伺服加载器、模拟控制系统和相应的数据采集处理系统，如图 8.15 所示。

1. 振动台台体结构

振动台的台面是有一定尺寸的平板结构，其尺寸的规模确定了结构模型的最大尺寸，台体自重和台身结构与承载的试验质量及使用频率范围有关。振动台必须安装在质量很大的基础上，这样可以改善系统的高频特性，并减小对周围建筑和其他设备的影响。

2. 液压驱动和动力系统

液压驱动系统给振动台以巨大推力，由电液伺服系统来驱动液压加载器，控制进入加载器的液压油的流量大小和方向，从而推动台面能在垂直轴或水平轴的 X 和 Y 方向上产生相位受控的正弦运动或随机运动，实现地震模拟和波形再现的目的。

图 8.15　模拟地震振动台

液压动力系统是一个巨大的液压功率源，能供给所需要的变压油流量，以满足巨大推力和台身运动速度的要求。

3. 控制系统

为了提高振动台的控制精度，可采用计算机进行数字迭代的补偿技术，实现台面地震波的再现。试验时，振动台台面输出的波形是期望再现某个地震记录或是模拟设计的人工地震波。由于包括台面、试件在内的系统的非线性影响，在计算机给台面的输入信号激励下所得到的反应与输出的期望波形之间必存在误差。这时，可由计算机将台面输出信号与系统本身的传递系数进行比较，求得下一次驱动台面所需的补偿量和修正后的输入信号。经过多次迭代，直至台面输出反应信号与原始输入信号之间的误差小于预先给定的量值，完成迭代补偿并得到满意的期望地震波形。

4. 测试和分析系统

测试系统除了对台身运动进行控制来测量位移、加速度等外，对试件模型也要进行多点测量，一般测量的内容为位移、加速度、应变及频率等，总通道可达数百点。

数据采集系统将反应的时间历程记录下来，经过 A/D 转换送到数字计算机储存，并进行分析处理。

振动台台面最基本的运动参数是位移、速度、加速度以及使用频率。一般按模型质量及试验要求来确定台身满负荷时的最大加速度、速度和位移等值。最大加速度和速度均需要按照模型相似原理来选取。

8.4.3　模拟地震振动台的加载过程及试验方法

在进行模拟地震振动台试验前，要重视加载过程的设计及试验方法的制订。因为不适当的加载设计，可能会使试验结果与试验目的相差甚远。例如，若所选荷载过大，试件可能会很快进入塑性阶段乃至破坏阶段，以致难以得到结构的弹性和塑性阶段的全过程数据，甚至发生安全事故；若所选荷载过小，可能无法达到预期的试验效果，这样就会产生不必要的重复试验，且多次重复试验对试件会产生损伤积累。因此，为了成功地进行模拟地震振动台结构试验，应事先周密地设计加载程序。

在进行加载程序的设计时，需要考虑下列因素。

1. 振动台台面的输出能力

要选择适当的振动台，使其台面的频率范围、最大位移、速度和加速度等输入性能能够满足试验的要求。在进行结构抗震试验时，一般以加速度模拟地震振动台台面的输入。为了量测结构的动力特性，在正式试验之前，要对结构进行动力特性试验，以得到结构的自振周期、阻尼比和振型等基本参数。

2. 结构所在的场地条件

要了解试验结构所处的场地土类型，以选择与之相适应的场地土地震记录，使选择的地震记录的频谱特性尽可能与场地土的频谱特性相一致，并应考虑地震烈度和震中距离的影响。这一条件的满足在实际工程进行模拟地震振动台模型试验时尤为重要。

3. 结构试验的周期

要选择适当的地震记录或人工地震波，使其占主导分量的周期与结构周期相似。这样能使结构产生多次瞬时共振，从而得到清晰的变化和破坏形式。

根据试验目的的不同，在选择和设计台面输入加速度时程曲线后，试验的加载过程可选择一次性加载及多次加载等不同的方案。

1）一次性加载

所谓的一次性加载就是在一次加载过程中，完成结构从弹性到弹塑性直至破坏阶段的全过程。在试验过程中，连续记录结构的位移、速度、加速度及应变等输出信号，并观察记录结构的裂缝形成和发展过程，从而研究结构在弹性、弹塑性及破坏阶段的各种性能，如刚度变化、能量吸收等，并且还可以根据结构反应来确定结构各个阶段的周期和阻尼比。这种加载过程的主要特点是能较好地连续模拟结构在一次强烈地震中的整个表现及反应，但因为是在振动台台面运动的情况下对结构进行量测和观察的，所以测试的难度较大。例如，在初裂阶段，很难观察到结构各个部位上的细微裂缝；在破坏阶段，观测有相当的危险。于是，用高速摄影机和电视摄像的方法记录试验的全过程为比较恰当的选择。可见，如果试验经验不足，最好不要采用一次性加载的方法。

2）多次加载

与一次性加载方法相比，多次加载法是目前的模拟地震振动台试验中比较常用的试验方法。多次加载法一般有以下几个步骤。

（1）动力特性试验。在正式试验前，对结构进行动力特性试验可得到结构在初始阶段的各种动力特性。

（2）振动台台面输入运动。振动台的台面运动控制在使结构仅产生细微裂缝，例如结构底层墙柱微裂或结构的薄弱部位微裂。

（3）大台面输入运动。将振动台的台面运动控制在使结构产生中等程度的开裂，且停止加载后裂缝不能完全闭合，例如剪力墙、梁柱节点等处产生的明显裂缝。

(4) 加大台面输入加速度的幅值。加大振动台台面运动的幅值，使结构的主要部位产生破坏，但结构还有一定的承载能力。例如剪力墙、梁柱节点等的破坏，受拉钢筋屈服，受压钢筋压曲，裂缝贯穿整个截面等。

(5) 继续加大振动台台面运动。进一步加大振动台台面运动的幅值，使结构变成激动体系，如果再稍加荷载就会发生破坏倒塌。

在各个加载阶段，试验结构的各种反应量测和记录与一次性加载时相同，这样可以得到结构在每个试验阶段的周期、阻尼、振动变形、刚度退化、能量吸收和滞回特性等。值得注意的是，多次加载会使结构产生明显的变形积累。

8.5 人工地震模拟试验

在结构抗震研究中，利用各种静力和动力试验加载设备对结构进行加载试验，尽管它们能够满足部分模拟试验的要求，但是都有一定的局限性。伪静力试验虽然设备简单，能进行大尺寸构件或结构抗震的延性试验，但因为是人为假设的一种周期性加载的静力试验，与实际某一确定地震地面运动产生的地震力有很大的差别，所以不能反映建筑结构的动力特性。拟动力试验是一种有效的试验方法，但目前尚在发展之中，且主要问题在于结构的非线性特性，即恢复力与变形的关系必须在试验前进行假定，而假定的计算模型是否符合结构的实际情况，还有待于试验结果来证实。振动台试验虽然能较好地模拟地面运动，但由于受台面尺寸和载重量的限制，不能做较大结构的足尺试验。另外，弹塑性材料的动态模拟理论尚待研究解决。因此，对于各类型的大型结构、管道、桥梁、坝体以至核反应堆工程等大比例或足尺模型试验，都会受到一定限制，甚至根本无法进行。基于以上原因，人们试图采用炸药爆炸产生瞬时的地面运动来模拟天然地震对结构的影响。

1. 爆破方法

在现场安装炸药并加以引爆的爆破方法称为直接爆破法，引爆后地面运动的基本现象是：地震运动加速度峰值随装药量增加而增高；地面运动加速度峰值离爆心距离越近则越高；地面运动加速度持续时间离爆心距离越远则越长。这样，要使人工地震接近天然地震，而又能对结构或模型产生类似于受地震作用的效果，必然要求装药量大，离爆心距离远一点才能取得较好的效果。

直接爆破法的最大缺点是需要很大的装药量才能产生较好的效果，而且所产生的人工地震与天然地震总是相差较远。采用密闭爆破法，其优点是可以用少量炸药取得接近天然地震的人工地震。密闭爆破采用一种圆筒形的爆破线源，这种爆破线源是一只可重复使用的橡胶套管(例如外径为10cm，内径为7.6cm，长度为4.72cm)，钢筒设有排气管，而在钢筒上部留有空段，并用聚酯薄膜封顶，使用时把这一爆炸线源伸入地面以下。钢管内装药量虽不大，但引爆后爆炸生成物在控制的速率下排入膨胀橡胶管内，然后在它爆炸后的规定时间内用分装的少量炸药把封顶聚酯薄膜崩裂。这样，引爆后会产生两次加速度运动：一次是由钢筒排到外围橡胶筒所引起的；另一次是由气体从崩破的薄膜封口排到大气中引起的。这样的爆破线源可以在一定条件下同时引爆，形成爆破阵。如果把这些爆破线源用点火滞后的办法逐个或逐批地引爆，就可以把人工地震引起的运动持续时间延长。

2. 人工地震模拟试验的动力反应问题

从实际试验中发现，人工地震与天然地震之间尚存在一定的差异：人工地震（炸药爆破）加速度的幅值高、衰减快、破坏范围小；人工地震的主频率高于天然地震；人工地震的主震持续时间一般在几十毫秒至几百毫秒，比天然地震持续的时间短很多。

图 8.16 所示为天然地震与人工爆破地震的加速度幅值谱。由图可见，天然地震波的频率在 1～6 Hz 频域内幅值较大，而人工地震波在 3～25 Hz 频域内的振动幅值较大。

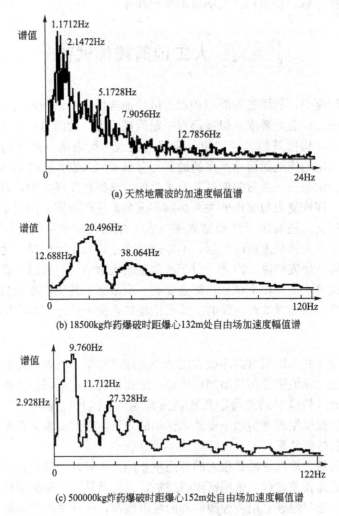

(a) 天然地震波的加速度幅值谱

(b) 18500 kg 炸药爆破时距爆心 132 m 处自由场加速度幅值谱

(c) 500000 kg 炸药爆破时距爆心 152 m 处自由场加速度幅值谱

图 8.16　天然地震与人工爆破地震的加速度幅值谱

与实际地震反应相比，当天然地震烈度为 7 度时，地面加速度最大值平均值为 0.1g，对一般房屋已造成相当程度的破坏，但是人工爆破地面加速度达到 1.0g 时才能引起房屋的轻微破坏。显然这是由于天然地震的主振频率比爆破地震的主振频率更接近于一般建筑结构的自振频率，而且天然地震振动作用的持续时间长、衰减慢，所以能造成大范围的宏观破坏。

为了消除对建筑结构所引起的不同动力反应和破坏机理的这种差异，达到用爆破地震模拟天然地震并得到满意的结果的目的，对于解决频率的差异可采取下列措施。

（1）缩小试验对象的尺寸，从而可提高试验对象的自振频率，一般只要将试验对象缩小为原型 1/3～1/2 即可。这时由于缩小比例不大，可以保留试验对象在结构构造和材料性能上的特点，保持结构的真实性。

（2）将试验对象建造在覆盖层较厚的土层上，可以利用松软土层的滤波作用，消耗地震波中的高频分量，相对地提高低频分量的幅值。

（3）增加爆心与试验对象的距离，使地震波的高频分量在传播过程中有极大损耗，相对地提高低频分量的影响。

进行结构抗震试验时，要求获得较大的振幅和较长的持续时间，由于炸药的能量有限，因此它不可能像天然地震那样有很大的振幅和较长的持续时间。如果震源中心与试验对象距离愈远，这时地震波的持续时间可能延长，但振幅要衰减下降。从国内外的试验资料和爆破试验数据分析来看，利用炸药所产生的地震波进行工程结构的抗震研究是可以取得满意的试验结果的。

3. 人工地震模拟试验的量测技术问题

人工爆破地震试验与一般工程结构动力试验在测试技术上有许多相似之处，但也有比较特殊的部分。

（1）在试验中主要是测量地面与建筑物的动态参数，而不是直接测量爆炸源的一些参数，所以要求测量仪器的频率上限选在结构动态参数的上限，一般在 100Hz 至几百赫兹，就可以满足动态测量的频响要求。

（2）爆破试验中干扰影响严重，特别是爆炸过程中产生的电磁场干扰，对高频响应较好、灵敏度较高的传感器和记录设备产生的影响尤为严重。为此可以采用低阻抗的传感器，另一方面尽可能地缩短传感器至放大器之间连接导线的距离，并进行屏蔽和接地。

（3）在爆破地震波作用下的结构试验，整个试验的爆炸时间较短，如记录下的波形不到一秒钟，所以动应变测量中可以用线绕电阻代替温度补偿比，这样既可节省电阻应变计和贴片工作量，又提高了测试工作的可靠性。

（4）结构和地面质点运动参数的动态信号测量，由于爆炸时间很短，在试验中采用同步控制进行记录，可在起爆前使仪器处于开机记录状态，等待信号输入。

在爆破地震波作用下的抗震试验，由于其不可重复性的特点，因此试验计划与方案必须周密考虑，试验量测技术必须安全可靠，必要时可以采用多种方法同时量测，才能使试验成功并取得预期效果。

8.6 天然地震试验

建筑物的抗震减灾是国内外专家学者近几十年研究的热门课题。科技的不断发展和新仪器设备的出现，给抗震试验方法创造了更有利的条件。除了在实验室中运用以上所介绍的方法进行结构抗震试验研究以外，还可在频繁出现地震的地区和可能出现大地震的地区进行各种观测试验,即天然地震试验。通过实地观测所得到的建筑物地震反应信息弥补了室内试验的不足。天然地震试验分为两大类:一类是工程结构的强震观测;一类是在地震区专门建造天然地震试验场和试验性建筑物,运用现代观测手段,建立地震反应观测体系,进行全天候观测。

1. 工程结构的强震观测

地震发生时,特别是强地震发生时,以仪器为手段观测地面运动过程和工程结构物动力反应的工作称为强震观测。强震观测主要测定地震作用对工程结构的加速度反应。

强震观测能够为地震工程科学研究和抗震设计提供确切数据,并用来验证抗震理论和抗震措施是否符合实际。强震观测的基本任务:①取得地震时地面运动过程的记录,为研究地震影响和烈度分布规律提供科学资料;②取得结构物在强震作用下振动过程的记录,为抗震结构的理论分析与试验研究以及设计方法提供客观的工程数据。

近二三十年来,强震观测工作发展迅速,很多国家已逐步形成强震观测台网,其中尤以美国和日本领先。例如,美国洛杉矶城明确规定,凡新建 6 层以上、面积超过 $6000ft^2$(相当于 $5581.5m^2$)的建筑物必须设置 3 台强震仪。各国在仪器研制、记录处理和数据分析等方面已有很大发展。强震观测工作已成为地震工程研究中最活跃的领域之一。

我国强震观测工作是自 1966 年邢台地震以来开始发展的。在一些地震区的重要建筑物以及大坝和大型桥梁上设置了强震观测站,而且自行研制了强震加速度计,获得了许多有价值的地震反应记录信息。

由于工程上习惯用加速度来计算地震反应,因此大部分强震仪都是测量线加速度值(国外有少数强震观测站是测应变、应力、层间位移、土压力等物理量的)的。强震不是经常发生的,而且很难预测其发生时刻,所以设计了专门的强震仪触发装置,平时仪器不运转,无专人看管,当强烈地震发生时,强震仪的触发装置便自动触发启动,仪器开始工作并将振动过程记录下来。考虑到地震时可能中断供电,仪器一般采用蓄电池供电。在建筑物底层和顶层同时布置强震仪,地震发生时底层强震仪记录到的是地面运动过程,顶层强震仪记录到的是建筑物的加速度反应。

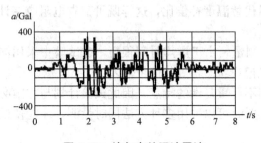

图 8.17 埃尔森特罗地震波

图 8.17 所示为美国加利福尼亚州 1940 年 5 月 18 日在埃尔森特罗(EL. Centro)记录到的加速度波的南北向(NS)分量,最大加速度为 326Gal($Gal=0.01m/s^2$);持续时间是从实际记录上截取的,为 8s。这是人类第一次捕捉到的强地震记录。

1976 年 7 月 28 日凌晨 3:42 分,河北省唐山、丰南一带发生 7.8 级强烈地震。这是一次构造性的浅源地震,主震的震源深度距地面为 12~16km。主震之后余震持续时间较长,且强度较高,最大余震达 7.1 级。宏观震中位于唐山市铁路以南的市区,极震区烈度高达 11 度,烈度在 7 度以上的影响地区面积约为 $4×10^4 km^2$,是新中国成立以来破坏性最大的一次地震。

在距震中 67km 的天津医院室内地面取得的强余震记录中，最大加速度为 147.1Gal，如图 8.18 所示。

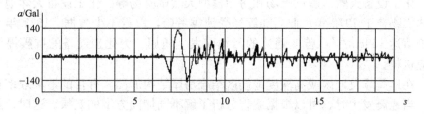

图 8.18 唐山余震的地震加速度记录

图 8.19 所示为 1964 年 6 月日本新泻地震时在秋田县府大楼一座 6 层钢筋混凝土框架结构上测得的强震记录。

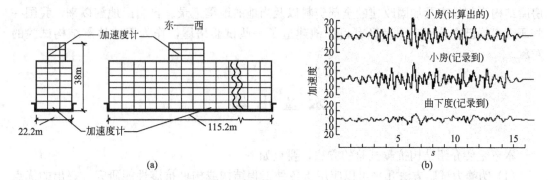

图 8.19 1964 年 6 月日本新泻地震时秋田县府大楼东西向记录到的强震曲线

1995 年 1 月 17 日，日本兵库县南部发生 M7.2 级地震，即有名的阪神大地震。当时神户海洋气象台所记录到的最大水平加速度为 818Gal，最大垂直加速度为 332Gal，加速度记录波形如图 8.20 所示。

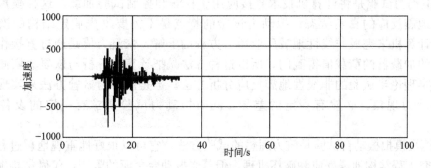

图 8.20 1995 年日本兵库县南部地震加速度波形

2. 专门建造天然地震试验场和工程结构地震反应观测体系

除强震观测以外，为了观测结构受地震作用的反应，国外有在地震活动区专门建造的试验场地，在场地上建造试验结构，这样可以运用一切现代化测试手段获取结构在地震发生时的各种反应。

目前，世界上最负盛名的是日本东京大学生产技术研究所的千叶试验场，试验场包括许多部分，抗震试验只是一个基本的组成部分。在抗震试验方面有大型抗震实验室、数据处理中心、化工设备天然地震试验场和房屋模型天然试验场等。化工设备天然地震试验场有若干罐体实物建于1972年，此后陆续经受地震考验，取得不少数据。1977年9月的地震加速度峰值达$100cm/s^2$，曾使罐体的薄钢壁发生压屈，为化工设备的抗震提供了实测的地震反应资料。

此外，在地震频发地区或高烈度地震区结合房屋结构加固，有目的地采取多种方案的加固措施，当地震发生时，可以根据震害分析了解不同加固方案的效果。这时，虽然在结构上不设置任何仪表，但由于量大面广，所以也是很有意义的。当然也可结合新建工程有意识地采取多种抗震措施和构造，以便发生地震时可以进行震害分析。应该指出，并非所有加固或新建房屋都能成为试验房屋，对天然地震试验，在不装仪表的条件下，试验房屋应具备场地土的钻探资料、试验结构的原始资料（竣工图、材料强度、施工质量记录）；房屋结构历年检查及加固改建的全部资料以及当地的地震记录。自唐山地震以来，我国一些研究机构已在若干高烈度区有目的地建造了一些试验房屋，作为天然地震结构试验的对象。

本 章 小 结

本章主要介绍结构抗震试验的方法，要点如下。

(1) 伪静力试验方法几乎可以应用于各种工程结构或构件抗震性能研究，突出的优点是它的经济性和实用性，从而使它具有应用上的广泛性。从试验设备和设施来看，它的要求比较低。但是，由于试验中未考虑应变速率的影响，这是它的不足之处。进行伪静力试验时，要根据研究的目的选择相应的加载方式和控制方法，通过试验结果确定结构或构件的抗震性能。

(2) 拟动力试验是将计算机技术直接应用于检测和控制试验加载，这种模拟试验方法更接近地震反应的真实状态。拟动力试验的特点是不需要事先假定结构的恢复力特性，而由计算机来完成非线性地震反应微分方程的求解，恢复力值是通过直接作用在试验对象上的加载器的荷载值得到的，所以这种方法是把计算机分析与恢复力实测结合起来的一种半理论半试验的非线性地震反应分析方法。但是用静力试验方法来实现地震反应这一种动力现象，必然有一定的差异，同时拟动力试验要求有一定的设备和技术条件。

(3) 地震模拟振动台试验是较为理想的试验方法，它可以很好地重现地震过程，在实验室中研究工程结构地震反应和破坏机理，但是受振动台台面的限制，仅做结构缩尺模型的抗震试验，且振动台一次性投资较大。

(4) 人工地震模拟试验是利用炸药爆破产生的地震波进行工程结构抗震研究的，采用调整炸药用量、爆心与试验对象的距离等措施，可以取得满意的试验结果。但是试验费用较高，控制难度较大。

(5) 天然地震结构试验可以得到实际地震时地面运动的过程和建筑物在强地震下的振动过程，提供客观的实测数据。该方法费用高，难度大。

思 考 题

1. 结构抗震试验方法分为哪几种？各自的特点是什么？
2. 伪静力试验的加载装置设计要求和试件的边界条件相一致，为什么？
3. 若进行墙体试验和梁柱组合体试验，测点应如何布置？
4. 名词解释：极限荷载、破坏荷载、等效刚度、骨架曲线、延性系数、退化率、滞回曲线。
5. 伪静力试验加载制度若采用荷载控制和位移控制混合方式进行，应如何操作？
6. 拟动力试验的基本原理是什么？与伪静力试验相比，其优点是什么？
7. 模拟地震振动台试验的优点是什么？
8. 工程结构的强震观测有何意义？主要观测什么？观震仪器应如何布置？

第9章
试验数据处理与分析

教学目标

了解试验误差的概念。
掌握试验数据处理的内容和步骤。
掌握测试数据的误差计算方法。

教学要求

知识要点	能力要求	相关知识
间接测定值的推算	(1) 了解数据处理的内容 (2) 掌握间接测定值推算的方法	
试验误差分析	(1) 理解误差分析的概念 (2) 掌握误差理论 (3) 掌握量测值的取舍方法 (4) 掌握间接测定值的误差分析	
试验结果的表达	(1) 了解试验结果表达的方式 (2) 掌握各表达方式数据处理的方法	

引言

在结构试验过程中,对直接量测的试验数据进行整理换算、统计分析和归纳演绎,以找出影响结构性能的各主要参量间的相互关系和变化规律,并以公式、表格、图像、数值或数学模型的方式表达出来的过程就是结构试验的数据处理。但数据采集过程中常会得到伪数据或完全错误的数据,所以必须对原始数据进行处理,才可能得到可靠的试验结果。那么如何去伪存真,用采集来的大量杂乱无章的数据得到可靠的试验结果呢?通过学习本章的内容,掌握结构试验的数据处理技术。

9.1 概 述

在试验过程中采集到的数据是进行数据处理所需要的原始数据,但这些原始数据往往不能直接说明试验的结果或解答试验所提出的问题。将原始数据经过整理换算、统计分析及归纳演绎后,得到能反映结构性能的数据、公式、图表等,这样的过程就是数据处理。例如,由结构试验中普遍采集的应变数据计算出结构的内力分布,由结构的加速度数据积分得出其速度、位移等。

由于量测是观测者在一定的环境条件下,借助于必需的量测仪表或工具进行的,因此一切量测的结果都难免存在误差。在试验中,同一物理量的多次量测结果不是完全相同的,也就是说,所测试的物理量均与真实值存在差别,且间接量测结果还有运算过程中产生的误差。误差的产生,可能是由于仪器自身存在的缺陷、试件不可避免的差别、观测者自身的差错或是量测时所处的外界条件的影响等因素造成的。

本章主要介绍试验数据处理的内容和步骤。

9.2 间接测定值的推算

试验量测方法可分为直接量测和间接量测两类。所谓直接量测,就是将被测试的物理量和所选定的度量单位进行比较得出所要测的物理量的方法;而间接量测则是根据各个物理量之间已知的函数关系,从直接测定的某些量的数值计算另一些量的方法,例如,通过测量应变(或位移)、材料的弹性模量、构件的几何尺寸来推算出结构的承载能力。

试验中经常遇到情况的是所要求的物理量并不便于或不宜于直接量测,而是要通过采集一些相关数据后,通过一系列的变换,将其换算为所需要的物理量。例如,将采集到的应变换算成相应的力、位移及曲率等。因此,为进行间接测定值的推算,量测人员应该熟悉试验对象的各个物理量之间的相互关系,这样才能用最方便、可靠、经济、有效的手段得到所需要的数据。

9.3 试验误差分析

被量测物理量的真实值与量测值之间的差别称为误差,由于误差是必然存在的,因此应该对其产生的原因及处理方法进行探讨。

9.3.1 误差的概念

量测完成后,应该对所测得的数据进行处理,分析出最接近于真实值的量测结果,估计量测的精确度,这就需要研究误差理论和试验数据处理方法。

误差按其性质不同可分为以下 3 类。

1. 过失误差

过失误差主要是因量测人员粗心大意、操作不当或思想不集中造成的,例如读错数据、记录错误等。严格地讲,过失误差不能称为误差,而是由观测者的过失所产生的错误,是可以避免的。因此,量测中如果出现很大误差,且与事实有明显不符时,应分析其产生的原因,若确系过失所致,则应将其从试验数据中剔除,且应分析出现此类误差的原因,以免再次出现相同的错误。

2. 系统误差

系统误差通常是由仪器的缺陷、外界因素的影响或观测者感觉器官的不完善等固定原因引起的，难以消除其全部影响。但是系统误差服从一定的规律、符号相同，它是对量测结果有积累影响的误差。例如，由电阻应变仪灵敏系数不准确、温度补偿不完善、周围环境湿度的影响引起的仪器的飘移等。在查明产生系统误差的原因后，这种误差一般可以通过仪器校正来消除，或通过改善量测方法来避免或消除，也可以在数据处理时对量测结果进行相应的修正。

3. 随机误差

在消除过失误差和系统误差后，量测数据与真实数据之间仍然有着微小的差别，这是由各种随机(偶然)因素所引起的可以避免的误差，其大小和符号各不相同，故称为随机误差。例如，电压的波动，环境温度、湿度的微小变化，磁场干扰等。

虽然无法掌握随机误差发生的规律，但一系列测定值的随机误差服从统计规律，量测次数越多，则这种规律性越明显。

随机误差具有下列特点。

(1) 在一定的量测条件下，随机误差的绝对值不会超过一定的限度。这说明量测条件决定了每一次量测所允许的误差范围。

(2) 随机误差数值是有规律的，绝对值小的数值出现的机会多，绝对值大的数值出现的机会少。

(3) 绝对值相等的正负误差出现的机会相同。

(4) 随机误差在多次量测中具有抵偿性质，即对同一物理量进行等精度量测时，随着量测次数的增加，随机误差的算术平均值将逐渐趋于零。因此，多次量测结果的算术平均值更接近于真实值。

9.3.2 误差理论基础

从以上的分析中可知，系统误差及过失误差均可以通过采取一定的措施，如加强量测人员的技术水平和工作责任心来加以避免。

随机误差是由一些偶然因素造成的，虽然其大小和符号均难以预计，但从统计学的角度看，它是服从统计规律的。误差理论所研究的就是随机误差对量测结果的影响。

1. 量测值的误差分布规律

无论是采用直接量测方法还是间接量测方法，严格地说，都测不到任何物理量的真实值，试验所能得到的仅是某物理量的近似值。于是，需要找到近似值与真实值之间的关系，从而在一组观测值中确定一个最或然值，用它来代表所测试的那个物理量。现以电阻应变片为例，研究一组观测值的概率分析。

【例题 9-1】 电阻应变片在制造过程中存在一定的公差，这种差别会影响到试验量测的精度，所以在出厂前需要对某些参数进行测定。

为了测定电阻应变片的灵敏系数，现抽样 100 片，测得灵敏系数如下所示。

$$K_1 = 2.487, \quad K_2 = 2.469, \quad K_3 = 2.473, \cdots, K_{100} = 2.485$$

为了找出随机误差的分布规律,需通过分组、列表、作图来加以整理。具体步骤如下。

(1) 计算极限差值。

$$\Delta K_{max} = K_{max} - K_{min} = 2.487 - 2.443 = 0.044$$

(2) 分组。根据 K 值的大小按顺序分组,一般可分 10~15 组。现分为 11 组,则每组的差距间隔为

$$差距间隔 = \frac{\Delta K_{max}}{11} = \frac{0.044}{11} = 0.004$$

(3) 列表。应变片 K 值的分数据见表 9-1。

表 9-1 应变片值的分组数据

组 号	各组 K 值间距	K 值间距中值	出 现 次 数	出现概率/%
1	2.443~2.447	2.445	1	1
2	2.447~2.451	2.449	2	2
3	2.451~2.455	2.453	5	5
4	2.455~2.459	2.457	10	10
5	2.459~2.463	2.461	21	21
6	2.463~2.467	2.465	24	24
7	2.467~2.471	2.469	20	20
8	2.471~2.475	2.473	10	10
9	2.475~2.479	2.477	5	5
10	2.479~2.483	2.481	1	1
11	2.483~2.487	2.485	1	1

(4) 作图。为了直观地了解随机误差的分布规律,根据表 9-1 中的数据可作出如图 9.1 所示图形。

以 O 为原点,横坐标表示灵敏系数 K 值,纵坐标表示相应的 K 值出现次数的百分比 N,根据各组值及组间距可以绘出直方图,图 9.1 中条形面积表示差值在 0.004 内相应的 K 值所对应的 N。若以各组中值及相应的 N 值为横坐标及纵坐标,则可以连成如图 9.1 所示的光滑曲线。为便于说明误差的方向规律性,将原点 O 移至 O'(即 $K=2.465$)处,于是可以看出曲线以 N' 轴为对称轴对称分布,中间高,两边低,并且 K 值有集中的趋势,即纵坐标大的表示出现的机会多。在实践中发现,形状如图 9.1 所示的随机误差分布最多,应用也最广,这种分布称为正态分布。

由于被量测的可以是任一物理量,所以可以用同样的作图方法表示其分布规律。

除了正态分布曲线外,还有其他规律的分布

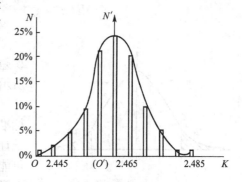

图 9.1 K 值的误差分布规律

曲线。在土木工程试验中，许多数据的随机误差，诸如力学参数、材料强度等，大多服从正态分布。

正态分布：若用 δ 表示随机误差，用 y 表示同一随机误差出现的次数，用 σ 表示由总体中所有随机误差算出的标准差(亦即均方差)。则有

$$\sigma = \sqrt{\frac{\sum \delta_i^2}{n}} \tag{9-1}$$

式中 x_i——表示第 i 个量测数据；

δ_i——第 i 个量测数据与真实值的差值，即 $\delta_i = x_i - x$，其中 x 为真实值；

n——数据个数。

随机误差正态分布规律可以用下式表示。

$$y = \frac{1}{\sigma\sqrt{2\pi}} e^{-\frac{\delta^2}{2\sigma^2}} \tag{9-2}$$

正态误差分布曲线具有如下性质。

(1) $y(\delta) = y(-\delta)$，即正负误差出现的概率相等，这正是随机误差的性质。

(2) 误差出现在 $(-\infty, +\infty)$ 之间的概率

$$P(\infty) = \int_{-\infty}^{+\infty} y \mathrm{d}\delta = 1 \tag{9-3}$$

式(9-3)表明，误差出现在 $(-\infty, +\infty)$ 之间的概率为 1，亦即误差一定出现在 $(-\infty, +\infty)$ 之间。

(3) 当 $\delta = \pm \infty$ 时，$y=0$；$\delta=0$ 时，$y = y_{\max} = \dfrac{1}{\sigma\sqrt{2\pi}}$

性质(3)说明小误差($\delta=0$ 附近)出现的概率比大误差(δ 较大)出现的概率要大，这正是随机误差所具有的集中趋势。

将随机误差正态分布曲线代入式(3-3)中，得

$$\frac{1}{\sigma\sqrt{2\pi}} \int_{-\infty}^{+\infty} e^{-\frac{\delta^2}{2\sigma^2}} \mathrm{d}\delta = 1 \tag{9-4}$$

若用新的量 $z = \delta/\sigma$ 代入公式(9-4)，则有

$$\frac{1}{\sqrt{2\pi}} \int_{-\infty}^{+\infty} e^{-\frac{z^2}{2}} \mathrm{d}z = 1 \tag{9-5}$$

由式(9-5)可知，误差在 $(z_\alpha, +\infty)$ 之间的概率为

$$P(z > z_\alpha) = \frac{1}{\sqrt{2\pi}} \int_{z_\alpha}^{+\infty} e^{-\frac{z^2}{2}} \mathrm{d}z = \frac{\alpha}{2} \tag{9-6}$$

同理，随机误差小于 $-z_\alpha$ 的概率也是如此。随机误差出现在 $[-z_\alpha, z_\alpha]$ 区间的概率为 $1-\alpha$，如图 9.2 所示。

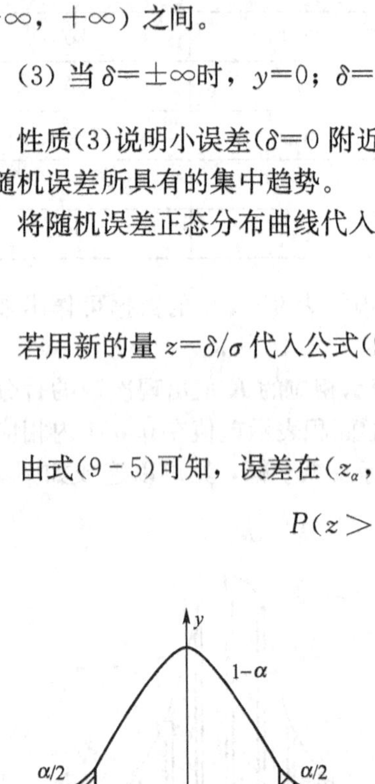

在计算大于某偶然误差 z_α 出现的概率时，可查标准正态分布表 9-2，其方法是将服从正态分布的统计转为标准正态分布。这是因为概率分布表格中不可能也没有必要把所有不同的均值和不同标准差的分布函数全都列出来，只要将标准正态分布表列出并将

图 9.2 偶然误差正态分布曲线

非标准正态分布转换为标准正态分布,就能在标准正态分布表中查找出概率函数值。

表 9-2 标准正态分布表

z_α	0.00	0.01	0.02	0.03	0.04	0.05	0.06	0.07	0.08	0.09
0.0	0.5000	0.4960	0.4920	0.4880	0.4840	0.4801	0.4761	0.4721	0.4681	0.4641
0.1	0.4602	0.4562	0.4522	0.4483	0.4443	0.4404	0.4364	0.4325	0.4286	0.4247
0.2	0.4207	0.4168	0.4129	0.4090	0.4052	0.4013	0.3974	0.3936	0.3897	0.3859
0.3	0.3821	0.3783	0.3745	0.3707	0.3669	0.3632	0.3594	0.3557	0.3520	0.3483
0.4	0.3446	0.3409	0.3372	0.3336	0.3300	0.3264	0.3228	0.3192	0.3156	0.3121
0.5	0.3085	0.3050	0.3015	0.2981	0.2946	0.2912	0.2877	0.2843	0.2810	0.2776
0.6	0.2743	0.2709	0.2676	0.2643	0.2611	0.2578	0.2546	0.2514	0.2483	0.2451
0.7	0.2420	0.2389	0.2358	0.2327	0.2296	0.2266	0.2236	0.2206	0.2177	0.2148
0.8	0.2119	0.2090	0.2061	0.2033	0.2005	0.1977	0.1949	0.1922	0.1894	0.1867
0.9	0.1841	0.1814	0.1788	0.1762	0.1736	0.1711	0.1685	0.1660	0.1635	0.1611
1.0	0.1587	0.1562	0.1539	0.1515	0.1492	0.1469	0.1446	0.1423	0.1401	0.1379
1.1	0.1357	0.1335	0.1314	0.1292	0.1271	0.1251	0.1230	0.1210	0.1190	0.1170
1.2	0.1151	0.1131	0.1112	0.1093	0.1075	0.1056	0.1038	0.1020	0.1003	0.0985
1.3	0.0968	0.0951	0.0934	0.0918	0.0901	0.0855	0.0869	0.0853	0.0838	0.0823
1.4	0.0808	0.0793	0.0778	0.0764	0.0749	0.0735	0.0721	0.0708	0.0694	0.0681
1.5	0.0668	0.0655	0.0643	0.0630	0.0618	0.0606	0.0594	0.0582	0.0571	0.0559
1.6	0.0548	0.0537	0.0526	0.0516	0.0505	0.0495	0.0485	0.0475	0.0465	0.0455
1.7	0.0446	0.0436	0.0427	0.0418	0.0409	0.0401	0.0392	0.0384	0.0375	0.0367
1.8	0.0359	0.0351	0.0344	0.0336	0.0329	0.0322	0.0314	0.0307	0.0301	0.0294
1.9	0.0287	0.0281	0.0274	0.0268	0.0262	0.0256	0.0250	0.0244	0.0239	0.0233
2.0	0.0228	0.0222	0.0217	0.0212	0.0207	0.0202	0.0197	0.0192	0.0188	0.0183
2.1	0.0179	0.0174	0.0170	0.0166	0.0162	0.0158	0.0154	0.0150	0.0146	0.0143
2.2	0.0139	0.0136	0.0132	0.0129	0.0125	0.0122	0.0119	0.0116	0.0113	0.0110
2.3	0.0107	0.0104	0.0102	0.0099	0.0096	0.0094	0.0091	0.0089	0.0087	0.0084
2.4	0.0082	0.0080	0.0078	0.0075	0.0073	0.0071	0.0069	0.0068	0.0066	0.0064
2.5	0.0062	0.0060	0.0059	0.0057	0.0055	0.0054	0.0052	0.0051	0.0049	0.0048
2.6	0.0047	0.0045	0.0044	0.0043	0.0041	0.0040	0.0039	0.0038	0.0037	0.0036
2.7	0.0035	0.0034	0.0033	0.0032	0.0031	0.0030	0.0029	0.0028	0.0027	0.0026
2.8	0.0026	0.0025	0.0024	0.0023	0.0023	0.0022	0.0021	0.0021	0.0020	0.0019
2.9	0.0019	0.0018	0.0018	0.0017	0.0016	0.0016	0.0015	0.0015	0.0014	0.0014
3.0	0.0013	0.0013	0.0013	0.0012	0.0012	0.0011	0.0011	0.0011	0.0010	0.0010

例如,当 $\mu=6$,$\sigma=1$ 时,求测量值为 8 的偶然误差概率。

则先算出

$$z_a = \frac{\delta_i}{\sigma} = \frac{x_i - \mu}{\sigma} = \frac{8-6}{1} = 2$$

查表 9-2，当 $z_a = 2$ 时，$\frac{\alpha}{2} = 0.0228$，即测量值为 8 时的偶然误差概率为 2.28%。

由 $z_a = \frac{\delta}{\sigma} = 2$，则有 $\delta = 2\sigma$。

当 $z_a = 2$ 时，偶然误差概率为 $\frac{\alpha}{2} = 0.0228$，而 $0.0228 = \frac{1}{44}$，则意味着 44 次测量中只有一次偶然误差大于 2σ。

同理，当 $z_a = 3$ 时，偶然误差概率为 $\frac{\alpha}{2} = 0.00135$，而 $0.00135 = \frac{1}{740}$，即意味着 740 次测量中只有一次偶然误差大于 3σ。

由于通常测量的次数一般不会超过几十次，所以通常认为不会出现绝对值大于 3σ 的偶然误差。故将此最大偶然误差称为偶然误差的极限误差，即

$$\Delta_{\lim} = \pm 3\sigma$$

由于以上极限误差为 3σ，则误差大于 3σ 的就可认为不是偶然误差，最有可能的是过失误差。

2. 误差的表示方法

在处理试验数据时，总是希望得到被测试物理量的真实值。在试验中，对真实值的理解为：在观测次数无限多时，根据误差分布性质可知正负误差出现的概率相等。因此，将各观测值相加，取其平均值，在消除了系统误差及过失误差的情况下，该平均值接近于真实值。由于在一般的试验中观测次数是有限的，因此从有限次数的观测中得出的平均值只能是近似的真实值，将其称为最佳值。

1) 算术平均值

算术平均值是最常用的平均值，可表示如下。

$$\bar{x} = \frac{1}{n} \sum x_i \tag{9-7}$$

式中　　x_i——第 i 个量测值；

n——量测的次数。

2) 标准误差（又称为均方根误差 σ）

算术平均值用于表达量测数据集中的位置，而数据的离散程度则用标准误差表示。由于标准误差与随机误差的符号无关，并且可以较为明显地反映个别数据所存在的较大误差，所以常被用于估计量测精确度的标准。在相同条件下所进行的相同量测，具有相同的标准误差。通常用样本的标准误差的无偏估计代替总体的标准误差，即

$$s = \sqrt{\frac{\sum_{i=1}^{n} d_i^2}{n-1}} \tag{9-8}$$

式中　　s——标准误差；

d_i——第 i 个量测值与算术平均值之差，称为离差，即 $d_i = x_i - \bar{x}$。

3) 变异系数

在精确度分析中，为了进行相对精确度的比较，还要用变异系数 C_v（也称为相对标准

差或相对误差)表示。

$$C_v = \frac{\sigma}{\bar{x}} \tag{9-9}$$

变异系数表示试验的精确度,能较全面地鉴定试验结果的质量。C_v 常用百分数表示,其数值越小,则精确度越高。

可以证明,绝对误差与标准误差之间的关系为

$$\delta = \frac{s}{\sqrt{n}} = \sqrt{\frac{\sum_{i=1}^{n} d_i^2}{n(n-1)}} \tag{9-10}$$

式中 δ ——绝对误差,$\delta = \bar{x} - x$。

由此可知,利用离差可以求出绝对误差,这样就可以利用算术平均值表示真实值。必须指出的是,这种表示只是更为接近真实值而已。当量测次数增加时,绝对误差 δ 减少。但是,增加的量测次数是有限的,当 $n=10$ 时再增加量测次数,δ 的减少已不明显。因此,试验中是否需要增加量测次数应视试验的具体情况而定。

【例题 9-2】 在电阻应变片出厂时抽测 100 片的灵敏系数见表 9-3,试求其最佳值。

表 9-3 应变片灵敏系数

K 值	出 现 次 数	d_i	d_i^2
2.445	1	−0.020	4.00×10⁻⁴
2.449	2	−0.016	2.56×10⁻⁴
2.453	5	−0.012	1.44×10⁻⁴
2.457	10	−0.008	0.64×10⁻⁴
2.461	21	−0.004	0.16×10⁻⁴
2.465	24	0	0
2.469	20	0.004	0.16×10⁻⁴
2.473	10	0.008	0.64×10⁻⁴
2.477	5	0.012	1.44×10⁻⁴
2.481	1	0.016	2.56×10⁻⁴
2.485	1	0.020	4.00×10⁻⁴

解: $\bar{K} = 2.465$,$\sum_{i=1}^{n} d_i^2 = 0.4944 \times 10^{-2}$

最佳值 $K = \bar{K} \pm \delta_K$,$\delta_K = \delta = \frac{s}{\sqrt{n}} = \sqrt{\dfrac{\sum_{i=1}^{n} d_i^2}{n(n-1)}} = 0.707 \times 10^{-3}$

于是可得 $K = 2.465 \pm 0.707 \times 10^{-3}$

9.3.3 量测值的取舍

1. 过失误差的剔除

凡是在量测时不能作出合理解释的误差均可视为过失误差,应该将其从数据中剔除。

剔除数据需要有充分的依据：按照统计理论，绝对值越大的随机误差出现的概率越小，且其数值总是限于某一范围的。因此，可以选择一个"鉴别值"去与误差比较，当误差的绝对值大于"鉴别值"时，则认为该数据中存在有过失误差，可以将其剔除。

常用的"鉴别值"确定准则如下。

1) 三倍标准误差（3σ）准则

前面已经讲过，当误差 $\delta \geqslant 3\sigma$ 时，在 $\pm 3\sigma$ 范围内，误差出现的概率 $P=99.7\%$，即误差 $|\delta|>3\sigma$ 的概率为 $1-P=0.3\%$，亦即 300 次量测中才有可能出现一次。因此，在大量的量测数据中，当某一个数据误差的绝对值大于 3σ 时，可以舍去。按照三倍标准误差准则，能被舍去的量测值数目很少，所以对试验数据的精确度要求不是很高。

2) 肖维纳（Chauvenet）准则

按照统计理论，较大误差出现的概率很小。肖维纳准则可表述为：在 n 次量测中，某数据的剩余误差可能出现的次数小于半次时，便可剔除该数据。

由表 9-2 可知，误差 $|\delta|>3\sigma$ 的概率为 α。设 $|\delta|>3\sigma$ 的次数为 0.5，其概率为 $\frac{0.5}{n}=\alpha$，于是有

$$\alpha=\frac{1}{2n}$$

判别时，凡是概率小于 $\frac{1}{2n}$，则相应的量值可以舍去，否则就应当保留。

计算时可先求出 α，再由表 9-2 查出 $z_\alpha(z_\alpha=K/s)$，K 的最大值就是鉴别值。

$$K=z_\alpha s$$

式中 s——标准误差。

当 $|x_i-\bar{x}|>K$ 时，则认为 x_i 含有过失误差，应该予以剔除。

也可以根据量测次数 n，从表 9-4 中查找 z_α 值。

表 9-4 z_α 值

n	z_α	n	z_α	n	z_α	n	z_α
5	1.65	14	2.10	23	2.30	50	2.58
6	1.73	15	2.13	24	2.32	60	5.64
7	1.80	16	2.16	25	2.33	70	2.69
8	1.86	17	2.18	26	2.34	80	2.74
9	1.92	18	2.20	27	2.35	90	2.78
10	1.96	19	2.22	28	2.37	100	2.81
11	2.00	20	2.24	29	2.38	150	2.93
12	2.04	21	2.26	30	2.39	200	3.03
13	2.07	22	2.28	40	2.50	500	3.29

2. 例题

【例题 9-3】 对某物理量进行了 10 次测量，数据见表 9-5，分别根据三倍标准误差

准则和肖维纳准则剔除过失误差。

表 9-5　量测数据

序　号	x_i	d_i	d_i^2
1	45.3	1.2	1.44
2	47.2	0.7	0.49
3	46.3	−0.2	0.04
4	49.1	2.6	6.76
5	46.9	0.4	0.16
6	45.9	−0.7	0.49
7	46.7	0.2	0.04
8	47.1	0.6	0.36
9	45.7	−0.8	0.64
10	45.1	−1.4	1.96

解：（1）按照三倍标准误差（3σ）准则剔除误差。

由表 9-5 中的数据可以求出

$$\bar{x} = \frac{\sum_{i=1}^{n} x_i}{n} = 46.53; \quad s = \sqrt{\frac{\sum_{i=1}^{n} d_i^2}{n-1}} = 1.17; \quad 3\sigma = 3s = 3.51$$

根据三倍标准误差准则，表中数据可以全部保留。

（2）按照肖维纳准则剔除误差。

由表 9-4，查得 $n=10$ 时，$z_a=1.96$，$z_a s=2.29$，离差 $d_4=2.6>2.29$，根据肖维纳准则，$x_4=49.1$ 应该剔除。

剩余的 9 个数据可见表 9-6。

表 9-6　剩余量测数据

序　号	x_i	d_i	d_i^2
1	45.3	1.2	1.44
2	47.2	0.7	0.49
3	46.3	−0.2	0.04
5	46.9	0.4	0.16
6	45.9	−0.7	0.49
7	46.7	0.2	0.04
8	47.1	0.6	0.36
9	45.7	−0.8	0.64
10	45.1	−1.4	1.96

此时，$\bar{x}'=46.24$，$s'=0.84$

由表 9-4，查得 $n=9$ 时，$z_a=1.92$，$z_a s'=1.61$。

由表 9-6 知，所有离差均小于 $z_a s'$，根据肖维纳准则，应该保留全部数据。

从以上两种方法可以看出，三倍标准误差准则最为简单，但是不太严格，几乎保留了所有的数据；肖维纳准则考虑了量测次数的影响，比三倍标准误差准则要严格得多。

在剔除过失误差时，一次只能剔除数值最大的那个，然后根据剩下的数据重新计算新的鉴别值后，再次进行鉴别，直到消除了过失误差为止。否则，就有可能误以为正常数据含有过失误差而剔除。

9.3.4 间接测定值的误差分析

量测可分为直接量测和间接量测。间接量测就是用其他几个直接量测的量的函数来表示被量测的物理量。

例如，材料单向弹性应力计式为

$$\sigma = E\varepsilon \tag{9-11}$$

式中 σ——材料应力；

E——材料弹性模量；

ε——材料应变。

显然，材料应力的计算精确度依赖于其弹性模量及应变的量测精确度。也就是说，后两者的量测误差将会对前者产生影响。因此，要讨论的问题为：函数的误差和函数中诸量的误差之间存在的关系。

设间接量测值是直接量测值 $Z_1, Z_2, \cdots, Z_n$ 的函数，即

$$X = f(Z_1, Z_2, \cdots, Z_n) \tag{9-12}$$

若以 $\Delta Z_1, \Delta Z_2, \cdots, \Delta Z_n$ 分别表示 $Z_1, Z_2, \cdots, Z_n$ 的误差，而用 Δx 表示 $\Delta Z_1, \Delta Z_2, \cdots, \Delta Z_n$ 引起的误差，则可得

$$X + \Delta X = f(Z_1 + \Delta Z_1, Z_2 + \Delta Z_2, \cdots, Z_n + \Delta Z_n) \tag{9-13}$$

将上式按泰勒级数展开，经运算可得

$$\Delta X = \Delta Z_1 \frac{\partial f}{\partial Z_1} + \Delta Z_2 \frac{\partial f}{\partial Z_2} + \cdots + \Delta Z_n \frac{\partial f}{\partial Z_n} \tag{9-14}$$

相对误差为

$$e = \frac{\Delta X}{X} = \frac{\Delta Z_1}{X} \frac{\partial f}{\partial Z_1} + \frac{\Delta Z_2}{X} \frac{\partial f}{\partial Z_2} + \cdots + \frac{\Delta Z_n}{X} \frac{\partial f}{\partial Z_n}$$

$$= e_1 \frac{\partial f}{\partial Z_1} + e_2 \frac{\partial f}{\partial Z_2} + \cdots + e_n \frac{\partial f}{\partial Z_n} \tag{9-15}$$

于是，最大绝对误差和最大相对误差分别为

$$\Delta X_{\max} = \pm \left(\left| \Delta Z_1 \frac{\partial f}{\partial Z_1} \right| + \left| \Delta Z_2 \frac{\partial f}{\partial Z_2} \right| + \cdots + \left| \Delta Z_n \frac{\partial f}{\partial Z_n} \right| \right) \tag{9-16}$$

$$e_{\max} = \pm \left(\left| e_1 \frac{\partial f}{\partial Z_1} \right| + \left| e_2 \frac{\partial f}{\partial Z_2} \right| + \cdots + \left| e_n \frac{\partial f}{\partial Z_n} \right| \right) \tag{9-17}$$

以上讨论的是已知自变量的误差，求函数的误差。在试验中，往往要求间接量测的最终误差不超过某一给定值。间接测定值的误差应该控制在什么范围之内，这实际上是误差的逆运算问题，解决这个问题对选择试验仪器以及对试验技术的改善是有很大帮助的。

由式(9-14)可以看出,对于给定的函数误差,自变量可以有不同的组合,这样在实际运用时会产生较多的困难。一种切实可行的方法是认为各自变量对函数的影响相等,即

$$\frac{\partial f}{\partial Z_1}\Delta Z_1 = \frac{\partial f}{\partial Z_2}\Delta Z_2 = \cdots = \frac{\partial f}{\partial Z_n}\Delta Z_n$$

于是得

$$\Delta Z_1 \leqslant \frac{\Delta X}{n\frac{\partial f}{\partial Z_1}}, \; \Delta Z_2 \leqslant \frac{\Delta X}{n\frac{\partial f}{\partial Z_2}}, \; \cdots, \; \Delta Z_n \leqslant \frac{\Delta X}{n\frac{\partial f}{\partial Z_n}}$$

【例题 9-4】 在进行圆形构件拉伸试验时,已知试件拉应力 $\sigma = \frac{4P}{\pi d^2}$,圆直径 $d=10\text{mm}$,拉力 $P=10\text{kN}$。若要求应力测定值的极限允许误差 $|\Delta\sigma_{\max}| \leqslant 2\text{N/mm}^2$,求拉力 P 和试件直径 d 的允许误差。

解: $\left|\frac{\partial \sigma}{\partial d}\right| = \frac{8P}{\pi d^3}$, $\left|\frac{\partial \sigma}{\partial P}\right| = \frac{4P}{\pi d^2}$, $n=2$

$$\Delta P \leqslant \frac{|\Delta\sigma_{\max}|}{n\left|\frac{\partial \sigma}{\partial P}\right|} = \frac{2\pi d^2}{2\times 4} = 78.54(\text{kN})$$

$$\Delta d \leqslant \frac{|\Delta\sigma_{\max}|}{n\left|\frac{\partial \sigma}{\partial d}\right|} = \frac{2\pi d^3}{2\times 8P} = 0.039(\text{mm})$$

最后得出拉力的最大允许误差为 78.54kN,直径 d 的最大允许误差为 0.039mm。

9.4 试验结果的表达

常用的试验数据表达方式有列表表示法、图形表示法和经验公式表示法,它们将试验数据按照一定的规律、方式表达,方便对数据进行分析,从而直观、清楚地表达试验结果。

9.4.1 列表表示法

列表法的优点是简单易行,形式紧凑,便于数据的比较和参考。列表时,表的名称应简明扼要,对于表格中那些不加说明即可了解的名称及单位,应尽可能地用符号表示,数字的写法应整齐统一。至于表格的具体形式、内容,则应随不同试验而有所不同,具体应根据试验情况及要求而定。

表 9-7 为某桩基的大应变动测结果表。

表 9-7 某桩基的动测结果表

桩号	桩径/mm	桩长/m	桩底标高/m	桩侧摩阻力/kN	桩尖承载力/kN	动测总承载力/kN	桩底持力层评价
19#-2	170	32.07	−30.85	11605.4	9834.3	21439.7	桩底持力层正常
21#-2	170	28.10	−26.82	10053.1	11437.3	21490.3	桩底持力层较好

9.4.2 图形表示法

用图形来表达试验数据可以更加清楚、直观地表现出各变量之间的关系，土木工程试验中常用的是曲线图和形态图。

1. 曲线图

用曲线图来表达试验数据及物理现象的规律性的优点是直观、明显，可以较好地表达定性分布和整体规律分布。作曲线图时，在图下方应标明图的编号及名称；一个曲线图中可以有若干条曲线，当图中有多于一条曲线时，可以用不同的线型、不同的记号或不同的颜色加以区别，也可以用文字说明来区别各条曲线；若需对图中的内容加以说明，可以在图中或图名下加上注解。

绘制试验曲线时，除了要保证曲线连续、均匀外，还应保证试验曲线与实际量测值的偏差平方和最小。

图 9.3 所示为某文化活动中心基础温度测试曲线图，图中的两条曲线分别反映了在测试过程中该基础的表面及内部的温度变化情况。图 9.4 所示为通过计算机数据采集系统得到的某黄河大桥动态应变曲线。

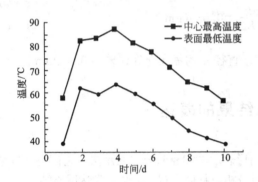
图 9.3　某文化活动中心基础温度测试图

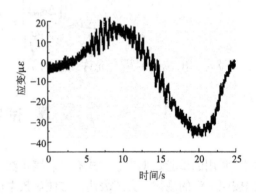
图 9.4　某黄河大桥动态应变曲线

2. 形态图

在土木工程试验中，诸如混凝土结构的裂缝情况、钢结构的屈曲失稳、结构的变形状态、结构的破坏状态等是一种随机的过程性发展状态，难以用具体的数值加以表达，对这类状态可以用形态图来表示。

形态图的制作方式主要为照片和手工绘制。

（1）照片可以如实地反映试验中的实际情况。缺点是有时不能突出重点，而将一些不需要的细节包含在内。另外，如果照片不够清晰，则会对试验的分析判断产生影响；

（2）手工绘制的形态图可对试验的实际情况进行概括和抽象，突出重点。制图时，可根据需要制作整体图或局部图，还可以把各个侧面的形态图连成展开图。例如，随着构件裂缝的发展，在图上随时标明裂缝的位置、高度、宽度等。手工绘制的缺点是不能较准确地将诸如裂缝位置、宽度等按比例表达。

形态图用以表示结构的损伤情况、破坏形态等，是其他表达方法无法替代的。制作形态图可以与试验同时进行,这样可以对试验过程加以描述。制作形态图时可以同时使用照片及手工绘制两种方式,使试验得到比较完善的描述。

9.4.3 经验公式表示法

通常,试验的目的包括以下几个方面。
(1) 测定某一物理量,如材料的弹性模量等。
(2) 通过试验确定某个指标,如结构的承载能力、破坏状况或验证某种计算方法等。
(3) 推导处某一现象中各物理量之间的关系。

试验中,由于模型制作、量测仪器、加载设备及试验人员的错觉等都可能引起试验结果的误差。因此,必须对试验结果进行处理,整理出各个物理量之间的函数关系,由此确定理论推导出的公式中的一些系数,或者完全用试验结果分析得出各物理量之间的函数关系式,这就是经验公式法。

1. 经验公式的选择

经验公式不仅要求各物理量之间的函数关系明确,还要求形式紧凑,便于分析运算及推广普及。一个理想的经验公式应该形式简单,待定常数不能太多,且要能准确反映试验数据,反映各个物理量之间的关系。

对于试验数据,一般没有简单的方法直接选定经验公式。比较常用的方法是先用曲线图将各物理量之间的关系表现出来,再根据曲线判定公式的形式,最后通过试验加以验证。

目前,有一些计算软件能够非常方便、迅速地给出所需要的数据拟合曲线(经验公式),且不仅有多项式拟合还有指数、双曲线等拟合方式。在了解了曲线拟合方式的前提下,可以根据实际情况选用。

多项式是比较常用的经验公式,在可能的条件下应尽量采用这种类型。为了确定多项式的具体形式,先首先确定其次数,然后再确定其待定常数。下面介绍两种常用的确定一元多项式待定常数的方法。

1) 最小二乘法
在目前较多使用的计算软件中,用以进行数据多项式拟合的是最小二乘法原理。

2) 分组平均法
进行试验时,如果量测 n 次,得到了 n 组数据,就可以建立 n 个测定公式,而试验最终要求的是最可靠的那一个公式。如果用图形曲线表示,根据实测的数据,可以绘制 n 条曲线,如图 9.5 所示。通常在作图时,应使实测点均匀分布在曲线的两侧,然后根据这条曲线定出经验公式。但是究竟哪一条曲线最为合适,仅用作图求解,其结果往往因人而异。分组平均法是确定经验公式常用的一种方法。其基本原理是使经验公式的离差的代数和等于零,即

$$\sum d_i = 0$$

若对应于 x_i 时,量测值为 y_i,而曲线上的值为

$$y = f(x_i, a_0, a_1, a_2, \cdots, a_n)$$

离差为

$$d_i = y_i - y$$

可以得出各点的 d_i。

若经验公式中的待定常数有 m 个，而经验公式为 n 个（$n > m$）。将 n 组数据代入选定的经验公式中，得到 n 个方程，再将它们分成 m 组分别求和，得到 m 个方程后联立求解，可得式中的待定常数，这就是分组平均法。

【例题 9-5】 设有经验公式：$y = b + mx$，相应的量测及计算数据表 9-8。试用分组平均法，求系数 b、m。

表 9-8 量测数据举例

序号	x	y	$y = b + mx$
1	1.0	3.0	$b + m = 3.0$
2	3.0	4.0	$b + 3m = 4.0$
3	8.0	6.0	$b + 8m = 6.0$
4	10.0	7.0	$b + 10m = 7.0$
5	13.0	8.0	$b + 13m = 8.0$
6	15.0	9.0	$b + 15m = 9.0$
7	17.0	10.0	$b + 17m = 10.0$
8	20.0	11.0	$b + 20m = 11.0$

解： 因经验公式中只有两个待定常数，所以将表中的 8 个方程分成两组，即序号 1～4 为一组，序号 5～8 为一组，这样得到两个方程

$$\begin{cases} 4b + 22m = 20.0 \\ 4b + 65m = 38.0 \end{cases}$$

联立求解可得

$$\begin{cases} b = 2.698 \\ m = 0.419 \end{cases}$$

代入原方程得所求的经验公式为

$$y = 2.698 + 0.419x$$

【例题 9-6】 经量测得到的某物体运动的速度与时间的关系见表 9-9，试求速度与时间关系的经验公式 $\overline{V} = f(t)$。

表 9-9 量测数据

时间 t/s	速度 $\overline{V}/(m \cdot s^{-1})$	时间 t/s	速度 $\overline{V}/(m \cdot s^{-1})$
0.0	3.1950	0.5	3.2282
0.1	3.2299	0.6	3.1807
0.2	3.2532	0.7	3.1266
0.3	3.2611	0.8	3.0594
0.4	3.2516	0.9	2.9759

解：从试验曲线的形态看，可近似选定经验公式为二次多项式。

$$\overline{V} = a_0 + a_1 t + a_2 t^2$$

下面是采用两种方法分别求解多项式的系数的结果。

(1) 采用最小二乘法求解。

按照最小二乘法所求得的经验公式为

$$\overline{V} = 3.1951 + 0.4425t - 0.7653t^2$$

定义贝塞尔概差为

$$y = 0.6745 \sqrt{\frac{d_i^2}{n-N}}$$

式中　n——测定值的数目；

　　　N——公式中常数的数目（即方程数）。

$(n-N)$的含义是当常数个数为 N 时，需要解 N 个联立方程，所求的经验公式一定过 N 个点，N 个点的离差为 0。剩下的 $(n-N)$ 个点与曲线有一定离差，所以应以这些离差的平方和除以被离差的个数 $(n-N)$ 来计算概差。

此时贝塞尔概差为

$$y = 0.6745 \sqrt{\frac{d_i^2}{n-N}} = 0.0019$$

(2) 采用分组平均法求解。

按照分组法所求得的经验公式为

$$\overline{V} = 3.1950 + 0.4448t - 0.7683t^2$$

分组平均法计算值的贝塞尔概差为

$$y = 0.6745 \sqrt{\frac{d_i^2}{n-N}} = 0.0051$$

2. 多元线性回归分析

上面介绍了试验数据的一元回归方法。事实上，因变量只与一个自变量有关的情形仅是最简单的情况，在实际工作中，经常遇见的是影响因变量的因素多于一个，这就要采用多元回归分析。由于许多非线性问题都可以转化线性问题求解，所以较为常见的是多元线性回归问题，即试验结果可表达为

$$y = a_0 + a_1 x_1 + a_2 x_2 + \cdots + a_n x_n$$

其中，自变量为 $x_i (i=1, 2, \cdots, n)$，回归系数为 $a_i (i=0, 1, 2, \cdots, n)$。

类似于一元线性回归中所采用的最小二乘法，多元线性回归也用最小二乘法求得。

本 章 小 结

(1) 要理解不同测量误差的概念和相关的特性。

(2) 要掌握偶然误差的统计规律，正确使用正态分布表，掌握过失误差的识别和剔除的具体方法，注意尽量采用两种或两种以上方法去识别和剔除过失误差。

(3) 试验结果的表达。掌握图表法，重点掌握经验公式表示法。

思 考 题

1. 在出厂前抽测的 100 片某种应变片的阻值见表 9-10，求该种应变片的最佳阻值。

表 9-10 应变片阻值

阻值	119.3	119.5	119.8	119.9	120.2	120.4	120.6	120.7	120.8	121.0
次数	1	4	9	14	21	22	15	8	4	1

2. 表 9-11 中所列数据是对某物体自振频率进行 10 次量测的结果，分别按照三倍标准误差准则、肖维纳准则分析数据。

表 9-11 某物体自振频率测试数据

序号	1	2	3	4	5	6	7	8	9	10
自振频率	14.3	16.1	15.9	14.8	15.2	15.5	16.6	15.3	15.5	15.1

3. 在对某立方块进行抗压试验时，已知压应力 $\sigma=\dfrac{F}{a^2}$，立方块横截面边长 $a=100\text{mm}$，压力 $F=20000\text{kN}$。如果要求应力测定值极限允许误差 $|\Delta\sigma_{max}|\leqslant 4\text{N/mm}^2$，求压力 F 及截面边长 a 的允许误差。

4. 经量测得到的物体某截面应力与该物体所受外力的关系见表 9-12，试分别用最小二乘法及分组平均法求应力与外力关系的经验公式：$\bar{\sigma}=f(p)$。

表 9-12 某物体所受外力与截面应力测试数据

外力 p/N	应力 $\sigma/(\text{N}\cdot\text{mm}^{-2})$	外力 p/N	应力 $\sigma/(\text{N}\cdot\text{mm}^{-2})$
1000	1.13	6000	1.33
2000	1.19	7000	1.38
3000	1.22	8000	1.41
4000	1.24	9000	1.46
5000	1.30	10000	1.51

第10章
建筑工程现场检测与评定

教学目标

了解建筑结构检测的目的及内容。
掌握混凝土结构、砌体结构和钢结构的检测内容及方法。

教学要求

知识要点	能力要求	相关知识
结构检测的目的及内容	(1) 了解建筑结构检测的目的 (2) 掌握结构检测的内容	
混凝土结构检测	(1) 掌握混凝土和钢筋材料强度的检测 (2) 掌握混凝土构件外观质量与内部缺陷的检测 (3) 掌握混凝土结构变形和内部钢筋的检测	回弹法、超声法、回弹超声综合法、钻芯法、拔出法
砌体结构检测	(1) 掌握砌体块材和砂浆的检测 (2) 理解砌体砌筑质量与构造的检测 (3) 理解砌体变形与损伤的检测	原位轴压法、扁式液压顶法等
钢结构检测	(1) 了解钢材外观质量和尺寸偏差检测 (2) 了解钢材力学性能和损伤的检测	

引言

在工程中通常会对在建或已建工程进行现场检测,以评估在役工程结构的工作性能、结构应力应变状态与设计结果的符合程度或对由于火灾及其他外界因素受损结构的剩余使用寿命,为工程加固提供技术依据。现场检测技术是工程技术人员必备的一项基本技能。对不同类型的结构如混凝土结构、砌体结构和钢结构,现场检测方法也不同。不同的检测方法的所用的仪器设备有什么差别?操作有哪些具体要求?通过学习本章的内容,我们来了解建筑工程现场检测技术。

10.1 概 述

建筑结构的检测可分为建筑结构工程质量的检测和既有建筑结构性能的检测。建筑结构检测属于现场结构试验性质,它具有直接为生产服务的目的,经常用来验证和鉴定结构的设计与施工质量;为处理工程质量事故和受灾结构提供技术依据;为使用已久的旧建筑物普查、检测与鉴定以及为其加固或改建提供合理的方案;为现场预制构件产品作检验合格与否的质量评定。

在目前的技术及经济条件下,建筑结构的现场检测技术的最重要方面是建筑结构的现场无损检测技术,即在不破坏建筑结构(混凝土结构、砌体结构、钢结构)构件的条件下,在结构构件原位上对结构构件的强度及缺陷进行直接定量检测的技术。

1. 结构检测的目的

建筑物的现场结构检测一般分为以下几个重要方面。

1) 施工质量的检测

对于施工控制过程中可能出现的质量问题,或怀疑预留试块强度不能代表结构材料的实际强度时,采用现场无损或半破损检测方法检测和推定材料的实际强度,并将其作为混凝土或砂浆的合格性评定验收依据。

2) 结构工程的验收检测

3) 建筑物结构的现场诊断与评估

建筑物(结构)的现场质量(参数)评定,主要与已有建筑物的可靠度(结构的安全性及适用性)有关,其针对的主要对象有以下几种。

(1) 改建、扩建或改变建筑物用途。

(2) 建筑物的买卖或投保前的性能评估。

(3) 建筑物遭受险情(地震、火灾和风灾等)后结构的安全性评定。

2. 结构检测技术的主要内容

根据以上不同的检测目的,通常可将建筑物的现场检测技术分为以下几类。

(1) 建筑物主要结构构件的材料强度检测。

(2) 建筑物主要结构构件的损伤检测(包括主体承重结构的开裂、混凝土的内部缺陷及孔洞)。

(3) 建筑物主体结构的传力体系布置,构件截面几何尺寸的复核,主要受力构件的钢筋配置情况及钢筋的锈蚀情况等。

针对上述建筑物现场检测的几类主要内容,可以采用各种不同的检测方法,检测人员可以根据不同的检测对象和现场的具体条件选择适用的检测方法。

3. 现场检测的准备工作

现场检测程序宜按图 10.1 进行。

1) 现场调查

对现场和有关资料的调查应包括收集被检测建筑结构的设计图纸、设计变更记录、施工记录、施工验收和工程地质勘察等资料;调查被检测建筑结

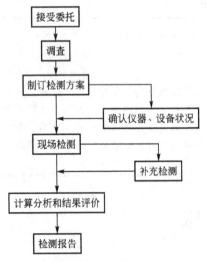

图 10.1 建筑结构检测工作程序框图

构现状(缺陷、环境条件)，使用期间的加固与维修情况和用途与荷载等变更情况；向有关人员进行调查；进一步明确委托方的检测目的和具体要求，并了解是否已进行过检测。

2) 制订检测方案

建筑结构的种类有很多，结构现状千差万别，必须在现场调查的基础上，针对每一个具体的结构制订完备的检测方案，检测方案应征求委托方的意见，并应经过审定。

检测方案应包括概况(主要包括结构类型、建筑面积、总层数，设计、施工及监理单位，建造年代等)；检测目的或委托方的检测要求；检测依据，主要包括检测所依据的标准及有关的技术资料等；检测项目和选用的检测方法以及检测的数量；检测人员和仪器设备情况；检测工作进度计划；所需要的配合工作；检测中的安全措施和环保措施。

3) 仪器设备检查

检测时应确保所使用的仪器设备在检定或校准周期内，并处于正常状态。仪器设备的精度应满足检测项目的要求。

4) 检测单位和检测人员

承接建筑结构检测工作的检测机构，应符合国家规定的有关资质条件要求。应经过国家或省级建设行政主管部门批准，并通过国家或省级技术监督部门的计量认证。检查单位应有固定的工作场所、健全的质量管理体系和相应的技术能力。

检测人员必须经过培训取得上岗资格，对特殊的检测项目，检测人员应有相应的检测资格证书。现场检测工作应由两名或两名以上检测人员承担。

5) 现场检测

结构检测的内容可以分为：几何量(如结构的几何尺寸、地基沉降、结构变形、混凝土保护层厚度、钢筋位置和数量、裂缝宽度等)、物理力学性能(如材料强度、地基的承载能力、桩的承载能力、预制板的承载能力、结构自振周期等)和化学性能(混凝土碳化、钢筋锈蚀等)。

建筑结构的检测应根据既有建筑结构的设计质量、施工质量、使用环境类别等确定检测重点、检测项目和检测方法。

检测的原始记录应记录在专用记录纸上，数据准确、字迹清晰、信息完整，不得追记、涂改，如有笔误，应进行杠改。当采用自动记录时，将自动记录的数据转换成专用记录格式打印输出并经现场检测人员校对确认。原始记录必须由检测及记录人员签字。

当发现检测数据数量不足或检测数据出现异常情况时，应补充检测。

6) 检测数据的整理与分析

在现场检测工作结束后，得到了检测的原始记录或计算机采集的检测数据，这些数据是数据处理所需要的原始数据，但这些原始数据往往不能直接说明试验的结果或解答试验所提出的问题。将原始数据经过整理换算、统计分析及归纳演绎后，才得到能反映结构性能的数据。

实施建筑结构常规检测的单位应向委托方提供有关结构安全性、使用安全性及结构耐久性等方面的有效检测数据和检测结论。

7) 检测报告

建筑结构检测结果的评定应符合《建筑结构检测技术标准》(GB/T 50344—2004)和《钢结构现场检测技术标准》(GB/T 50621—2010)等相应规范标准的规定。

建筑结构工程质量的检测报告应做出所检测项目是否符合设计文件要求或相应验收规范规定的评定。既有建筑结构性能的检测报告应给出所检测项目的评定结论,并能为建筑结构的鉴定提供可靠的依据。检测报告应结论准确、用词规范、文字简练,对于当事方容易混淆的术语和概念可做书面解释。

10.2 混凝土结构检测

混凝土结构是常见的工程结构,它由混凝土和钢筋组成。混凝土强度的检测是混凝土结构可靠性鉴定的一个重要内容。根据混凝土的物理和力学性能,如混凝土的表面硬度、密实度等,不同的混凝土强度非破损检测技术广泛地应用于工程实践中。混凝土结构的检测可分为钢筋强度检测以及混凝土强度、混凝土构件外观质量与内部缺陷、尺寸偏差、变形与损伤和钢筋位置、锈蚀的检测工作。

1. 混凝土结构现场检测部位的选择

采用非破损和微破损检测方法检测结构混凝土强度时,检测部位的选择应尽量避开构件顶部的弱区混凝土。梁、柱、墙板的检测部位应接近它的中部,楼板宜在底部进行,如果一定要在板表面进行时,要除掉板表层厚约 10~20mm 的混凝土。这主要考虑到现场结构混凝土的变异性和强度不均匀性。因为现场混凝土浇筑过程中粗骨料下沉,灰浆上升,加上混凝土流体状态的压效应作用等因素的影响,发现构件低位处的混凝土强度最高,高位处的强度最低。

2. 测点数量的确定

非破损检测方法其测点容易确定,允许选择的范围大。测点数量的合理选择和确定主要以保证检测指标的精确度为首要,其次综合试件的尺寸大小和构件数量多少以及试验费用的支出等因素考虑。表 10-1 列出了用一个标准取芯试验作对比,各种检测方法的相对试验测点数量。

表 10-1 不同检测方法的测点数量

检测方法	标准芯样	小直径芯样	回弹法	超声法	拔出法	贯入阻力法
测点数量	1	3	10	1	6	3

10.2.1 混凝土和钢筋材料强度的检测方法

混凝土是以水泥为主要胶结材料,拌和一定比例的砂、石和水,有时还加入少量的各种添加剂,经搅拌、注模、振捣、养护等工序后,逐渐凝固硬化而成的人工混合材料。各组成材料的成分、性质和相互比例以及制备和硬化过程中的各种条件和环境因素,都对混凝土的力学性能有不同程度的影响,因而其强度、变形等性能较之其他材料离散性更大。加之混凝土结构中的钢筋品种、规格、数量及构造不能一目了然,因此,掌握混凝土结构的性能首先应该掌握混凝土和钢筋材料的力学性能。

1. 混凝土

混凝土原材料的质量或性能可按下列方法检测。

(1) 当工程尚有与结构中同批、同等级的剩余原材料时，可按有关产品标准和相应检测标准的规定对与结构工程质量问题有关联的原材料进行检验。

(2) 当工程没有与结构中同批、同等级的剩余原材料时，可从结构中取样，检测混凝土的相关质量或性能。

(3) 测定混凝土立方体的抗压强度，以确定混凝土的强度等级，作为评定混凝土质量的主要指标；测定混凝土的抗折强度，检查混凝土施工品质。

2. 钢筋

钢筋的质量或性能可按下列方法检测。

(1) 当工程尚有与结构中同批的钢筋时，可按有关产品标准的规定进行钢筋力学性能检验或化学成分分析。

(2) 需要检测结构中的钢筋时，可在构件中截取钢筋进行力学性能检验或化学成分分析。进行钢筋力学性能的检验时，同一规格钢筋的抽检数量应不少于一组。

(3) 钢筋力学性能和化学成分的评定指标应按有关钢筋产品标准确定。

(4) 钢筋力学性能试验包括拉伸试验、冷弯试验、金属应力松弛试验等。

对既有结构钢筋抗拉强度的检测，可采用钢筋表面硬度等非破损检测方法与取样检验相结合的方法。

需要检测锈蚀钢筋、受火灾影响等钢筋的性能时，可在构件中截取钢筋进行力学性能检测。在检测报告中应对测试方法与标准方法的不符合程度和检测结果的适用范围等予以说明。

10.2.2 混凝土强度的检测

混凝土的强度是决定混凝土结构和构件受力性能的关键因素，也是评定混凝土结构和构件性能的主要参数。正确确定实际构件混凝土的强度一直是国内外学者关心和研究的课题。

混凝土的立方体抗压强度是其各种物理力学性能指标的综合反映，它与混凝土的轴心抗拉强度、轴心抗压强度、弯曲抗压强度、疲劳强度等有良好的相关性，且其测试方便可靠，因此混凝土的立方体抗压强度是混凝土强度的最基本的指标。

1. 回弹法

回弹法指通过在结构或构件混凝土上测得其回弹值和碳化深度值来评定该结构或构件混凝土强度的非破损检测方法。它主要用于评定混凝土抗压强度，具有仪器构造简单、使用操作方便、检测速度快和检测费用低的优点，在一定条件下能满足结构或构件混凝土强度的测试要求，其检测精度误差在±15%以内。此法是1948年由瑞士的施米特(E. Schmidt)发明的，由于它具有以上优点，所以在瑞士、英国、美国、德国、日本、前苏联及我国等多个国家得到广泛应用。

应用此法进行检测的范围大概有4个方面。

(1) 根据实测回弹值来估算结构混凝土的特征强度。

(2) 检验结构混凝土质量的均匀性。

(3) 检查结构或构件混凝土是否达到某一特定的强度(如拆模、运输、吊装混凝土强度)。

(4) 检验有疑问的区域。

回弹法是根据混凝土的表面硬度与抗压强度之间存在着一定的相关性而发展起来的一种混凝土强度测试方法。测试时，用具有规定动能的重锤弹击混凝土表面，弹击后，初始动能发生再分配，一部分能量被混凝土吸收，剩余的能量则回传给重锤。被混凝土吸收的能量取决于混凝土表面的硬度，混凝土表面硬度低，受弹击后表面塑性变形和残余变形大，被混凝土吸收的能量就多，回传给重锤的能量就少；相反，混凝土表面硬度高，受弹击后的塑性变形小，吸收的能量少，而传给重锤的能量多，因而回弹值就高，从而间接反映了混凝土的抗压强度。利用回弹仪测量弹击锤的回弹值，再利用回弹值与混凝土表面硬度(强度)的关系，就可以推断出混凝土的强度。

测定回弹值的仪器称回弹仪。回弹仪有不同的型号，按冲击动能的大小分为重型、中型、轻型、特轻型4种。在进行建筑结构检测时，一般使用中型回弹仪，中型回弹仪的代号为HT225，其冲击动能为2.21J。

由于受回弹法所必需的测强曲线的代表性的限制，《回弹法检测混凝土抗压强度技术规程》(JGJ/T 23—2001)规定：回弹法只适用于龄期在14～1000d范围内自然养护、评定强度在10～50MPa的普通混凝土，不适用于内部有缺陷或遭化学腐蚀、火灾、冰冻的混凝土和其他品种混凝土。

2. 超声法

超声波用于混凝土的测试技术，在国外始于20世纪40年代，随后迅速发展，现已在工程上广泛应用。目前主要用于强度、裂缝、内部缺陷和均匀性检测等方面，有时也用于测定弹性参数。

超声波探测的基本原理是基于超声波在介质中传播时，遇到不同界面将产生反射、折射、绕射、衰减等现象，从而使传播的声速、振幅、波形、频率等发生相应变化，测定这些规律的变化，便可得到材料的某些性质与内部构造情况。

由于混凝土是一种非匀质、非弹性的复合材料，因此其强度与波速之间的定量关系受到混凝土本身各种技术条件(如横向尺寸效应，温度和湿度，钢筋设置，粗骨料品种、粒径和含量，水灰比及水泥用量，养护方式等因素)的影响，具有一定的随机性。由于这种原因，目前尚未建立统一的混凝土强度和波速的定量关系曲线。许多国家在有关规程和方法中都规定，必须以一定数量的、相同技术条件的混凝土立方体试块，预先建立该种混凝土的 f-v 曲线，然后推算其强度，并进行有关影响因素的修正。

用超声波法测定混凝土强度，在工程中主要有下列几种方法：声速分级法、校正曲线法、修正系数法、水泥静浆声速换算法和水泥砂浆声速换算法。

结构混凝土的抗压强度 f_{cu} 与超声波在混凝土中的传播参数(声速、衰减等)之间的相关关系是超声脉冲检测混凝土强度方法的理论基础。

超声波脉冲实质上是超声检测仪的高频电振荡激励压电晶体发出的超声波在介质中的传播，如图10.2所示。混凝土强度越高，相应的超声波声速也越大，经试验归纳，这种相关性可以用反映统计相关规律的非线性数学模型来拟合,即通过试验建立混凝土强度与声速的关系曲线(f-v曲线)或经验公式。目前常用的相关关系表达式有:指数函数方程:$f_{cu}^c=Ae^{Bv}$;幂函数方程:$f_{cu}^c=Av^B$;抛物线方程:$f_{cu}^c=A+Bv+Cv^2$。

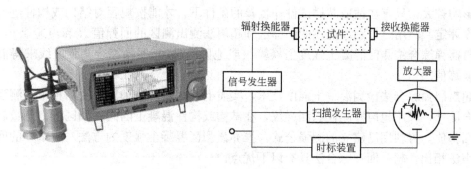

图 10.2 混凝土超声波检测系统

其中,f_{cu}^c 为混凝土强度换算值;v 为超声波在混凝土中的传播速度;A、B、C 分别为常数项。

在现场进行混凝土强度检测试验时,应选择试件浇筑混凝土的模板侧面为测试面,一般以 200mm×200mm 的面积为一测区。每一试件上相邻测区间距不大于 2m。测试面应清洁平整、干燥无缺陷和无饰面层。每个测区内应在相对测试面上对应布置 3 个测点,相对面上对应的辐射和接收换能器应在同一轴线上。测试时必须保持换能器与被测混凝土表面耦合良好,并涂抹黄油或凡士林等耦合剂,以减少声能的反射损失。

测区声波传播速度为

$$v = l/t_m \tag{10-1}$$

式中 v——测区声速值,km/s;

l——超声测距,mm;

t_m——测区平均声时值,按式(10-2)计算,t_1、t_2、t_3 分别为测区中 3 个测点的声时值,μs。

$$t_m = \frac{t_1+t_2+t_3}{3} \tag{10-2}$$

当在混凝土试件的浇筑顶面或底面测试时,声速值应作如下修正。

$$v_u = \beta v \tag{10-3}$$

式中 v_u——修正后的测区声速值,km/s;

β——超声测试面修正系数,在混凝土浇筑顶面及底面测试时,$\beta=1.034$;在混凝土浇筑侧面测试时,$\beta=1$。

由试验量测的声速,按 f_{cu}^c-v 曲线求得混凝土的强度换算值。

超声法检测混凝土强度需要配置专门的设备,值得注意的是,操作者的技术水平及经验都会对测量精度有很大影响。

3. 超声回弹综合法

超声回弹综合法是国际上 20 世纪 60 年代发展起来的一种非破损检测方法,由于精度高,已在我国混凝土工程中广泛使用。该法是用超声声速和回弹值综合反映混凝土强度的。我国工程建设标准化委员会已推荐和颁布了《超声回弹综合法检测混凝土强度技术规程》(CECS 02：2005)，当对工程上由于管理不善、施工质量不良，试块与结构中混凝土质量不一致或对试块检验结果有怀疑时，可按该规程进行检测推定混凝土强度大小，并可作为处理混凝土质量问题的一个主要依据。已建结构多为长龄期混凝土，其碳化层对测试结果影响较大，只有在钻取芯样试件作校核的条件下，才能按规程对结构或构件进行检测和强度评定。使用时分别以前述的回弹法和超声法测出测区的回弹值 R 和声速值 v，然后查超声回弹综合法测区混凝土强度值换算表或地区的超声-回弹综合测强曲线求得混凝土强度换算值。

超声回弹综合法检测混凝土强度技术，实质上就是超声法和回弹法两种单一测强方法的综合测试，采用超声检测仪和回弹仪，在结构或构件混凝土的同一测区分别测量超声声时和回弹值，再利用已建立的测强公式，推算该测区混凝土强度的方法。与单一的回弹法或超声法相比，超声回弹综合法具有以下优点。

(1) 混凝土的龄期和含水率对回弹值和声速都有影响。混凝土含水率大，超声波的声速偏高，而回弹值偏低；另一方面，混凝土的龄期长，回弹值因混凝土表面碳化深度增加而增加，但超声波的声速随龄期增加的幅度有限。两者结合的综合法可以减少混凝土龄期和含水率的影响。

(2) 回弹法通过混凝土表层的弹性和硬度反映混凝土的强度，超声法通过整个截面的弹性特性反映混凝土的强度。用回弹法测试低强度混凝土时，由于弹击可能产生较大的塑性变形，影响测试精度，而超声波的声速随混凝土强度增长到一定程度后，增长速度下降，因此超声法对较高强度的混凝土不敏感。采用超声回弹综合法，可以内外结合，相互弥补各自的不足，较全面地反映混凝土的实际质量。

超声回弹综合法由于具有上述优点，使得其测量范围加大。例如，采用超声回弹综合法可以不受混凝土龄期的限制，测试精度也有明显的提高。

采用超声回弹综合法检测混凝土强度的步骤与回弹法和超声法相同，测区布置基本上和回弹法相同。但当检测单个构件时，测区应不少于 10 个；若构件长度不足 2m，则测区不得少于 3 个。先在测区内进行回弹测试，再进行超声测试，避免耦合剂给回弹测试带来影响。

在选定的测区内分别进行超声测试和回弹测试，得到声速值和回弹值。按照《超声回弹综合法检测混凝土强度技术规程》(CECS 02：2005)，采用式 10.4 和式(10-5)计算混凝土的强度。

粗骨料为卵石时 $$f_{cu,i}^c = 0.0038(v_{ai})^{1.23}(R_{ai})^{1.95} \tag{10-4}$$

粗骨料为碎石时 $$f_{cu,i}^c = 0.008(v_{ai})^{1.72}(R_{ai})^{1.57} \tag{10-5}$$

式中 $f_{cu,i}^c$——第 i 个测区混凝土强度换算值，MPa，精确至 0.1MPa；

v_{ai}——第 i 个测区修正后的超声声速值，km/s，精确至 0.01km/s；

R_{ai}——第 i 个测区修正后的回弹值，精确至 0.1。

按照规定，得到每一个测区的混凝土强度换算值后，就可以根据相应的评定规则推定混凝土的强度性能了。

应当指出，与单一的回弹法或超声法相比，超声回弹综合法可以在一定程度上提高测试精度，但同时也增加了检测工作量。特别是与单一的回弹法相比，超声回弹综合法不再具有简便快速的优势。

4. 钻芯法

钻芯法是指采用专用的水冷式钻机(装有人造金刚石薄壁钻头),在结构混凝土构件上直接钻取标准芯样试件或小直径芯样试件进行实验室抗压强度试验,从而检测混凝土强度及混凝土内部缺陷的一种方法,利用此方法测得的混凝土抗压强度值可以直观地反映结构混凝土的质量。正是由于采用这种方法检测混凝土抗压强度时,无需进行检测参数与结构混凝土强度间的换算,故其被认为是在确定结构混凝土强度的各种方法中最准确的一种。采用回弹法与钻芯法相结合,即用芯样强度修正回弹法或综合法的结果,可以有效地提高现场检测混凝土强度的可靠性和检测的工作效率。

1) 钻芯法的主要设备机具

钻芯法的主要设备机具有钻芯机(图 10.3)和芯样切割机。供现场操作使用的钻芯机(钻机主立柱及底盘)应有足够的刚度,保证钻机安装后在钻取芯样的过程中不会出现变形及松动。

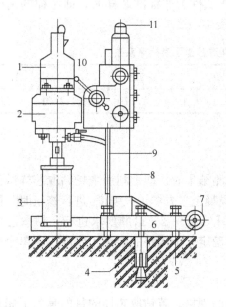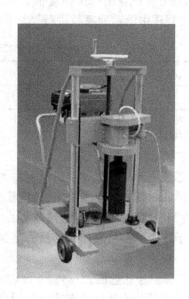

图 10.3 钻芯机

1—电动机;2—变速箱;3—钻头;4—膨胀螺栓;5—支承螺栓;
6—底座;7—行走轮;8—主柱;9—升降齿轮;10—进钻手柄;11—堵盖

2) 混凝土芯样构件的抗压强度试验及强度计算

在采用钻芯法评定结构(构件)混凝土强度时,若试件尺寸为 $h=100mm$、$d=100mm$,则所测得的混凝土芯样的抗压强度与边长为 150mm 的标准立方体试块的抗压强度基本一致,可不进行修正。

(1) 芯样试件的强度计算。

芯样试件的混凝土强度换算值应采用式(10-6)计算。

$$f_{cu}^c = \alpha \frac{4F}{\pi d^2} \qquad (10-6)$$

式中 f_{cu}——芯样试件混凝土强度换算值，MPa，精确至 0.1MPa；

        F——芯样试件抗压试验的最大试验荷载，N；

        d——芯样试件的平均直径，mm；

        α——不同高径比的芯样试件混凝土强度换算系数。

（2）芯样试件的强度换算。

采用钻芯法取得芯样试件得到的强度换算值，不等于在施工现场取样、成型、与构件同条件养护试块的抗压强度值，也不等于标准养护28d 的试块抗压强度值，它只代表构件混凝土的芯样试件在测试龄期的抗压结果转换成边长为 150mm 的标准立方体试块的实际强度值。

（3）非标准芯样试件的强度换算。

根据《钻芯法检测混凝土强度技术规程》（CECS 03：2007）中的有关条文，钻芯法芯样试件的混凝土强度换算值是把用钻芯法得出的芯样强度，换算成相应测试龄期的边长为150mm 的立方体试块的抗压强度值。当芯样试件为非标准芯样时，即芯样的高径比大于1.0 时，按规程中给定的系数进行换算，见表 10-2。

表 10-2   芯样试件混凝土强度换算系数

高径比(h/d)	1.0	1.1	1.2	1.3	1.4	1.5	1.6	1.7	1.8	1.9	2.0
系数 α	1.00	1.04	1.07	1.11	1.13	1.15	1.17	1.19	1.21	1.22	1.24

3）采用钻芯法测强应注意的有关问题

（1）芯样试件的数量要求。

在钻芯法用于修正混凝土的强度回弹检测结果时，即欲利用现场钻取芯样试件的抗压强度对回弹法得到的混凝土推定强度（换算混凝土立方体抗压强度）进行修正时，则可按照《回弹法检测混凝土抗压强度技术规程》（JGJ/T 23—2001）的要求进行，钻取芯样的数量一般不少于 6 个。若钻取芯样的目的是为了确定单个构件的混凝土强度，则单个构件上的取芯数量一般不少于 3 个。

（2）芯样直径的选取。

应根据不同的检测目的来确定芯样直径的规格。若钻取芯样的目的是为了修正回弹法的换算强度值或为了直接确定构件的混凝土强度值，应尽量选取可方便制作标准芯样的 $\phi 100$ 规格芯样。芯样选取此直径，即可满足上述要求，一般情况下也可满足抗压试验试件直径为骨料直径的 3 倍的要求。在特殊情况下，当混凝土构件的主筋间距较小或构件所处部位不允许钻取 $\phi 100$ 规格芯样时，也可采用 $\phi 70\sim 75$ 规格的小直径芯样，进行混凝土抗压强度试验，但应根据芯样试件中的骨料直径情况考虑适当增加芯样数量。

根据以往经验及有关科研单位的研究结果，在满足骨料直径与芯样直径比例要求的情况下，由 $\phi 70\sim 75$ 规格的小直径芯样试件得到的混凝土抗压强度与标准芯样试件的混凝土抗压强度差别不大（大致相当）。但当构件混凝土的骨料直径较大（大于 30mm）时，则小直径芯样的抗压强度可能受到影响，换算强度偏低。

当钻取芯样的目的是检测混凝土裂缝深度、内部缺陷及进行混凝土内部的质量检查时，则芯样的直径可选择较小的规格，且不必考虑芯样中最大骨料粒径的限制。

（3）芯样试件的钻取位置。

应选择在受力较小的部位（如矩形框架柱长向边一侧压力较小处，梁的中性轴线或以下的部位等）钻取芯样，避免在钻取芯样时对构件主筋造成损伤，同时也应避开构件中的管线等。

在采用钻芯修正法时，应将位置选择在回弹测区及超声测区范围内。

(4) 现场芯样的钻取。

实验室芯样试件的制作及芯样试件的抗压强度试验等各环节应遵循《钻芯法检测混凝土抗压强度技术规程》(CECS 03: 2007)的有关规定。

考虑到结构的安全问题，对预应力混凝土结构，一般情况下应避免钻取芯样。

5. 拔出法

拔出法试验是用一金属锚固件预埋入未硬化的混凝土浇筑构件内，或在已硬化的混凝土构件上钻孔埋入一膨胀螺栓，然后测试锚固件或膨胀螺栓被拔出时的拉力，由被拔出的锥台形混凝土块的投影面积确定混凝土的拔出强度，并由此推算混凝土的立方体抗压强度。它也是一种局部破损试验的检测方法。

在浇筑混凝土时预埋锚固件的方法，称为预埋拔出法，或称 LOK 试验。在混凝土硬化后再钻孔埋入膨胀螺栓作为锚固件的方法，称为后装拔出法，或称 CAPO 试验。预埋法拔出法常用于确定混凝土的停止养护、拆模时间及施加后张法预应力的时间，按事先计划要求布置测点。后装法拔出法则较多用于已建结构混凝土强度的现场检测，检测混凝土的质量和判断硬化混凝土的现有实际强度。在实际工程中，后装拔出法应用较多。采用拔出法现场检测混凝土的强度，除具有准确程度较高等优点外，最突出的特点是可以检测抗压强度高达 85MPa 的混凝土强度。一般说来，预埋拔出法的锚固件与混凝土的粘结力较好，拉拔时着力点较稳固，试验结果也较好，但这种方法必须预先有进行拉拔试验的打算，按计划布置测点和预埋锚固件。若事先没有预埋锚固件，当混凝土结构出现质量问题需现场检测混凝土的强度时，则只能采用后装锚杆拔出法。

拔出法试验用的锚固件膨胀螺栓如图 10.4 所示。其中预埋的锚固件拉杆可以是拆卸式的，也可以是整体式的。

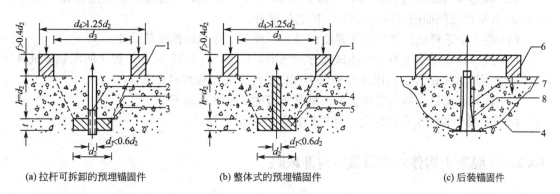

图 10.4 拔出法试验锚固件形式

1—承力环；2—可卸式拉杆；3—锚头；4—断裂线；5—整体锚固件；
6—承力架；7—后装式锚固件；8—后装

拔出法试验的加荷装置是一专用的手动油压拉拔仪。整个加荷装置支承在承力环或三点支承的承力架上，油缸进油时对拔出杆均匀施加拉力，加荷速度控制在 0.5～1kN/s 范围内，在油压表或荷载传感器上指示拔力。

检测单个构件时，至少进行三点拔出试验。当最大拔出力或最小拔出力与中间值之差大于 5% 时，在拔出力测试值的最低点附近再加测两点。对同批构件按批抽样检测时，构件抽样数应不少于同批构件的 30%，且不少于 10 件，每个构件不应少于 3 个测点。

在结构或构件上的测点，宜布置在混凝土浇筑方向的侧面，应分布在外荷载或预应力钢筋压力引起应力最小的部位，测点分布均匀并应避开钢筋和预埋件。测点间距应大于 $10h$（h 为锚固件的锚固深度），测点距离试件端部应大于 $4h$。

采用拔出法作为混凝土强度的推定依据时，必须按已经建立的拔出力与立方体抗压强度之间的相关关系曲线，由拔出力确定混凝土的抗压强度。目前，国内拔出法的测强曲线一般都采用一元回归直线方程。

$$f_{cu}^c = aF + b \tag{10-7}$$

式中 f_{cu}^c——测点混凝土强度换算值，MPa，精确至 0.1MPa；

F——测点拔出力，kN，精确至 0.1kN；

a，b——回归系数。

当混凝土强度对结构的可靠性起控制作用时（如轴压、小偏心受压构件等），或者一种检测方法的检测结果离散性很大时，需用两种或两种以上方法进行检测，以综合确定混凝土强度。

6. 混凝土静弹性模量的测定

结构混凝土在检测龄期的静力受压弹性模量可采用取样法测定。

测定结构混凝土静力受压弹性模量的取样及试验操作应按下列规定进行。

(1) 把同品种且强度等级相同的构件划为一个检测批。

(2) 在检测批的构件上随机钻取不少于 6 个公称直径 d 不小于 100mm 且大于骨料最大粒径 4 倍的芯样，芯样的高度与公称直径之比大于 2.0。

(3) 对芯样的端面进行处理，形成高度满足 $2d \pm 0.05d$，端面的平面度公差不大于 0.1mm 且端面与侧面垂直度为 $90° \pm 1°$ 的芯样试件。

(4) 将 3 个芯样试件作为抗压强度试件，另外 3 个作为弹性模量试件。

(5) 按《普通混凝土力学性能试验方法标准》（GB/T 50081—2002）规定的圆柱体试件试验方法测定 3 个试件的抗压强度和每个试件的静力受压弹性模量 $E_{cor,i}$。

(6) 计算全部试件静力受压弹性模量测定值的算术平均值 $E_{cor,m}$。

结构混凝土弹性模量的测定不宜进行数据的舍弃。

10.2.3 混凝土构件外观质量与内部缺陷

混凝土构件在施工过程中会因施工质量问题导致外观质量缺陷以及内部孔隙等问题，并且在使用过程中，混凝土构件会因外部的物理过程（如混凝土开裂、磨损、冻融循环等）、化学过程（如混凝土碳化、钢材锈蚀等）导致性能劣化，主要表现有：混凝土结构裂缝的出现、混凝土的碳化、有害介质的侵蚀、碱骨料反应、冻融循环、钢筋的锈蚀以及外观尺寸、内部孔隙等。

混凝土构件外观质量与缺陷的检测可分为蜂窝、麻面、孔洞、夹渣、露筋、裂缝、疏松区和不同时间浇筑的混凝土结合面质量等项目。外观缺陷可采用目测与尺量的方法检测；对于建筑结构工程质量检测，检测数量宜为全部构件。评定方法可按《混凝土结构工程施工质量验收规范》(GB 50204—2002)(2011版)确定。

1. 耐久性检测的内容

混凝土结构的耐久性检测主要包括以下内容。

(1) 对构件所处环境情况的调查及环境中特殊腐蚀性物质的种类等情况的调查及测定。

(2) 混凝土碳化深度的测定。

(3) 钢筋位置（保护层厚度）及钢筋锈蚀程度的测定。

(4) 混凝土蚀层深度的测定。

(5) 特殊腐蚀物质侵入深度及含量的测定。

2. 混凝土结构所处环境的类别

混凝土结构的环境类别分为5类，详见表10-3。

表10-3 混凝土结构的环境类别

环境类别		条件
一		室内正常环境
二	a	室内潮湿环境；非严寒和非寒冷地区的露天环境；与无侵蚀性的水或土壤直接接触的环境
	b	严寒和寒冷地区的露天环境；与无侵蚀性的水或土壤直接接触的环境
三		使用除冰盐的环境；严寒和寒冷地区冬季水位变动的环境；滨海室外环境
四		海水环境
五		受人为或自然的侵蚀性物质影响的环境

对于有腐蚀性物质的环境，应首先区分环境中腐蚀性物质的种类，一般可分成盐、酸、碱3类，依腐蚀性大小及浓度可细分为强、中、弱3档。

进行环境分类，有利于混凝土结构的耐久性设计及耐久性评价。

3. 混凝土碳化深度的测量

在选定的混凝土检测位置上凿孔，凿孔可用电锤、冲击钻，测孔的直径为12～25mm，视碳化深度的大小而定，并将孔内清扫干净后，向孔内喷洒浓度为1%的酚酞试液。喷洒酚酞试液后，未碳化的混凝土变为红色，已碳化的混凝土不变色，测量变色混凝土前缘至构件表面的垂直距离即为混凝土碳化深度。

酚酞试液的配制：每1g酚酞指示剂加75g浓度为95%的酒精和25g蒸馏水。

碳化测区应选在构件有代表性的部位，并避开较宽的裂缝和较大的孔洞，一般布置在构件中部。每个测区应置3个测孔，取3个测试数据的平均值作为该测区碳化深度的代表值。

测出混凝土实际碳化深度后，可利用式(10-8)计算钢筋保护层的剩余碳化时间。

$$t_1 = t_0 \left(\frac{D_1^2}{D_0^2} - 1 \right) \tag{10-8}$$

式中 t_1——剩余碳化时间，即从测定时算起的碳化达到钢筋表面所需要的时间；
   t_0——构件已使用的时间；
   D_0——实测碳化深度，mm；
   D_1——钢筋保护层厚度，mm。

4. 裂缝检测

裂缝检测包括对裂缝分布、走向、长度、宽度、深度等的检测和测量。在检测裂缝的分布、走向时，应侧重于分析裂缝的性质和成因；检查裂缝长度、宽度、深度时，则侧重于判定构件开裂的程度以及裂缝对构件性能的影响。裂缝长度可用钢尺测量，宽度宜用刻度放大镜或塞尺测量，深度可用超声脉冲波测量。检测中应绘制裂缝分布图，并标注裂缝的长度、宽度等。必要时可钻取芯样予以验证。

1) 浅裂缝检测

对于结构混凝土开裂深度小于或等于500mm的裂缝，可用平测法或斜测法进行检测。平测法适用于结构的裂缝部位只有一个可测表面的情况。如图10.5所示，将仪器的发射换能器和接收换能器对称布置在裂缝两侧，其距离为 L，超声波传播所需时间为 t_c。再将换能器以相同距离 L 平置在完好的混凝土表面，测得传播时间为 t，则裂缝的深度 d 可按式(10-9)进行计算。

$$d = \frac{L}{2} \sqrt{\left(\frac{t_c}{t} \right)^2 - 1} \tag{10-9}$$

式中 d——裂缝深度，mm；
   t、t_c——测距为 L 时不跨缝、跨缝平测的声时值，μs；
   L——平测时的超声传播距离，mm。

实际检测时，可进行不同测距的多次测量，取平均值作为该裂缝的深度值。

当结构的裂缝部位有两个相互平行的测试表面时，可采用斜测法检测。如图10.6所示，将两个换能器分别置于对应测点1，2，3，4，5的位置，读取相应声时值 t_i、波幅值 A_i 和频率值 f_i。

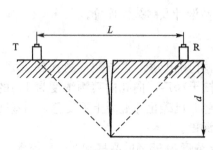

图10.5 平测法检测裂缝深度

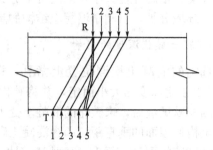

图10.6 斜测法检验裂缝

当两个换能器连线通过裂缝时，则接收信号的波幅和频率明显降低。对比各测点信号，根据波幅和频率的突变，可以判定裂缝的深度以及是否在平面方向贯通。

按上述方法检测时，在裂缝中不应有积水或泥浆。另外，当结构或构件中有主钢筋穿过裂缝且与两换能器连线大致平行时,测点布置时应使两换能器连线与钢筋轴线至少相距1.5倍的裂缝预计深度,以减小量测误差。

2) 深裂缝检测

对于在大体积混凝土中预计深度在500mm以上的深裂缝,采用平测法和斜测法有困难时,可采用钻孔探测,如图10.7所示。

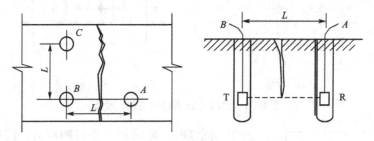

图 10.7 钻孔检测裂缝深度

在裂缝两侧钻两孔,孔距宜为2000mm。测试前向测孔中灌注清水作为耦合介质,将发射和接收换能器分别置入裂缝两侧的对应孔中,以相同高程等距自上向下同步移动,在不同的深度上进行对测,逐点读取声时和波幅数据。绘制换能器的深度和对应波幅值的d-A坐标图(图10.8)。波幅值随换能器下降的深度逐渐增大,当波幅达到最大并基本稳定的对应深度,便是裂缝深度d_c。测试时,可在混凝土裂缝测孔的一侧另钻一个深度较浅的比较孔,测试同样测距下无缝混凝土的声学参数,与裂缝部位的混凝土对比,进行判别。

钻孔探测方法还可用于混凝土钻孔灌注桩的质量检测。利用换能器沿预埋于桩内的管道做对穿式检测,由于超声传播介质的不连续使声学参数(声时、波幅)产生突变,即可判断桩的混凝土灌注质量,检测混凝土的孔洞、蜂窝、疏松不密实和桩内泥沙或砾石夹层,以及可能出现的断桩部位。

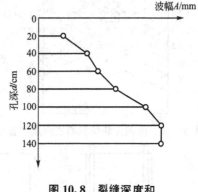

图 10.8 裂缝深度和波幅值的d-A坐标图

3) 斜裂缝检测

对于倾斜裂缝,应该确定其走向。方法是在测试面上画一条与裂缝交叉并相垂直的直线,将发射换能器固定放置在直线上的某一测点上,接收换能器置于裂缝的边缘,测得声时后再稍许外移,此时声时若减少,则裂缝走向右边,反之则走向左边。

5. 内部缺陷的检测

超声检测混凝土内部的不密实区域或空洞是根据各测点的声时(或声速)、波幅或频率值的相对变化,确定异常测点的坐标位置,从而判定缺陷范围的。当结构具有两对互相平行的测面时可采用对测法。在测区的两对相互平行的测试面上,分别画间距为200~300mm的网格,确定测点的位置(图10.9)。当只有一对相互平行的侧面时,可采用斜测法,即在测区的两个相互平行的测试面上,分别画出交叉测试的两组测点位置(图10.10)。

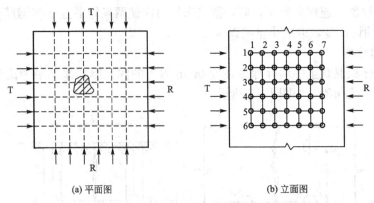

图 10.9 混凝土缺陷对测法测点位置

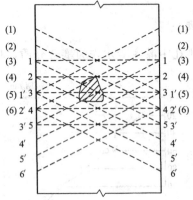

图 10.10 混凝土缺陷斜测法测点位置

测试时，记录每一测点的声时、波幅、频率和测距，当某些测点出现声时延长、声能被吸收和散射、波幅降低、高频部分明显衰减的异常情况时，通过对比同条件混凝土的声学参数，可确定混凝土内部存在的不密实区域和空洞范围。

当测距较大时，可采用钻孔或预埋声测管法，如图 10.11 所示，将两个径向振动式换能器分别置于平行的测孔或声测管中进行测试，可采用双孔平测、双孔斜测、扇形扫测的检测方式。

当混凝土被测部位只有一对可供测试的表面时，混凝土内部空洞尺寸可按式(10-10)方法估算(图 10.12)。

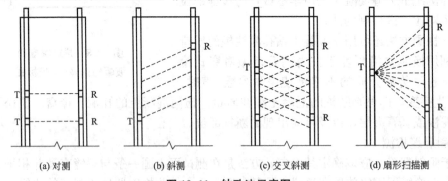

图 10.11 钻孔法示意图

$$r = \frac{l}{2}\sqrt{\left(\frac{t_h}{t_{ma}}\right)^2 - 1} \qquad (10-10)$$

式中 r——空洞半径，mm；
 　　　l——检测距离，mm；
 　　　t_h——缺陷处的最大声时值，μs；
 　　　t_{ma}——无缺陷区域的平均声时值，μs。

6. 表层损伤的检测

混凝土结构受火灾、冻害和化学侵蚀后会产生

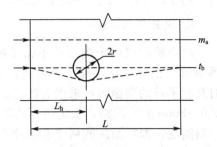

图 10.12 混凝土内部空洞尺寸估算

表面损伤,其损伤的厚度可以采用表面平测法进行检测。检测时,换能器测点按图 10.13 布置。将发射换能器在测试表面 A 点耦合后保持不动,接收换能器依次耦合安置在 B_1、B_2、B_3、…,每次移动距离不宜大于 100mm,并测读响应的声时值 t_1、t_2、t_3、… 及两换能器之间的距离 l_1、l_2、l_3、…,每一测区内不得少于 5 个测点。按各点声时值及测距绘制损伤层检测"时-距"坐标图(图 10.14)。由于混凝土损伤后使声波传播速度发生变化,因此在"时-距"坐标图上出现转折点,并由此可分别求得声波在损伤混凝土与密实混凝土中的传播速度。

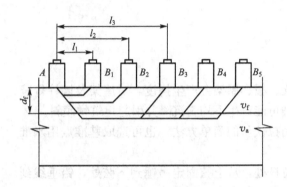 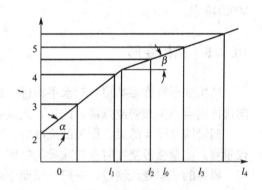

图 10.13 平测法检测混凝土表层损伤　　图 10.14 混凝土表面损伤检测"时-距"坐标图

损伤表层混凝土的声速

$$v_\text{f} = \cot\alpha = \frac{l_2 - l_1}{t_2 - t_1} \tag{10-11}$$

未损伤混凝土的声速

$$v_\text{a} = \cot\beta = \frac{l_5 - l_3}{t_5 - t_3} \tag{10-12}$$

式中　l_1、l_2、l_3、l_5——转折点前后各测点的测距,mm;

t_1、t_2、t_3、t_5——相对于测距 l_1、l_2、l_3、l_5 的声时,μs。

混凝土表面损伤层的厚度

$$d_\text{f} = \frac{l_0}{2}\sqrt{\frac{v_\text{a} - v_\text{f}}{v_\text{a} + v_\text{f}}} \tag{10-13}$$

式中　d_f——表层损伤厚度,mm;

l_0——声速产生突变时的测距,mm;

v_a——未损伤混凝土的声速,km/s;

v_f——损伤层混凝土的声速,km/s。

按照超声法检测混凝土缺陷的原理,还可用于检测混凝土二次浇筑所形成的施工缝和加固修补结合面的质量以及混凝土各部位的相对均匀性的检测。

10.2.4　尺寸与偏差

混凝土结构构件的尺寸与偏差的检测项目主要有构件截面尺寸、标高、轴线尺寸、预埋件位置、构件垂直度和表面平整度。

对于受到环境侵蚀和灾害影响的构件，其截面尺寸应在损伤最严重部位量测，在检测报告中应提供量测的位置和必要的说明。

施工偏差指混凝土构件实际的尺寸、位置与设计尺寸、位置之间的差异。过大的偏差可能会降低建筑物的使用功能，也可能引起较大的附加内力，降低结构的承载能力。现浇混凝土结构及预制构件的尺寸，应以设计图纸规定的尺寸为基准确定尺寸的偏差，尺寸的检查方法和尺寸偏差的允许值应按《混凝土结构工程施工质量验收规范》（GB 50204—2002)确定。

10.2.5 结构变形

结构变形有许多类型，对水平构件，如梁、板、屋架会产生挠度，对屋架及墙柱等竖向构件则会产生倾斜或侧移。此外，地基基础可能产生不均匀沉降并引起建筑物倾斜。

测量跨度较大的梁、屋架的挠度时，可用拉铁丝的简单方法，也可选取基准点用水准仪量测。测量楼板挠度时应扣除梁的挠度。

屋架的倾斜变位测量，一般在屋架中部拉杆处，从上弦固定吊锤到下弦处，铅垂线到相应下弦的水平距离即为屋架的倾斜值，并记录倾斜方向。

对于地基基础不均匀沉降，可根据建筑物水准点进行观测，观测点宜设置在建筑物四周角点、中点或转角处、沉降缝的两侧，一般沿建筑物周边每隔10～20m设置一点，用经纬仪、水准仪测量水平和垂直方向的变形。对于在建房时未埋设沉降观测点的旧房，不均匀沉降是无法测出的，这时可根据墙体是否出现沉降裂缝来判断地基基础是否发生了不均匀沉降。一般来说，当底层出现45°方向的斜裂缝时，地基则发生了盆式沉降(中间下沉多)；当墙面的裂缝发生于顶层时，则是端部的沉降多。

测量建筑物的倾斜量时，首先在建筑物垂直方向设置上、下两点或上、中、下3个点作为观察点，观测时在与建筑物距离大于其高度的地方放置经纬仪，以下观测点为基准，测量其他点的水平位移。倾斜观测应在相互垂直的两个方向进行。

10.2.6 混凝土结构内部钢筋检测

混凝土结构中的钢筋是决定和影响其承载能力的关键因素，因此对钢筋进行检测是十分重要的。检测的内容有钢筋的数量、直径和位置。当钢筋发生锈蚀时，还应对锈蚀的程度进行检测。

1. 钢筋的直径、数量和位置的测量

钢筋位置和数量可用混凝土保护层厚度测定仪检测。检测时使测定仪探头长向与构件中钢筋方向平行；钢筋直径档调至最小，测距档调至最大；横向摆动探头，当仪器指针摆动最大时，探头下就是钢筋位置。钢筋位置确定后(标出所有钢筋位置即可确定钢筋数量)，按图纸上的钢筋直径和等级调整仪器的钢筋直径、钢筋等级档，按需要调整测距档；将探头远离金属物体，旋转调旋钮使指针回零；将探头放置在测定钢筋上，从刻度盘上读取保护层厚度。对于钢筋直径，可将混凝土保护层凿开后用卡尺测量。

2. 钢筋锈蚀的检测

对于钢筋锈蚀，可采用 3 种方法检测：直观检查法、剔凿法和电化学法。直观检查法即观察混凝土构件表面有无锈痕，是否出现了沿钢筋方向的纵向裂缝，顺筋裂缝的长度和宽度可以反映钢筋的锈蚀程度。剔凿法是敲掉混凝土保护层，露出钢筋，直接用游标卡尺测定钢筋的剩余直径、蚀坑深度、长度及锈蚀物的厚度，推算钢筋的截面损失率的方法。测量钢筋剩余直径前应将钢筋除锈。剔凿法对结构有局部损伤，一般适用于混凝土表面已出现锈痕、顺筋裂缝的情况，或保护层被胀裂、剥落处。电化学法即测定钢筋与周围介质所形成的稳定电位，电位值大小能反映出钢筋状态。当钢筋处于钝化状态时，电位一般较低；当钢筋钝化状态破坏后，自然电位负向增大。它属非破损检测，操作简单，适合大面积普查，可以用来对钢筋锈蚀作初步的定性判断，但精度不是很高。要准确判断锈蚀程度，宜配合剔凿检测方法的验证。

混凝土中钢筋电位可采用基于半电池原理的检测仪器进行检测；混凝土的电阻率可采用四电极混凝土电阻率测定仪进行检测；混凝土中钢筋锈蚀电流可采用极化电极原理的检测仪器进行检测。

混凝土中钢筋的锈蚀是一个电化学的过程。钢筋因锈蚀而在表面有腐蚀电流存在，使电位发生变化。检测时采用由铜-硫酸铜作为参考电极的半电池探头的钢筋锈蚀测量仪，用半电池电位法测量钢筋表面与探头之间的电位差，利用钢筋锈蚀程度与测量电位间建立的一定关系，由电位高低变化的规律，可用以判断钢筋锈蚀的可能性及其锈蚀程度。钢筋电位与钢筋锈蚀状况的判别见表 10-4。

表 10-4 钢筋电位与钢筋锈蚀状况判别

钢筋电位状况/mV	钢筋锈蚀状况判别
-500～-350	发生锈蚀的概率为 95%
-350～-200	发生锈蚀的概率为 50%，可能存在坑蚀现象
-200 或高于-200	无锈蚀活动或锈蚀活动不确定，锈蚀概率为 5%

10.3 砌体结构检测

砌体构件由块材和砂浆砌筑而成，施工质量的变异较大，强度相对较低，使用过程中易出现开裂现象，检测时需对砌体的强度、施工质量、裂缝等进行重点检查和测试。

10.3.1 砌体结构检测的主要内容

砌体结构的检测可分为砌筑块材的检测、砌筑砂浆的检测、砌体强度的检测、砌筑质量与构造的检测以及损伤与变形的检测等。具体的检测项目应根据施工质量验收、鉴定工作的需要和现场的检测条件等具体情况确定。

砌体工程的现场检测方法，按测试内容不同可分为下列几类。

(1) 检测砌体抗压强度：原位轴压法、扁式液压顶法。
(2) 检测砌体工作应力、弹性模量：扁式液压顶法。
(3) 检测砌体抗剪强度：原位单剪法、双剪法。
(4) 检测砌筑砂浆强度：推出法、筒压法、砂浆片剪切法、回弹法、点荷法、射钉法。

根据检测目的、设备及环境条件，可按照表 10-5 选择检测方法。

表 10-5 检测方法一览表

序号	检测方法	特 点	用 途	限 制 条 件
1	原位轴压法	(1) 属原位检测，直接在墙体上测试，测试结果综合反映了材料质量和施工质量 (2) 直观性、可比性强 (3) 设备较重 (4) 检测部位局部破损	检测普通砖砌体的抗压强度	(1) 槽间砌体每侧的墙体宽度应不小于1.5m (2) 同一墙体上的测点数量不宜多于1个，测点数量不宜太多 (3) 限用于240mm砖墙
2	扁式液压顶法	(1) 属原位检测，直接在墙体上测试，测试结果综合反映了材料质量和施工质量 (2) 直观性、可比性较强 (3) 扁顶重复使用率较低 (4) 砌体强度较高或轴向变形较大时，难以测出抗压强度 (5) 设备较轻 (6) 检测部位局部破损	(1) 检测普通砖砌体的抗压强度 (2) 测试古建筑和重要建筑的实际应力 (3) 测试具体工程的砌体弹性模量	(1) 槽间砌体每侧的墙体宽度不应小于1.5m (2) 同一墙体上的测点数量不宜多于1个，测点数量不宜太多
3	原位单剪法	(1) 属原位检测，直接在墙体上测试，测试结果综合反映了施工质量和砂浆质量 (2) 直观性强 (3) 检测部位局部破损	检测各种砌体的抗剪强度	(1) 测点选在窗下墙部位，且承受反作用力的墙体应有足够的长度 (2) 测点数量不宜太多
4	双剪法	(1) 属原位检测，直接在墙体上测试，测试结果综合反映了材料质量和施工质量 (2) 直观性较强 (3) 设备较轻便 (4) 检测部位局部破损	检测烧结普通砖砌体的抗剪强度，其他墙体应经试验确定有关换算系数	当砂浆强度低于5MPa时，误差较大
5	推出法	(1) 属原位检测，直接在墙体上测试，测试结果综合反映了施工质量和砂浆质量 (2) 设备较轻便 (3) 检测部位局部破损	检测普通砖墙体的砂浆强度	当水平灰缝的砂浆饱满度低于65%时，不宜选用
6	筒压法	(1) 属取样检测 (2) 仅需利用一般混凝土实验室的常用设备 (3) 取样部位局部损伤	检测烧结普通砖墙体中的砂浆强度	测点数量不宜太多
7	砂浆片剪切法	(1) 属取样检测 (2) 用专用的砂浆测强仪和其标定仪，较为轻便 (3) 试验工作较简便 (4) 取样部位局部损伤	检测烧结普通砖墙体中的砂浆强度	

(续)

序号	检测方法	特　点	用　途	限制条件
8	回弹法	(1) 属原位无损检测，测区选择不受限制 (2) 回弹仪有定型产品，性能较稳定，操作简便 (3) 检测部位的装修面层仅局部损伤	(1) 检测烧结普通砖墙体中的砂浆强度 (2) 适宜于砂浆强度均质性普查	砂浆强度不应小于2MPa
9	点荷法	(1) 属取样检测 (2) 试验工作较简便 (3) 取样部位局部损伤	检测烧结普通砖墙体中的砂浆强度	砂浆强度不应小于2MPa
10	射钉法	(1) 属原位无损检测，测区选择不受限制 (2) 射钉枪、子弹、射钉有配套定型产品，设备较轻便 (3) 墙体装修面层仅局部损伤	烧结普通砖和多孔砖砌体中，砂浆强度均质性普查	(1) 定量推定砂浆强度，宜与其他检测方法配合使用 (2) 砂浆强度不应小于2MPa (3) 检测前，需要用标准靶校检

10.3.2　砌筑块材的检测

砌筑块材的检测可分为砌筑块材的强度及强度等级、尺寸偏差、外观质量、抗冻性能、块材品种的检测等项目。强度检测一般可采用取样法、回弹法、取样结合回弹的方法或钻芯的方法检测。最理想的方法是在结构上截取块材，由抗压试验确定相应的强度指标。但受现场条件限制，有时采用回弹法、取样结合回弹的方法或钻芯的方法检测推断块材强度。下面主要介绍回弹法。

1. 回弹法

回弹法检测砖块的基本原理与混凝土强度检测的回弹法相同。采用专门的HT75型砖块回弹仪量测砖砌体内砖块回弹值。

对检测批的检测，每个检测批中可布置5~10个检测单元，共抽取50~100块砖进行检测。

回弹测点布置在外观质量合格砖的条面上，每块砖的条面布置5个回弹测点，测点应避开气孔且测点之间应留有一定的间距。

以每块砖的回弹测试平均值 R_m 为计算参数，按相应的测强曲线计算单块砖的抗压强度换算值。当没有相应的换算强度曲线时，经过试验验证后，可按式(10-14)~(10-16)计算单块砖的抗压强度换算值。

粘土砖　　　　　　　　$f_{1,i}=1.08R_{m,i}-32.5$ 　　　　　　　　　(10-14)

页岩砖　　　　　　　　$f_{1,i}=1.06R_{m,i}-31.4$ 　（精确至小数点后1位）　(10-15)

煤矸石砖　　　　　　　$f_{1,i}=1.05R_{m,i}-27.0$ 　　　　　　　　　(10-16)

式中　$R_{m,i}$——第 i 块砖回弹测试平均值；

　　　$f_{1,i}$——第 i 块砖抗压强度换算值。

抗压强度的推定,以每块砖的抗压强度换算值为代表值,应按本章10.1.3节的规定确定推定区间。采用回弹法检测烧结普通砖的抗压强度时宜配合取样检验的验证。

2. 砌筑块材强度检测的要求

(1) 检测砌筑块材强度时,应将块材品种相同、强度等级相同、质量相近、环境相似的砌筑构件划为一个检测批,每个检测批砌体的体积不宜超过250m³。

(2) 当依据砌筑块材强度和砌筑砂浆强度确定砌体强度时,砌筑块材强度的检测位置宜与砌筑砂浆强度的检测位置对应。

(3) 除了有特殊的检测目的之外,检测砌筑块材强度时,取样检测的块材试样的外观质量应符合相应产品标准的合格要求,不应选择受到灾害影响或环境侵蚀作用的块材作为试样或回弹测区,块材的芯样试件不得有明显的缺陷。

(4) 检测砖和砌块尺寸及外观质量可采用取样检测或现场检测的方法。检测砖和砌块尺寸时,每个检测批可随机抽检20块块材,现场检测可仅抽检外露面;砖和砌块外观质量的检测可分为缺棱掉角、裂纹、弯曲等。现场检测可检测砖或块材的外露面;检测方法和评定指标应按现行相应产品标准确定。检测批的判定应按建筑结构检测技术标准规定的方法进行检测批的合格判定。

砌筑块材外观质量不符合要求时,可根据不符合要求的程度降低砌筑块材的抗压强度;砌筑块材的尺寸为负偏差时,应以实测构件的截面尺寸作为构件安全性验算和构造评定的参数。

10.3.3 砌筑砂浆

砌筑砂浆的检测项目有砂浆强度、品种、抗冻性和有害元素含量等。检测砌筑砂浆的强度宜采用取样的方法检测,如推出法、筒压法、砂浆片剪切法、点荷法等;检测砌筑砂浆强度的匀质性可采用非破损的方法检测,如回弹法、射钉法、贯入法、超声法、超声回弹综合法等。当将这些方法用于检测既有建筑砌筑砂浆强度时,宜配合有取样的检测方法。下面介绍几个主要的检测方法。

1. 推出法

该法采用推出仪从墙体上水平推出单块丁砖,测得水平推力及推出砖下的砂浆饱满度,以此推定砌筑砂浆抗压强度。

1) 试体及测试设备

推出仪由钢制部件、传感器、推出力峰值测定仪等组成,如图10.15所示。检测时,将推出仪安放在墙体的孔洞内。

测点宜均匀布置在墙上,并应避开施工中的预留洞口;被推丁砖的承压面可采用砂轮磨平,并应清理干净;被推丁砖下的水平灰缝厚度应为8~12mm;测试前,将被推丁砖应编号,并详细记录墙体的外观情况。

2) 测试方法

取出被推丁砖上部的两块顺砖,应遵守下列规定。

(1) 试件准备。使用冲击钻在图10.15(a)所示A点处打出直径约40mm的孔洞;用锯条自A至B锯开灰缝;将扁铲打入上一层灰缝,取出两块顺砖;用锯条锯切被推丁砖两侧的竖向灰缝,直至下皮砖顶面;开洞及清缝时,不得扰动被推丁砖。

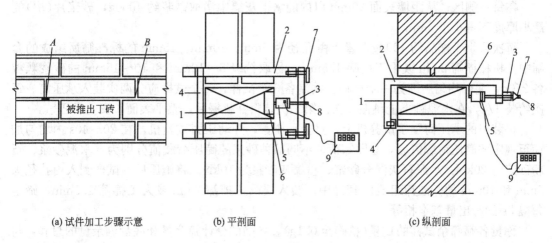

(a) 试件加工步骤示意　　(b) 平剖面　　(c) 纵剖面

图 10.15　推出仪及测试安装

1—被推出丁砖;2—支架;3—前梁;4—后梁;5—传感器;6—垫片;
7—调平螺栓;8—传力螺杆;9—推出力峰值测定仪

(2) 安装推出仪。用尺测量前梁两端与墙面之间的距离,使其误差小于3mm。传感器的作用点在水平方向应位于被推丁砖中间,铅垂方向应距被推丁砖下表面之上15mm处。

(3) 加载试验。旋转加荷螺杆对试件施加荷载,加荷速度宜控制在5kN/min。当被推丁砖和砌体之间发生相对位移时,试件达到破坏状态。记录推出力 N_{ij}。取下被推丁砖,用百格网测试砂浆饱满度 B_{ij}。

2. 筒压法

筒压法是指将取样砂浆破碎、烘干并筛分成符合一定级配要求的颗粒,装入承压筒并施加筒压荷载后,检测其破损程度,用筒压比表示,以此推定其抗压强度的方法。

1) 试体及测试设备

从砖墙中抽取砂浆试样,在实验室内进行筒压荷载试验,测试筒压比,然后换算为砂浆强度。承压筒(图10.16)可用普通碳素钢或合金钢自行制作,也可用测定轻骨料筒压强度的承压筒代替。

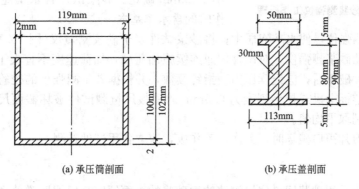

(a) 承压筒剖面　　(b) 承压盖剖面

图 10.16　承压筒构造

235

2) 现场测试

在每一测区，从距墙表面 20mm 以内的水平灰缝中凿取砂浆约 4000g，砂浆片（块）的最小厚度不得小于 5mm。

每次取烘干样品约 1000g，置于由孔径为 5mm、10mm、15mm 的标准筛所组成的套筛中，机械摇筛 2min 或手工摇筛 1.5min。称取粒级 5～10mm 和 10～15mm 的砂浆颗粒各 250g，混合均匀后即为一个试样。共制备 3 个试样，每个试样应分两次装入承压筒。每次约装 1/2，在水泥跳桌上跳振 5 次。第二次装料并跳振后，整平表面，安上承压盖。

将装料的承压筒置于试验机上，盖上承压盖，开动压力试验机，在 20～40s 内均匀加荷至规定的筒压荷载值后，立即卸荷。不同品种砂浆的筒压荷载值分别为：水泥砂浆、石粉砂浆为 20kN；水泥石灰混合砂浆、粉煤灰砂浆为 10kN。将施压后的试样倒入由孔径为 5mm 和 10mm 的标准筛组成的套筛中，装入摇筛机摇筛 2min 或人工摇筛 1.5min，筛至每隔 5s 的筛出量基本相等。

称量各筛筛余试样的重量（精确至 0.1g），各筛的分计筛余量和底盘剩余量的总和，与筛分前的试样重量相比，相对差值不得超过试样重量的 0.5%；当超过时，应重新进行试验。

3. 砂浆片剪切法

砂浆片剪切法是指采用砂浆测强仪检测砂浆片的抗剪强度，以此推定砌筑砂浆抗压强度的方法。

1) 试体及测试设备

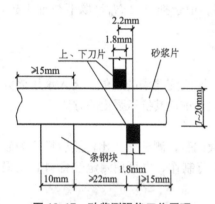

图 10.17　砂浆测强仪工作原理

从砖墙中抽取砂浆片试样，从每个测点处宜取出两个砂浆片，一片用于检测，一片备用。采用砂浆测强仪测试其抗剪强度，然后换算为砂浆强度。砂浆测强仪的工作状况如图 10.17 所示。

2) 测试方法

从测点处的单块砖大面上取下原状砂浆大片；对同一个测区的砂浆片，应加工成尺寸相近的片状体，大面、条面均匀平整，单个试件的各向尺寸宜为：厚 7～15mm，宽 15～50mm，长度按净跨度不小于 22mm 确定。砂浆试件含水率应与砌体正常工作时的含水率基本一致。

调平砂浆测强仪，使水准泡居中；将砂浆试件置于砂浆测强仪（图 10.17）内，并用上刀片压紧；开动砂浆测强仪，对试件匀速连续施加荷载，加荷速度不宜大于 10N/s，直至试件破坏；试件破坏后，应记读压力表指针读数，并根据砂浆测强仪的校验结果换算成剪切荷载值；用游标卡尺或最小刻度为 0.5mm 的钢板尺量测试件破坏截面尺寸，每个方向量测两次，分别取平均值。

试件未沿刀片刃口破坏时，此次试验作废，应取备用试件补测。

4. 回弹法

回弹法是指采用砂浆回弹仪检测墙体中砂浆的表面硬度，根据回弹值和碳化深度推定其强度的方法。

1) 试体及测试设备

用回弹仪测试砂浆表面硬度，用酚酞试剂测试砂浆碳化深度，用这两项指标计算砂浆强度。通常，检测单元取每一楼层且总量不大于 $250m^3$ 的材料品种和设计强度等级均相同的砌体。在一个检测单元内，按检测方法的要求，随机布置的一个或若干个检测区域，可将一个构件（单片墙体、柱）作为一个测区。每个测区的测位数不应少于 5 个。测位宜选在承重墙的可测面上，并避开门窗洞口及预埋件等附近的墙体。墙面上每个测位的面积宜大于 $0.3m^2$。

2) 测试方法

测位处的粉刷层、勾缝砂浆、污物等应清除干净；弹击点处的砂浆表面，应仔细打磨平整，并除去浮灰；每个测位内均匀布置 12 个弹击点。选定弹击点时，应避开砖的边缘、气孔或松动的砂浆。相邻两弹击点的间距不应小于 20mm；在每个弹击点上，使用回弹仪连续弹击 3 次，第 1、2 次不读数，仅记读第 3 次回弹值，精确至 1 个刻度。在测试过程中，回弹仪应始终处于水平状态，其轴线应垂直于砂浆表面，且不得移位。在每一测位内，选择 1~3 处灰缝，用游标卡尺和 1% 的酚酞试剂测量砂浆碳化深度，读数应精确至 0.5mm。

5. 点荷法

点荷法是指在砂浆片的大面上施加点荷载，以此推定砌筑砂浆抗压强度的方法。

1) 试体及测试设备

从砖墙中抽取砂浆片试样，采用小吨位压力试验机测试其点荷载值，然后换算为砂浆强度。从每个测点处宜取出两个砂浆大片，一片用于检测，一片备用。

2) 测试方法

从每个测点处剥离出砂浆大片。加工或选取的砂浆试件应符合下列要求：厚度为 5~12mm，预估荷载作用半径为 15~25mm，大面应平整，但其边缘不要求非常规则。在砂浆试件上画出作用点，量测其厚度，精确至 0.1mm。

在小吨位压力试验机上、下压板上分别安装上、下加荷头，两个加荷头应对齐；将砂浆试件水平放置在上、下加荷头对准预先画好的作用点，并使上加荷头轻轻压紧试件，然后缓慢匀速施加荷载至试件破坏。记录荷载值，精确至 0.1kN。试件可能破坏成数个小块，将破坏后的试件拼接成原样，测量荷载实际作用点中心到试件破坏线边缘的最短距离，即荷载作用半径，精确至 0.1mm。

6. 射钉法

射钉法是指采用射钉枪将射钉射入墙体的水平灰缝中，依据成组射钉的射入量推定砌筑砂浆抗压强度的方法。

1) 试体及测试设备

每个测区的测点，在墙体两面的数量宜各半。测试设备包括射钉、射钉器、射钉弹和游标卡尺。

2) 测试方法

在各测区的水平灰缝上标出测点位置。测点处的灰缝厚度不应小于 10mm；在门窗洞口附近和经修补的砌体上不应布置测点。清除测点表面的覆盖层和疏松层，将砂浆表面修理平整。应事先量测射钉的全长 l_1；将射钉射入测点砂浆中，并量测射钉外露部分的长度

l_2，则射钉的射入量为 $l=l_1-l_2$。对长度指标 l、l_1、l_2 的取值应精确至 0.1mm。射入砂浆中的射钉应垂直于砌筑面且无擦靠块材的现象，否则应舍去和重新补测。

此外，超声法、回弹超声综合法等各种非破损方法也已在砖砌体结构的强度检测中得到应用，但由于影响因素很多，测试结果往往不很理想，因此在使用上受到限制。

10.3.4 砌体强度

砌体结构强度的检测方法主要有：扁式液压顶法、原位轴压法、原位单剪法、双剪法。

对砌体的强度，可采用取样的方法或现场原位的方法检测。取样法是指从砌体中截取试件，在实验室测定试件的强度的方法。原位法是在现场测试砌体的强度的方法。

对烧结普通砖砌体的抗压强度，可采用扁式液压顶法或原位轴压法检测；对烧结普通砖砌体的抗剪强度，可采用原位双剪法或单剪法检测。

砌体强度的取样检测应遵守下列规定。

(1) 取样检测不得构成结构或构件的安全问题。

(2) 试件的尺寸和强度测试方法应符合《砌体基本力学性能试验方法标准》(GB/T 50129—2011)的规定。

(3) 取样操作宜采用无振动的切割方法，试件数量应根据检测目的确定。

(4) 测试前应对试件局部的损伤予以修复，不得将严重损伤的样品作为试件。

(5) 砌体强度的推定，可确定均值的推定区间；当砌体强度标准值的推定区间不满足要求时，也可按试件测试强度的最小值确定砌体强度的标准值，此时试件的数量不得少于3件，也不宜大于6件，且不应进行数据的舍弃。

1. 扁式液压顶法(扁顶法)

扁顶法的试验装置由扁式液压加载器及液压加载系统组成，如图 10.18 所示。试验时，在待测砌体部位按所取试样的高度在上下两端垂直于主应力方向沿水平灰缝将砂浆掏空，形成两个水平空槽，并将扁式加载器的液囊放入灰缝的空槽内。当扁式加载器进油时，液囊膨胀对砌体产生应力，随着压力的增加，试件受载增大，直至开裂破坏。

扁式加载器的压应力值经修正后即为砌体的抗压强度。扁顶法除了可直接测量砌体强度外，当在被试砌体部位布置应变测点进行应变量测时，还可测量砌体的应力-应变曲线和砌体原始主应力值。

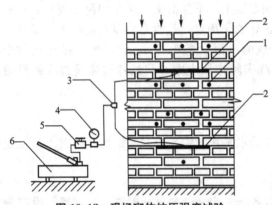

图 10.18 现场砌体抗压强度试验
1—变形测点角标；2—扁式液压加载器；3—三通接头；
4—液压表；5—溢流阀；6—手动油泵

2. 原位轴压法

原位轴压法的试验装置由扁式加载器、自平衡反力架和液压加载系统组成，如图 10.19

所示。测试时,先在砌体测试部位垂直方向按试样高度在上下两端各开凿一个相当于扁式加载器尺寸的水平槽,在槽内各嵌入一个扁式加载器,并用自平衡拉杆固定。也可用一个加载器,另一个用特制的钢板代替。通过加载系统对试件分级加载,直至试件受压开裂破坏,求得砌体的极限抗压强度。目前较多采用的也有在被测试件上下端各开 240mm×240mm 的方孔,内嵌以自平衡加载架及扁千斤顶,直接对砌体加载。

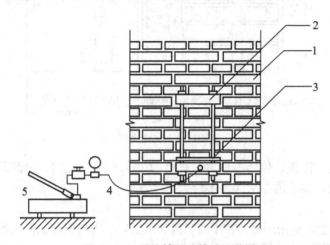

图 10.19 原位轴压法的试验装置
1—墙体;2—自平衡反力架;3—扁式加载器;4—油管;5—加载油泵

扁顶法与原位轴压法在原理上是完全相同的,都是在砌体内直接抽样,测得破坏荷载,并按式(10-17)计算砌体轴心抗压强度。

$$f = F/A \cdot K \tag{10-17}$$

式中 f——砌体轴心抗压强度,MPa;
F——试样的破坏荷载,N;
A——试样的截面尺寸,mm^2;
K——对应于标准试件的强度换算系数。

现场实测时,对于 240mm 墙体,试样尺寸的宽度可与墙厚相等,高度为 420mm(约 7 皮砖);对于 370mm 墙体,宽度为 240mm,高度为 480mm(约 8 皮砖)。

砌体原位轴心抗压强度测定法是在原始状态下进行检测的,砌体不受扰动,所以它可以全面考虑砖材和砂浆变异及砌筑质量等对砌体抗压强度的影响,这对于结构改建、抗震修复加固、灾害事故分析以及对已建砌体结构的可靠性评定等尤为适用。此外,这种方法以局部破损应力作为砌体强度的推算依据,结果较为可靠。由于它是一种半破损的试验方法,所以对砌体所造成的局部损伤易于修复。

3. 原位单剪法

在墙体上沿单个水平灰缝进行抗剪试验,检测砌体抗剪强度的方法称原位单剪法。

1) 试体及测试设备

本方法适用于推定砖砌体沿通缝截面的抗剪强度。检测时,测试部位宜选在窗洞口或其他洞口下 3 皮砖范围内,试件具体尺寸应按图 10.20 确定。

测试设备包括螺旋千斤顶或卧式液压千斤顶、荷载传感器及数字荷载表等。试件的预

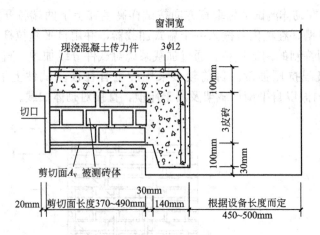

图 10.20 试件大样

估破坏荷载值应在千斤顶、传感器最大测量值的 20%~80% 之间。检测前,应标定荷载传感器及数字荷载表,其示值相对误差不应大于 3%。

2）现场试验

在选定的墙体上,应采用振动较小的工具加工切口,现浇钢筋混凝土传力件（图 10.20）。

(1) 测量被测灰缝的受剪面尺寸,精确至 1mm。

(2) 安装千斤顶及测试仪表,千斤顶的加力轴线与被测灰缝顶面应对齐,如图 10.21 所示。

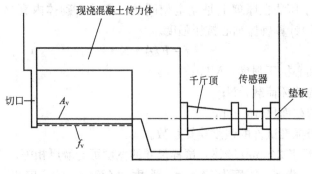

图 10.21 测试装置

(3) 应匀速施加水平荷载,并控制试件在 2~5min 内破坏。当试件沿受剪面滑动、千斤顶开始卸荷时,即判定试件达到破坏状态。记录破坏荷载值,结束试验。当在预定剪切面（灰缝）破坏时,此次试验才有效。

(4) 加荷试验结束后,翻转已破坏的试件,检查剪切面破坏特征及砌体砌筑质量,并详细记录。

4. 原位单砖双剪法

原位单砖双剪法是指采用原位剪切仪在墙体上对单块顺砖进行双面受剪试验,检测抗剪强度的方法。

1) 试体及测试设备

本方法适用于推定烧结普通砖砌体的抗剪强度。检测时,将原位剪切仪的主机安放在墙体的槽孔内。

本方法宜选用释放受剪面上部压力 σ_0 作用下的试验方案；当能准确计算上部压应力 σ_0 时，也可选用在上部压应力 σ_0 作用下的试验方案。

在测区内选择测点，应符合下列规定。

（1）每个测区随机布置的 n_1 个测点，在墙体两面的数量宜接近或相等。以一块完整的顺砖及其上下两条水平灰缝作为一个测点（试件）。

（2）试件两个受剪面的水平灰缝厚度应为 8~12mm。

（3）下列部位不应布设测点：门、窗洞口侧边 120mm 范围内；后补的施工洞口和经修补的砌体；独立砖柱和窗间墙。

（4）同一墙体的各测点之间，水平方向净距不应小于 0.62m，垂直方向净距不应小于 0.5m。

原位剪切仪的主机为一个附有活动承压钢板的小型千斤顶，其成套设备如图 10.22 所示。

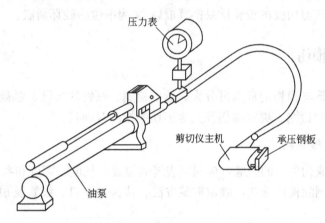

图 10.22　原位剪切仪示意图

2）现场试验

当采用带有上部压应力 σ_0 作用的试验方案时，应按图 10.23 所示，将剪切试件相邻一端的一块砖掏出，清除四周的灰缝，制备出安放主机的孔洞，其截面尺寸不得小于 105mm×65mm，掏空、清除剪切试件另一端的竖缝。

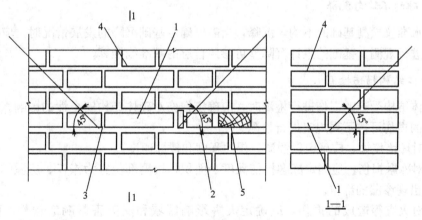

图 10.23　释放应力方案示意图

1—试样；2—剪切仪主机；3—掏空竖缝；4—掏空水平缝；5—垫块

当采用释放试件上部压应力 σ_0 的试验方案时，应按图 10.23 所示掏空水平灰缝，掏空范围由剪切试件的两端向上按 45°角扩散至灰缝 4，掏空长度应大于 620mm，深度应大于 240mm。

试件两端的灰缝应清理干净。在开凿清理过程中，严禁扰动试件；如发现被推砖块有明显缺棱掉角或上、下灰缝有明显松动现象时，应舍去该试件。被推砖的承压面应平整，如不平时应用扁砂轮等工具磨平。

将剪切仪主机（图 10.22）放入开凿好的孔洞中，使仪器的承压板与试件的砖块顶面重合，仪器轴线与砖块轴线吻合。若开凿孔洞过长，在仪器尾部应另加垫块。

操作剪切仪，匀速施加水平荷载，直至试件和砌体之间产生相对位移，试件达到破坏状态。加荷的全过程宜为 1~3min。

记录试件破坏时剪切仪测力计的最大读数，精确至 0.1 个分度值。采用无量纲指示仪表的剪切仪时，应按剪切仪的校验结果换算成以 N 为单位的破坏荷载。

10.3.5 变形与损伤

砌体结构的变形与损伤的检测可分为裂缝的检测、倾斜的检测、基础不均匀沉降的检测、环境侵蚀损伤的检测、灾害损伤及人为损伤的检测等项目。

1. 砌体结构裂缝检测

(1) 对于结构或构件上的裂缝，应测定裂缝的位置、长度、宽度和数量。

(2) 必要时应剔除构件抹灰，确定砌筑方法、留槎、洞口、线管及预制构件对裂缝的影响。

(3) 对于仍在发展的裂缝应进行定期的观测，提供裂缝发展速度的数据。

2. 砌筑构件或砌体结构的倾斜

可采用经纬仪、激光定位仪、三轴定位仪或吊锤的方法检测，宜区分施工偏差造成的倾斜、变形造成的倾斜、灾害造成的倾斜等。

3. 基础的不均匀沉降

可用水准仪检测基础的不均匀沉降，当需要确定基础沉降的发展情况时，应在结构上布置测点进行观测。基础的累计沉降差可参照首层的基准线推算。

4. 砌体结构损伤检测

对砌体结构受到的损伤进行检测时，应确定损伤对砌体结构安全性的影响。对于不同原因造成的损伤可按下列规定进行检测。

(1) 对环境侵蚀，应确定侵蚀源、侵蚀程度和侵蚀速度。

(2) 对冻融损伤，应测定冻融损伤深度、面积，检测部位宜为檐口、房屋的勒脚、散水附近和出现渗漏的部位。

(3) 对火灾等造成的损伤，应确定灾害影响区域和受灾害影响的构件，确定影响程度。

(4) 对于人为的损伤，应确定损伤程度。

10.4 钢结构检测

钢结构的检测是指钢结构与钢构件质量或性能的检测，可分为钢结构材料性能、外观质量、连接、内部缺陷、变形与损伤、构造、涂层厚度以及动力特性等项检测工作。本节主要阐述了钢材外观质量检测、构件的尺寸偏差检测、钢材的力学性能检测、超声探伤、射线探伤、磁粉检测和渗透检测的方法。

10.4.1 钢材外观质量检测

钢材外观质量检测可分为均匀性，是否有夹层、裂纹、非金属夹杂和明显的偏析等项目。当对钢材的质量有怀疑时，应对钢材原材料进行力学性能检验或化学成分分析。

（1）对于钢材裂纹，可采用观察的方法和渗透法检测。采用渗透法检测时，应用砂轮和砂纸将检测部位的表面及其周围 20mm 范围内打磨光滑，不得有氧化皮、焊渣、飞溅、污垢等；用清洗剂将打磨表面清洗干净，干燥后喷涂渗透剂，渗透时间不应少于 10min；然后再用清洗剂将表面多余的渗透剂清除；最后喷涂显示剂，停留 10~30min 后，观察是否有裂纹显示。

（2）对于杆件的弯曲变形和板件凹凸等变形情况，可用观察和尺量的方法检测，量测出变形的程度；变形评定应按现行《钢结构工程施工质量验收规范》（GB 50205—2001）的规定执行。

（3）对于螺栓和铆钉的松动或断裂，可采用观察或锤击的方法检测。

（4）对于结构构件的锈蚀，可按《涂装前钢材表面锈蚀等级和除锈等级》（GB 8923—1988）确定锈蚀等级，对 D 级锈蚀，还应量测钢板厚度的削弱程度。

（5）对于钢结构构件的挠度、倾斜等变形与位移和基础沉降等，可采用经纬仪、激光定位仪、三轴定位仪或吊锤的方法检测，宜区分倾斜中施工偏差造成的倾斜、变形造成的倾斜、灾害造成的倾斜等。对于基础不均匀沉降，可用水准仪检测。当需要确定基础沉降的发展情况时，应在结构上布置测点进行观测，观测操作应遵守《建筑变形测量规程》（JGJ 8—2007）的规定。结构的基础累计沉降差可参照首层的基准线推算。

10.4.2 构件的尺寸偏差检测

尺寸偏差检测的范围为所抽样构件的全部尺寸，每个尺寸应在构件的 3 个部位量测得到，取 3 处测试值的平均值作为该尺寸的代表值；尺寸量测的方法可按相关产品标准的规定量测，其中钢材的厚度可用超声测厚仪测定；构件尺寸偏差的评定指标应按相应的产品标准确定。

钢构件的尺寸偏差应以设计图纸规定的尺寸为基准计算。偏差的允许值应按《钢结构工程施工质量验收规范》（GB 50205—2001）确定。

钢构件安装偏差的检测项目和检测方法应按《钢结构工程施工质量验收规范》（GB 50205—2001）确定。

10.4.3 钢材的力学性能的检测

对结构构件钢材的力学性能进行检测可分为屈服点、抗拉强度、伸长率、冷弯和冲击功的检测等项目。当工程尚有与结构同批的钢材时，可以将其加工成试件，进行钢材力学性能检测；当工程没有与结构同批的钢材时，可在构件上截取试样，但应确保结构构件的安全。

1. 钢材力学性能现场检测项目和方法

钢材力学性能检测试件的取样数量、取样方法、试验方法和评定标准应符合表 10-6 中的规定。

表 10-6 材料力学性能检测项目和方法

检测项目	取样数量/(个/批)	取样方法	试验方法	评定标准
屈服点、抗拉强度、伸长率	1	《钢材力学及工艺性能试验取样规定》（GB 2975—1982）	《金属拉伸试验试样》（GB 6397—1986）；《金属材料室温拉伸试验方法》（GB 228—2002）	《碳素结构钢》（GB/T 700—2006）；《低合金高强度结构钢》（GB 1591—2008）；其他钢材产品标准
冷弯	1		《金属弯曲试验方法》（GB 232—1988）	
冲击功	3		《金属夏比缺口冲击试验方法》（GB/T 229—1994）	

当被检验钢材的屈服点或抗拉强度不满足要求时，应补充取样进行拉伸试验。补充试验时应将同类构件同一规格的钢材划为一批，每批抽样 3 个。

2. 钢材强度的检测方法

既有钢结构钢材的抗拉强度可采用检测表面硬度的方法检测。应用表面硬度法检测钢结构钢材抗拉强度时，应有取样检验钢材抗拉强度的验证。

表面硬度法主要利用布氏硬度计测定，由硬度计端部的钢珠受压时在钢材表面和已知硬度标准试样上的凹痕直径，测得钢材的硬度，并由钢材硬度与强度的相关关系，经换算得到钢材的强度。

$$H_B = H_S \frac{D - \sqrt{D^2 - d_S}}{D - \sqrt{D^2 - d_B}} \quad (10-18)$$

$$f = 3.6 H_B \quad (10-19)$$

式中 H_B、H_S——钢材和标准试件的布氏硬度；
d_B、d_S——硬度计钢珠在钢材和标准试件上的凹痕直径；
D——硬度计钢珠直径；
f——钢材的极限强度。

测定钢材的极限强度 f 后，可依据同种材料的屈强比计算得到钢材的屈服强度。

TH160 里氏硬度计为便携式里氏硬度仪，带有热敏打印机可以直接打印测量硬度值，可实现 6 种硬度（HLD、HRB、HRC、HB、HV、HS）间的转换，并可直接显示钢材强度示值。

10.4.4　超声探伤

超声法检测钢材和焊缝缺陷的工作原理与检测混凝土内部缺陷的工作原理相同，试验时较多采用脉冲反射法。超声波脉冲经换能器发射进入被测材料传播时，当通过材料不同界面（构件材料表面、内部缺陷和构件底面）时，会产生部分反射，这些超声波各自往返的路程不同，回到换能器时间不同，在超声波探伤仪的示波屏幕上分别显示出各界面的反射波及其相对的位置，分别称为始脉冲、伤脉冲和底脉冲，如图 10.24 所示。由缺陷反射波与始脉冲和底脉冲的相对距离，可确定缺陷在构件内的相对位置。如材料完好内部无缺陷，则显示屏上只有始脉冲和底脉冲，不出现伤脉冲。

进行焊缝内部缺陷检测时，换能器常采用斜向探头。图 10.25 所示为用三角形标准试块经比较法确定内部缺陷的位置。当在构件焊缝内探测到缺陷时，记录换能器在构件上的位置 L 和缺陷反射波在显示屏上的相对位置。然后将换能器移到三角形标准试块的斜边上作相对移动，使反射脉冲与构件焊缝内的缺陷脉冲重合，当三角形标准试块的 α 角度与斜向换能器超声波和折射角度相同时，量取换能器在三角形标准试块上的位置 L，则可按式（10-20）和式（10-21）确定缺陷的深度 h。

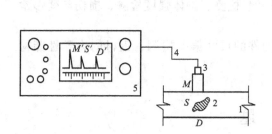

图 10.24　脉冲反射法探伤
1—试件；2—缺陷；3—探头；
4—电缆；5—探伤仪

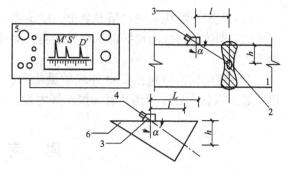

图 10.25　斜向探头探测缺陷位置
1—试件；2—缺陷；3—探头；4—电缆；
5—探伤仪；6—标准试块

$$l = L\sin^2\alpha \qquad (10-20)$$
$$h = L\sin\alpha \cdot \cos\alpha \qquad (10-21)$$

由于钢材密度比混凝土密度大得多，为了能够检测钢材或焊缝内较小的缺陷，要求选用较高的超声频率，常用工作频率为 0.5M～2MHz，比混凝土检测时的工作频率高。

超声法检测比其他方法（如磁粉探伤、射线探伤等）更有利于现场检测。

10.4.5　磁粉与射线探伤

磁粉探伤的原理：铁磁材料（铁、钴、镍及其合金）置于磁场中时，即被磁化。如果材料内部均匀一致而截面不变，则其磁力线方向也是一致的和不变的，当材料内部出现缺陷（如裂纹、空洞和非磁性夹杂物等）时，则由于这些部位的磁导率很低，磁力线便产生偏转，即绕道通过这些缺陷部位。当缺陷距离表面很近时，此处偏转的磁力线就会有部分越出试件表面，形成一个局部磁场。这时将磁粉撒向试件表面，落到此处的磁粉即被局部磁场吸住，于是显现出缺陷的所在。图10.26所示为磁粉探伤仪。

图10.26 磁粉探伤仪

射线探伤有X射线探伤和γ射线探伤两种。X射线和γ射线都是波长很短的电磁波，具有很强的穿透非透明物质的能力，并能被物质吸收。物质吸收射线的程度随物质本身的密实程度不同而异，材料越密实，吸收能力越强，射线越易衰减，通过材料后的射线越弱。当材料内部有松孔、夹渣、裂缝时，则射线通过这些部位的衰减程度较小，因而透过试件的射线较强。根据透过试件的射线强弱，即可判断材料内部的缺陷。

钢结构的无损检测除了有超声波、磁粉和射线探伤外，还有渗透法和涡流探伤等。

本 章 小 结

（1）混凝土结构检测包括混凝土强度检测、外观质量与缺陷检测及钢筋检测等内容。

（2）砌体结构检测包括砌筑块材检测、砌筑砂浆检测、砌体强度检测、损伤与变形检测等内容。

（3）钢结构检测包括钢材外观质量检测、构件的尺寸偏差检测、钢材的力学性能检测、超声探伤、磁粉探伤和射线探伤等内容。

思 考 题

1. 混凝土结构检测包括哪些内容？
2. 混凝土结构裂缝分哪几种？如何进行混凝土结构裂缝的检测？
3. 混凝土强度检测方法有哪几种？这些方法有何区别？
4. 砌体结构检测包括哪几项内容？试比较它们的相同点和不同点。
5. 如何用扁顶法检测既有砌体的抗压强度？
6. 如何用原位轴压法检测既有砌体的抗压强度？
7. 砌筑砂浆的强度检测方法有哪些？分别简述这些方法。
8. 简述钢结构外观质量的检测方法。
9. 简述超声法检测钢材和焊缝缺陷的工作原理及方法。

第11章
道路工程现场检测与评定

> **教学目标**

　　了解路基路面几何尺寸及路面厚度检测常用测试方法及其特点，掌握挖坑法、钻孔取样法检测厚度的测试方法。
　　了解路基路面压实度检测常用测试方法及其特点，掌握挖坑灌砂法、环刀法测定现场密度、压实度的测试方法。
　　了解路面平整度检测常用测试方法及其特点，掌握3m直尺测定法的测试要点。
　　了解路面抗滑性能检测常用测试方法及其特点，掌握手工铺砂法、电动铺砂法和摆式仪测定路面抗滑值的测试方法。
　　了解路基路面承载力的现场测试常用测试方法及其特点，掌握贝克曼梁的测试方法。
　　了解沥青路面车辙的检测测试方法。

> **教学要求**

知识要点	能力要求	相关知识
路基路面几何尺寸及路面厚度检测	(1) 了解路基路面几何尺寸检测 (2) 了解路面结构层厚度检测	
路基路面压实度测试	掌握挖坑灌砂法、环刀法测定的现场密度、压实度的测试方法	挖坑灌砂法、环刀法
路面平整度测试	(1) 了解连续式平整度仪法 (2) 了解车载式颠簸累积仪法 (3) 掌握3m直尺测定法	3m直尺测定法
路面抗滑性能的检测	(1) 了解路面抗滑性能检测常用测试方法及其特点 (2) 掌握路面抗滑值的测试方法	手工铺砂法、电动铺砂法和摆式仪
路基路面承载力的现场检测	(1) 了解路基路面承载力检测 (2) 了解路面模量的检测	

引言

　　道路工程检测是公路工程施工技术管理中的重要组成部分，同时也是道路工程施工质量控制和交、竣工验收评定工作中不可缺少的重要环节。在生产过程中，对在建或已建道路工程通过检测定量地评定各种材料和构件的质量，科学地评定道路结构的施工质量，对提高工程质量有重要意义。道路工程检测技术包括路基路面几何尺寸及路面厚度检测、路基路面压实度检测、路面平整度检测、路面抗滑性能检测、路基路面承载力的现场测试等内容。各个部分的检测方法如何？所用的仪器设备有哪些？检测操作过程中有哪些注意事项？通过学习本章，掌握道路工程现场检测技术相关知识。

路面是公路的重要组成部分,其使用性能直接关系到道路为用户提供的舒适性、安全性和快捷性等服务水平,也关系到道路本身的使用寿命。路基路面现场检测是指路基路面的原位测试,可以为在施工过程中进行质量管理与检查,施工竣工后的竣工验收以及道路使用期的路况评定提供可靠数据,而且还可以为科学养护决策提供客观依据。本章分别从路基路面几何尺寸及路面厚度检测、路基路面压实度检测、路面平整度检测、路面抗滑性能检测、路基路面强度指标检测、路面外观与沥青路面渗水系数检测等方面进行介绍。

11.1 路基路面几何尺寸及路面厚度检测

11.1.1 路基路面几何尺寸检测

在公路路基路面施工过程、竣工验收及旧路调查时,都需要检测路基路面各部分的宽度、纵断面高程、横坡、边坡及中线偏位等几何尺寸,以保证各组成部分的尺寸符合规定的要求。

土方路基、水泥土基层及沥青混凝土面层几何尺寸的允许偏差及检测要求见表 11-1。

表 11-1 几何尺寸的允许偏差及检测要求

结构名称	检查项目	规定值或允许偏差		检查方法和频率
		高速、一级公路	其他公路	
土方路基	纵断高程/mm 中线偏位/mm 宽度/mm 横坡/% 边坡	+10,-15 50 符合设计要求 ±0.3 符合设计要求	+10,-20 100 符合设计要求 ±0.5 符合设计要求	水准仪:每200m测4个断面 经纬仪:每200m测4点,弯道加 HY、YH 两点 米尺:每200m测4处 水准仪:每200m测4个断面 尺量:每200m测4处
水泥土基层	纵断高程/mm 宽度/mm 横坡/%	— 符合设计要求 —	+5,-15 符合设计要求 ±0.5	水准仪:每200m测4个断面 尺量:每200m测4个断面 水准仪:每200m测4个断面
沥青混凝土面层	纵断高程/mm 中线偏位/mm 宽度/mm 横坡/%	±5 20 ±20 ±0.3	±20 30 ±30 ±0.5	水准仪:每200m测4个断面 经纬仪:每200m测4点 尺量:每200m测4个断面 水准仪:每200m测4处

1. 测试仪器

检测几何尺寸所用的仪器有经纬仪、全站仪、精密水准仪、塔尺、钢卷尺等。

2. 测试准备

(1) 在路基或路面上准确恢复桩号。

(2) 根据有关施工规范或《公路工程质量检验评定标准(土建工程)》(JTG F80/1—2004)的要求,按路基路面随机取样的方法,在一个检测路段内选取测定的断面位置及里程桩号,在测定断面上作上标记。通常将路面宽度、横坡、高程及中线平面偏位选取在同一断面位置,且宜在整数桩号上测定。

(3) 根据道路设计的要求,确定路基路面各部分的设计宽度的边界位置,在测定位置上用粉笔做上记号;确定设计高程的纵断面位置,在测定位置上用粉笔做上记号;在与中线垂直的横断面上确定成型后路面的实际中心线位置。

(4) 根据道路设计的路拱形状,确定曲线与直线部分的交界位置及路面与路肩(或硬路肩)的交界处,作为横坡检验的基准;当有路缘石或中央分隔带时,以两侧路缘石边缘为横坡测定的基准点,用粉笔做上记号。

3. 路基路面宽度及中线偏位测定

用钢尺沿中心线垂直方向上水平量取路基路面各部分的宽度,以 m 表示。对高速公路及一级公路,精确至 0.005m;对其他等级公路,精确至 0.01m。测量时量尺应保持水平,不得将尺紧贴路面量取,也不得使用皮尺。

从设计资料中查出待测点 P 的设计坐标,用经纬仪对该设计坐标进行放样,并在放样点 P' 做好标记,量取 PP' 的长度,即为中线平面偏位 Δ_{CL},以 mm 表示。对高速公路及一级公路,精确至 5mm;对其他等级公路,精确至 10mm。

4. 纵断面高程测定

(1) 将精密水准仪架设在路面平顺处调平,将塔尺竖立在中线的测定位置上,以路线附近的水准点高程为基准,测记测定点的高程读数,以 m 表示,精确至 0.001m。

(2) 连续测定全部测点,并与水准点闭合。

5. 路面横坡测定

(1) 对设有中央分隔带的路面:将精密水准仪架设在路面平顺处调平,将塔尺分别竖立在路面与中央分隔带分界的路缘带边缘 d_1 处及路面与路肩交界位置(或外侧路缘右边缘)d_2 处,d_1 与 d_2 两测点必须在同一横断面上,测量 d_1 与 d_2 处的高程,记录高程读数,以 m 表示,精确至 0.001m。

(2) 对无中央分隔带的路面:将精密水准仪架设在路面平顺处调平,将塔尺分别竖立在路拱曲线与直线部分的交界位置 d_1 及路面与路肩(或硬路肩)的交界位置 d_2 处,d_1 与 d_2 两测点必须在同一横断面上,测量 d_1 与 d_2 处的高程,记录高程读数,以 m 表示,精确至 0.001m。

(3) 用钢尺测量两测点的水平距离,以 m 表示。对高速公路及一级公路,精确至 0.005m;对其他等级公路,精确至 0.01m。

6. 数据处理

(1) 按式(11-1)计算各个断面的实测宽度 B_{1i} 与设计宽度 B_{0i} 之差。

$$\Delta B_i = B_{1i} - B_{0i} \tag{11-1}$$

式中 B_{1i}——各断面的实测宽度,m;

B_{0i}——各断面的设计宽度,m;

ΔB_i——各断面的实测宽度和设计宽度的差值，m。

(2) 按式(11-2)计算各个断面的实测高程 H_{1i} 与设计高程 H_{0i} 之差。

$$\Delta H_i = H_{1i} - H_{0i} \tag{11-2}$$

式中 H_{1i}——各个断面的纵断面实测高程，m；

H_{0i}——各个断面的纵断面设计高程，m；

ΔH_i——各个断面的纵断面实测高程和设计高程的差值，m。

(3) 各测定断面的路面横坡按式(11-3)计算，精确至一位小数。按式(11-4)计算实测横坡 i_{1i} 与设计横坡 i_{0i} 之差。

$$i_{1i} = \frac{d_{1i} - d_{2i}}{B_{1i}} \times 100\% \tag{11-3}$$

$$\Delta i_i = i_{1i} - i_{0i} \tag{11-4}$$

式中 i_{1i}——各测定断面的横坡，%；

d_{1i}、d_{2i}——各断面测点 d_1 及 d_2 处的高程读数，m；

B_{1i}——各断面测点 d_1 与 d_2 之间的水平距离，m；

i_{0i}——各断面的设计横坡，%；

Δi_i——各测定断面的横坡和设计横坡的差值，%。

11.1.2 路面结构层厚度检测

路面厚度是施工质量管理过程施工验收必测项目，在路面工程中，各个层次的厚度是和道路整体强度密切相关的。路面各结构层厚度的检测一般与压实度检测同时进行，当用灌砂法进行压实度检查时，量取挖坑灌砂深度即为结构层厚度。当用钻芯取样法检查压实度时，可直接量取芯样高度。

检测路面厚度时，基层或砂石路面的厚度可用挖坑法测定，沥青面层与水泥混凝土路面板的厚度应用钻孔法测定。结构层厚度也可以采用水准仪量测法求得，即在同一测点量出结构层底面及顶面的高程，然后求其差值。国内外还有用雷达、超声波等方法检测路面结构层厚度的。

1. 挖坑法

用挖坑法测定路面厚度时应按下列步骤执行。

(1) 根据现行规范的要求，按规定方法随机取样决定挖坑检查的位置。如为旧路，则该点有坑洞等显著缺陷或接缝时可在其旁边检测。

(2) 在试验地点选一块约 40cm×40cm 的平坦表面，用毛刷将其清扫干净。

(3) 根据材料坚硬程度，选择镐、铲、凿子等适当的工具开挖这一层材料，直至层位底面。在便于开挖的前提下，开挖面积应尽量缩小，坑洞大体呈圆形，边开挖边将材料铲出，置搪瓷盘中。

(4) 用毛刷清扫坑底，确认为下一层的顶面。

(5) 将钢板尺平放横跨于坑的两边，用另一把钢尺或卡尺等量具在坑的中部位置垂直伸至坑底，测量坑底至钢板尺的距离，即为检查层的厚度，以 mm 计，精确至1mm。

2. 钻孔法

用钻孔取芯样法测定路面厚度时应按下列步骤执行。

(1) 根据现行规范的要求,按规定方法随机取样决定钻孔检查的位置。如为旧路,则该点有坑洞等显著缺陷或接缝时可在其旁边检测。

(2) 用路面取芯钻机钻孔,钻孔深度必须达到层厚。

(3) 仔细取出芯样,清除底面灰土,找出与下层的分界面。

(4) 用钢板尺或卡尺沿圆周对称的十字方向四处量取表面至上下层界面的高度,取其平均值,即为该层的厚度,精确至1mm。

3. 路面雷达法

路面雷达测试系统是一种非接触、非破损的路面厚度测试技术,检测速度快,精度也较高,检测费用低。因此,它不仅适用于沥青路面或水泥混凝土路面各层厚度及总厚度测试、路面下空洞探测、路面下相对高湿度区域检测、路面下的破损状况检测,还可以用于检测桥面混凝土剥落状况、桥内混凝土与钢筋脱离状况和测试桥面沥青覆盖层的厚度。当材料过度潮湿或饱和以及检测有高含铁量矿渣集料的路面时,不适合用本方法。

其基本原理是:雷达检测车以一定速度在路面上行驶,路面探测雷达发射电磁脉冲,并在短时间内穿过路面,脉冲反射波被无线接收机接收,数据采集系统记录返回时间和路面结构中的不连续电介质常数的突变情况。路面各结构层材料的电介质常数明显不同,因此电介质常数突变处,也就是两结构层的界面。根据测知的各种路面材料的电介质常数及波速,即可计算路面各结构层的厚度或给出含水量、损坏位置等资料。如图11.1所示,电磁波在路面面层中反射,雷达接收并记录这些反射信息。电磁波在特定介质中的传播速度是不变的,根据雷达记录的路面表面反射波 R_0 与面层基层界面反射波 R_1 的时间差 Δt,由式(11-5)计算面层的厚度 T。

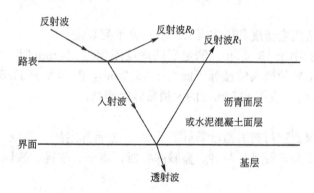

图 11.1 电磁波在路面面层中的反射

$$T = v \cdot \Delta t / 2 \qquad (11-5)$$

式中 v——电磁波在面层中的传播速度,mm/ns;

Δt——雷达波在路面面层中的双程走时,ns。

相对于雷达所用的高频电磁波 900M~2500MHz 而言,路面面层所用的材料都是低损耗介质,电磁波在面层中的传播速度为

$$v = c / \sqrt{\varepsilon_r} \qquad (11-6)$$

式中 c——电磁波在空气中的传播速度,取 300mm/ns;

ε_r——面层的相对介电常数，它取决于构成面层的所有物质的介电常数。

利用钻孔取芯标定雷达波的速度是一种较为准确、实用的确定雷达波传播速度的方法。即在雷达所测剖面上的某一点钻孔取芯，量测其实际厚度，用剖面上该点的双程走时和实际厚度反算雷达波在面层内的传播速度。

路面雷达测试系统能实时收集公路的雷达信息，然后将信息输入计算机程序内，在很短的时间里，电脑程序便会自动分析出公路或桥面内各层厚度、湿度、空隙位置、破损位置及程度。

11.2 路基路面压实度检测

路基路面压实质量是道路工程施工质量管理最重要的指标之一，只有对路基、路面结构层进行充分压实，才能保证路基路面的强度、刚度以及路面的平整度，延长路基路面的使用寿命。

路基路面现场压实质量用压实度表示，对于路基土及路面基层，压实度是指工地实际达到的干密度与室内标准击实试验所得的最大干密度的比值；对于沥青路面，压实度是指现场实际达到的密度与室内标准密度的比值。路面压实度的测试通常有挖坑灌砂法、核子密度湿度仪测定法、环刀法和钻芯法。

1. 挖坑灌砂法

挖坑灌砂法适用于在现场测定基层（或底基层）、砂石路面及路基土的各种材料压实层的密度和压实度检测，但不适用于填石路堤等有大孔洞或大孔隙的材料压实层的压实度检测。

采用挖坑灌砂法测定密度和压实度时，应符合下列规定。

集料的最大粒径小于 13.2mm，测定层的厚度不超过 150mm 时，宜采用 ϕ100mm 的小型灌砂筒测试；集料的最大粒径等于或大于 13.2mm，但不大于 31.5mm 时，测定层的厚度不超过 200mm 时，应用 ϕ150mm 的大型灌砂筒测试。

1) 仪器与材料

测试用的主要仪器和材料有灌砂筒(图 11.2)、金属标定罐、基板、玻璃板、试样盘、天平或台秤、含水量测定器具、量砂、盛砂的容器、凿子、改锥、铁锤、长把勺、长把小簸箕、毛刷等。

2) 测试准备

(1) 对检测对象试样用同种材料进行击实试验，确定最大干密度 ρ_c 及最佳含水率。

(2) 选用适宜的灌砂筒。

(3) 标定灌砂筒下部圆锥体内砂的质量和。

(4) 标定量砂的密度 ρ_s(g/cm)。

3) 测试步骤

(1) 在试验地点选一块平坦表面，并将其清扫干净，其面积不得小于基板面积。

(2) 将基板放在平坦表面上。当表面的粗糙度较大时，则将盛有量砂质量为 m_5 的灌砂筒放在基板中间的圆孔上，将灌砂筒的开关打开，让砂流入基板的中孔内，直到灌砂筒内

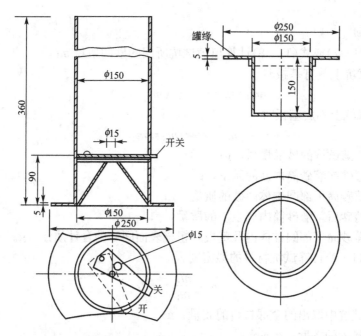

图 11.2 灌砂筒和标定罐(单位:mm)

的砂不再下流时关闭开关。取下灌砂筒,并称量筒内砂的质量 m_6,精确至 1g。

(3) 取走基板,并将留在试验地点的量砂收回,重新将表面清扫干净。

(4) 将基板放回清扫干净的表面上(尽量放在原处),沿基板中孔凿洞(洞的直径与灌砂筒一致)。在凿洞过程中,应注意不使凿出的材料丢失,并随时将凿松的材料取出装入塑料袋中,不使水分蒸发,也可放在大试样盒内。试洞的深度应等于测定层厚度但不得有下层材料混入。最后将洞内的全部凿松材料取出。对土基或基层,为防止试样盘内材料的水分蒸发,可分几次称取材料的质量。全部取出材料的总质量为 m_w,精确至 1g。

(5) 从挖出的全部材料中取有代表性的样品,放在铝盒或洁净的搪瓷盘中,测定其含水量(ω,以%计)。样品的数量如下:用小灌砂筒测定时,对于细粒土,应不少于 100g;对于各种中粒土,应不少于 500g。用大灌砂筒测定时,对于细粒土,应不少于 200g;对于各种中粒土,应不少于 1000g;对于粗粒土或水泥、石灰、粉煤灰等无机结合料稳定材料,宜将取出的全部材料烘干,且不少于 2000g,称其质量 m_d,精确至 1g。

(6) 将基板安放在试坑上,将灌砂筒安放在基板中间(灌砂筒内放满砂到要求质量 m_1),使灌砂筒的下口对准基板的中孔及试洞,打开灌砂筒的开关,让砂流入试坑内。在此期间,注意勿碰动灌砂筒。直到灌砂筒内的砂不再下流时,关闭开关。仔细取走灌砂筒,并称量筒内剩余砂的质量 m_4,精确至 1g。

(7) 如清扫干净的平坦表面的粗糙度不大,也可省去步骤(2)和(3)的操作,在试洞挖好后,将灌砂筒直接对准放在试坑上,中间不需要放基板。打开筒的开关,让砂流入试坑内。在此期间,注意勿碰动灌砂筒。直到灌砂筒内的砂不再下流时,关闭开关。仔细取走灌砂筒,并称量剩余砂的质量 m_4',精确至 1g。

(8) 仔细取出试筒内的量砂,以备下次试验时使用。若量砂的湿度已发生变化或量砂中混有杂质,则应该重新烘干、过筛,并放置一段时间,使其与空气的湿度达到平衡后再用。

4) 数据处理

(1) 按式(11-7)或式(11-8)计算填满试坑所用的砂的质量 m_b。

灌砂时，试坑上放有基板时

$$m_b = m_1 - m_4 - (m_5 - m_6) \tag{11-7}$$

灌砂时，试坑上不放基板时

$$m_b = m_1 - m_4' - m_2 \tag{11-8}$$

式中 m_b——填满试坑的砂的质量，g；
m_1——灌砂前灌砂筒内砂的质量，g；
m_2——灌砂筒下部圆锥体内砂的质量，g；
m_4、m_4'——灌砂后，灌砂筒内剩余砂的质量，g；
$(m_5 - m_6)$——灌砂筒下部圆锥体内及基板和粗糙表面间砂的合计质量，g。

(2) 按式(11-9)计算试坑材料的湿密度 ρ_w。

$$\rho_w = \frac{m_w}{m_b} \times \rho_s \tag{11-9}$$

式中 m_w——试坑中取出的全部材料的质量，g；
ρ_s——量砂的密度，g/cm³。

(3) 按式(11-10)计算试坑材料的干密度 ρ_d。

$$\rho_d = \frac{\rho_w}{1 + 0.01\omega} \tag{11-10}$$

式中 ω——试坑材料的含水量，%；
ρ_d——试样的干密度，g/cm³。

在水泥、石灰、粉煤灰等无机结合料稳定土的场合，可按式(11-11)计算干密度 ρ_d。

$$\rho_d = \frac{m_d}{m_b} \times \rho_s \tag{11-11}$$

式中 m_d——试坑中取出的稳定土的烘干质量，g。

(4) 按式(11-12)计算施工压实度。

$$K = \frac{\rho_d}{\rho_c} \times 120 \tag{11-12}$$

式中 K——测试地点的施工压实度，%；
ρ_c——由击实试验得到的试样的最大干密度，g/cm³。

2. 核子密度湿度仪测定法

核子密度湿度仪测定压实度试验方法适用于现场用核子密度湿度仪以散射法或直接透射法测定路基或路面材料的密度和含水量，并计算施工压实度。该方法是现场检测压实度较常用的一种方法，仪器按照规定方法标定后，其检测结果可作为工程质量评定与验收的依据。

在测定沥青混合料面层的压实密度或硬化水泥混凝土等难以打孔材料的密度时宜用散射法测定，所测定沥青面层的层厚应不大于根据仪器性能决定的最大厚度。用于测定土基、基层材料或非硬化水泥混凝土等可以打孔材料的密度及含水率时，打孔后应使用直接透射法测定，测定层的厚度不宜大于 30cm。

1) 仪器与材料

主要有核子密度湿度仪、细砂、天平或台秤、毛刷等。

2) 测试准备

(1) 使用前用标准计数块测定仪器的标准值。

(2) 在进行沥青混合料压实层密度测定前,应用核子仪对钻孔取样的试件进行标定;测定其他材料密度时,宜用挖坑灌砂法的结果进行标定。

(3) 测试位置的选择。按照随机取样的方法确定测试位置,但到路面边缘或其他物体的最小距离不小于 30cm,核子仪到其他放射源的距离不得少于 10m,当用散射法测定时,应用细砂填平测试位置路表结构凸凹不平的空隙,使路表面平整,能与仪器紧密接触;当使用直接透射法测定时,应在表面上用钻杆打孔,在拟测试材料表面打一个垂直的测试孔,测试孔要以插进探测杆后仪器在测点表面上不倾斜为准,孔深略大于要求测定的深度,孔应竖直圆滑并稍大于射线源探头,将探测杆插入已打好的测试孔内,前后或左右移动仪器,使之安放稳固。

(4) 按照规定的时间,预热仪器。

3) 测定步骤

(1) 如用散射法测定时,应按图 11.3 的方法将核子仪平稳地置于测试位置上。

(2) 如用直接透射法测定时,应按图 11.4 的方法将放射源棒放下插入已预先打好的孔内。

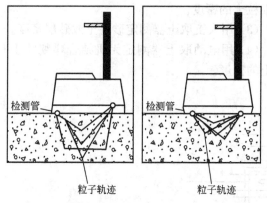

图 11.3 用散射法测定的方法

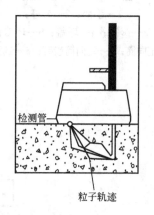

图 11.4 用直接透射法测定的方法

(3) 打开仪器,测试员退出仪器 2m 以外,按照选定的测定时间进行测量,到达测定时间后,读取显示的各项数值,并迅速关机。

(4) 数据处理。

按式(11-13)、式(11-14)计算施工干密度及压实度。

$$\rho_d = \frac{\rho_w}{1+\omega} \tag{11-13}$$

$$K = \frac{\rho_d}{\rho_c} \times 100 \tag{11-14}$$

式中 K——测试地点的施工压实度,%;

ω——含水量,以小数表示;

ρ_w——试样的湿密度，g/cm³；

ρ_d——由核子密度湿度仪测定的压实沥青混合料的实际密度，g/cm³，一组不少于13个点，取平均值；

ρ_0——沥青混合料的标准密度，g/cm³。

3. 环刀法

公路工程现场用环刀法测定土基及路面材料的密度及压实度。该方法适用于测定细粒土及无机结合料稳定细粒土的密度。但对无机结合料稳定细粒土，其龄期不宜超过2d，且宜用于施工过程中的压实度检验。

1）仪器与材料

主要有人工取土器（图11.5）、电动取土器（图11.6）、天平、镐、小铁锹、修土刀、毛刷、直尺、钢丝锯、凡士林、木板等。

2）方法与步骤

（1）对检测对象试样用同种材料进行击实试验，确定最大干密度 ρ_c 及最佳含水量 ω。

（2）用人工取土器测定粘性土及无机结合料稳定细粒土的密度。

（3）用人工取土器测定砂性土或砂层密度。

（4）用电动取土器测定无机结合料细粒土和硬塑土的密度。

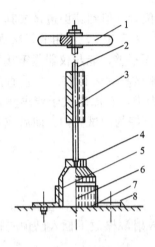

图11.5 人工取土器图

1—手柄；2—导杆；
3—落锤；4—环盖；5—环刀；
6—定向筒；7—定向筒齿钉；8—试验地面

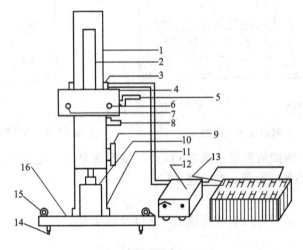

图11.6 电动取土器

1—立柱；2—升降轴；3—电源输入；
4—直流电动机；5—升降手柄；6、7—电源指示；
8—锁紧手柄；9—升降手轮；10—取芯头；11—立柱套；
12—调速器；13—蓄电池；14—定位销；15—行走轮；16—底座平台

3) 数据处理

本试验须进行两次平行测定，其平行差值不得大于 0.03g/cm^3，求其算术平均值。

(1) 按式(11-15)、式(11-16)计算试样的湿密度及干密度。

$$\rho = \frac{4(m_1 - m_2)}{\pi d^2 h} \qquad (11-15)$$

$$\rho_d = \frac{\rho}{1 + 0.01\omega} \qquad (11-16)$$

式中 ρ——试样的湿密度，g/cm^3；

ρ_d——试样的干密度，g/cm^3；

m_1——环刀或取芯套筒与试样的合计质量，g；

m_2——环刀或取芯套筒的质量，g；

d——环刀或取芯套筒的直径，cm；

h——环刀或取芯套筒的高度，cm；

ω——试样的含水量，%。

(2) 按式(11-17)计算施工压实度。

$$K = \frac{\rho_d}{\rho_c} \times 100 \qquad (11-17)$$

式中 K——测试地点的施工压实度，%；

ρ_d——试样的干密度，g/cm^3；

ρ_c——由击实试验得到的试样的最大干密度，g/cm^3。

4. 钻芯法

沥青混合料面层的压实度是指按施工规范规定方法测定的混合料试样的毛体积密度与标准密度之比，以百分率表示。钻芯法适用于检验从压实的沥青路面上钻取的沥青混石料芯样试件的密度，以评定沥青面层的施工压实度。

1) 仪器与材料

路面取芯钻机、天平、水槽、吊篮、石蜡、卡尺、毛刷、小勺、取样袋和电风扇等。

2) 方法与步骤

(1) 钻取芯样。

(2) 测定试件密度。

(3) 根据《公路沥青路面施工技术规范》(JTG F40—2004)的规定，确定计算压实度的标准密度。

3) 数据处理

当计算压实度的标准密度采用马歇尔击实试件成型密度或试验路段钻孔取样密度时，沥青面层的压实度按式(11-18)计算。

$$K = \frac{\rho_s}{\rho_0} \times 100 \qquad (11-18)$$

式中 K——沥青面层某一测定部位的压实度，%；

ρ_s——沥青混合料芯样试件的实际密度，g/cm^3；

ρ_0——沥青混合料的标准密度，g/cm^3。

11.3 路面平整度检测

路面平整度是反映路面施工质量和服务水平的重要指标。路面的平整度与路面各结构层的平整状况有着一定的联系，即各层的平整效果将累积反映到路面表面上。路面面层由于直接与车辆及大气接触，不平整的表面将会增大行车阻力，并使车辆产生附加振动作用。这种振动作用会造成行车颠簸，影响行车的速度和安全、平稳性和舒适感。同时，振动作用还会对路面施加冲击力，从而加剧路面和汽车机件损坏和轮胎的磨损，并增大油耗。因此，平整度的检测与评定是公路施工与养护的重要环节。

平整度是指以规定的标准量规，间断地或连续地量测路表面的凹凸情况，即不平整度的指标。平整度的测试设备分为断面类和反应类两大类。断面类测定路面的实际凹凸情况，常见的有3m直尺及连续式平整度仪；反应类是司乘人员直接感受到的舒适性能指标，常用的测试设备有车载式颠簸累积仪。

1. 3m直尺法

3m直尺法适用于测定压实成型的路面各层表面的平整度，以评定路面的施工质量及使用质量，也可以用于路基表面成型后的施工平整度检测。路面平整度可以用3m直尺测定距离路表面的最大间隙来表示，以mm计。3m直尺测定法有单尺测定最大间隙及等距离(1.5m)连续测定两种。单尺测定时要计算出测段的合格率，常用于施工质量控制与检查验收；等距离连续测定要算出标准差，用标准差来表示平整程度，可用于施工质量检查验收。

具体测试方法如下。

(1) 在测试路段路面上选择测试地点。当为施工过程中质量检测需要时，测试地点根据需要确定，可以单杆检测；当为路基、路面工程质量检查验收或进行路况评定需要时，应首尾相接连续测量10尺。除特殊需要外，应以行车道一侧车轮轮迹(距车道线80～100cm)带作为连续测定的标准位置。对旧路面已形成车辙的路面，应取车辙中间位置为测定位置，用粉笔在路面上做好标记。

(2) 在施工过程中检测时，按需要确定的方向，将3m直尺摆在测试地点的路面上。目测3m直尺底面与路面之间的间隙情况，确定最大间隙的位置。用有高度标线的塞尺塞进间隙处，量测并记录最大间隙的高度，精确至0.2mm。

施工结束后检测时，按现行《公路工程质量检验评定标准》(JTG F80/1—2004)的规定，每一处连续检测10尺，按上述步骤测记10个最大间隙。

(3) 单杆检测路面的平整度计算，以3m直尺与路面的最大间隙为测定结果。连续测定10尺时，判断每个测定值是否合格，根据要求计算合格百分率，并计算10个最大间隙的平均值。

2. 连续式平整度仪法

连续式平整度仪测定平整度的检测方法是通过量测路面的不平整度的标准差 σ，来表示路面的平整度的，以mm计。连续式平整度仪法适用于测定路表面的平整度，不适用于在已有较多坑槽、破损严重的路面上测定。

连续式平整度仪的标准长度为3m，构造如图11.7所示。中间为一个3m长的机架，机架可缩短或折叠，前后各有4个行走轮，前后两组轮的轴间距离为3m。机架中间有一个能起落的测定轮。机架上装有蓄电源及可拆卸的检测箱，检测箱可采用显示、记录、打印或绘图等方式输出测试结果。测定轮上装有位移传感器，自动采集位移数据时，测定间距为10cm，每一计算区间的长度为100m并输出一次结果。当为人工检测，无自动采集数据及计算功能时，应能记录测试曲线。

机架头装有一个牵引架，可用人力或汽车牵引。

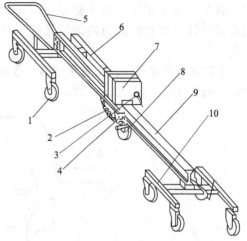

图11.7 连续式平整度仪构造示意图
1—脚轮；2—拉簧；
3—离合器；4—测架；5—牵引架；6—前架；
7—纵断面绘图仪；8—测定轮；9—纵梁；10—后架

具体测试方法如下。

(1) 选择测试路段路面测试地点。

(2) 将连续式平整度测定仪置于测试路段路面起点上。

(3) 在牵引汽车的后部挂上平整度的挂钩后，放下测定轮，启动检测器及记录仪，随即启动汽车，沿道路纵向行驶，横向位置保持稳定，并检查平整度检测仪表上测定数字显示、打印、记录的情况。如检测设备中某项仪表发生故障，即停车检测。牵引平整度仪的速度应均匀，速度宜为5km/h，最大不得超过12km/h。

当测试路段较短时，可用人力拖拉平整度仪测定路面的平整度，但拖拉时应保持匀速前进。

连续式平整度测定仪测定后，可按间距为10cm采集的位移值自动计算100m计算区间的平整度标准差，还可记录测试长度、曲线振幅大于某一定值(3mm、5mm、8mm、10mm等)的次数、曲线振幅的单向(凸起或凹下)累计值及以3m机架为基准的中点路面偏差曲线图，并打印输出。当为人工计算时，在记录曲线上任意设一基准线，每隔一定距离(宜为1.5m)读取曲线偏离基准线的偏离位移值d_i。

每一计算区间的路面平整度以该区间测定结果的标准差表示，按式(11-19)计算。

$$\sigma_i = \sqrt{\frac{\sum[(\sum d_i/n) - d_i]^2}{n-1}} \qquad (11-19)$$

式中 σ_i——各计算区间的平整度计算值，mm；

d_i——以100m为一个计算区间，每隔一定距离(自动采集间距为10cm，人工采集间距为1.5m)采集的路面凹凸偏差位移值，mm；

n——计算区间用于计算标准差的测试数据个数。

计算一个评定路段内的平整度须计算各区间平整度标准差的平均值、标准差、变异系数。

3. 车载式颠簸累积仪法

本方法是用车载式颠簸累积仪测量车辆在路面上通行时后轴与车厢之间的单向位移

累积值 VBI 来表示路面的平整度，以 cm/km 计。本方法适于测定路面的平整度，以评定路面的施工质量和使用期的舒适性，不适用于在已有较多坑槽、破损严重的路面上测定。

车载式颠簸累积仪由机械传感器、数据处理器及微型打印机组成，传感器固定安装在测试车的底板上，如图 11.8 所示。

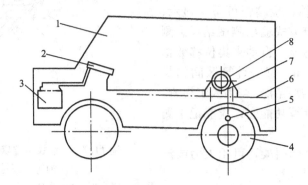

图 11.8　车载式颠簸累积仪安装示意图
1—测试车；2—数据处理器；3—电瓶；4—后桥；
5—挂钩；6—底板；7—钢丝绳；8—颠簸累积仪传感器

测定时，车辆行驶速度可在 30～50km/h 范围内选择，以 32km/h 为宜，一般不宜超过 40km/h。

测试车以一定的速度在路面上行驶，由于路面凹凸不平，引起汽车激振，机械传感器可测量后轴同车厢之间的单向位移累积值 VBI，该值越大，说明路面平整性越差，人乘坐汽车时越不舒适。

应检测每一评定路段内各测定区间的颠簸累积值和各评定路段颠簸累积值的平均值、标准差、变异系数。

11.4　路面抗滑性能检测

行车安全性同许多因素有关，路面抗滑能力是其中的一个重要方面。路面抗滑能力的指标主要有路表构造深度、路面抗滑值、路面横向力系数。

路面的抗滑值是指用标准的手提式摆式摩擦系数测定仪测定的路面在潮湿条件下对摆的摩擦阻力。

路面构造深度是指一定面积的路表面凹凸不平的开口孔隙的平均深度。

路面横向摩擦系数是指用标准的摩擦系数测定车测定，当测定轮与行车方向成一定角度且以一定速度行驶时，轮胎与潮湿路面之间的摩擦阻力与试验轮上荷载的比值。

另外，路面的渗水系数也是评价路面性能的重要指标，不仅反映路面沥青混合料级配组成，而且间接反映路面的抗滑性能。如果整个沥青表面层均透水，则水势必进入基层或路基，使路面承载力降低。相反地，如果沥青面层中有一层不透水，而表层能很快透水，又不致形成水膜，则对抗滑性能有很大好处，同时还能减少噪声。

11.4.1 构造深度试验方法

路面表面的构造深度(TD)是路面粗糙度的重要指标。它与路表抗滑性能、排水、噪声等都有一定关系。手工铺砂法与电动铺砂法都是利用细砂铺在路面上,计算嵌入凹凸不平的表面空隙中的砂的体积与覆盖面积之比求构造深度的。这是目前最基本也是最常用的方法。

1. 手工铺砂法

1) 测试设备

测试设备为人工铺砂仪,主要由量砂筒、推平板组成。

量砂筒:形状尺寸如图11.9(a)所示,一端是封闭的,容积为(25 ± 0.15)mL,可通过称量砂筒中水的质量以确定其容积V,并调整其高度,使其容积符合要求。带一专门的刮尺将筒口量砂刮平。

推平板:形状尺寸如图11.9(b)所示,推平板应为木制或铝制,直径为50mm,底面粘一层厚1.5mm的橡胶片,上面有一圆柱把手。

刮平尺:可用30cm的钢尺代替。

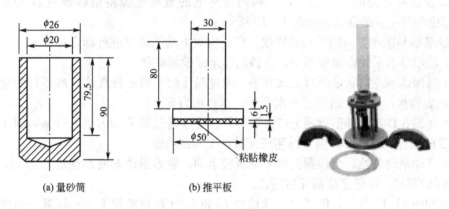

图11.9 人工铺砂仪(单位:mm)

2) 试验准备

取洁净的细砂晾干、过筛,取直径为0.15~0.3mm的砂置于适当的容器中备用。量砂只能在路面上使用一次,不宜重复使用。回收砂必须经干燥、过筛处理后方可使用。

对测试路段采用随机取样选点的方法,决定测点所在横断面位置。测点应选在行车道的轮迹带上,距路面边缘不应小于1m。

3) 测试步骤

(1) 用扫帚或毛刷将测点附近的路面清扫干净,面积不小于30cm×30cm。

(2) 用小铲装砂沿筒向圆筒中注满砂,手提圆筒上方,在硬质路面上轻轻地叩打3次,使砂密实,补足砂面用钢尺一次刮平。不可直接用量砂筒装砂,以免影响量砂密度的均匀性。

(3) 将砂倒在路面上,用底面粘有橡胶片的推平板,由里向外重复做摊铺运动,稍稍用力将砂细心地尽可能地向外摊开,使砂填入凹凸不平的路表面的空隙中,尽可能将砂摊成圆形,并不得在表面上留有浮动余砂。注意,摊铺时不可用力过大或向外推挤。

(4) 用钢板尺测量所构成圆的两个垂直方向的直径,取其平均值,精确至 5mm。

(5) 按以上方法,同一处平行测定不少于 3 次,3 个测点均位于轮迹带上,测点间距 3~5m。该处的测定位置以中间测点的位置表示。

4) 数据处理

路面表面构造深度测定结果按式(11-20)计算。

$$TD = \frac{1000V}{\pi D^2/4} = \frac{31831}{D^2} \quad (11-20)$$

式中 TD——路面表面构造深度,mm;

V——砂的体积,$V = 25 \text{cm}^3$;

D——推平砂的平均直径,mm。

每一处均取 3 次路面构造深度的测定结果的平均值作为试验结果,精确至 0.1mm。

计算每一个评定区间路面构造深度的平均值、标准差、变异系数。

2. 电动铺砂法

1) 测试设备

测试设备主要为电动铺砂仪,它利用可充电的直流电源将量砂通过砂漏铺设成宽 5cm,厚度均匀一致的器具,如图 11.10 所示。

量砂准备和选点工作同手动铺砂仪,但尚应对电动铺砂器进行标定。

(1) 将铺砂器平放在玻璃板上,将砂漏移至铺砂器端部。

(2) 将灌砂漏斗口和量筒口大致齐平。通过漏斗向量筒中缓缓注入准备好的量砂至高出量筒成尖顶状,用直尺沿筒口一次刮平,其容积为 50mL。

(3) 将漏斗口与铺砂器砂漏上口大致齐平。将砂通过漏斗均匀倒入砂漏,漏斗前后移动,使砂的表面大致齐平,但不得用任何其他工具刮动砂。

(4) 开动电动马达,使砂漏向另一端缓缓运动,量砂沿砂漏底部铺成如图 11.10 所示的宽 5cm 的带状,待砂全部漏完后停止。

(5) 如图 11.11 所示,依式(11-21)由 L_1 和 L_2 计算玻璃板上 50mL 量砂的摊铺长度 L_0,精确至 1mm。

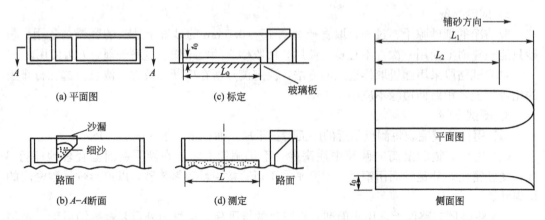

图 11.10 电动铺砂仪   图 11.11 确定 L_0 及 L 的方法

2) 测试准备

$$L_0 = (L_1 + L_2)/2 \tag{11-21}$$

式中 L_0——玻璃板上 50mL 量砂的摊铺长度，mm；

L_1、L_2——摊铺长度，如图 11.11 所示，mm。

(6) 重复标定 3 次，取平均值决定 L_0，精确至 1mm。

标定应在每次测试前进行，用同一种量砂，由同一试验员测试。

3) 测试步骤

(1) 将测试地点用毛刷刷净，面积大于铺砂仪。

(2) 将铺砂仪沿道路纵向平稳地放在路面上，将砂漏移至端部。

(3) 按上述电动铺砂器标定，重复步骤(2)～(5)，在测试地点摊铺 50mL 量砂，按图 11.11 的方法量取摊铺长度 L_1 及 L_2。由式(11-22)计算路面上 50mL 量砂的摊铺长度 L，准确至 1mm。

$$L = (L_1 + L_2)/2 \tag{11-22}$$

(4) 按以上方法，同一处平行测定不少于 3 次，3 个测点均位于轮迹带上，测点间距 3～5m。该处的测定位置以中间测点的位置表示。

4) 数据处理

(1) 按式(11-23)计算铺砂仪在玻璃板上摊铺的量砂厚度 t_0。

$$t_0 = \frac{V}{B \times L_0} \times 1000 = \frac{1000}{L_0} \tag{11-23}$$

式中 t_0——量砂在玻璃板上摊铺的标定厚度，mm；

V——量砂体积，$V = 50$mL；

B——铺砂仪铺砂宽度，$B = 50$mm；

L_0——玻璃板上 50mL 量砂摊铺的长度，mm。

(2) 按式(11-24)计算路面构造深度 TD。

$$TD = \frac{L_0 - L}{L} \times t_0 = \frac{L_0 - L}{L \times L_0} \times 1000 \tag{11-24}$$

式中 TD——路面的构造深度，mm；

L——路面上 50mL 量砂摊铺的长度，mm。

(3) 每一处均取 3 次路面构造深度的测定结果的平均值作为试验结果，精确至 0.1mm。

(4) 计算每一个评定区间路面构造深度的平均值、标准差、变异系数。

电动铺砂法与手工铺砂法虽然原理相同，但测定方法有差别，手工法是将全部砂都填入凹凸不平的空隙中了，而电动法是与玻璃板上摊铺后比较求得的，所以两法测定的构造深度不可能相同。电动铺砂法的标定十分重要，测试时的做法应与标定时一样，因此必须用同一种砂，由同一试验员测试。

3. 激光构造深度仪测定法

激光构造深度仪(图 11.12)是小型手推式路面构造深度测试仪，适用于测定沥青路面干燥表面的构造深度，用以评价路面抗滑及排水能力，测试温度不低于 0℃。

1) 测试设备

激光构造深度仪主要由装在两轮手推车上的光电测试设备、打印机、仪器操作装置及

图 11.12 激光构造深度仪

可拆卸手柄组成,最大测量范围为 20mm,精度为 0.01mm。

2)测试方法

高速脉冲半导体激光器产生红外线投射到道路表面,从投影面上散射光线由接收透镜聚焦到以线性布置的光敏二极管上,接收光线最多的二极管的位置给出了这一瞬间到道路表面的距离,通过一系列计算可得出构造深度。

3)测试要点

(1)检查仪器,安装手柄。

(2)根据被测路面状况,选择测量程序。

(3)适宜的检测速度为 3~5km/h,即人步行的正常速度。

(4)仪器按每一个计算区间打印出该段构造深度的平均值。标准的计算区间长度为100m,根据需要也可为 10m 或 50m。

我国公路路面构造深度以铺砂法为标准测试方法。利用激光构造深度仪测出的构造深度与铺砂法测试结果不同,但两者具有良好的相关关系。因此,激光构造深度仪所测出的构造深度不能直接用于评定路面的抗滑性能,必须换算为铺砂法的构造深度后才能判断路面抗滑性能是否满足要求。

11.4.2 路面抗滑值检测方法

沥青路面及水泥混凝土路面的抗滑值是反映路面抗滑性能的综合性指标,用以评定路面在潮湿状态下的抗滑能力。

1. 测试仪器

测试仪器主要有摆式仪、橡胶片、标准量尺、洒水壶、橡胶刮板、路面温度计等。

摆式仪:形状及结构如图 11.13 所示,摆及摆的连接部分总质量为(1500±30)g,摆动中心至摆的重心距离为(410±5)mm,测定时摆在路面上的滑动长度为(126±1)mm,摆上橡胶片端部距摆动中心的距离为 510mm,橡胶片对路面的正向静压力为(22.2±0.5)N。

橡胶片:用于测定路面抗滑值时的尺寸为 6.35mm×25.4mm×76.2mm,橡胶质量应符合表 11-2 的要求。当橡胶片使用后,端部在长度方向上磨损超过 1.6mm 或边缘在宽度方向上磨耗超过 3.2mm,或有油污染时,即应更换新橡胶片。新橡胶片应先在干燥路面上测 10 次后再用于测试。橡胶片的有效使用期为 1 年。

表 11-2 橡胶物理性质技术要求

性能指标	温度/℃				
	0	10	20	30	40
弹性/%	43~49	58~65	66~73	71~77	74~79
硬度	55±5				

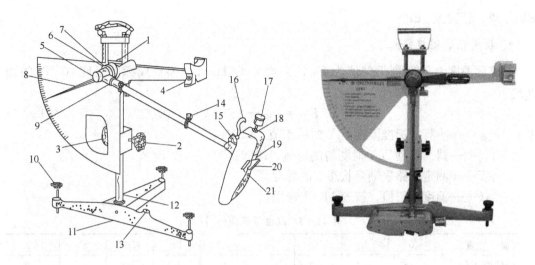

图 11.13　摆式仪结构图及实物图

1、2—紧固把手；3—升降把手；4—释放开关；
5—转向节螺盖；6—调节螺母；7—针簧片或毡垫；8—指针；9—连接螺母；
10—调平螺栓；11—底座；12—垫块；13—水准泡；14—卡环；15—定位螺丝；
16—举升柄；17—平衡锤；18—并紧螺母；19—滑溜块；20—橡胶片；21—止滑螺丝

2. 测试准备

(1) 检查摆式仪的调零灵敏情况，并定期进行仪器的标定。当用于路面工程检查验收时，仪器必须重新标定。

(2) 对测试路段按随机取样方法，决定测点所在横断面位置。测点应选在行车车道的轮迹带上，距路面边缘不应小于 1m，并用粉笔作出标记。测点位置宜紧靠铺砂法测定构造深度的测点位置，并与其一一对应。

3. 测试步骤

(1) 仪器调平。

(2) 调零，调零允许误差为±1BPN。

(3) 校核滑动长度。

(4) 用喷壶的水浇洒试测路面，并用橡胶刮板刮除表面泥浆。

(5) 再次洒水，并按下释放开关，使摆在路面滑过，指针即可指示出路面的摆值。但第一次测定时不作记录。当摆杆回落时，用左手接住摆，右手提起举升柄使滑溜块升高，使摆向右运动，并使摆杆和指针重新置于水平释放位置。

(6) 重复步骤(5)的操作测定 5 次，并读记每次测定的摆值，即 BPN，5 次数值中最大值与最小值的差值不得大于 3BPN。如差数大于 3BPN 时，应检查产生的原因，并再次重复上述各项操作，直到符合规定为止。取 5 次测定的平均值作为每个测点路面的抗滑值（即摆值 F_B），取整数，以 BPN 表示。

(7) 在测点位置上用路表温度计测记潮湿路面的温度，精确至 1℃。

(8) 按以上方法，同一处平行测定不少于 3 次，3 个测点均位于轮迹带上，测点间距 3~5m。该处的测定位置以中间测点的位置表示。每一处均取 3 次测定结果的平均值作为试验结果,精确至1BPN。

4. 抗滑值的温度修正

当路面温度为 T 时测得的值为 F_{BT},必须按式(11-25)换算成标准温度 20℃下的摆值 F_{B20}。

$$F_{B20}=F_{BT}+\Delta F \tag{11-25}$$

式中 F_{B20}——换算成标准温度 20℃时的摆值,BPN;

F_{BT}——路面温度为 T 时测得的摆值,BPN;

T——测定的路表潮湿状态下的温度,℃;

ΔF——温度修正值,按表 11-3 选用。

表 11-3 温度修正值(℃)

温度	0	5	10	15	20	25	30	35	40
温度修正值	-6	-4	-3	-1	0	+2	+3	+5	+7

11.4.3 路面横向力系数检测方法

路面横向摩擦力系数既表示车辆在路面上制动时的路面抗力,还表征车辆在路面上发生侧滑时的路面抗力,因此它是路面纵横向摩擦系数的综合指标,反映较高车速下的路面抗滑能力。

1. 测试设备

测试设备为横向力摩擦系数测定车,主要由车辆底盘、测量机构、供水系统、荷载传感器、仪表及操作记录系统、标定装置等组成。测试车自备水箱,能直接喷洒在轮前约 30cm 宽的路面上,可控制路面水膜厚度,测速较高,不妨碍交通,特别适宜于在高速公路、一级公路上进行测试。

2. 测试方法

摩擦系数测定车测试的基本原理是承受恒定竖向荷载的测试轮与地面紧密接触,并与车辆前进方向成 20°角,测定时,供水系统洒水,降下测试轮,并对其施加一定荷载,荷载传感器测量与测试轮轮胎面成垂直的横向力,如图 11.14 所示,这样当车辆前进时就在

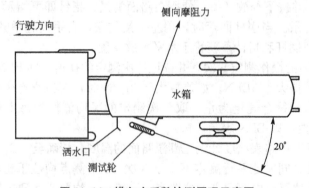

图 11.14 横向力系数检测原理示意图

测试轮上产生一个横向滑动摩阻力。横向力由一个压力传感器测得,且与路面轮胎间的摩擦系数成比例,横向力与竖向荷载的比值即为横向力系数 SFC,横向力系数越大,说明路面抗滑能力越强。为使路面保持一定水膜厚度的潮湿状态,需在测试轮前方路面上喷洒一定量的水。

3. 测试要求

(1) 测试前对仪器设备进行标定、检查,保持测试车的规范性。
(2) 输入所需的说明性数据,如测试日期、路段编号、里程桩号等。
(3) 根据需要确定采用连续或间断测定,以及每公里测定的长度。选择并设定计算区间,即输出一个测定数据的长度。标准的计算区间为 20m,根据要求也可选择为 5m 或 10m。
(4) 标准测速为 50km/h,测试过程中保持匀速。
(5) 进入测试段后,按开始键开始测试。在显示器上监视测试运行变化情况,检查速度、距离有无反常波动,当需要标明特征(如桥位、路面变化等)时,操作功能键插入数据流中,整公里里程桩上也作相应的记录。

4. 数据处理

测定的摩擦系数数据存储在磁盘或磁带中,摩擦系数测定车的 SCRIM 系统配有专门的数据处理程序软件,可计算和打印出每一个计算区间的摩擦系数值、行程距离、统计个数、平均值及标准差,同时还可打印出摩擦系数的变化图。根据要求将摩擦系数在 0~100 范围内分成若干个区间,作出各区间的路段长度占总测试里程百分比的统计表。

11.4.4 沥青路面渗水系数检测方法

沥青路面渗水性能是反映路面沥青混合料级配组成的一个间接指标,如果整个沥青面层均透水,则水势必进入基层或路基,使路面承载力降低,相反如果沥青面层中有一层不透水,而表层能很快透水,又不致形成水膜,则对抗滑性能有很大好处,同时还能减少噪声,故透水型沥青混合料路面已受到广泛重视,路面渗水系数已成为评价路面性能的一个重要指标。

1. 测试仪器

测试仪器主要有路面渗水仪和其他辅助用具等。

2. 试验准备

在测试路段的行车道路面上,按规定的随机取样方法选择测试位置,装好路面渗水仪。在水中滴入红墨水,使水变成淡红色。

3. 测试方法

(1) 将清扫后的路面用粉笔作好圆圈记号。
(2) 抹一薄层密封材料,将组合好的渗水试验仪底座用力压在路面密封材料圈上,再加上压重铁圈压住仪器底座,以防压力水从底座与路面间流出。
(3) 关闭细管下方的开关,向仪器注入淡红色的水至满,总量为 600mL。
(4) 迅速将开关全部打开,水开始从细管下部流出,待水面下降 100mL 时,立即开动秒表，每间隔 60s，读记仪器管的刻度一次，直到水面下降 500mL 时为止。在测试过程中，如水从底座与密封材料间渗出，说明底座与路面密封不好，应移至附近干燥路面处重新操作。如水面下降速度较慢，则测定 3min 的渗水量即可停止；如水面下降速度较快，在不到 3min 的时间就到达了 500mL 刻度线，则记录到达了 500mL 刻度线时的时间；若试验时水面下降至一定程度后基本保持不动，说明路面基本不透水或根本不透水，应在报告中注明。

（5）按以上步骤在同一个检测路段选择 5 个测点测定渗水系数，取其平均值作为检测结果。

4. 数据处理

沥青路面的渗水系数按式(11-26)计算，计算时以水面从 100mL 下降至 500mL 所需的时间为标准，若渗水时间过长，也可采用 3min 通过的水量计算。

$$C_W = \frac{V_2 - V_1}{t_2 - t_1} \times 60 \tag{11-26}$$

式中　C_W——路面渗水系数，mL/min；
　　　V_1——第一次读数时的水量，mL，通常为 100mL；
　　　V_2——第二次读数时间的水量，mL，通常为 500mL；
　　　t_1——第一次读数时的时间，s；
　　　t_2——第二次读数时的时间，s。

11.5　路基路面承载力的现场测试

11.5.1　路基路面承载力检测

在车轮荷载作用下，路面所产生的垂直变形称为弯沉。路面材料或路基强度越高，则弯沉值越小，反之则弯沉值越大。路面在负荷作用下形成局部下沉（即垂直变形），路面反映的形状是以负荷为中心的盆形，称为弯沉盆。当负荷移开后，弹性使路面恢复到原状，弯沉盆消失，负荷前后的差值即称该点的弯沉值。试验证明，总弯沉和弹性弯沉不相等，即负荷移开后，路面弯沉盆并不完全消失，路面还会存在微量的残余变形，路面弯沉值与车速、温度等因素有密切关系。路面弯沉的测试是测定路面结构承载能力的一个重要手段，路面在荷载作用下的弯沉值可以反映路面的结构承载能力。然而，路面的结构破坏可能是由于过量的变形造成的，也可能是由于某一结构层的断裂破坏造成的。对于前者，采用最大弯沉值表征结构的承载能力较为合适，而对于后者则采用路面在荷载作用下的弯沉盆曲率半径表征其能力更为合适。因而，理想的弯沉测定应包含最大弯沉值和弯沉盆两方面。

路面弯沉值是指在规定的标准轴载作用下，路基或路面表面轮隙位置产生的总垂直变形（总弯沉）或垂直回弹变形值（回弹弯沉），以 0.01mm 为单位。路面弯沉值的测试有贝克曼梁法、自动弯沉仪法、落锤式弯沉仪法和激光弯沉仪法。表 11-4 将 4 种方法按照各自的特点作了简单比较。

表11-4 测定路面弯沉值的方法比较

方　　法	特　　点
贝克曼梁法	速度慢，静态测试比较成熟，测定的是回弹弯沉，目前属于标准方法
自动弯沉仪法	利用贝克曼梁原理快速连续测定，属静态测试范畴，测定的是总弯沉，因此使用时应用贝克曼梁进行标定换算
落锤式弯沉仪法	利用重锤自由落下时瞬间产生的冲击荷载测定弯沉，属于动态弯沉，并能反算路面的回弹模量，快速连续测定，使用时应用贝克曼梁进行标定换算
激光弯沉仪法	利用光电转化原理，根据光电流的变化反算弯沉位移的变化量

1. 贝克曼梁法

贝克曼梁法适用于测定各类路基、路面的回弹弯沉，用以评定其整体承载能力，可供路面结构设计使用。此方法测定的路基、柔性路面的回弹弯沉值可供交工和竣工验收使用，也可为公路养护管理部门制订养路修路计划提供依据。沥青路面的弯沉以标准温度20℃时为准，在其他温度[超过(20 ± 2)℃范围]测试时，对厚度大于5cm的沥青路面，弯沉值应予温度修正。

1) 测试设备

贝克曼梁法的测试设备主要包括测试车、路面弯沉仪和接触式路面温度计等。

测试车为双轴、后轴双侧4轮的载重车，其标准轴荷载、轮胎尺寸、轮胎间隙及轮胎气压等主要参数应符合表11-5的要求。测试车应采用后轴100kN的BZZ-100。

表11-5 弯沉测定用的标准车参数

标准轴载等级	BZZ-100
后轴标准轴载 P/kN	100 ± 1
一侧双轮荷载/kN	50 ± 0.5
轮胎充气压力/MPa	0.70 ± 0.05
单轮传压面当量圆直径/cm	21.30 ± 0.5
轮隙宽度	应满足能自由插入弯沉仪测头的测试要求

路面弯沉仪由贝克曼梁、百分表及表架组成，其构造如图11.15所示。贝克曼梁由铝合金制成，上有水准泡，其前臂(接触路面)与后臂(装百分表)的长度比为2∶1。

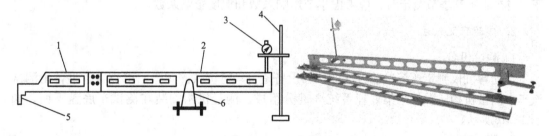

图11.15 贝克曼梁
1—前杠杆；2—后杠杆；3—百分表；4—表架；5—测头；6—支承座

弯沉仪长度有两种：一种长 3.6m，前后臂分别为 2.4m 和 1.2m；另一种加长的弯沉仪长 5.4m，前后臂分别为 3.6m 和 1.8m。当在半刚性基层沥青路面或水泥混凝土路面上测定时，宜采用长度为 5.4m 的贝克曼梁弯沉仪，并采用 BZZ-100 标准车。弯沉值采用百分表量得，也可用自动记录装置进行测量。

2) 测试方法

检查并保持测定用标准车的车况及刹车性能良好，轮胎内胎充气压力符合规定。向汽车车槽中装载铁块或集料，并用地中衡称量后轴总质量，符合要求的轴重规定，汽车行驶及测定过程中，轴重不得变化。测定轮胎接地面积：在平整光滑的硬质路面上用千斤顶将汽车后轴顶起，在轮胎下方铺一张新的复写纸，轻轻落下千斤顶，即在方格纸上印上轮胎印痕，用求积仪或数方格的方法计算轮胎接地面积，精确至 $0.1cm^2$。

当在沥青路面上测定时，用路表温度计测定试验时气温及路表温度（一天中气温不断变化，应随时测定），并通过气象台了解前 5d 的平均气温（日最高气温与最低气温的平均值）。记录沥青路面修建或改建时的材料、结构、厚度、施工及养护等情况。

3) 测试步骤

(1) 在测试路段布置测点，其距离随测试需要而定。测点应在路面行车车道的轮迹带上，并用白油漆或粉笔划上标记。

(2) 将试验车后轮轮隙对准测点后约 3~5cm 处的位置上。

(3) 将弯沉仪插入汽车后轮之间的缝隙处，与汽车方向一致，梁臂不得碰到轮胎，弯沉仪测头置于测点上（轮隙中心前方 3~5cm 处），并安装百分表于弯沉仪的测定杆上，百分表调零，用手指轻轻敲打弯沉仪，检查百分表是否稳定回零。

(4) 测定者吹哨发令指挥汽车缓缓前进，百分表随路面变形的增加而持续向前转动。当表针转动到最大值时，迅速读取初读数 L_1。汽车仍在继续前进，表针反向回转，待汽车驶出弯沉影响半径（约 3m 以上）后，吹口哨或挥动红旗指挥停车，待表针回转稳定后，读取终读数 L_2。汽车前进的速度宜为 5km/h 左右。

4) 数据处理

测点的回弹弯沉值按式(11-27)计算。

$$L_T = (L_1 - L_2) \times 2 \tag{11-27}$$

式中　L_T——在路面温度为 T 时的回弹值，精确到 0.01mm；

L_1——车轮中心临近弯沉仪测头时百分表的最大读数，精确到 0.01mm；

L_2——汽车驶出弯沉影响半径后百分表的终读数，精确到 0.01mm。

沥青面层厚度大于 5cm 且路面温度超过 (20 ± 2)℃范围时，回弹弯沉值应进行温度修正，当在非不利季节测定时，应考虑季节影响系数和湿度影响系数。

2. 自动弯沉仪法

1) 测试设备

自动弯沉仪测定弯沉试验方法的仪器设备是自动弯沉仪测定车：洛克鲁瓦型，由测试汽车、测量机构、数据采集处理系统 3 部分组成。测量机构安装在测试车底盘下面，如图 11.16 所示。

2) 测试方法

自动弯沉仪的基本工作原理与贝克曼梁的原理是相同的，都是采用简单的杠杆原理。

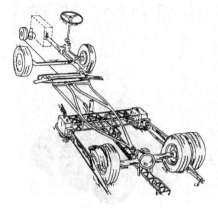 

图 11.16　自动弯沉测试仪

自动弯沉仪测定车在检测路段以一定速度行驶,将安装在测试车前后轴之间底盘下面的弯沉测定梁放到车辆底盘的前端并支于地面保持不动,当后轴双轮隙通过测头时,弯沉通过位移传感器等装置被自动记录下来,这时测定梁被拖动,以两倍的汽车速度拖到下一测点,周而复始地向前连续测定。通过计算机可输出路段弯沉检测统计计算结果。

3) 测试要点

(1) 自动弯沉仪做长距离移动时,应根据路况把一些对通过能力影响大的组件、部件拆下来,待移动到测量工地时,再进行安装调试。

(2) 操作计算机,根据要求输入有关信息及命令。

(3) 为了保证系统的 A/D 转换板与位移传感器的测量精度,应进行自动弯沉仪的标定。

(4) 自动弯沉仪所采集的数据以文本方式存储于计算机中,其记录格式分节点数据、弯沉值数据及弯沉盆数据3种。输入有关信息和参数后,可显示出左、右两侧的弯沉峰值柱状图及峰值、距离和温度等;计算出平均值、标准差和代表弯沉值;显示弯沉盆图形并计算出曲率半径。

应当注意,自动弯沉仪测定的是总弯沉,因而与贝克曼梁测定的回弹弯沉有所不同。可通过自动弯沉仪总弯沉与贝克曼梁回弹弯沉对比试验,得到两者的相关关系式,换算为回弹弯沉,用于路基、路面强度评定。

3. 落锤式弯沉仪法

利用贝克曼梁方法测出的回弹弯沉是静态弯沉。自动弯沉仪检测弯沉时,因为汽车行进速度很慢,所以测得的弯沉也接近静态弯沉。为了模拟汽车快速行驶的实际情况,不少国家开发了动态弯沉的测试设备。

测定路基或路面表面所产生的瞬时变形,即测定在动态荷载作用下产生的动态弯沉及弯沉盆,并可由此反算出路基路面各层材料的动态弹性模量,作为设计参数使用。所测结果也可用于评定道路的承载能力、调查水泥混凝土路面的接缝的传力效果、探查路面板下的空洞等。

1) 测试设备

动态弯沉的测试设备为落锤式弯沉仪,有拖车式和内置式两种形式。拖车式落锤弯沉仪(图 11.17)便于维修与存放,而内置式落锤弯沉仪则较小巧、灵便。落锤式弯沉仪

(FWD)主要由荷载发生装置、弯沉检测装置、运算控制系统与车辆牵引系统等组成,其结构示意如图 11.18 所示。

图 11.17　拖车式落锤式弯沉仪

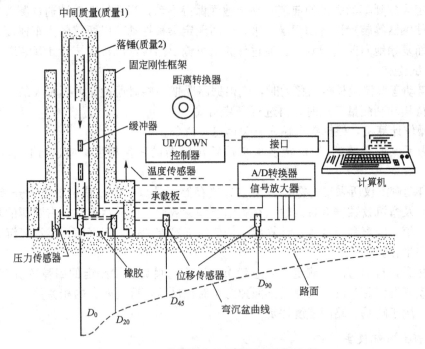

图 11.18　落锤式弯沉仪测量系统示意图

荷载发生装置:重锤的质量及落高根据使用目的与道路等级选择,荷载由传感器测定,如无特殊需要,重锤的质量为(200 ± 10)kg,可采用产生(50 ± 2.5)kN 的冲击荷载。承载板宜为十字对称分开成 4 部分且底部固定有橡胶片的承载板,承载板的直径为 300mm。

弯沉检测装置:由一组高精度位移传感器组成,传感器可为差动变压器式位移计(LVDT)或地震检波器。自承载板中心开始,沿道路纵向隔开一定距离布设一组传感器,传感器总数不少于 7 个,建议布置在 $0\sim250$cm 范围内,必须包括 0、30、60、90 这 4 个点,其他根据需要及设备性能决定。

运算及控制装置:能在冲击荷载作用的瞬间内,记录冲击荷载及各个传感器所在位置测点的动态变形。

牵引装置：牵引 FWD 并安装运算及控制装置的车辆。

2) 测试方法

落锤式弯沉仪模拟行车作用的冲击荷载下的弯沉量测，计算机自动采集数据，速度快，精度高。它的基本原理是通过液压系统提升和释放落锤对路面施加冲击荷载，荷载大小由落锤质量和起落高度控制，荷载时程和动态弯沉盆均由相应的传感器测定。FWD 利用重锤自由落下的瞬间产生的冲击荷载测定弯沉，荷载最大值可按式(11-28)计算。

$$F_{\max}=\sqrt{2MghR} \tag{11-28}$$

式中　M——重锤质量；

　　　R——缓冲弹簧常数；

　　　h——落高；

　　　g——重力加速度。

3) 测试步骤

(1) 承载板中心位置对准测点，承载板自动落下，放下弯沉装置的各个传感器。

(2) 启动落锤装置，落锤自由落下，冲击力作用于承载板上，又立即自动提升至原来位置固定。同时，各个传感器检测结构层表面变形，记录系统将位移信号输入计算机并得到峰值，即路面弯沉，同时得到弯沉盆。每一测点重复测定应不少于 3 次，除去第一个测定值，取以后几次测定值的平均值作为计算依据。

(3) 提起传感器及承载板，牵引车向前移动至下一个测点，重复上述步骤进行测定。

调查水泥混凝土路面板时，在测试路段的水泥混凝土路面板表面布置测点，当为调查水泥混凝土路面的接缝的传力效果时，测点布置在接缝的一侧，位移传感器分开在接缝两边布置。当为探查路面板下的空洞时，测点布置位置随测试需要而定，应在不同位置测定。

弯沉检测装置的操作方式为计算机控制下的自动量测，所有测试数据均可显示在屏幕上或打印输出或存储在软盘上；可输出作用荷载、弯沉(盆)、路表温度及测点间距等；可打印输出弯沉平均值、标准差、变异系数及代表弯沉值等数据。

应当注意，落锤式弯沉仪所测弯沉为动态总弯沉，与贝克曼梁所测的静态回弹弯沉不同。可通过对比试验，得到两者之间的相关关系，并据此将落锤式弯沉仪所测弯沉值换算为贝克曼梁的静态回弹弯沉值。

4. 激光弯沉仪法

激光弯沉仪法的测试原理是光电转化原理。激光光强越强，则光能越大，而光能越大，则说明光电流越强。如果用一个光电转化器(例如硅光电池)将光能转换成电能，则当激光光强发生变化时，光电流也随之发生变化。当事先做好光电流-位移变形标定线后，即可根据光电流的变化反算弯沉位移的变化量。

1) 测试设备

测度设备为激光弯沉仪。激光弯沉测定仪的主要构造包括激光器、光电转换测头、放大器、电桥和显示表头等部分。对于野外作业，激光发生器应选择半导体激光器为宜。光电转换测头是将激光能量转化为电能的一种转化装置，是本仪器中的一个核心部件。

2) 工作原理

激光弯沉测定仪工作原理如图 11.19 所示。激光器 1 需要稳定，如安置在路面的汽车荷载作用下不下沉的 N 点处，发出平行激光束 2 后，射到硅光电池测头的小孔 3 的下部。

测头安置在汽车后轮隙中间,与弯沉仪测端一样,且有重块5稳定在轮隙下面的路面(或路基)M处。在测量之前,需将激光束2调节在小孔3的上部,但须有微量的光束穿过小孔射到硅光电池4(传感器)上。这种调法为的是知道光束2是在待测位置,并把此时的位置作为零值点。由于有微量的光束射到硅光电池4上,因此4上即会产生电流。这时,可靠电桥6来补偿调节置零,只要适当调节可变电位器R_1,即能使硅光电池上出现的光电流置零。

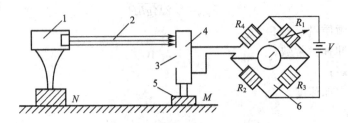

图 11.19　激光弯沉工作原理示意图
1—激光器；2—激光束；3—进光小孔；4—硅光电池；5—测头稳块；6—电桥

在上述准备工作做完后,让被测汽车驶离,M点路面就徐徐地回弹,硅光电池测头(传感器)也随之向上,激光束落入小孔且射到硅光电池上,即刻产生当量电流。落入的激光能越多,光生伏特效应越强,产生的光电流也越大；当激光落入减少时,则光电流也随之减小。光电流的增加或减小与硅光电池测头的变动距离有密切关系,光电流少时,落入小孔的激光量也少,此时路面回弹变形也小。而当光电流大时,落入小孔且射到硅光电池上的激光量增加,则意味着路面(或路基)回弹变形增大。因此,通过光电流的大小,完全可以测出路面实际回弹变形(回弹弯沉)的数值。这就是利用激光-硅光电池原理测定路基路面回弹弯沉值的基本工作原理。

激光弯沉仪操作简易、精度高、读数稳定、体积小、质量特小、造价低,而且容易开发研制,特别是这种仪器是以光线作为臂长的,可以射得很远,由于激光发射角窄,光点小而红亮,10m远仍能清晰可见,这给重刚度路面的弯沉测量提供了技术保障。根据我国目前的路面刚度情况,激光光束射程取5m较好。

11.5.2　路基路面模量测试

土基的回弹模量是公路设计中一个必不可少的参数,我国现有规范已给出了不同的自然区划和土质的回弹模量值的推荐值,但由于土基回弹模量的改变将会影响路面设计的厚度,所以建议有条件时最好直接测定,而且随着施工质量的提高,回弹模量值的检验将会作为控制施工质量的一个重要指标。

目前国内常用的测定回弹模量的方法主要有：承载板法、贝克曼梁法和其他间接测试方法,如贯入仪测定法和CBR测定法等。

1. 承载板法

承载板法适用于在现场测试土基表面,用承载板逐级加载、卸载的方法,测出每级荷载相应的回弹变形值,通过计算求得土基的回弹模量值。测定的土基回弹模量可作为路面设计参数使用。

1) 仪具与材料

承载板法测试强度和模量所需仪具与材料主要有加载设施、现场测试装置、刚性承载板一块、路面弯沉仪、液压千斤顶、秒表、水平尺、细砂、毛刷、垂球、镐、铁锹、铲等。刚性承载板测试装置如图11.20所示。

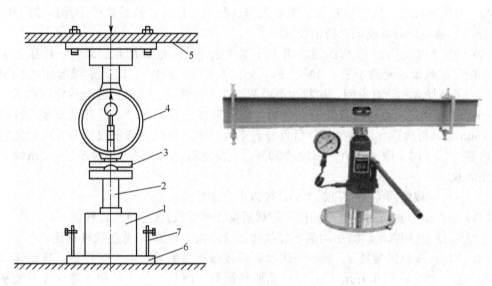

图 11.20　承载板测试装置图
1—加载千斤顶；2—钢圆筒；3—钢板及球座；
4—测力计；5—加劲横梁；6—承载板；7—立柱及支座

2) 试验准备

（1）根据需要选择有代表性的测点，测点应位于水平的路基上，土质均匀，不含杂物。

（2）仔细平整土基表面，撒干燥洁净的细砂填平土基凹处，砂子不可覆盖全部土基表面避免形成一层。

（3）安置承载板，并用水平尺进行校正，使承载板置水平状态。

（4）将试验车置于测点上，在加劲小梁中部悬挂垂球测试，使之恰好对准承载板中心，然后收起垂球。

（5）在承载板上安放千斤顶，上面衬垫钢圆筒，并将球座置于顶部与加劲横梁接触。如用测力环时，应将测力环置于千斤顶与横梁中间，千斤顶及衬垫物必须保持垂直，以免加压时千斤顶倾倒发生事故并影响测试数据的准确性，如图11.21所示。

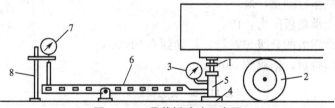

图 11.21　承载板试验示意图
1—支承小横梁；2—汽车后轮；3—千斤顶油压表；4—承载板；
5—千斤顶；6—弯沉仪；7—百分表；8—表架

(6) 安放弯沉仪，将两台弯沉仪的测头分别置于承载板立柱的支座上，百分表对零或其他合适的初始位置。

3) 测试步骤

(1) 用千斤顶开始加载，注视测力环或压力表，至预压 0.05MPa，稳压 1min，使承载板与土基紧密接触。同时检查百分表的工作情况是否正常，然后放松千斤顶油门卸载，稳压 1min，将指针对零或记录初始读数。

(2) 测定土基的压力-变形曲线。用千斤顶加载，采用逐级加载卸载法，用压力表或测力环控制加载量，荷载小于 0.1MPa 时，每级增加 0.02MPa，以后每级增加 0.04MPa 左右。为了使加载和计算方便，加载数值可适当调整为整数。每次加载至预定荷载后，稳定 1min，立即读记两台弯沉仪百分表数值，然后轻轻放开千斤顶油门卸载至零，待卸载稳定 1min 后，再次读数，每次卸载后百分表不再对零。当两台弯沉仪百分表读数之差小于平均值的 30% 时，取平均值；如超过 30%，则应重测。当回弹变形值超过 1mm 时，即可停止加载。

(3) 各级荷载的回弹变形和总变形，按以下方法计算。

回弹变形 $L=$ (加载后读数平均值－卸载后读数平均值)×弯沉仪杠杆比

总变形 $L'=$ (加载后读数平均值－加载初始前读数平均值)×弯沉仪杠杆比

(4) 测定汽车总影响量 a。最后一次加载卸载循环结束后，取走千斤顶，重新读取百分表初读数，然后将汽车开出 10m 以外读取终读数，两只百分表的初、终读数差之平均值乘以弯沉仪杠杆比即为总影响量 a。

(5) 在试验点下取样，测定材料含水量。取样数量如下：最大粒径不大于 4.75mm，试样数量约 120g；最大粒径不大于 19.0mm，试样数量约 250g；最大粒径不大于 31.5mm，试样数量约 500g。

(6) 在紧靠试验点旁边的适当位置，用灌砂法或环刀法等方法测定土基的密度。

4) 数据处理

(1) 各级压力的回弹变形加上该级的影响量后，则为计算回弹变形值。表 11-6 是以后轴重 60kN 的标准车为测试车的各级荷载影响量的计算值。当使用其他类型的测试车时，各级压力下的影响量 a_i 按式(11-29)计算。

$$a_i = \frac{(T_1+T_2)\pi D^2 p_i}{4T_1 Q} \cdot a \tag{11-29}$$

式中 T_1——测试车前后轴距，m；

T_2——加劲小梁距后轴距离，m；

D——承载板直径，m；

Q——测试车后轴重，N；

p_i——该级承载板压力，Pa；

a_i——该级压力的分级影响量，精确到 0.01mm；

a——总影响量，精确到 0.01mm。

表 11-6 各级荷载影响量

承载板压力/MPa	0.05	0.10	0.15	0.20	0.30	0.40	0.50
影响量/mm	0.06a	0.12a	0.18a	0.24a	0.36a	0.48a	0.60a

(2) 将各级计算回弹变形值点绘于标准计算纸上，排除显著偏离的异常点并绘出顺滑的 P-L 曲线，如曲线起始部分出现反弯，应修正原点 O，O' 则是修正后的原点，如图 11.22 所示。

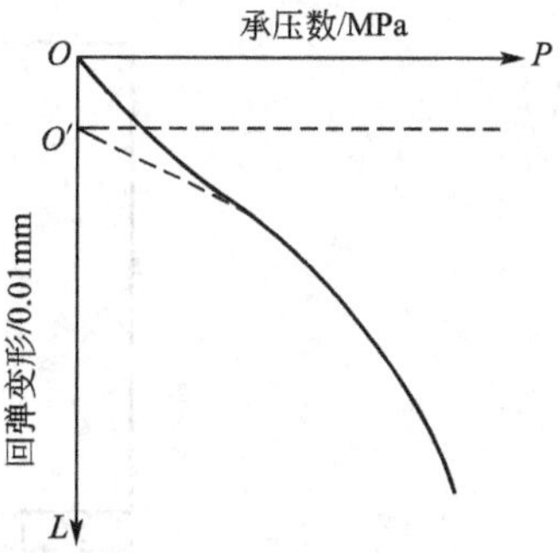

(3) 按式(11-30)计算相应于各级荷载下的土基回弹模量值。

$$E_i = \frac{\pi D}{4} \frac{p_i}{L_i}(1-\mu_0^2) \qquad (11-30)$$

式中 E_i——相应于各级荷载下的土基回弹模量值，MPa；
μ_0——土的泊松比，根据路面设计规范规定选用；
D——承载板直径，30cm；
p_i——承载板压力，MPa；
L_i——相对于荷载时的回弹变形，cm。

图 11.22 修正原点示意图

(4) 取结束试验前的各回弹变形值按线形回归方法由式(11-31)计算土基回弹模量 E_0 值。

$$E_0 = \frac{\pi D}{4} \frac{\sum p_i}{\sum L_i}(1-\mu_0^2) \qquad (11-31)$$

式中 E_0——土基回弹模量值，MPa；
μ_0——土的泊松比，根据路面设计规范规定选用；
p_i——对应于 L_i 的各级压力值，MPa；
L_i——结束试验前的各级计算回弹变形，cm。

2. 贝克曼梁测定法

贝克曼梁测定路基路面回弹模量试验方法是用弯沉仪测试各测点的回弹弯沉值，通过计算求得该材料的回弹模量值的试验方法，适用于在土基厚度不小于 1m 的粒料整层表面，用弯沉仪测试各测点的回弹弯沉值，通过计算求得该材料的回弹模量值的试验，也适用于在旧路表面测定路基路面的综合回弹模量。

1) 试验准备

首先选择洁净的路基表面、路面表面作为测点，在测点处做好标记并编号，然后修筑试槽。无结合料粒料基层的整层试验段(试槽)应符合下列要求。

(1) 整层试槽可修筑在行车带范围内或路肩及其他合适处，也可在室内修筑，但均应适于用汽车测定弯沉。

(2) 试槽应选择在干燥或中湿路段处，不得铺筑在软土基上。

(3) 试槽面积不小于 3m×2m，厚度不宜小于 1m，铺筑时先挖 3m×2m×1m(长×宽×深)的坑，然后用待测定的同一种路面材料按有关施工规定的压实层厚度分层铺筑并压实，直至顶面，使其达到要求的压实度标准。同时应严格控制材料组成，配比均匀一致，符合施工质量要求。

试槽表面的测点间距可按图 11.23 布置在中间 2m×1m 的范围内，可测定 23 点。

2) 测试步骤

按上述方法选择适当的标准车，实测各测点处的路面回弹弯沉值 L_i。如在旧沥青面层

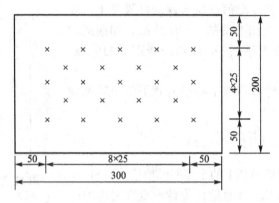

图 11.23　试槽表面的测点布置（单位：cm）

上测定时，应读取温度，并按规定的方法进行测定弯沉值的温度修正，得到标准温度 20℃ 时的弯沉值。

3）数据整理

（1）计算全部测定值的算术平均值、单次测量的标准差和自然误差。

$$\overline{L} = \frac{\sum L_i}{n} \tag{11-32}$$

$$S = \sqrt{\frac{\sum (L_i - \overline{L})^2}{n-1}} \tag{11-33}$$

$$r_0 = 0.675 \times S \tag{11-34}$$

式中　$\overline{L}$——回弹弯沉的平均值，精确到 0.01mm；

　　　S——回弹弯沉测定值的标准差，精确到 0.01 mm；

　　　r_0——回弹弯沉测定值的自然误差，精确到 0.01 mm；

　　　L_i——各测点的回弹弯沉值，精确到 0.01mm；

　　　n——测点总数。

（2）计算各测点的测定值与算术平均值的偏差值 $d_i = L_i - \overline{L}$，并计算较大的偏差与自然误差之比 d_i/r_0。当某个测点观测值 d_i/r_0 的值大于表 11-7 中的 d/r 极限值时则应舍弃该测点，然后重新计算所余各测点的算术平均值（$\overline{L}$）及标准差（S）。

表 11-7　相应于不同观测次数的 d/r 极限值

n	5	10	15	20	50
d/r	2.5	2.9	3.2	3.3	3.8

（3）按式（11-35）计算代表弯沉值。

$$L_1 = \overline{L} + S \tag{11-35}$$

式中　L_1——计算代表弯沉；

　　　$\overline{L}$——舍弃不符合要求的测点后所余各测点弯沉的算术平均值；

　　　S——舍弃不符合要求的测点后所余各测点弯沉的标准差。

（4）按式（11-36）计算土基、整层材料的回弹模量（E_1）或旧路的综合回弹模量。

$$E_1 = \frac{2p\delta}{L_1}(1-\mu^2)\alpha \qquad (11-36)$$

式中 E_1——计算的土基、整层材料的回弹模量或旧路的综合回弹模量,MPa;

p——测定车轮的平均垂直压力,MPa;

δ——测定用标准车双圆荷载单轮传压面当量圆的半径,cm;

μ——测定层材料的泊松比,根据路面设计规范的规定取用;

α——弯沉系数,取 0.172。

3. 土基现场 CBR 值测试方法

土工试验中通常所指的 CBR 值是土基或基层、底基层材料的加利福尼亚州承载比,是 California Bearing Ratio 的简称,用于评定路基土和路面材料的强度指标。

1) 仪具与材料

用于土基现场 CBR 值测试方法的仪具与材料主要有荷载装置、现场测试装置、贯入杆、承载板和细砂等,如图 11.24 所示。

2) 测试方法

在公路路基施工现场,用载重汽车作为反力架,通过千斤顶连续加载,使贯入杆匀速压入土基。为了模拟路面结构对土基的附加应力,在贯入杆位置安放荷载板,路基强度越高,贯入量为 2.5mm 或 5.0mm 时的荷载越大,即 CBR 值越大。

3) 测试步骤

(1) 将测点约直径 30cm 范围的表面找平。

(2) 安装现场测试装置,使贯入杆与土基表面紧密接触。

(3) 启动千斤顶,使贯入杆以 1mm/min 的速度压入土基,记录不同贯入量及相应荷载。贯入量达 6.5mm 或 11.5mm 时结束试验。

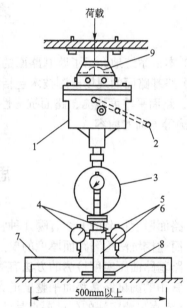

图 11.24 CBR 现场测试装置
1—加载千斤顶;2—手柄;
3—测力计;4—百分表;5—百分表夹具;
6—贯入杆;7—平台;8—承载板;9—球座

(4) 卸载后在测点取样,测定材料含水量。

(5) 在测点旁用灌砂法或环刀法等测定土基的密度。

(6) 绘制荷载压强-贯入量曲线,必要时进行原点修正。

4) 计算

(1) 将贯入试验得到的等级荷载重数除以贯入断面积(19.625cm²),得到各级压强(MPa),绘制荷载压强-贯入量曲线。当荷载压强-贯入量曲线有明显下凹的情况时,应在曲线的拐弯处作切线延长以作贯入量修正,以与坐标轴相交的点 O' 作原点,得到修正后的压强-贯入量曲线。

(2) 从压强-贯入量曲线上读取贯入量为 2.5mm 及 5.0mm 时的荷载压强 p_1,按式(11-37)计算现场 CBR 值。CBR 一般以贯入量 2.5mm 时的测定值为准,当贯入量为

5.0mm 时的 CBR 大于贯入量为 2.5mm 时的 CBR 时，应重新试验，如重新试验仍然如此时，则以贯入量 5.0mm 时的 CBR 为准。

$$现场 CBR = \frac{p_1}{p_0} \times 100(\%) \tag{11-37}$$

式中　p_1——荷载压强，MPa；

　　　p_0——标准压强，当贯入量为 2.5mm 时为 7MPa，当贯入量为 5.0mm 时为 11.5MPa。

现场测 CBR 值，还有《公路路基路面现场测试规程》(JTG E60—2008)推荐的落球仪快速测定土基现场 CBR 值试验方法。该方法利用当地材料进行试验，建立现场 CBR 值与用落球仪测定的陷痕直径 D 的相关关系，然后由测量的落球陷痕直径 D 值通过相关关系计算现场 CBR 值。该方法适用于细粒土用落球仪在现场快速测定土基的现场 CBR 值。

本 章 小 结

(1) 本章系统地介绍了路基路面的现场检测技术。

(2) 路基路面的现场检测技术包括路基路面几何尺寸及路面厚度检测、路基路面压实度检测、路面平整度检测、路面抗滑性能检测、路基路面承载力的现场测试、沥青路面车辙的检测等方面的内容。

思 考 题

1. 路面厚度检测的方法有哪几种？各有什么特点？
2. 简述挖坑法检测路面厚度的要点。
3. 路基路面压实度检测的方法有哪几种？各有什么特点？
4. 常用的测试路基路面平整度的方法有哪几种？各有什么特点？
5. 3m 直尺测定法的测试要点是什么？
6. 路面抗滑性能检测的方法有哪几种？各有什么特点？
7. 简述贝克曼梁法测试路基路面回弹弯沉的方法和步骤。
8. 简述手工铺砂法的试验步骤。
9. 简述挖坑灌砂法、环刀法测定压实度的方法。

第 12 章
桥梁现场荷载试验与评定

教学目标

掌握桥梁静载试验的方案设计、测点布置、数据处理。
掌握桥梁动载试验的方案设计、测点布置、数据处理。
掌握通过试验结果初步评定结构性能的方法。

教学要求

知识要点	能力要求	相关知识
桥梁结构的静载试验	(1) 掌握静载试验方案设计、测点布置、数据处理 (2) 掌握桥梁承载能力评定方法	
桥梁结构的动载试验	(1) 掌握动载试验方案设计、测点布置、数据处理 (2) 掌握桥梁结构性能评定方法	

 引言

在实际工程中,通常需要了解桥梁结构在静载作用和动载作用下的变形和应力分布情况,用以评估桥梁的使用寿命、验证桥梁设计理论。了解变形和应力分布情况通常是通过桥梁现场荷载试验实现的。桥梁现场荷载试验分两个部分来完成:一部分是静载试验,一部分是动载试验。掌握桥梁静载试验和动载试验的方案设计、测点布置、数据处理及撰写报告等内容,并能通过试验结果初步评定结构性能是每一个工程技术人员应当具备的工程素养。桥梁现场荷载试验是指已建成桥梁按实际运营条件下最不利工况进行的现场荷载试验。根据试验荷载作用的性质,桥梁结构的荷载试验可分为静载试验和动载试验。桥梁静载试验是将静荷载作用在桥梁上的指定位置,测试结构的静力位移、静力应变、裂缝等参量,从而推断桥梁结构在静荷载作用下的实际工作性能及使用能力;桥梁动载试验是利用某种激振方法激起桥梁结构的振动,然后测定其固有频率、阻尼比、振型、动力冲击系数等参数,从而判断桥梁结构的整体刚度和行车性能。

一般来说,在下列情况下需进行桥梁结构的荷载试验。

(1) 新建的大跨度桥梁,尤其是采用新结构、新材料和新工艺的桥梁工程,对一些理论问题的深入研究、探索新型桥梁结构的受力的合理范围和可靠性,为完善桥梁结构分析理论和施工新工艺积累资料。

(2) 对于新建的一般大中型桥梁和新型桥梁,检验桥梁的竣工质量。竣工后一般要求进行现场荷载试验。通过试验,综合评定工程质量的安全性和可靠性,判断工程是否符合设计文件和规范的要求,并将试验结果作为评定桥梁工程质量优劣的主要技术资料和依据。

(3) 检验旧桥的整体受力性能和实际承载力,为旧桥改造提供依据。采用荷载试验的方法来确定旧桥的实际承载能力和运营等级,提出加固和改造方案。

(4) 处理工程事故,为修复加固提供依据。对因受到自然灾害或人为因素而遭受损坏的桥梁,通常为处理工程事故进行现场调查和必要的荷载试验,通过分析试验数据确定修复加固的方案。

桥梁现场荷载试验通常按照以下步骤进行。

(1) 根据确定的试验目的,首先进行现场调查和考察,收集相关资料,为制订试验方案作准备。

(2) 对桥梁结构进行理论分析和计算,确定试验车辆类型和数量。

(3) 制定试验方案。试验方案的内容包括试验目的、准备工作、加载设计、量测项目及测点布设、现场试验控制与安全措施。

(4) 现场试验。

(5) 进行试验结果分析与评定,提交试验报告。

在介绍桥梁结构的静载试验和动载试验时,主要从试验方案设计、加载及测试设备、加载试验和试验数据整理等方面进行系统地阐述。

12.1 桥梁结构的静载试验

12.1.1 试验方案

1. 桥梁结构的调查

桥梁结构的调查主要包括试验桥梁有关资料的收集与整理和桥梁结构的现场考察。

试验前应收集有关试验桥梁的资料文件,一般包括以下内容。

(1) 试验桥梁的设计文件(如设计图纸、设计计算书等)。

(2) 试验桥梁的施工文件(施工日志及记录、相关材料性能的检验报告、竣工图及隐蔽工程验收记录等)。

(3) 试验桥梁如为改建或加固了的旧桥,应收集历次试验记录报告、改建加固的设计与施工文件等。

桥梁结构的现场考察是通过有经验的工程师和试验人员的现场目测和利用简易量测仪器对桥梁进行全面细致的外观检查,观察和发现试验桥梁已存在的缺陷和外部损伤,判断分析其对试验可能产生的影响程度。

现场考察内容一般为上部结构的外观检查、支座检查和下部结构的外观检查3部分。

(1) 桥梁上部结构是桥梁的主要承重结构,主要由梁、板、拱肋、桁架等基本构件组成。检查主要针对基本构件的工作状况进行。检查内容包括基本构件的主要几何尺寸及纵轴线、基本构件的横向联系、基本构件的缺陷和损伤。

(2) 支座的检查主要是观察支座的材料是否老化,支座垫石有无裂缝、破损。需要特别注意的是,活动支座的伸缩与转动是否正常、支座有无错位和变形等缺陷。

(3) 桥梁下部结构检查内容一般为墩台台身缺陷和裂缝;墩台变位(沉降、位移等)以及墩台基础的冲刷和浆砌片石扩大基础的破裂、松散。

2. 加载方案的制订

1) 控制截面的确定

在满足鉴定桥梁承载能力的前提下，加载项目安排应抓住重点，不宜过多。一般情况下只做静载试验，必要时增做部分动载试验项目。桥梁的静载试验的控制截面主要有下面的(1)~(5)项；有特殊要求时还应包含第(6)项或其中的部分内容。

(1) 最大正弯矩截面。
(2) 最大负弯矩截面。
(3) 最大偏载作用下结构的受力状态或横向分布系数。
(4) 最大剪力截面。
(5) 最大挠度、梁端转角以及支座沉降。
(6) 梁体裂缝检查、制动力、地基基础的观察等。

静载试验一般有1~2个主要内力控制截面，此外根据桥梁的具体情况可设置几个附加内力控制截面。

一些主要桥型的内力或位移控制截面见表12-1。

表12-1 主要桥型的内力或位移控制截面

桥 型	内力或位移控制截面	
	主 要	附 加
简支梁桥	(1) 跨中截面最大正弯矩和挠度 (2) 支点截面最大剪力	(1) $L/4$ 截面最大正弯矩和挠度 (2) 墩台最大垂直力
连续梁桥 连续刚构桥	(1) 跨中最大正弯矩和挠度 (2) 支点截面最大负弯矩 (3) $L/4$ 截面最大弯矩和挠度	(1) 端支点截面最大剪力 (2) $L/4$ 截面最大弯剪力 (3) 墩台最大垂直力 (4) 连续刚构固结墩墩身控制截面的最大弯矩
悬臂梁 T形刚构	(1) 锚固跨跨中最大正弯矩和挠度 (2) 支点最大负弯矩 (3) 挂梁跨中最大正弯矩和挠度	(1) 支点最大剪力 (2) 挂梁支点截面或悬臂端截面最大弯剪力
拱桥	(1) 拱顶截面最大正弯矩和挠度 (2) 拱脚截面最大负弯矩 (3) 刚架拱上弦杆跨中最大正弯矩	(1) $L/4$ 截面最大正、负弯矩和最大正、负挠度绝对值之和 (2) 拱脚最大水平推力 (3) 刚架拱斜腿根部截面最大负弯矩
刚架桥(包括框架、斜腿刚架和刚架-拱式组合体系)	(1) 跨中截面最大正弯矩和挠度 (2) 节点截面最大负弯矩	柱脚截面的最大负弯矩和最大水平推力

(续)

桥　型	内力或位移控制截面	
	主　要	附　加
钢桁桥	（1）跨中、支点截面的主桁杆件最大内力 （2）跨中截面的挠度	（1）$L/4$ 截面的主桁杆件最大内力和挠度 （2）桥面系结构构件控制截面的最大内力和变形 （3）墩台最大垂直力
斜拉桥和悬索桥	（1）主梁最大挠度 （2）主梁控制截面最大内力 （3）索塔顶部的水平位移和扭转变形 （4）主缆最大拉力、斜拉索最大拉力	（1）主梁最大纵向漂移 （2）主塔控制截面最大内力 （3）吊索最大拉力

对桥梁的较薄弱截面、损坏部位和比较薄弱的桥面结构，可根据桥梁调查和检算情况，确定是否设置内力控制截面及安排加载项目。

2）试验控制荷载的确定

桥梁需要鉴定承载能力的荷载有汽车＋人群（标准荷载）、平板挂车或履带车（标准荷载）、需通行的重型车辆。分别计算以上 3 种荷载对控制截面产生的最不利荷载效应，用产生最不利荷载效应的较大荷载作为试验控制荷载。

荷载试验尽量采用与控制荷载相同的荷载，但由于客观条件的限制，实际采用的试验荷载与控制荷载会有所不同。为保证试验效果，在确定试验荷载大小和加载位置时，采用静载试验效率 η_q 进行控制。按结构计算或检测的控制截面的最不利工作条件布置荷载，使控制截面达到最大试验效率。

静载试验效率指试验荷载作用下被检测部位的内力（或变形的计算值）与包括动力扩大效应在内的标准设计荷载作用下同一部位的内力（或变形计算值）的比值。用 η_q 表示静载试验效率，则有

$$\eta_q = \frac{S_k}{S(1+\mu)} \quad (12-1)$$

式中　S_k——静力试验荷载作用下，某一加载试验项目对应的加载控制截面内力或变形的最大计算效应值；

　　　S——控制荷载产生的同一加载控制截面内力或变形的最不利效应计算值；

　　　μ——按规范取用的冲击系数值，平板挂车、履带车、重型车辆取用 0。

按荷载效率 η_q，荷载试验分为基本荷载试验（$0.8 \leq \eta_q \leq 1$）、重荷载试验（$\eta_q > 1.0$，其上限按具体结构情况和所通行特型荷载来定）、轻荷载试验（$5 < \eta_q \leq 0.8$），当 $\eta_q \leq 0.5$ 时，试验误差较大，不易充分发挥结构的效应和整体性。

一般的静载试验，η_q 值可采用 0.95～1.05。当桥梁的调查、检算工作比较完善而又受加载设备能力所限时，η_q 值可采用低限；当桥梁的调查、检算工作不充分，尤其是缺乏桥梁计算资料时，η_q 值应采用高限。

当温度变化对桥梁结构内力影响较大时，应选择温度内力较不利的季节进行荷载试验，否则应考虑适当增大静载试验效率 η_q 来弥补温度影响对结构控制截面产生的不利内力。

当试验控制荷载为挂车或履带车而采用汽车荷载加载时，考虑到汽车荷载的横向应力增大系数较小，为了使截面的最大应力与控制荷载作用下截面最大应力相等，可适当提高静载试验效率值。

3) 加载设备的选择

静载试验加载设备可根据加载要求及具体条件选用，一般有装载重物的可行式车辆加载和重物直接加载两种加载方式。

(1) 可行式车辆加载。

选用汽车或平板车，装载的重物要考虑车厢能否容纳得下，以及装载是否方便。装载的重物应置放稳妥，以避免车辆行驶时因摇晃而改变重物的位置。当试验所用的车辆规格不符合设计标准车辆荷载图式时，可根据桥梁设计控制截面的内力影响线，换算为等效的试验车辆荷载（包括动力系数和人群荷载的影响）。

(2) 重物直接加载。

一般可按控制荷载的着地轮迹先搭设承载架，再在承载架上堆放重物或设置水箱进行加载，如加载仅为满足控制截面内力要求，也可采取直接在桥面堆放重物或设置水箱的方法加载。承载架的设置和加载物的堆放应安全、合理，能按要求分布加载重量，避免与桥梁结构共同承载而造成"卸载"。

重物直接加载的准备工作量大，加、卸载所需周期一般较长，交通中断时间亦较长，且试验温度变化对测点的影响较大，因此宜于安排在夜间进行试验，并应严格避免加载系统参与结构的作用。

4) 加载物重力的称量

可根据不同的加载方法和具体条件选用称重法、体积法及综合法等方法称量加载物的重量。

采用称重法时若采用重物直接在桥上加载，可将重物化整为零称重后按逐级加载要求分堆放置，以便加载时取用。当采用车辆加载时可将车辆分别称重，也可采用便携式轮重秤逐轮进行称量。

采用水箱或采用在桥面直接堆放重物加载时，可通过测量水体积或堆放重物的体积与容重来换算加载物的重量。

采用综合计算法时，应采用车辆出厂规格确定空车轴重，再根据装载重物的重力及其重心将其分配至各轴，采用规则形状的装载物整齐码放或采用松散均匀材料在车厢内摊铺平整，以便准确确定重心位置。称量误差最大不得超过 5%，最好能采用两种称量方法进行校核。

5) 加载轮位的确定

试验荷载的轮位选择，对铁路桥梁而言，分单线加载、双线一侧加载、双线两侧加载 3 种；对公路桥梁而言，既要考虑沿桥轴方向加载，也要考虑垂直于桥轴方向加载，如图 12.1 所示。结构的力和位移影响线是检查复杂结构受载后的整体及局部工作性能的一项重要指标。支座工作状况及整体刚度的分布均会带来实测影响线与计算值的差别。

实测桥跨结构控制截面的力或位移影响线的加载，一般均采用纵向单排、横向对称布

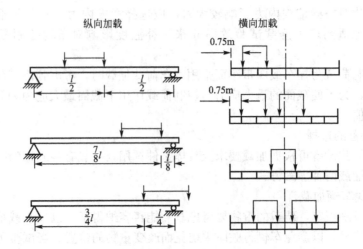

图 12.1 常用轮位图式

置的重车同步移动的方式,荷载移动的步长依桥的长度和对影响线的精度要求来定,一般不大于跨长的 1/10～1/8。

6) 加载分级与控制

为了获得试验荷载与结构应变、变形之间的变化关系和加载安全,对桥梁主要控制截面的加载应分级进行,而且一般安排在开始的几个加载程序中执行。附加控制截面一般只设置最大内力加载程序加载。

(1) 分级控制的原则。

① 当加载分级较为方便时,可按最大控制截面最大内力或位移分为 4～5 级。

② 当使用载重车加载,车辆称重有困难时也可分为 3 级加载。

③ 当桥梁的调查和验算工作不充分或桥梁技术状况较差时,应尽量增加加载分级,如限于条件加载分级较少时,应注意在每级加载时,车辆荷载逐辆缓缓驶入预定加载位置。必要时可在加载车辆未到达预定加载位置前分次对控制测点进行读数以确保试验安全。

④ 在安排加载分级时,应注意加载过程中其他截面内力亦应逐渐增加,且最大内力不应超过控制荷载作用下的最不利内力。

⑤ 根据具体条件决定分级加载的方法,最好每级加载后卸载,也可逐级加载达到最大荷载后逐级卸载。

⑥ 在安排加载分级时,应注意加载过程中其他截面的受力情况,使其最大内力不超过控制荷载作用下的最不利内力。

(2) 车辆荷载加载分级的方法。

车辆荷载加载分级宜逐渐增加加载车数量,先上轻车后上重车,加载车位于内力影响线的不同部位,加载车宜分次装卸重物。

(3) 加卸载的时间选择与控制。

为了减少温度变化对试验造成的影响,加载试验时间以晚 10 时至早 6 时为宜,尤其是在采用重物直接加载且加卸载周期比较长的情况下,只能在夜间进行试验。对于采用车辆等加、卸载迅速的试验方式,如夜间试验照明等有困难时也可安排在白天进行试验,但在晴天或多云的天气下进行加载试验时每一加卸载周期所花费的时间不宜超过 20min。

加卸载稳定时间取决于结构变形达到稳定所需的时间。要求在前一荷载阶段内的变形相对稳定后,才可进入下一荷载阶段。当进行到主要控制截面最大内力加载程序时,加、卸载稳定时间应不少于 15min。如变形缓慢造成观测值稳定时间较长,则可将稳定时间定为 20~30min。

  7) 加载分级的计算

  根据各加载分级,按弹性阶段计算加载各测点的理论计算变形(或应变),以便对加载试验过程进行分析和控制。计算采用的材料弹性模量如已做材料试验,则用实测值,否则可按规范选用。

  3. 观测内容

  桥梁结构静载试验基本观测内容有以下几个方面。

  (1) 结构的最大挠度和扭转变形,包括桥梁上、下两侧挠度差及水平位移。

  (2) 结构控制截面最大应力(或应变),包括混凝土表面应力和最外缘钢筋应力等。

  (3) 支点沉降、墩台位移与转角,活动支座的变形等。

  (4) 桁架结构支点附近及其他细长杆件的稳定性等。

  (5) 裂缝的出现和扩展,包括初始裂缝的出现,裂缝的宽度、长度、间距、位置、方向和性状,以及卸载后的状况。

  (6) 温度变化对结构控制截面测点应力和变形的影响。

  根据桥梁结构特点和调查情况等适当增加的观测内容有以下几个方面。

  (1) 桥跨结构挠度沿桥长或控制截面桥宽的分布。

  (2) 结构构件控制截面应变分布图,要求沿截面高度分布不少于 5 个应变测试点,包括最边缘和截面突变处的测点。

  (3) 控制截面的挠度、应力(或应变)的纵向和横向影响线。

  (4) 行车道板跨中和支点截面挠度或应变影响面。

  (5) 组合构件的结合面上、下缘应变。

  (6) 支点附近结构斜截面的主拉应力。

  (7) 控制截面的横向应力增大系数。

  4. 测点布设

  桥梁结构静载试验的测点布设应满足分析和推断结构工作状况的最低需要,测点的布设不宜过多,但要保证观测质量。主要测点的布设应能控制结构最大应力(应变)和最大挠度(位移),对重要的测点应进行校对测量。

  1) 挠度测点的布设

  一般情况下,对挠度测点的布设要求能够测量结构的竖向挠度、侧向挠度和扭转变形,应能给出受检跨及相邻跨的挠曲线和最大挠度。每跨一般需布设 3~5 个测点。挠度测试结果应考虑支点下沉修正,应观测支座下沉量、墩台的沉降、水平位移与转角、连拱桥多个墩台的水平位移等。

  对于整体式梁桥,测点一般对称于桥轴线布置,截面设单点时布置在桥轴线上;对于多梁式桥,可在每个梁底布置一个或两个测点。

  2) 结构应变测点的布设

  应力应变测点的布设应能测出内力控制截面的竖向、横向应力分布状态。对组合构件应测出组合构件的结合面上、下缘应变。每个截面的竖向测点沿截面高度应不少于 5 个,包括上、下缘和截面突变处，应能说明平截面假定是否成立。横向截面抗弯应变测点应布设在截面横桥向应力可能分布较大的部位，沿截面上、下缘布设，横桥向设置一般不少于3处，以控制最大应力的分布，宽翼缘构件应能给出剪滞效应的大小。对于箱形断面，顶板和底板测点应布设十字应变花，而腹板测点应布设45°应变花，T形断面下翼缘可用单向应变片。

对于公路钢桥，如是钢板梁结构则应全断面布置测点，测点数量以能测出应力分布为原则；如是钢桁梁，则测点数量应给出杆件轴向力和次应力等。此外，一般还应实测控制断面的横向应力增大系数；当结构横向联系构件质量较差、连接较弱时，必须测定控制断面的横向应力增大系数。简支梁跨中截面横向应力增大系数的测定，既可采用观测跨中沿桥宽方向应变变化的方法，也可采用观测跨中沿桥宽方向挠度变化的方法来进行计算或用两种方法互校。

3) 混凝土结构应变测点的布设

对于预应力混凝土结构，应变测点可用长标距(5mm×150mm)应变片构成应变花贴在混凝土表面，而对部分预应力混凝土结构，受拉区则应测受拉钢筋的拉应变，可凿开混凝土保护层直接在钢筋上设置拉应力测点，但在试验完后必须修复保护层。

当采用测定混凝土表面应变的方法来确定混凝土结构中钢筋承受的拉力时，考虑到混凝土表面已经和可能产生的裂缝对观测的影响，可测定与钢筋同高度的混凝土表面上一定间距的两点间平均应变，来确定钢筋的拉应力。选择这两点的位置时，应使其标距大致等于裂缝的间距或裂缝间距的倍数，可以根据结构受力后可能发生的如下3种情况进行选择。

（1）在加载后预计混凝土不会产生裂缝情况下，可以任意选择测定位置及标距，但标距不应小于4倍混凝土最大粒径。

（2）在加载前未产生裂缝，加载后可能产生裂缝的情况下，可按图12.2的方法选择相连的20cm、30cm两个标距。当加载后产生裂缝时，可分别选用20cm、30cm、或(20+30)cm标距的测点读数来适应裂缝间距。

（3）加载前已经产生裂缝，为避免加载后产生新裂缝的影响，可根据裂缝间距按图12.3的方法选择测点位置及标距。为提高测试精度，也可增大标距，跨越两条以上的裂缝，但测点在裂缝间的相对位置仍不变。

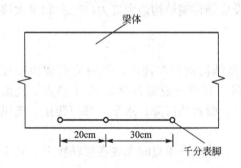

图12.2 无裂缝测点布置图

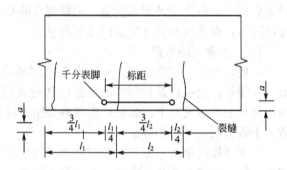

图12.3 有裂缝测点布置图

4) 剪切应变测点的布设

对于剪切应变测点，一般采取设置应变花的方法进行观测。为了方便，对于梁桥的剪应力,也可在截面中性轴处主应力方向设置单一应变测点来进行观测。梁桥的实际最大剪应力截面应设置在支座附近而不是支座上,具体设置位置如下。

从梁底支座中心起向跨中作与水平线成 45°的斜线,此斜线与截面中性轴高度线相交的交点即为梁桥最大剪应力位置。可在这一点沿最大压应力或最大拉应力方向设置应变测点,如图 12.4 所示,距支座最近的加载点则应设置在 45°斜线与桥面的交点上。

5) 温度测点的布置

选择与大多数测点较接近的部位设置 1~2 处气温观测点,此外可根据需要在桥梁结构的主要控制截面上设置温度观测点,以观测结构温度变化对测点应力和变形的影响。

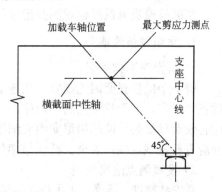

图 12.4 梁桥最大剪应力测点布置

5. 测试仪器的选择

选用原则:

(1) 根据被测对象的结构情况,选择精度和量程。如被测对象是一座大跨度桥梁,它的试验挠度期望值达几十厘米,那么选精度为毫米级的量测仪器即可;反之,测一座小跨径桥梁的挠度,毫米级的量测精度就不能满足要求了。

(2) 根据现场环境条件选择仪器种类。如一座桥应变测点很多,就应考虑在设置测站方便的同时,选用有合适测点的多点测量仪器,还要估计导线的长短,又如现场有电磁干扰源存在时,则必须选择抗干扰性能比较好的仪器,必要时宁可采用机械式仪器。

(3) 选仪器时最重要的一条是仪器的可靠性要好。对现场试验来说,往往是一次性的,仪器使用性能的可靠与否至关重要。

(4) 尽量考虑仪器设备的便携性,能轻弃重,能小不大。因为在现场试验时,装备越轻便,工作起来就越是方便,更不用说携带方便了。

(5) 要强调经验。一个有经验的试验人员对每次试验所需的仪器设备一般能做到心中有数,同样,一个有经验的实验室一般都配备有几套满足不同要求的仪器设备供选用。

12.1.2 试验准备

试验准备工作包括设备及仪表夹具的加工;试验现场的清理;设置仪器、仪表的支护装置以及其他必要的支架和安全设备;准备加载物质或设备;仪表校正、安装和调试;对试验人员进行技术培训;印发各种记录表格。在试验准备阶段,必须将试验所用的仪器设备及时配齐,试验前必须按照规定进行校正或标定,并且应该有一定数量的备用仪器,以确保试验工作的顺利进行。

测试技术的准备也十分重要。在正式加载试验前,试验人员必须明确分工和职责,能熟练地进行仪器、仪表的测读,掌握仪器、仪表的工作原理、基本性能,并具备排除一般性故障的能力。对于规模较大、测试时间较长、使用仪器较多、测点布置难度较大的试验,可以考虑拟定专门的测试技术操作规程。

在施工现场,根据试验方案的要求,应及时调集必需的物质和器材,解决用电、水源、燃料等，应根据荷载试验的需要准备加载试验的安全设施、供电照明设施、通信联络设施、桥面交通管制等工作。

在试验前及测试过程观测并记录气温情况。

1. 量测附属设施

1) 搭设观测脚手架

脚手架的设置要因地制宜、就地取材，方便观测仪表和保证安全，不影响仪表和测点的正常工作，不干扰测点附属设施。当桥下净空较大，不便设置固定脚手架时，可考虑采用轻便活动吊架。两端用尼龙绳或细钢丝绳固定在栏杆或人行道缘石上，整套设备在使用前应进行试载以确保安全。活动吊架如需多次使用则可做成拼装式以便于运输和存放。

2) 设置测点附属设施

在安装挠度、沉降、水平位移等测点的观测仪表时，一般需要设置木桩、木桩架或其他支架等测点附属设施。设置时既要满足仪表安装的需要，又使其不受结构本身的变形、位移的影响；同时应保证其稳定、牢固，能承受试验时可能产生的车辆运行、行人走动等的干扰。

在晴天或多云天气下进行加载试验时，对阳光直射下的应变测点，应设置遮挡阳光的设备，以减小温度变化造成的观测误差。在雨季进行加载试验时，则应准备仪器、设备等的防雨设施。

2. 加载位置的确定

静载试验前应在桥面上对加载位置进行放样，以便于加载试验的顺利进行。如加载程序较少，可在程序加载前临时放样；如加载程序较多，则应预先放样，且用不同颜色的标志区别执行不同加载程序时的荷载位置。

卸载位置的选择既要考虑加、卸载方便，离加载位置近一些，又要使安放的荷载不影响试验孔（或墩）的受力，一般可将荷载安放在台后一定距离处。对于多孔桥，如有必要将荷载停放在桥孔上，一般应停放在距试验孔较远处以不影响试验观测为度。

3. 仪器检查与安装

试验需用的所有仪表均应在测试前进行检查，并按仪表本身的要求进行标定和必要的误差修正，满足测试精度要求。测量误差应不大于预计量程的±5%，位移测量误差不大于±10%，动态位移误差不大于±15%。

采用电阻应变仪进行应变测试时，粘贴电阻片的人员要根据现场温度、湿度等条件选择贴片及做好防潮、防水处理，其绝缘阻值要满足试验规定的要求。试验用导线要经过测试，导线与试验结构或构件上电阻应变片的联结要锡焊并做好绝缘处理。尽量选用与观测应变部位相同的材料制作温度补偿片。补偿片应尽量靠近应变片设置。

仪表、设备容易受到碰撞、扰动的部位应加保护设备，系保险绳或设置醒目的标志，以保证仪表正常工作。

仪表安装工作一般应在加载试验前完成，但也不应安装过早，以免仪器受损和遗失。注意仪表安装位置和安装方法是否正确。安装完毕应由有测试经验的人员进行检查，有时可利用过往车辆来观察仪表工作是否正常。

仪表安装完毕后，一般在加载试验前应对各测点进行一段时间的温度稳定观测。中间可每隔10min读数一次，观测时应尽量选择与加载试验相同的气候条件。

当所有准备工作就绪后，在正式试验前，要对所有仪器、仪表进行一次观测演习，以便熟悉试验程序、仪器和仪表的测读、记录方法等。

4. 加载物的称重

加载车队或等效重物需先准确称量，称量所用衡具应在鉴定有效期内，其称重误差最大不得超过5%。

5. 试验人员组织分工

桥梁的荷载试验是一项技术性较强的工作，最好能组织专门的桥梁试验队伍进行试验，也可由熟悉这项工作的技术人员为骨干来组织试验队伍。应根据每个试验人员的特长进行分工，每人分管的仪表数目除考虑便于进行观测外，应尽量使每人对分管仪表进行一次观测所需的时间大致相同。所有参加试验的人员应能熟练掌握所分管的仪器设备的操作方法，否则应在正式开始试验前进行演练，以保证试验正常进行。

12.1.3 加载试验

1. 预加载

在正式试验前，一般对结构进行2~3次预加载，通过预加载使结构进入正常工作状态，消除结构非弹性变形，尤其是混凝土桥跨结构。若干次预加载后，荷载位移关系趋于稳定，呈较好的线性关系。预加载同时可以检查全部测试设备工作是否正常，性能是否可靠，人员是否组织完善，操作是否熟练。预加载值不大于标准设计荷载和开裂荷载。一般分2~3级加至标准设计荷载或更小。预加载循环次数需根据结构弹性工作的实际情况而定。若线性及回零很好，预载1~2次便可正式进入试验。

2. 加载试验

1) 加载程序

对仪表进行初读数。加载应严格按计划程序进行，采用重物加载时荷载应分级逐级施加，每级荷载堆放位置准确、整齐稳定。荷载施加完毕后，逐级卸载。采用车辆加载时，先由零载加至第一级荷载，然后卸载至零载；再由零载加至第二级荷载，然后卸至零载；…，直至所有荷载施加完毕(有时为了确保试验结果准确无误，每一级荷载重复施加1~2次)。每一级荷载施加次序为纵向先施加重车，后施加两侧标准车，横向先施加桥中心的车辆，后施加外侧的车辆。

2) 加载稳定时间控制

加载和卸载的持续时间一般以结构变形达到稳定为原则，为控制加、卸载稳定时间，应选择一个控制观测点(如简支梁为跨中挠度或应变测点)，在每级加载(或卸载)后立即测读一次，计算其与加载前(或卸载前)测读值的差值，然后每隔5min测读一次，如果5min的变形增量小于量测仪器最小分辨值，或结构最后5min的变形增量小于前一个5min变形增量的15%，均认为结构变形达到相对稳定，可进行各观测点读数。主要控制截面最大内力荷载工况对应的荷载在桥上稳定时间应不少于5min，对尚未投入营运的新桥应适当延长加载稳定时间。

在最后一级荷载加载完毕,荷载读数完成后,卸去桥梁上全部试验荷载,等待30min,再读一次数,作为残余变形值。

有些桥测点观测值稳定时间较长,如结构的实测变位(或应变)值远小于计算值,可将加载稳定时间定为20~30min。

3. 测试方法与加载过程的观察

1) 位移的测量

一般的梁、板、拱、桁架结构的位移测定,主要是指挠度及其变形曲线的测定。

挠度的测试断面,一般在1/8跨、1/4跨、1/2跨、3/4跨、7/8跨等位置布设测点,以便能测出挠度变形的特征曲线。对梁或板宽大于或等于100cm的构件,应考虑在横截面两侧都布设测点,测值取两侧仪表读数的平均值。为了求得最大挠度值以及其变形特征曲线,测试中要设法消除支座沉降的影响。

常用的测量位移的仪器、仪表有各种类型的挠度计、百分表、位移传感器等。

在桥梁结构设计中,荷载横向分布系数往往是以测定桥梁横断面各梁(或梁肋)挠度的方法推算出来的。具体做法是在特征断面(跨中或1/4跨断面)、所有梁或梁肋处布点测挠度,然后经过简单的数据处理,即可得到该断面的荷载横向分布特征值。

2) 应变的测量

试验结构的断面内力(弯矩、轴向力、剪力、扭矩)和断面应力分布,一般都是通过应变测定来反映的,所以应变值的正确测定是非常重要的。

应变的测量分以下两种情况。

(1) 桥梁结构主应力方向已知。

对承受轴向力的结构,如桁架中的杆件,测点应布设在平行于结构轴线的两个侧面,每处不少于两点。

对承受弯矩和轴向力共向作用的结构,如拱式结构的拱圈等,应在弯矩最大的位置处,平行轴线的两侧布点,每处不少于4点。

对承受弯矩作用的结构,如梁式结构,应在弯矩最大的位置处,沿截面上、下边缘布点或沿侧面梁高方向布点,每处不少于两点。

(2) 桥梁结构主应力方向未知。

如在受弯构件中正应力和剪应力共同作用的区域、截面形状不规则或者有突变的位置,这些部位的主应力、剪应力的大小和方向都是未知的,当测定这些部位的平面应力状态时,一般按一定的 $X-Y$ 坐标系均匀布点,每点按3个方向布设成一个应变花形式,再按此测出的应变确定主应力的大小和方向。

3) 裂缝的观测

对于钢筋混凝土梁,在加载后受拉区及时发现第一条裂缝是十分重要的。

刻度放大镜可用来测定混凝土裂缝的宽度,其最小刻度值为0.01~0.1mm,量程为3~8mm。使用时将放大镜的物镜对准需测定的裂缝,经过目测即可读出裂缝的宽度。

塞尺的用途是测定混凝土裂缝的深度,它是由一些不同厚度的薄钢片组成的。按裂缝宽度选择合适厚度的塞尺并插入裂缝中,根据塞尺插入的深度即可得到裂缝的深度。

用应变测量仪测量裂缝的出现或开裂荷载时,应在结构内力最大的受拉区,沿受力主筋方向连续布置电阻应变片或应变计,连续布置的长度不小于2~3个计算的裂缝间距或不小于 30 倍的主筋直径。在裂缝没有出现时，仪表的读数是有规律的，若结构在某级荷载作用下开裂，则跨越裂缝的仪表读数骤增，而相邻的其他仪表读数很小或出现负值。

在每级荷载下出现的裂缝或原有裂缝的开展，都要在结构上标明，用软铅笔在离裂缝 1～3mm 处平行地描出裂缝的走向、长度和宽度，并注明荷载吨位。试验结束时，根据结构上的裂缝，绘出裂缝开展图。

加载过程中应对结构控制点位移（或应变）、结构整体行为或薄弱部位破损实行监控，并随时向技术负责人员汇报。要随时将控制点实测数值与计算结果比较，如实测值超过计算值较多，应暂停加载，查明原因后再决定是否继续加载。加载过程中应指定人员随时观察结构各部位（尤其是薄弱部位）可能产生的新裂缝，结构是否产生不正常的响声，加载时墩台是否发生摇晃现象等，如有这些情况发生则应及时报告试验负责人，以便采取相应的措施。

加载过程中要注意观测原有裂缝较长、较宽的部位。测量裂缝的长度、宽度，并在混凝土表面沿裂缝走向进行描绘。观测加载过程中裂缝长度及宽度的变化情况，在混凝土表面进行描绘，并采用专门表格记录。将最后的检查情况填入裂缝观测记录表。

4. 终止加载控制条件

发生下列情况之一时应终止加载。
(1) 控制测点应力值已达到或超过用弹性理论或按规范安全条件反算的控制应力值。
(2) 控制测点变形（或挠度）超过规范允许值。
(3) 由于加载，结构裂缝的长度、宽度急剧增加，新裂缝大量出现，缝宽超过允许值的裂缝大量增多，对结构使用寿命造成较大的影响。
(4) 对拱桥加载时，沿跨长方向的实测挠度曲线分布规律与计算值相差过大或实测挠度超过计算值过多。
(5) 发生其他损坏，影响桥梁承载能力或正常使用。

12.1.4 数据处理

1. 试验数据修正

1) 测值的修正

根据各类仪表的标定结果进行测试数据的修正，如机械式仪表的校正系数，电测仪表率定系数、灵敏系数，电阻应变观测的导线电阻影响等。当这类因素对测值的影响小于 1% 时，可不予修正。

2) 温度影响的修正

由于温度影响修正比较困难，一般不进行这项工作，而采取缩短加载时间、选择温度变化较小的时间进行试验等办法，尽量减小温度对测试精度的影响。

3) 支点沉降影响的修正

当支点沉降量较大时，应修正其对挠度值的影响，修正量 C 可按式(12-2)计算。

$$C=\frac{L-x}{L}a+\frac{x}{L}b \tag{12-2}$$

式中　C——测点的支点沉降影响修正量；
　　　L——A 支点到 B 支点的距离；
　　　x——挠度测点到 A 支点的距离；
　　　a——A 支点沉降量；
　　　b——B 支点沉降量。

2. 各测点变形（挠度、位移、沉降）与应变的计算

根据量测数据作下列计算。

总变形（或总应变）　　　　　$S_t = S_I - S_i$

弹性变形（或弹性应变）　　　$S_e = S_I - S_u$

残余变形（或残余应变）　　　$S_p = S_t - S_e = S_u - S_i$

相对残余变形（或相对残余应变）　$S'_p = \dfrac{S_p}{S_t} \times 100\%$

式中　S_i——加载前的测值；
　　　S_I——加载达到稳定时的测值；
　　　S_u——卸载后达到稳定时的测值。

3. 力或位移影响线

在移动荷载下实测控制截面的应变和位移，可以转化为内力影响线和挠度曲线的纵坐标。若控制截面为 k，步长为 L/n，则影响线坐标应为 $0, \cdots, i, \cdots, n$。若实测结果为 a_i，则其影响线坐标 y_i 为

$$y_i = \dfrac{a_i}{\sum P_i} D \tag{12-3}$$

式中　$\sum P_i$——移动荷载总重，kN。

D 为常数比例因子。如果所测内力是弯矩，则 $D = E \cdot W$（其中 E 为弹性模量，W 为截面抵抗矩）；若为剪力，则 $D = GJb/S$（其中 G 为剪切弹性模量，J 为抗扭惯性矩，b 为截面宽度，S 为面积矩）；若为挠度，则 $D = 1$。在上述 3 种情况下，a_i 分别为移动荷载作用下的弯曲应变、剪应变和挠度值。

12.1.5　试验结果与理论分析的比较

为了评定结构整体受力性能，需对桥梁荷载试验结果与理论分析值进行比较，以检验桥梁结构是否达到设计要求的荷载标准，或者判断旧桥的承载能力。比较时可以将结构位移、应变等试验值与理论计算值列表进行比较，对结构在最不利荷载工况作用下主要控制测点的位移、应力的实测值与理论分析值，分别绘出荷载-位移（$P-S$）曲线、荷载-应力（$P-\sigma$）曲线，并绘出最不利荷载工况作用下位移沿结构（纵、横向）分布曲线和控制截面应变（沿高度）分布图，绘制结构裂缝分布图（对裂缝编号，注明长度、宽度、初裂荷载以及裂缝发展情况）。为了量化以及描述试验值与理论分析值比较的结果，引入结构校验系数

$$\eta = \dfrac{S_e}{S_s} \tag{12-4}$$

式中 S_e——试验荷载作用下量测的弹性变形值；

S_s——试验荷载作用下的理论计算变形值。

S_e 与 S_s 的比较可用实测的横截面平均值与计算值比较，也可考虑荷载横向不均匀分布而选用实测最大值与考虑横向增大系数的计算值进行比较。横向增大系数最好采用实测值，如无实测值也可采用理论计算值。

12.1.6 承载能力评定

经过荷载试验的桥梁，应根据整理的试验资料分析结构的工作状况，进一步评定桥梁的承载能力。

1. 结构强度分析

结构控制断面实测最大应力（应变）可以成为评价结构强度的主要内容，常用校验系数 η 来表示。不同结构形式的桥梁，其 η 值常不相同。

挠度校验系数＝实测跨中挠度/理论跨中挠度

应力校验系数＝杆件实测弯曲应力/杆件理论弯曲应力（或杆件实测轴向力/杆件理论轴向力）

$\eta=1$ 时，说明理论与实际相符。一般要求 η 值不大于 1，η 值越小，结构的安全储备越大。η 值过大或过小都应该从多方面分析原因：如 η 值过大，可能说明组成结构的材料强度较低，结构各部分联结性较差、刚度较低等；η 值过小可能说明材料的实际强度及弹性模量较高，梁桥的混凝土桥面铺装及人行道等与主梁共同受力，拱上建筑与拱圈共同作用，支座摩阻力对结构受力有有利影响，计算理论或简化的计算式偏于安全等。试验加载物的称量误差、仪表的观测误差等也对 η 值有一定影响。表 12-2 为常见 η 值参考表。

表 12-2 桥梁校验系数常值表

桥 梁 类 型	钢筋混凝土板桥	钢筋混凝土梁桥	预应力混凝土桥	圬 工 拱 桥
应变（应力）校验系数	0.20～0.40	0.40～0.80	0.60～0.90	0.70～1.00
挠度校验系数	0.20～0.50	0.50～0.90	0.70～1.00	0.80～1.00

由于理论的变形（或应变）一般按线性关系计算，所以如测点实测弹性变形（或应变）与理论计算值成正比，其关系曲线接近于直线，说明结构处于良好的弹性工作状况。

测点在控制荷载工况作用下的相对残余变形（或应变）S'_p 越小，说结构越接近弹性工作状况。一般要求 S'_p 值不大于 20%，当 S'_p 大于 20% 时应查明原因。如确系桥梁强度不足，应在评定时降低桥梁承载能力。

η 值应取控制截面内力最不利荷载工况时的最大挠度测点进行计算。对梁桥可采用跨中最大正弯矩荷载工况的跨中挠度，对拱桥验算拱顶截面时可采用拱顶最大正弯矩荷载工况的跨中挠度；验算拱脚截面时可采用拱脚最大负弯矩荷载工况时 $L/4$ 截面处挠度。

2. 地基与基础

当试验荷载作用下墩台沉降、水平位移及倾角较小，符合上部结构验算要求，卸载后变形基本恢复时,认为地基与基础在验算荷载作用下能正常工作。

当试验荷载作用下墩台沉降、水平位移、倾角较大或不稳定,卸载后变形不能恢复时,应进一步对地基、基础进行探查、检算,必要时应对地基基础进行加固处理。

3. 结构的刚度要求

在试验荷载作用下,主要测点挠度校验系数 η 应不大于1,各点的挠度不超过"桥规"规定的允许值。

圬土拱桥:一个桥范围内正负挠度的最大绝对位之和不小于 $L/1000$,履带车和挂车在验算时提高20%。

钢筋混凝土桥:梁桥主梁跨中　　　$L/600$
　　　　　　　梁桥主要悬臂端　　$L/300$
　　　　　　　桁架、拱桥　　　　$L/300$

4. 裂缝

裂缝是评定混凝土及预应力混凝土桥跨结构承载力及耐久性的主要指标之一,主要评定受力裂缝的出现和发展状态。

在标准设计荷载下,预应力桥跨结构一般不出现裂缝,或按预应力程度的不同,按相应规范查取。在标准设计荷载下,普通混凝土桥最大裂缝宽度一般不大于 0.2mm。其他非受力裂缝,如施工、收缩和温度裂缝受载后也不应超过容许值。

结构出现第一条受力裂缝的试验荷载值应大于理论计算初裂缝荷载的90%。

静力荷载试验结果不满足上述任何一项条件,则认为桥梁结构不符合要求,必须查明原因,并采取适当的措施。

12.2 桥梁结构的动载试验

12.2.1 试验方案

桥梁结构的动载试验用来研究桥梁结构的自振特性和车辆动力荷载与桥梁结构的联合振动特性。近年来研究的桥梁结构病害诊断,实际也是以桥跨结构或构件固有频率的改变为根据的,因此,新建的桥梁、运营一定年限后的桥梁以及对其结构承载能力有疑问的桥梁均需进行动载试验。

下面主要从桥梁结构动载试验的量测内容、加载方案、量测方案和动载试验效率等几个方面来介绍试验方案的设计。

1. 量测内容

(1) 测定桥梁结构的动力反应。主要是测定结构在动荷载作用下强迫振动的特性,包括动位移、动应力、动力系数等。试验时,一般利用汽车以不同的速度通过桥跨引起的振动来测定上述各种数据。

(2) 测定桥跨结构的自振特性,如自振频率、振型和阻尼特性等。应在结构相互连接的各部分布置测点,如悬臂梁与挂梁、上部结构与下部结构、行车道梁与索塔等的相互连接处。

(3) 测定动荷载本身的动力特性。主要测定引起桥梁振动的作用力或振源特性,如动力荷载(包括车辆制动力、振动力、撞击力等)的大小、频率及作用规律。

(4) 测定桥跨结构或构件的疲劳性能。

一般情况下,只进行前两项内容的动载试验;对于铁路桥梁,要实测机车在桥上的制动力和与旅客舒适度有关的列车过桥时车桥联合振动的动位移和动应变的时程曲线,尚应进行第(3)项内容的动载试验;桥梁结构或构件的疲劳试验一般只在实验室进行,研究桥梁结构或构件的疲劳强度。

2. 加载方案

(1) 检验桥梁受迫振动特性的试验荷载,通常采用接近运营条件的汽车、列车或单辆重车以不同车速通过桥梁,要求每次试验时车辆在桥上的行驶速度保持不变,或在桥梁动力效应最大的检测位置进行刹车(或起动)。

(2) 桥梁在风力、流水撞击和地震力等动力荷载作用下的动力性能试验,宜在专门的长期观测中实现。

(3) 利用环境激振测定桥梁自振特性。

(4) 疲劳试验荷载的室内试验可采用液压脉动装置,现场试验可采用起振机。

3. 量测方案

动载试验量测动应变时可采用动态电阻应变仪并配以记录仪器,量测振动可选用低频拾振器并配低频测振放大器及记录仪器,量测动挠度可选用光电挠度仪或电阻应变位移计配动态电阻应变仪及记录仪器。

4. 动载试验效率

动载试验的效率为

$$\eta_d = \frac{S_d}{S} \tag{12-5}$$

式中 S_d ——动载试验荷载作用下控制截面最大计算内力值;

S ——标准汽车荷载作用下控制截面最大计算内力值(不计入汽车荷载冲击系数)。

η_d 值一般采用 1,动载试验的效率不仅取决于试验车型及车重,而且取决于实际跑车时的车间距,因此在动载试验跑车时应注意保持试验车辆之间的车间距,并应实际测定跑车时的车间距以作为修正动载试验效率 η_d 的计算依据。

12.2.2 试验准备

动载试验前,首先应按照试验方案进行准备工作,其内容包括以下几个方面。

(1) 收集与试验桥梁有关的设计资料和图纸,详细研究,慎重选择或确定试验荷载。

(2) 现场调查桥上和桥两端线路状态、线路容许速度、车辆和列车实际过桥速度和其他激振措施状态。

(3) 了解有关试验部位的情况,以确定测试脚手架的搭设位置、导线的布设方法及仪器安放位置的确定。

（4）对拟测试的项目和测试断面，应按实际荷载和截面尺寸预先算出应力、位移、结构自振频率等，以便及时与实测值进行比较。

在正式测试之前，项目负责人应检查无载状态下应变仪各测点的零状态是否良好。

12.2.3 加载试验

1. 跑车试验

动载试验一般安排标准汽车车列（对小跨径桥也可用单排车）在不同车速时的跑车试验，跑车速度一般定为 5km/h、10km/h、20km/h、30km/h、40km/h、50km/h、60km/h。当车在桥上时为车桥联合振动，当车跨出桥后为自由衰减振动。对铁路桥跨结构，同样应安排一定轴重装载的车列，以不同车速过桥，测量不同行驶速度下控制断面（一般取跨中或中支点处）的动应变和动挠度，记录时间一般不少于 0.5h 或直到波形衰减完为止。测试时需记录轴重、车速，并在时程曲线上标出首车进桥和尾车出桥的对应时间。动载测试一般应试验 3 组，在临界速度可增跑几趟，全面记录动应变和动位移。

2. 跳车试验

在预定激振位置设置一块 15cm 高的直角三角木，斜边朝向汽车。一辆满载重车以不同速度行驶，后轮越过三角木由直角边落下后，立即停车。此时桥跨结构的振动是带有一辆满载重车附加质量的衰减振动。在处理数据时，对附加质量的影响应予以修正。跳车的动力效应与车速和三角木放置的位置有关。随车速的增加，桥跨结构的动位移、动应力会增加，从而冲击系数也会加大，跳车记录时间与跑车相同。

3. 刹车试验

刹车试验是测定车辆在桥上紧急制动时所产生的响应，用以测定桥梁承受活载水平力性能。刹车试验以行进车辆突然停止作为激振源，可以不同车速停在预定位置。刹车可以顺桥向或横桥向。一般由于桥面较窄，横桥向难以加速到预定车速。对刹车试验数据同样需要进行附加质量影响的修正。由刹车的位移-时程曲线可读取自振特性和阻尼特性数据。不过此时有车的质量参与衰减振动，阻尼也非单纯桥跨结构的阻尼。刹车记录项目与跑车记录项目相同，对记录的信号（包括振幅、应变或挠度等）进行频谱分析，可以得到相应的强迫振动频率等一系列参数。

4. 环境试验

当桥跨结构无车辆通过时，桥跨结构处于环境激振之下，做振幅微小的振动。环境测试需记录环境位移或加速度，将记录的信号在高精度的信号分析仪上进行频谱分析，便得到频谱图；将频谱分析的数据再结合跑车、跳车、刹车等的测试数据，综合分析便可得到精确而真实的桥跨结构自振特性数据。环境测试要求高灵敏度的传感器和放大器，同时要具备质量较高的信号分析设备及其相应软件。环境测试记录时间不宜少于 2h，大跨径桥梁测试断面多，对其可分断面记录，但每次应保证有一个参考点不动。

为了尽可能测出高阶频率，应当预先估算结构振型，以便在结构的敏感点布置拾振器。为了进行动力分析或风、地震响应分析，对不同桥型，测量自振频率的阶数可以不同：悬索桥、斜拉桥不少于15阶；连续梁、刚构、拱桥和简支梁均不少于9阶。

12.2.4 数据处理

1. 动力试验荷载效率

在做公路混凝土桥跨结构动载试验时，宜采用接近设计活载的车列，单车冲击系数较大，动力荷载效率低，误差也较大。

2. 活载冲击系数

活载冲击系数（不同速度下）可根据记录的动应变（图12.5）或动挠度曲线（图12.6）分析整理而得，可按式（12-6）计算。

$$1+\mu = \frac{S_{max}}{S_{mean}} \tag{12-6}$$

式中 S_{max}——动载作用下该测点最大应变（或挠度）值，即最大波峰值；

S_{mean}——相应的静载作用下该测点最大应变（或挠度）值（可取本次波形的振幅中心轨迹线的顶点值），$S_{mean}=1/2(S_{max}+S_{min})$。其中，$S_{min}$ 为与 S_{mean} 相应的最小应变（或挠度）值（即同周期的波谷值）。

图 12.5 动应变图

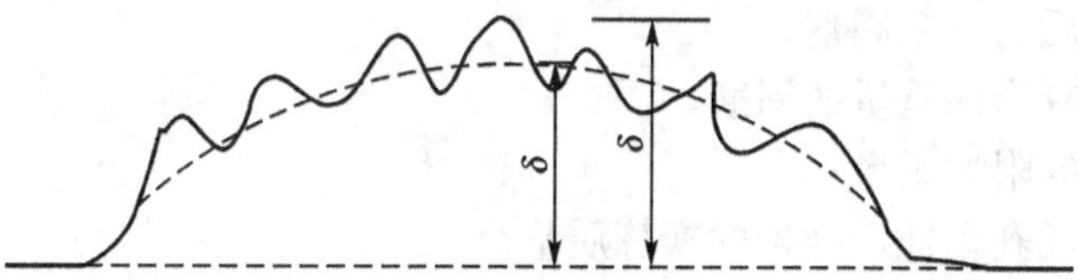

图 12.6 动挠度图

不同部位的冲击系数是不同的。一般情况是：对梁桥、给出跨中和支点部位的冲击系数；对斜拉桥和悬索桥，给出吊点和加劲梁节段中点部位的冲击系数。

3. 强迫振动下的动力反应

根据各工况下的振动曲线，按式（12-7）分析，即可算得桥梁的振动频率，如图12.7所示。

$$f = \frac{l}{t} \cdot \frac{N}{S} \tag{12-7}$$

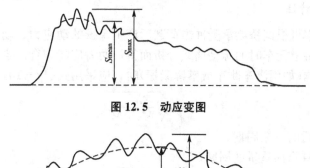

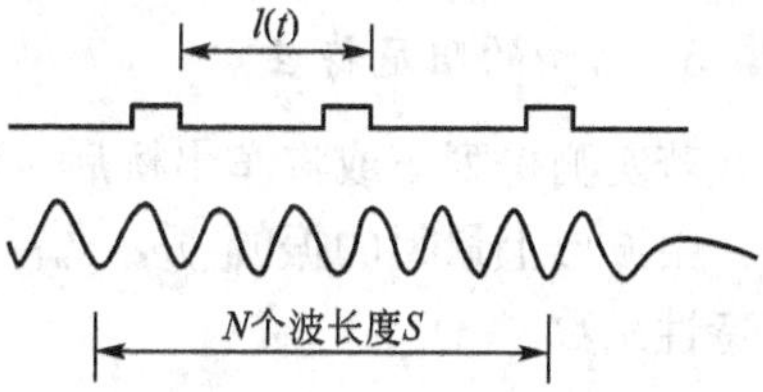

图 12.7 频率计算示意图

式中 l——两时间符号间的距离；

t——时间符号的时间间隔；

N——波形数;

S——N 个波的长度。

如果所分析的曲线段是列车或汽车在桥上时的记录,则所得振动频率为桥梁结构强迫振动频率;如果分析的曲线段是列车或汽车出桥后记录的,则所得频率为桥梁自振频率。

在分析每一测点在动荷载通过时的最大振幅值时,一般是先求得最大振幅处的振动频率,再根据此频率找出系统标定时仪器的标定灵敏度,即放大倍数,则测点的最大振幅值 H 可由式(12-8)求出。

$$H = \frac{A}{S} \tag{12-8}$$

式中 A——实测波形最大峰值;

S——测振系统标定灵敏度。

振动加速度 a 是桥梁动力特性中一个很重要的指标,它表示列车和车辆运行的安全程度和司机、旅客的舒适度,可用测振仪直接测得,也可根据实测的强迫振动频率和振幅,由式(12-9)计算得出。

$$a = 4\pi^2 f^2 A \tag{12-9}$$

式中 f——强迫振动频率,Hz;

A——振幅,cm。

振动加速度应区分部位,给出最大加速度对应的临界速度。

4. 结构的自振特性

结构的自振频率可根据桥梁承受冲击荷载后产生余振的动应力、动挠度或振动曲线分析而得,也可根据桥上无车时的脉动曲线分析而得,两者应能吻合。当激振荷载对结构振动具有附加质量影响(如用汽车跳车或落锤激振)时,应采用式(12-10)求得自振周期。

$$T_0 = T\sqrt{\frac{M_0}{M_0 + M}} \tag{12-10}$$

式中 T_0——修正后的自振周期;

T——实测有附加质量的周期;

M——车辆的附加质量;

M_0——跳车或刹车处,结构的换算质量。

对结构的换算质量 M_0,可用装载不同质量 M_1、M_2 的重车进行跳车或刹车,分别实测自振周期 T_1 和 T_2,再按式(12-11)求得。

$$M_0 = \frac{T_1^2 M_2 - T_2^2 M_1}{T_2^2 - T_1^2} \tag{12-11}$$

5. 结构的阻尼特性

若实测得列车或汽车出桥后,钢桥结构的自由衰减振波如图12.8所示。

由波形上量得的振幅 y_n,y_{n+1},…,y_{n+m} 和求得的周期 T,即可由式(12-12)得出阻尼特性系数。

$$v = \frac{1}{mT}\ln\frac{y_n}{y_{n+m}} \tag{12-12}$$

根据阻尼特性系数,由式(12-13)计算平均阻尼比 ζ。

$$\zeta = \frac{v}{\omega} = \frac{1}{2m\pi} \ln \frac{y_n}{y_{n+m}} \quad (12-13)$$

式中 m——振幅 $y_n \sim y_{n+m}$ 之间波形数；

T——周期，波形振动一周的时间；

y_n、y_{n+m}——m 个波的初始和终结振幅；

ω——衰减振动圆频率。

与不同振型对应的阻尼比是结构的重要参数，应对其进行认真分析。产生阻尼的原因有：材料的内阻尼、结构构造及支座形式、环境介质等。阻尼的大小难以计算，只能实测。

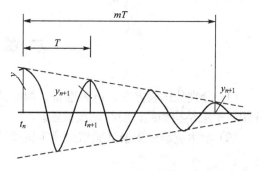

图 12.8 有阻尼自由衰减的振动波形曲线

除上述内容外，还应给出活载冲击系数与车速的关系曲线、动力系数与受迫振动频率的关系曲线、车速与受迫振动频率的关系曲线、卸载后（车辆出桥后）的结构自振频率和振型曲线，以及结构桥跨各测点的振幅和振动相应的关系、结构各部分的振动速度和加速度的分布图以及桥梁横向振动的资料。

12.2.5 结构性能的评定

评定试验结果时，应完成以下内容。

(1) 车辆荷载作用下测定的结构动力系数 δ_{max} 应满足式(12-14)的要求：

$$(\delta_{max} - 1)\eta_d \leqslant \delta - 1 \quad (12-14)$$

式中 δ_{max}——动力系数，即 $1 + \mu_{max}$；

η_d——动力试验荷载效率；

δ——设计取用的动力系数。

根据动力系数与车速的关系曲线，确定动力系数达到最大值时的临界车速。

在实际测定中，单车试验的动力系数比汽车车列试验的动力系数大，且单车的荷载效率低，因而量测的误差也大，因此应采用与设计荷载相当的试验荷载所引起的动力系数作为与理论动力系数比较的数据。

(2) 结构控制截面实测最大动应力和动挠度小于标准的容许值。

(3) 结构的最低自振频率应大于有关标准限值，结构最大振幅应小于相应标准限值。

(4) 评定桥梁受迫振动特性时还必须掌握试验荷载本身的振动特性、桥面行车条件（伸缩缝）和路面局部不平整等的影响。

(5) 根据结构振动图形，分析结构的冲击现象、共振现象，并判断有无缺陷。

(6) 桥梁本身的动力特性的全面资料，可作为评价结构物抗风和抗震性能的计算参数。复杂结构的桥梁动力性能，还需要借助于模型的动力试验或风洞试验进行研究。

(7) 对定期检验的桥梁，通过前后两次动力结果的比较，可检查结构工作的缺陷，如果结构的刚度降低（单位荷载的振幅增大）及频率显著减小，应查明结构可能产生的损坏。

(8) 如果结构动力试验结果不满足上述第(1)项条件，应分析动力系数与车速的关系和车速与受迫振动频率的关系，并采取适当的措施（如限制车速和改进结构的动力性能等）。

本 章 小 结

(1) 分别从试验方案、试验准备、加载试验、数据处理和结构性能评定等方面系统地介绍了桥梁结构静载试验与动载试验。

(2) 学生应掌握依据试验结果评定桥梁结构实际状况和判定承载能力的方法。

思 考 题

1. 简述桥梁结构的荷载试验的目的及静载、动载试验的主要测试内容。
2. 桥梁静载试验中常采用哪些加载设备？
3. 桥梁结构静载试验基本观测内容有哪些？
4. 进行桥梁静载试验时，如何进行荷载分级和安排加载程序？如何控制加载稳定时间和确定终止加载条件？
5. 简述桥梁静载试验数据修正。
6. 简述桥梁动载试验量测内容。

第13章
大型桥梁的健康监测

教学目标

了解桥梁健康监测系统的基本组成。
掌握桥梁健康监测系统的内容及所使用的仪器设备。
了解桥梁健康监测系统设计的内容。

教学要求

知识要点	能力要求	相关知识
桥梁健康监测概论	(1) 了解桥梁健康监测的概念、意义以及作用 (2) 了解桥梁健康监测系统的基本组成 (3) 了解桥梁健康监测的内容	
桥梁健康监测技术	(1) 掌握GPS监测系统 (2) 掌握实验模态分析法 (3) 掌握结构损伤检测定位技术	
桥梁健康监测系统的设计	(1) 了解设计准则和测点布置 (2) 了解监测项目	

引言

在桥梁工程中,大型桥梁的健康状态直接影响桥梁的使用运营。对大型桥梁的健康监测能够实时地了解桥梁的运营状况,及时发现桥梁病害,确定桥梁损伤是否发生并定性和定量地确定其发生部位及损伤程度,同时桥梁的健康监测能够验证桥梁设计理论及计算假定的正误,并对桥梁的研究与发展提供实践依据。通过学习本章,应了解桥梁健康监测系统的基本组成,掌握桥梁健康监测系统的内容及所使用的仪器设备,了解桥梁健康监测系统设计的内容。

13.1 桥梁健康监测概论

随着科学技术的进步以及交通运输的需求,世界各国相继建造了许多大跨度桥梁,尤其是悬索桥和斜拉桥以其跨度大、造型优美、节省材料而备受人们的青睐,成为大跨度桥梁的首选。但随着桥梁跨度的不断增大,从最初的几百米到现在的几千米,梁的高跨比越来越小(1/300~1/40),安全系数也随之下降,由以前的4~5倍下降为2~3倍;且其柔性大，频率低，对风的作用很敏感。由于在使用过程中缺乏必要的监测以及维护不当，世界各地已出现大量桥梁损坏事故，给社会经济和人们的生命财产造成了巨大的损失。为了确保这些耗资巨大、与国计民生相关的大桥的安全，必须对它们进行长期连续的健康监测和安全评估。因此，大型桥梁的健康监测日益成为土木工程学科领域中一个非常活跃的研究方向。

桥梁健康监测就是应用现代传感和通信、网络技术，实时监测桥梁在各种环境、荷载等因素作用下的结构响应，及时发现桥梁的损伤与质量退化，为桥梁维护、管理决策提供可靠的依据。

传统的桥梁检测工作是采用人工检测手段定期或不定期（比如在桥梁结构受到意外损伤、载荷突变、处于特殊气象环境等情况下）分别对桥梁的关键部位单独检测，并将现场测试数据带回实验室进行分析处理。对于一般的桥梁结构，这种时间跨度很长的离线处理方法是可行的，但大型桥梁结构则有所不同，其主要承重构件数量众多、尺寸巨大，运营过程中构件之间的受力关系错综复杂，如果仍然使用传统方法，则难以全面掌握桥梁现场的实际情况。因此，在桥梁建造施工阶段将各种传感器预先埋设在桥梁关键部位的内部或在桥梁运营阶段布设无损检测设备，构成桥梁健康监测系统，实时自动监测桥梁结构的交通载荷和环境载荷，是大型桥梁结构检测方式的发展趋势。

1. 桥梁健康监测的意义和作用

1) 评估和预警

可以实时掌握桥梁现场的交通状况，有利于桥梁管理部门进行合理的交通管制，及早发现桥梁病害，确定桥梁损伤部位并进行定性和定量分析。在突发事件之后还可以评估桥梁的剩余寿命，为维修养护和管理决策提供依据和指导。在桥梁运营状况严重异常时触发预警信号，有效预防安全事故，保障人民生命财产的安全。

2) 设计验证

由于大型桥梁的力学和结构特点以及所处的特定环境，在大桥设计阶段安全掌握和预测其力学特性和行为特性是非常困难的。因此，通过桥梁健康检测所获得的实际结构的动静力行为来检验大桥的理论模型和计算假定具有重要意义，不仅对设计理论和设计模型有验证作用，而且有益于新的设计理论的形成。

3) 研究与发展

桥梁健康监测带来的将不仅是对监测系统和某种特定桥梁设计的反思，它还可能成为桥梁研究的现场实验室。由运营中的桥梁结构及其环境获得信息不仅是理论研究和实验室调查的补充，而且可以提供有关结构行为与环境规律的最真实的信息。

2. 桥梁健康监测概念

桥梁健康监测就是通过先进的监测系统对桥梁结构的工作状态和整体行为进行实时监控，对结构的损伤位置和程度进行诊断，对桥梁的服役情况、可靠性、耐久性和承载能力进行智能评估，为大桥在特殊气候、交通条件下或桥梁运营状况严重异常时触发预警信号，为桥梁的维修、养护与管理决策提供科学的依据和指导。

为此，桥梁健康监测系统主要对以下几方面进行监控。

(1) 通过测量结构各种响应的传感装置获取反映结构整体行为的各种记录，桥梁结构在正常车辆荷载及风荷载作用下的结构响应和力学状态，如桥梁主体结构（主塔、主梁、主缆、主索等)的振动、位移和应变等。

(2) 桥梁结构在突发事件(如地震、意外大风或其他严重事故等)之后的损伤识别和确切部位。

(3) 桥梁结构构件的耐久性,主要是提供构件疲劳状况的真实情况。

(4) 桥梁重要的非结构构件(如支座、伸缩缝等)和附属设施(如振动控制装置)的工作状态。

(5) 大桥所处的环境条件,如风速、温度、地面运动等。

因此,桥梁健康监测不只是传统的桥梁检测技术的简单改进,而是运用现代化的传感设备、通信及计算机技术,实时监测桥梁运营阶段在各种环境条件下的结构响应和整体行为,获取反映结构状况和环境因素的信息,由此分析结构健康状态,评估结构的可靠性,为桥梁的管理与维护提供科学依据。

3. 桥梁健康监测系统的基本组成

大型桥梁健康监测系统一般应包括以下几部分内容。

(1) 传感系统。由传感器、二次仪表及高可靠性的工控机等部分组成。

(2) 信号采集与处理系统。实现多种信息源、不同物理信号的采集与预处理,并根据系统功能要求对数据进行分解、变换以获取所需要的参数,以一定的形式存储起来。

(3) 通信系统。将处理过的数据传输到监控中心。

(4) 监控中心。利用可实现诊断功能的各种软硬件对接收到的数据进行诊断,包括结构是否受到损伤以及损伤位置、损伤程度等。

传感器监测到的实时信号,经过采集与处理,由通信系统传送到监控中心进行分析和判断,从而对结构的健康状况作出评估。若结构出现异常行为,则由监控中心发出预警信号,并对检测出来的损伤进行定性、定位和定量分析,同时提供维修建议。

桥梁健康监测系统的基本组成及其工作流程图如图13.1所示。

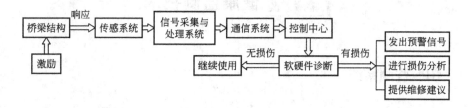

图 13.1　桥梁健康监测系统的基本工作流程图

4. 桥梁健康监测系统监测内容及使用的传感器

桥梁健康监测系统所监测的内容主要有以下几方面。

(1) 环境监测(包括温度、湿度、有害气体等)。主要目标在于监测桥梁所处的物理化学环境,从而为随后的桥梁耐久性评估提供原始数据。

所使用的传感器有:

① 电阻式温度计:记录温度、温差时程历史。

② 湿度计:记录环境的湿度。

③ 酸性气体监测仪：监测桥梁周围空气中的 CO、CO_2、SO 和 Cl^- 的浓度。

④ 酸碱度(pH 值)传感器：测量桥梁周围水体中的 pH 值。

⑤ 钢筋锈蚀监测装置：监测钢筋、钢材锈蚀前后的电位变化，准确预测锈蚀的发生、发展情况。

(2) 荷载。包括风、地震、温度、交通荷载等。

所使用的传感器有：

① 风速仪：记录风向、风速进程历史，连接数据处理系统后可得风功率谱。

② 温度计：记录温度、温度差时程历史。

③ 动态地秤：记录交通荷载流时程历史，连接数据处理系统后可得交通荷载谱。

④ 强震仪：记录地震作用。

⑤ 摄像机：记录车流情况和交通事故。

(3) 几何监测。监测桥梁各部位的静态位置、动态位置、沉降、倾斜、线形变化、位移等。

所使用的传感器有：位移计、倾角仪、GPS、电子测距器、数码相机等。

(4) 结构的静动力反应。监测桥梁的位移、转角、应变应力、索力、动力反应(频率模态)等。

所使用的传感器有：

① 应变仪：记录桥梁静动力应变应力，连接数字处理系统后可得构件疲劳应力循环谱。

② 测力计(力环、磁弹性仪、剪力销)：记录主缆、锚杆、吊杆的张拉历史。

③ 加速度计：记录结构各部位的反应加速度，连接数据处理后系统可得结构的模态参数。

(5) 非结构部件及辅助设施。支座、振动控制设施等。

13.2 健康监测技术

13.2.1 GPS 监测系统

1. GPS 系统的基本概念

GPS(Global Position System)监测系统是一套实时监测系统，主要由四部分组成，分别为 GPS 测量系统、信息收集系统、信息处理和分析系统、系统运作和控制系统。其硬件包括 GPS 测量仪(包括 GPS 天线和 GPS 接收器)、监测站、信息收集总控制站(基准站)、光纤网络通信、GPS 计算机系统和显示屏幕等。

GPS 接收器配备有 6 个以上卫星跟踪通道，与大桥上布置的 GPS 测量仪同步进行定点位移测量，以 10 次/s 的测点更新率提供独立的实时测点量测结果，从接收信息、数据和图像处理到桥梁位移图像屏幕显示这一过程在 2s 内完成，GPS 监测系统可以在无人值守的情况下进行 24h 全天候连续作业，完成桥梁的实时健康监控。

2. GPS 系统位移监测原理

GPS 位移监测原理主要利用相对定位的方式进行测量,即同时使用两台以上的 GPS 接收机进行测量。由于同时工作的相邻的两台 GPS 接收机的信号具有共同的误差特性,在差分解算的过程中,这些公共误差将被抵消,最后可得到具有较高精度的两台接收机之间的相对坐标。通常一台接收机固定不动,作为已知站,另一台作为未知站,以固定的方式(静态)或流动的方式(动态)放置。参考站和流动站同时观测相同的卫星,参考站将观测到的数据通过数据链(Data Link)传送到流动站,流动站对该数据与本身观测到的数据进行差分解算,从而得到流动站与参考站之间的相对位置,这种相对位置具有较高的精度。

在测量上,这种差分形式具体可分为 3 类:第一种为实时差分(Real Time Difference),即在运动中利用伪距进行实时差分解算,精度可达米级;第二种为静态测量,即静态地采集载波相位观测值,然后再对这种观测值进行后处理,其精度可达毫米级,是目前精度最高的一种定位方式;第三种为实时动态(Real Time Kinematic),即在运动中利用载波相位进行实时差分解算,精度可达厘米级。

利用 GPS 卫星载波实时相位差分(GPS RTK)技术的桥梁三维位移长期实时自动监测系统,系统根据大桥的结构和受力特点,布设许多个测量点,采用光纤网络等数据传输手段,可对桥梁上的多个观测点进行自动同步位移测量。

对大型桥梁进行健康动态监测,主要是通过测定桥梁主要特征点(如桥塔、桥梁跨中、$L/4$ 处等)在温度、风力、载荷和地震等外界因素影响下的位移变化特征,并对其进行损伤检测、稳定性与剩余寿命的评估等工作。基准站上的接收机跟踪其视场内的所有卫星,监测站的接收机同时接收相同卫星的信号;通过通信系统的光缆,以一定的采样率(如 10Hz)实时地将基准站接收机获得的卫星信息传输到监测站;在监测站,接收来自卫星的信号和来自基准站的信息,采用 GPS 软件进行实时差分处理,可得到监测站的三维坐标,并以一定的采样率发送到监控中心;监控中心接收各监测点的监测结果,并通过数据处理软件作进一步的处理与分析,可以得到结构在特定方向上的位移、旋转角等参数。例如,桥的纵向、横向和垂直方向上的位移。所有这些位移信息都被保存到数据库中,以便对桥梁运营状况进行进安全性分析和健康评估。监测原理如图 13.2 所示。

3. GPS 监测系统的技术特点

(1) 由于 GPS 是接收卫星定位,所以桥上各点只要能接收到 5 颗以上 GPS 卫星及基准站传来的 GPS 差分信号,即可进行 GPS RTK 差分定位。各监测站之间无须通视,是相互独立的观测值,而且可以实现不同测点间的同步观测。

(2) GPS 观测工作可以在任何地点、任何时间连续地进行,受外界大气影响小。目前的 GPS 卫星定位仪都具有防水装置,可以在暴风雨和大雾中进行监测。

(3) GPS 测定位移自动化程度高。从接收信号、捕捉卫星到完成 RTK 差分位移都可由仪器自动完成,所测三维坐标可直接存入监控中心服务器进行桥梁安全性分析。

(4) GPS 定位速度快、精度高。在精确测定观测站平面位置的同时,可以精确测定观测站的大地高程,提供三维坐标。GPS RTK 可以 10~20Hz 的频率输出定位结果,实时定位精度平面可达 10mm,高程可达 20mm。

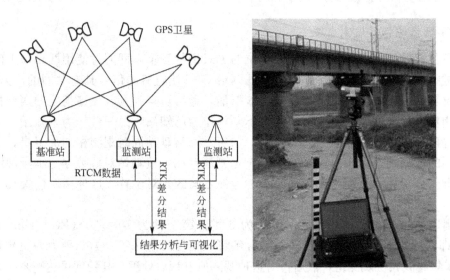

图 13.2　GPS 系统监测的主要原理

4．GPS 系统的作用

GPS 监测系统主要作用为直接测量桥梁的桥身和桥塔的瞬间度量位移，并推算其截面中线相应的矢量位移，继而再配合其他结构分析软件来评估各相应主要构件的应力状况。

13.2.2　实验模态分析法

实验模态分析法的应用已有十多年历史，其原理是通过对结构在不确定的动荷载下进行振动参数实测和模态分析，结合系统识别技术对结构进行评估。其中，对振动参数进行模态分析和系统识别是关键技术。

系统参数识别目前普遍采用两种方法：频域法和时域法。频域法利用所施加的激励，对桥梁来说主要是车载和风力激励，由此得到的响应，经过 FFT 分析仪得到频响函数，然后采用多项式拟合方法得到模态参数。而时域识别法是利用随机或自由响应数据来识别模态参数的，比频域法更趋于完善，它不必进行 FFT 分析，从而消除了 FFT 分析带来的误差。但也存在一些缺陷，由于参数识别时运用了所测振动信号的全部信息，而不是选取有效频段，往往使得其中一些重要的模态信息未被充分收集。综上所述，频域法和时域法均有自己的缺陷，还应继续改进和完善，以提高识别精度。

13.2.3　结构损伤检测定位技术

近几年，桥梁健康监测理论的研究主要集中在结构整体性评估和损伤识别，理论核心是振动损伤识别技术，主要是认为损伤将显著改变结构的刚度、质量或耗能能力，进而引起所测结构动力特征或响应的改变。通过从监测数据中提取全桥不同部位动力参数信息或其衍生信息，并对比结构无损状态下的相应信息，来实现结构的健康监测与评估。目前，对桥梁结构进行整体性评估常用的方法可以分为：模式识别法、模型修正法、人工神经网络法和遗传算法。

1. 模型修正法

模型修正法在桥梁监测中主要用于把试验结构的振动反应记录与原先的有限元模型计算结果进行综合比较，利用直接或间接测量到的模态参数、加速度时程记录、频响函数等，通过条件优化约束，不断地修正模型中的质量、刚度与阻尼分布（通常为刚度阵），使其响应尽可能地接近由测试得到的结构动态响应。通过对比修正模型矩阵与基线模型，从而得到结构变化的信息，实现结构的损伤判别和定位。其主要修正方法有：矩阵型法、子矩阵修正法和灵敏度修正法。

由于实际测试模态的不完备性与有限元模型间的矛盾，模型修正法一个最大的问题是要进行非适定问题的线性或非线性反演，此外还需解决建模不确定性及噪声干扰等问题。

2. 指纹分析法

指纹分析法是指通过与桥梁动力特性有关的动力指纹及其变化来判断桥梁结构的真实状态。

在桥梁振动检测中，频率是最容易获得的模态参数，而且精度较高，因此通过监测结构频率的变化来识别结构是否损伤是最简单的一种方法。此外，振型也可用于结构损伤的发现，尽管振型的检测精度低于频率，但振型包含更多的损伤信息，利用振型判断结构的损伤是否发生的方法有柔度矩阵法。

指纹法类方法无须反演，简单易行，在一定程度上能识别损伤，但定位的能力特别是对多个损伤位置的识别，还不能说可靠，理论上也尚存在一定问题；能反映局部特征，并较多使用测试信息的指纹，损伤诊断能力较强。

但大量的模型和实际结构的试验表明，结构损伤导致的固有频率变化很小。但振型形式变化比较明显，而一般损伤使结构自振频率的变化都在5%以内。从对有关桥梁长期观测的记录中发现，在一年期间里桥梁的自振频率变化不到10%，因此一般认为自振频率不能直接用来作为桥梁监测的指纹，而振型对结构整体刚度特别是局部刚度比较敏感，所以通过实测振幅模态参数确定振型作为桥梁监测的指纹来判断桥梁损伤状态是有可能的，虽然精确测量比较困难，但可以通过增加测点特别是增加主要控制断面的测点来弥补。

3. 神经网络法

人工神经网络是一门崭新的信息处理学科，它主要研究非程序的、大脑风格的信息处理的本质和能力。它是在20世纪80年代软硬件环境得到很大改进后而逐步发展起来的。它能对任何输入向量进行实时学习，做到"边工作，边学习"。它的自组织神经网络为无"指导"的向量竞争算法，只需输入不需输出，网络会自动根据输入资料的规律和自身功能进行权重的调整。这些特点为桥梁监测系统的可靠性提供了保障。可以相信，随着系统的不断学习和更新，对桥梁的监测也会更趋于合理化和智能化。

4. 遗传算法

遗传算法（Genetic Algorithm，GA）的思想来源于自然界"适者生存，优胜劣汰"的生物进化原则以及群体遗传学基本原理，即模拟自然选择和遗传过程中发生的繁殖、交配、变异现象，逐代产生并优选个体，最终得到优化个体。由于损伤检测可归结为参数识别问题，因此通常采用最优化方法确定与实测数据最匹配的参数。遗传算法是优化方法的一种，将其引入结构的损伤检测中，可在测试获取信息不多的情况下，迅速地找到损伤部位并能准确地模拟判定损伤程度，即使模态丢失，其寻优能力仍丝毫不受影响。遗传算法对其目标函数既不要求连续，也不要求可微，仅要求可以计算，对约束条件也无任何限制，而且它的搜索始终遍及整个解空间，容易得到全局最优解，对线性问题和非线性问题同样有效。

13.3 桥梁健康监测系统的设计

13.3.1 监测系统设计准则和测点布置

健康监测系统的设计对大型桥梁健康监测来说是至关重要的，是一切工作的基础。这里结合国内外现有几座已建立健康监测系统的大型桥梁的测点、传感器布设情况(表13-1)，简要阐述监测系统设计的某些准则。

表 13-1　国内外大型桥梁健康监测系统传感器布置表

桥梁名称	健康监测传感器								
	环 境			应 变	位 移			振 动	
	风速仪	温度传感器	动态地坪	电阻应变计	位移传感器	水平仪	GPS	速度计	加速度传感器
青马大桥	6	115	6	118	2	9	15	—	17
汀九桥	7	83	6	88	2	—	5	—	45
汲水门桥	2	224	6	46	6	5	2	—	2
明石桥	9	—	—	8	7	—	—	12	10
铜陵大桥	26	26	—	—	—	30	2	—	20
润扬长江大桥	1	40	—	72	—	—	15	—	53
东海跨海大桥（颗珠山桥）	—	23	—	9	—	—	5	—	15
南京长江大桥	1	30	—	50	12	—	—	—	28
上海长江大桥	5	54	—	107	—	—	16	—	15

从表13-1给出的几座大型桥梁健康监测系统的测点/传感器布置情况可看出，各个桥梁的监测系统的监测项目与规模存在很大的差异，这种差异除了桥型和桥位所处环境因素外，主要是因为各监测系统的投资额和建立各个系统的目的和功能不同而异的，因此桥梁健康监测系统的设计需遵循以下原则。

(1) 监测系统的设计应首先考虑建立该系统的目的和功能。对于特定的桥梁，建立健康监测系统的目的可以是桥梁监控与评估，或是设计的验证，甚至是以研究发展为目的。因此，一旦系统的目的和功能确定，系统的监测项目也就能确定。

(2) 系统投资额的限度。监测系统中各监测项目的规模以及所采用的传感器和通信设备等的确定都需要考虑整个项目投资额的限度，必须对设计方案做成本-效益分析，再根据目的、功能要求和成本-效益分析将监测项目和测点数设计到所需范围之内。

对于特大型桥梁，建立健康监测系统一般是以桥梁结构整体行为安全监控与评估和设计验证为目的，有时也包含研究和探索，一旦系统的目的确定，系统的监测项目也可相应确定，但系统中各监测项目的规模、测点数量、所采用传感仪器和通信设备等的确定需要考虑投资成本的限度。因此，为了建立高效合理的监测系统，在系统设计时必须对监测系统方案进行成本-效益分析。

13.3.2 监测项目

根据上述设计准则，通常大跨桥梁结构健康监测系统的监测项目包括 3 个方面的内容，即工作环境监测、结构状态监测和结构响应行为监测。监测项目的选择主要从以下几个方面考虑。

(1) 大桥各类结构构件在结构安全中的重要性和构件的易损性。

(2) 根据桥梁所处的地理环境和气候环境特点进行风、温度、地脉动作用下的结构响应监测，以及结构基础的影响监测。

(3) 系统监测内容中的监测参数选择，从满足结构状态评估的需要和运营养护管理的需求出发，要为未来进行状态识别和结构安全评判做技术准备。

(4) 对大跨桥梁结构的长期监测布点设置以监测桥梁结构的整体状况与观测桥梁结构响应的规律性为主，同时考虑长期监测对局部结构病害检测的指引。

(5) 对于一些重要的特殊结构设计，一般都要列入监测项目。

(6) 根据大桥的结构特点、资金的投入，综合考虑长期监测和周期检测的项目比重。

不同的桥梁和不同的监测目的所要求的监测项目尽管不完全相同，但大多数大跨桥梁监测系统都选择了以下具有代表性的监测项目。

1. 风力效应监测

大桥设计中所进行的抗风能力分析和风洞测试，是基于一所离大桥桥址较远的气象站所收集到的风结构资料的。由于桥址和气象站所处的位置有高度上和地形上的差别，再加上大型桥梁对风振有较大的反应，因此测量大桥桥址的风结构和论证大桥的抗风设计假设和参数的有效性，成为大桥抗风振监测的主要部分。根据大桥监测系统的风速、风向监测，利用从 GPS 监测系统得出的桥身、塔顶、主缆索的位移实时监测资料，对大桥进行风力效应监测和桥梁结构的抗风振验算复核；监测大桥所处位置特定风速的持续周期，用以检测桥梁的涡激共振平均持续周期，与在桥身中同步测量的加速仪数据互相验证，确定大桥结构的抗风振的效应。

2. 桥梁结构温度场监测

由于温度变化与太阳辐射强度、材料热能散发率、环境温度及风速风向等因素有关，因此大桥的温度参数的极值不能由个别因素去推论。监测大桥环境温度和桥梁结构上温度的分布状况，可用作推算大桥的有效桥梁温度和差别温度的极值，此为大桥温度荷载监测的主要部分。GPS 监测系统长时间监测大桥整体结构的位移变化，可引证因环境温度而引发的日夜和季节性的位移变化周期,例如缆索的垂直位移,桥身的纵向、横向及垂直位移,与相应的塔顶的横向及垂直位移等,再与监测结构的有效温度和差别温度的极值互相验证,增强大桥整体温度荷载监测的可靠性。

3. 交通荷载效应监测

对一般大跨度桥梁而言,交通堵塞是交通(车辆)荷载的主要设计考虑因素。而大桥的交通荷载长度设计是基于:每天交通堵塞形成的次数;交通堵塞发生的位置、持续时间和车辆的分布模式;交通堵塞时的交通流量等假设的。测量和论证交通荷载设计假设和参数的有效性是大桥交通荷载监测的主要项目。从 GPS 监测系统得出的桥身、塔顶、缆索的位移资料,可与监测的交通荷载及分布状况的监测资料互相验证,协助进一步制订桥梁结构的各级应力阶段,并用作大桥主要构件的疲劳估算。

4. 铁路荷载效应监测

通过安装在大桥中跨的应变仪进行铁路荷载的监测,绘制相应的感应线来推算单一机车车盘的荷载,再进一步推算整列机车的荷载。GPS 监测系统得出的桥身、塔顶、索缆的位移资料,可作进一步验证结构应力与位移的相互关系系数。

5. 大桥主缆索的索力监测

大桥的钢索索力状态是衡量大桥是否处于正常运作状态的一个重要标志。利用 GPS 监测系统得出的桥梁主缆索的三轴向位移资料,运用有关的索力公式推算缆索承受的拉力,定期监测钢索索力的状况,并进一步分析桥身和主悬缆索的应力分布相互关系。

6. 大桥主要构件的应力监测

大桥的结构设计普遍上是基于导量位移的,任何索塔和主梁轴线偏离于设计轴线都会影响大桥的承载能力和构件的内力分布。结构评估工作先从 GPS 监测系统得出的桥身截面中线度量位移,将其输入其模拟桥身等效刚度的鱼骨结构分析计算机模型,得出全桥整体的内力分布;再利用局部的结构分析模型来模拟桥身的主要构件,再推算出主要构件的个别应力状况。在恒载和交通荷载作用下,大桥主梁与各构件有着不同的内力分布,通过对主要构件部位进行应力监测,整合 GPS 位移数据对相应构件的应力推算,不仅能多方面验证各构件的应力和位移相互关系,从而为评估大桥的承载能力、营运状态及耐久能力提供更有力的依据;此外,还能通过监测应力或位移状态的变异来评估大桥结构有否损坏或潜在损坏的状态。

13.4 润扬长江大桥(斜拉桥)健康监测实例

润扬长江大桥是由悬索桥和斜拉桥组合而成的特大型缆索支承型桥梁,如图 13.3 所示。其中,斜拉桥为三跨(176m+406m+176m)双塔双索面型钢箱梁桥,悬索桥为单跨双铰简支钢箱梁桥,主跨长 1590m,为中国第一,世界第三。

北汊斜拉桥为半漂浮结构体系,是由斜拉索、索塔、主梁三部分组成的组合构件,其中斜拉索起着索塔与桥面主梁的联系与支承作用。南汊悬索桥是由主缆、钢箱梁、索塔、

图 13.3 润扬大桥悬索桥实景图

鞍座、锚碇、吊索等构件构成的柔性悬吊组合体系。荷载由吊索传至主缆，再传至锚碇，缆索、索塔和锚碇是主要承重构件。

根据计算分析结果以及支承桥梁各类结构构件在桥梁结构安全中的重要性和结构的易损性，润扬大桥北汊斜拉桥结构安全健康监测重点为斜拉索、主梁和索塔，南汊悬索桥的监测重点为缆索、主梁和索塔。由于润扬大桥主体结构为南汊悬索桥，润扬大桥结构健康监测的重点是悬索桥。北汊斜拉桥只在跨中截面和靠近镇江岸的边跨控制截面布设振动和应变传感器。

13.4.1 斜拉桥监测测点布置

斜拉桥主体结构（斜拉索、桥面主梁、索塔）的受力情况可以视为一个超静定的空间杆、梁结构体系，其中斜拉索作为单向受力的拉杆，起着索塔与桥面主梁的联系与支承作用。只要掌握了斜拉索索力的大小与分布，即可基本了解斜拉桥主桥主体结构的内力分布情况，主体结构内力一旦发生变化将会产生明显的变形和位移。根据上述斜拉桥受力与变形的特点，对斜拉桥的监测主要从主体结构的三大组成部分入手，其监测重点为以下 3 方面。

1. 斜拉索的监测

斜拉桥的使用性能主要取决于斜拉索，斜拉索的损伤因素可以分为 3 种类型：斜拉索自身材质存在缺陷；由于外界环境导致拉索锈蚀或索股之间的磨损而引起拉索截面减小；由于斜拉索的柔性特征和对外荷载（风力、车辆荷载等）的响应而引起的振动和相应的疲劳损伤。在上述因素中，后两项是在使用过程中形成的。其中斜拉索较容易产生锈蚀和断裂的部位大多在钢绞线进入斜拉索锚固座的位置，因此，在斜拉桥营运期间，准确掌握斜拉索的索力分布和索力变化有助于监测斜拉索的工作状态，分析索力对斜拉桥结构内力的影响和正确指导索力校正或及时发现索的损伤位置。斜拉索主要通过日常的检测实现监测，并将数据纳入整个评估系统。

2. 桥面主梁的监测

影响主梁振动特性的主要因素是主梁结构本身的刚度、质量分布、阻尼等，同时环境温度、斜拉索索力、交通状况、索塔振动、风况等对主梁的振动特性也有影响。对桥面主梁监测主要关注两类问题：一是主梁结构的整体状况，主要有主梁的内力分布、承载力与稳定性以及振动特性和疲劳损伤程度；二是主梁结构局部状况，主要有钢板焊接处的损伤开裂和钢板与连接螺栓的锈蚀以及伸缩缝结合部位的损伤等。

对斜拉桥主梁振动的监测，主要在跨中截面上布置的 3 个低频加速度传感器监测主梁的竖向和横向振动。通过对主梁应力的监测，可以考察主梁局部结构及连接处应力应变随各种外界荷载作用的变化历程，为损伤识别、疲劳寿命评估提供依据。对斜拉桥主梁应力的监测，选取了跨中截面和靠近镇江岸的边跨控制截面布设光纤应变传感器和振弦式应变仪。

3. 索塔的监测

索塔是斜拉桥的主要承重结构。它不仅承受桥面活载、斜拉索和塔自身的重量，还包括作用在全桥的风力及偶发的地震作用。因此，为保证索塔的安全使用，主要应监测索塔结构的承载力（内力变化）、刚度（变形与位移）、整体稳定性和振动特性等。

13.4.2 悬索桥监测测点布置

1. 主缆和吊索的监测

主缆对悬索桥的结构安全至关重要，而且不可更换，锈蚀是主缆损伤的主要形式，环境腐蚀和交变荷载的相互作用以及索股之间的磨损加速了损伤的扩展。对主缆内力的监测是采用磁感应测力传感器分别在 4 个锚室内直接测量上、下、左、右和中间索股的内力。对主缆振动的监测是采用 26 个低频单向加速度传感器对垂向和横向振动进行监测。

2. 主梁的监测

对悬索桥主梁考虑了整体结构状况和重点部位的监测，进行了主梁线形、内力、振动和温度监测。

由于悬索桥跨度大，所处的江面较宽，大风、大雾天气时常出现，这些气候因素会严重削弱光电测距的有效测程，所以悬索桥主梁线形采用全球定位系统（GPS），在 3 个截面的 6 个测点处监测。

主梁应力监测选择 6 个截面，72 个监测点监测，部分采用光纤应变传感器，其余采用振弦式应变仪。其中，根据润扬悬索桥的中央扣特殊设计，对中央扣及其连接截面钢箱梁截面的应力应变进行了重点监测。

主梁振动监测选择了 7 个截面，共布置了 21 个加速度传感器。主梁温度监测选择了 5 个截面，每个截面 8 个测点，共布置了 40 个温度传感器。

3. 索塔的监测

每个索塔顶各布置 3 个低频加速度传感器。

4. 环境监测

风速监测采用安装在南索塔顶部的 1 个风速仪进行监测。交通荷载及其分布状况利用车轴车速仪（大桥管理系统的一部分）监控。地震监测采用南索塔底部布置的 1 个三向加速度计进行监测。

13.4.3 系统构成及功能

设立润扬大桥结构健康监测系统，主要是应现代化的传感技术、测试技术、计算机技术、现代网络通信技术对桥梁的工作环境、桥梁的结构状态、桥梁在车载等各类外部荷载因素作用下的响应进行实时监测和研究，及时掌握桥梁的结构状态，全面了解桥梁的运营条件及质量退化状况，为桥梁的运营管理、养护维修、可靠性评估以及科学研究提供依据。

结构健康监测系统包括硬件和软件两个部分，其中硬件部分包括4个系统，即传感器系统(Sensory System)；数据采集系统(Data Acquisition System，DAS)；数据通信与传输系统(Data Communication and Transmitting System，DCTS)；数据分析和处理系统(Data Processing and Analysis System，DPAS)。各系统间通过光纤网络联系而进行运作。结构健康监测系统的构成如图13.4所示。

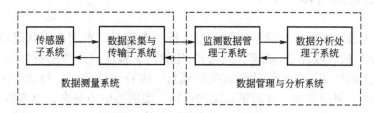

图 13.4　结构健康监测系统构成

网络结构由网络服务器、PC、专用工控机以及各种放大器、传感器等组成。每个网络节点往下由工控机、信号调理器、传感器等构成微型网络，以保证系统的可维护性和扩充性，以便于系统的进一步开发和监测规模的扩大。整个系统采用环状网络结构，以提高系统正常运行的可靠性。

1. 传感器系统

整个大桥安装的传感器及有关附件包括风速仪、温度传感器、几何测量系统[位移计、水平仪、倾角仪、光电测距(EDM/GPS)]、应变计、测力传感器、车轴车速仪、加速度传感器，以及信号放大器、调理器等。

2. 数据采集系统

数据采集系统包括安装在大桥箱梁内的数个由微型计算机控制的数据采集站。每个采集站是基于PC的数据采集和分站，主要功能是收集由传感器传来的数据，进行读数的信号调理、采集数据的初步处理和储存，然后通过光缆传到监测中心的数据处理和分析系统。

3. 数据通信与传输系统

数据通信与传输系统包括网络操作系统平台、站点、安全监测局域网的网络协议、与其他局域网或主干网的连接。

4. 数据处理和分析系统

用数台高性能工作站连接桥上数台 DAS(根据传感器布置具体情况确定)形成一个计算机网络。工作站安装在大桥监控管理中心，并配置所需的数据显示软件。工作站分别用来实现采集数据处理、结构监测图形显示、系统控制管理与维护、结构分析评估及专家诊断。

润扬长江大桥结构健康监测系统主要包括如下几个方面的功能。
(1) 报告大桥在各种工作环境下的结构载荷变化。
(2) 设定日常信道报警系统，用于桥梁的日常运营管理。
(3) 报告大桥各主要构件的实际工作状况，为结构维护提供依据。
(4) 报告大桥主要构件有否任何损坏或者累积性的损伤并设立报警系统。
(5) 对大桥主要构件有否潜在损坏及其主要构件的剩余使用寿命进行评估。
(6) 对大桥结构的健康状况、结构安全可靠性进行评估。

13.4.4 主要监测内容

润扬长江大桥结构健康监测系统除了对大桥的车流量、车辆荷载状况(车载、车速及车流量)、桥址处的气候环境(风速、风向)、地脉动、索塔沉降等进行监测之外，对于南汊悬索桥和北汊斜拉桥要针对结构形式确定项目，进行连续监测。包括：①南汊悬索桥：主跨纵向、横向、竖向位移；主跨钢箱梁的位移、截面的应力分布、温度等；锚室主缆索股拉力；部分吊索拉力；主跨箱梁和悬吊体系(主缆与吊索)的振动特性；索塔的振动特性。②北汊斜拉桥：斜拉索拉力；斜拉索振动；主梁线形；钢箱梁截面内部应力监测；钢箱梁的振动特性；索塔的振动特性。

其他项目如混凝土桥面板裂缝、钢梁锈蚀和连接状况、斜拉索防护层、锚固系统和减振装置状况、附属设施状况、伸缩缝变形、铺装层状况等有关监测项目，由桥梁管理和维护部门人员进行的日常检测作为补充。

13.4.5 监测手段和监测仪器的选择

1. 主梁线形的测量

对主梁线形(竖向、横向、纵向的位移)的监测，目前常用的方法是光电测距(EDM)和 GPS 方法。光电测距方法主要是通过布置在钢箱梁的棱镜，与测量用的全站仪配合使用，形成光载波通信系统，利用全站仪的红外激光探测功能，对棱镜进行连续监测，测量每个棱镜与全站仪的相对角度和距离，经过系统计算，确定梁的外形和移动情况。但润扬大桥所处的江面较宽，时常出现大风、大雾和雨雪等天气，这些因素会严重影响测量。尤其是对主跨 1490m 的南汊悬索桥，这些影响更为明显。而采用 GPS 技术进行主梁线形的监测可以避免以上问题。从目前的仪器和软件性能看，GPS 采用实时差分进行动态测量的定位精度可达毫米级，经过系统集成和二次开发，完全可以用于大型工程结构的微量测量。对润扬长江大桥南汊桥在主跨中间和四分点处的两侧共设 6 个测点，GPS 接收机用特制的密封盒固定在箱梁外侧底板边缘处。斜拉桥亦采用 GPS 技术进行线形测量,在斜拉桥上分别设 8 个测点(主跨跨中和四分点处共 6 个测点,两索塔各一个测点)。

2. 大桥钢索索力的监测

大桥钢索索力状态(悬索桥主缆、吊索、斜拉索等)是衡量大桥是否处于正常运行状态的一个重要标志。通过对索力的监测,不仅能为从总体上评估大桥的安全性和耐久性提供依据,同时也能检测钢索的锚固系统和防护系统是否完好、钢索是否锈蚀等。目前,可采用光纤传感器、电阻应变仪、钢丝振弦应变仪、磁致弹性测力仪、振动方法等进行缆索拉力的测量或监测。

主缆对悬索桥的结构安全至关重要,而且不可更换,可采用磁致弹性测力仪进行连续监测,同时采用振动方法进行间接检测,确保检测的可靠性。监测点设在 4 个锚室内,分别在每个锚室的上端、下端、左侧、右侧、中间索股进行主缆内力监测。对吊索内力的监测,采用压力盒和荷载销,为了不影响结构设计的变更可以采用荷载销。对斜拉索索力的监测,主要用振动方法测量索的自振频率和振型,利用有关的索力公式推算斜拉索的拉力。监测索的选取根据结构静动力分析和结构设计要素确定。

3. 振动监测

桥梁结构的受损和安全性降低主要是桥梁主要构件和结构的疲劳损伤的累积结果,而桥梁结构疲劳损伤主要是动荷载作用下的交变应力作用的结果。对于悬吊支承结构的桥梁,其悬吊体系(悬索桥的主缆和吊索、斜拉桥的斜拉索)不仅影响主梁结构的动力特性和受力特性,而且其本身是在交变应力与环境腐蚀的相互作用下导致疲劳和锈蚀损伤扩展的重要原因之一。

结构的整体性能改变时,其模态参数(如频率、振型等)也会发生相应的变化。通过对悬索桥主缆和吊索、斜拉桥斜拉索的振动特性的连续监测,可以考察悬索桥缆索系统以及斜拉桥的疲劳响应,进而考察结构的安全可靠性。主梁结构的动态响应往往与引起整体振动的强振源有关,因此,通过对索塔和主梁振动的监测,不仅可以识别主梁结构的动态特性参数,还可以实现对主梁结构承受波动载荷历程的记录。对振动特性的监测可采用加速度传感器来实现,但是由于索塔、钢箱梁、主缆、吊索、斜拉索各自的固有振动特性不同,因此在选择传感器时要充分考虑传感器的技术性能(频率范围、灵敏度、采样特性等)。

4. 主梁应力监测

监测主梁应力的目的在于通过对主梁结构的控制部位和重点部位内力的监测,研究主梁结构的内力分布、局部结构及连接处在各种载荷下的响应,为结构损伤识别、疲劳损伤寿命评估和结构状态评估提供依据。同时,通过控制点上的应力和应变状态的变异,检查结构是否有损坏或潜在损坏的状态。

一般的应力应变监测采用电阻应变传感器,但电阻式应变仪的零漂、接触电阻变化以及温漂等会给系统带来一定的误差,且电阻式应变传感器的寿命较短,故从长期监测和信号传输等方面考虑,宜采用(或部分采用)适合长期监测用的光纤传感器。润扬长江大桥结构健康监测系统设计中采用了光纤传感器与电测方法相结合的应力应变监测方法。

5. 温度监测

通过对桥梁温度场分布状况的监测，可为桥梁设计中温度影响的计算分析提供原始依据。对不同温度状态下桥梁的工作状态变化，如桥梁变形、应力变化等进行比较和定量分析，对于桥梁设计理论的验证和完善均有积极意义。温度传感器在桥梁上沿主梁横断面布置。在系统中采用数字式温度传感器，构成单线多点温度测量系统进行桥梁结构温度分布状况的监测。各温度传感器以并联方式与网络节点连接，通过网络总线实现与计算机进行通信、对温度的自动远程监测。润扬大桥斜拉桥和悬索桥结构健康监测系统测点布置图分别如图13.5和图13.6所示。

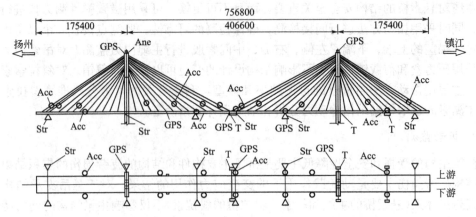

图13.5 润扬大桥斜拉桥结构健康监测系统测点布置图(单位：mm)
Acc—加速度传感(80个)；Str—应变传感器(60个)；Ane—风速仪(1个)；
T—温度传感器(24个)；GPS—GPS站点(8个)

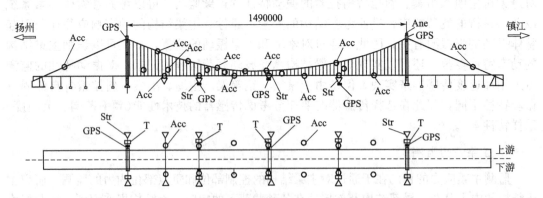

图13.6 润扬大桥悬索桥结构健康监测系统测点布置图(单位：mm)
Acc—加速度传感(93个)；Str—应变传感器(72个)；Ane—风速仪(1个)；
T—温度传感器(40个)；GPS—GPS站点(8个)

13.4.6 桥梁结构状态识别与安全性评估

结构状态识别和安全性评估由数据分析处理子系统实现，子系统包括4个模块：监测数据处理模块、报警与诊断模块、安全性分析模块、监测数据综合管理模块。各个模块功能如下。

(1) 监测数据处理模块：对经过预处理的监测数据进行分析，确定各种载荷和环境因素作用下的结构参数（位移、内力、模态参数等）变化。

(2) 报警与诊断模块：应用试验模态分析方法实现对结构区域异常状态的诊断；通过结构局部分析和损伤检测结合进行结构局部损伤诊断和定位；根据不同警报值进行超界报警。

(3) 安全性分析模块：承载能力和变形能力（包括稳定性）分析；疲劳寿命分析（累积损伤、结构材料物理力学性能的变化、结构剩余承载力）；安全性评价和状态评估（耐久性分析、结构安全性评价、结构状态、结构维护指引）。

(4) 综合监测数据处理模块：分析结果并归纳、存储；数据综合分析并以图形等方式显示；运营状态评价和养护管理方案。

本 章 小 结

(1) 大型桥梁健康监测系统一般应包括传感系统、信号采集与处理系统、通信系统和监控中心。

(2) 健康检测技术包括 GPS 检测技术、试验模态分析法和结构损伤检测定位技术。

(3) 健康监测系统设计包括监测系统设计准则、测点布置和检测项目等内容。

思 考 题

1. 简述桥梁健康监测概念、意义和作用。
2. 桥梁健康监测系统主要对哪些方面进行监控？
3. 简述 GPS 系统的概念、原理及特点。
4. 结构损伤检测定位技术包括哪几种方法？
5. 目前，大多数大跨桥梁监测系统都选择哪些具有代表性的检测项目？

参 考 文 献

[1] 陈志鹏，张天申，邱法维，等. 结构试验与工程检测［M］. 北京：中国水利水电出版社，2005.
[2] 刘明. 土木工程结构试验与检测［M］. 北京：高等教育出版社，2008.
[3] 朱霞. 公路工程试验检测技术［M］. 北京：高等教育出版社，2004.
[4] 江见鲸，王元清，龚晓南，等. 建筑工程事故分析与处理［M］. 北京：中国建筑工业出版社，2006.
[5] 卫龙武，吕志涛，郭彤. 建筑物评估、加固与改造［M］. 南京：江苏科学技术出版社，2008.
[6] 王济川. 建筑结构试验指导［M］. 北京：中国建筑工业出版社，1985.
[7] 傅恒菁. 建筑结构试验［M］. 北京：冶金工业出版社，1992.
[8] 湖南大学，太原工业大学，福州大学. 建筑结构试验［M］. 北京：中国建筑工业出版社，1991.
[9] 姚振纲，刘祖华. 建筑结构试验［M］. 上海：同济大学出版社，1996.
[10] 于俊英. 建筑结构试验［M］. 天津：天津大学出版社，2003.
[11] 马永欣，郑山锁. 结构试验［M］. 北京：科学出版社，2001.
[12] 王娴明. 建筑结构试验［M］. 北京：清华大学出版社，1988.
[13] 宋彧，李丽娟，张贵文. 建筑结构试验［M］. 重庆：重庆大学出版社，2001.
[14] 姚谦峰，陈平. 土木工程结构试验［M］. 北京：中国建筑工业出版社，2001.
[15] 周明华. 土木工程结构试验与检测［M］. 南京：东南大学出版社，2002.
[16] 中华人民共和国国家标准. 建筑结构检测技术标准(GB/T 50344—2004)［S］. 北京：中国建筑工业出版社，2004.
[17] 中华人民共和国行业标准. 公路路基路面现场测试规程(JTG E60—2008)［S］. 北京：人民交通出版社，2008.
[18] 中华人民共和国推荐性行业标准. 公路工程基桩动测技术规程(JTG/T F81‑01—2004)［S］. 北京：人民交通出版社，2004.
[19] 徐培华. 路基路面试验检测技术［M］. 北京：人民交通出版社，2003.
[20] 罗骐先. 基桩工程检测手册［M］. 北京：人民交通出版社，2003.
[21] 胡大琳. 桥涵工程试验检测技术［M］. 北京：人民交通出版社，2000.
[22] 王雪峰，吴世明. 基桩动测技术［M］. 北京：科学出版社，2001.
[23] 章关永. 桥梁结构试验［M］. 北京：人民交通出版社，2002.
[24] 中华人民共和国行业标准. 基桩高应变动力检测规程(JGJ 106—1997)［S］. 北京：中国建筑工业出版社，1997.
[25] 中华人民共和国行业标准. 基桩低应变动力检测规程(JGJ/T 93—1995)［S］. 北京：中国建筑工业出版社，1995.
[26] 中华人民共和国行业标准. 回弹法检测混凝土抗压强度技术规程(JGJ/T 23—2011)［S］. 北京：中国建筑工业出版社，2011.
[27] 中华人民共和国行业标准. 贯入法检测砌筑砂浆抗压强度技术规程(JGJ/T 136—2001)［S］. 北京：中国建筑工业出版社，2001.
[28] 胡宏岁. 东海大桥桥梁健康监测系统监测实例分析［J］. 城市道桥与防洪，2008，9(09).
[29] 张宇峰，徐宏，倪一清. 苏通大桥结构健康监测及安全评价系统的研究与设计［J］. 市政技术，2005，23(1).
[30] 李爱群，缪长青，李兆霞，等. 润扬长江大桥结构健康监测系统研究［J］. 东南大学学报，

2003，33（5）.

[31] 缪长青，李爱群，韩晓林，等. 润扬大桥结构健康监测策略 [J]. 东南大学学报，2005，35（5）.

[32] 欧庆保，沈刚，缪长青，等. 润扬大桥结构健康监测策略研究 [J]. 市政技术，2005，23（1）.

[33] 何旭辉. 南京长江大桥结构健康监测及其关键技术研究 [D]. 中南大学，2004.

[34] 韩大建，谢峻. 大跨度桥梁健康监测技术的近期研究进展 [J]. 桥梁建设，2002，6.

[35] 秦权. 大跨悬索桥的结构健康监测系统 [J]. 市政技术，2005，23(1).

[36] 邬晓光，徐祖恩. 大型桥梁健康监测动态及发展趋势 [J]. 长安大学学报，2003，23(1).

[37] 赵顺波，靳彩，赵瑜，等. 工程结构试验 [M]. 郑州：黄河水利出版社，2001.

[38] ［日］梅村魁，等. 结构试验和结构设计 [M]. 林亚超，译. 北京：人民交通出版社，1980.

[39] 王天稳. 等效荷载在静定单跨梁试验中的应用 [J]. 武汉水利电力大学学报，1997(6).

[40] 唐益群，叶为明. 土木工程测试技术手册 [M]. 上海：同济大学出版社. 1999.

[41] 中国工程建设标准化委员会标准. 超声回弹综合法检测混凝土抗压强度技术规程(CECS 02：2005) [S]. 北京：中国计划出版社. 2001.

[42] 中国工程建设标准化委员会标准. 钻芯法检测混凝土强度技术规程(CECS 03：2007) [S]. 北京：中国建筑工业出版社，1989.

[43] 中国工程建设标准化委员会标准. 后装拔出法检测混凝土强度技术规程(CECS 69：94) [S]. 北京：中国建筑工业出版社，1995.

[44] 中国工程建设标准化委员会标准. 超声法检测混凝土缺陷技术规程(CECS 21：2000) [S]. 北京：中国建筑工业出版社，2001.

[45] 中华人民共和国国家标准. 砌体工程现场检测技术标准(GB/T 50315—2000) [S]. 北京：中国建筑工业出版社，2001.

[46] 中华人民共和国国家标准. 民用建筑可靠性鉴定标准(GB 50292—1999) [S]. 北京：中国建筑工业出版社，2000.

[47] 中华人民共和国国家标准. 工业厂房可靠性鉴定标准(GBJ 144—1990) [S]. 北京：中国建筑工业出版社，1991.

[48] 庄楚强，吴亚森. 应用数理统计基础 [M]. 广州：华南理工大学出版社，2003.

[49] 张亚非. 建筑结构检测 [M]. 武汉：武汉工业大学出版社，1995.

[50] ［英］D. E. 纽兰. 随机振动与谱分析概论 [M]. 方同，译. 北京：机械工业出版社，1980.

北京大学出版社土木建筑系列教材(已出版)

序号	书名	主编	定价	序号	书名	主编	定价
1	*房屋建筑学(第3版)	聂洪达	56.00	53	特殊土地基处理	刘起霞	50.00
2	房屋建筑学	宿晓萍 隋艳娥	43.00	54	地基处理	刘起霞	45.00
3	房屋建筑学(上:民用建筑)(第2版)	钱 坤	40.00	55	*工程地质(第3版)	倪宏革 周建波	40.00
4	房屋建筑学(下:工业建筑)(第2版)	钱 坤	36.00	56	工程地质(第2版)	何培玲 张 婷	26.00
5	土木工程制图(第2版)	张会平	45.00	57	土木工程地质	陈文昭	32.00
6	土木工程制图习题集(第2版)	张会平	28.00	58	*土力学(第2版)	高向阳	45.00
7	土建工程制图(第2版)	张黎骅	38.00	59	土力学(第2版)	肖仁成 俞 晓	25.00
8	土建工程制图习题集(第2版)	张黎骅	34.00	60	土力学	曹卫平	34.00
9	*建筑材料	胡新萍	49.00	61	土力学	杨雪强	40.00
10	土木工程材料	赵志曼	38.00	62	土力学教程(第2版)	孟祥波	34.00
11	土木工程材料(第2版)	王春阳	50.00	63	土力学	贾彩虹	38.00
12	土木工程材料(第2版)	柯国军	45.00	64	土力学(中英双语)	郎煜华	38.00
13	*建筑设备(第3版)	刘源全 张国军	52.00	65	土质学与土力学	刘红军	36.00
14	土木工程测量(第2版)	陈久强 刘文生	40.00	66	土力学试验	孟云梅	32.00
15	土木工程专业英语	霍俊芳 姜丽云	35.00	67	土工试验原理与操作	高向阳	25.00
16	土木工程专业英语	宿晓萍 赵庆明	40.00	68	砌体结构(第2版)	何培玲 尹维新	26.00
17	土木工程基础英语教程	陈 平 王凤池	32.00	69	混凝土结构设计原理(第2版)	邵永健	52.00
18	工程管理专业英语	王竹芳	24.00	70	混凝土结构设计原理习题集	邵永健	32.00
19	建筑工程管理专业英语	杨云会	36.00	71	结构抗震设计(第2版)	祝英杰	37.00
20	*建设工程监理概论(第4版)	巩天真 张泽平	48.00	72	建筑抗震与高层结构设计	周锡武 朴福顺	36.00
21	工程项目管理(第2版)	仲景冰 王红兵	45.00	73	荷载与结构设计方法(第2版)	许成祥 何培玲	30.00
22	工程项目管理	董良峰 张瑞敏	43.00	74	建筑结构优化及应用	朱杰江	30.00
23	工程项目管理	王 华	42.00	75	钢结构设计原理	胡习兵	30.00
24	工程项目管理	邓铁军 杨亚频	48.00	76	钢结构设计	胡习兵 张再华	42.00
25	土木工程项目管理	郑文新	41.00	77	特种结构	孙 克	30.00
26	工程项目投资控制	曲 娜 陈顺良	32.00	78	建筑结构	苏明会 赵 亮	50.00
27	建设项目评估	黄明知 尚华艳	38.00	79	*工程结构	金恩平	49.00
28	建设项目评估(第2版)	王 华	46.00	80	土木工程结构试验	叶成杰	39.00
29	工程经济学(第2版)	冯为民 付晓灵	42.00	81	土木工程试验	王吉民	34.00
30	工程经济学	都沁军	42.00	82	*土木工程系列实验综合教程	周瑞荣	56.00
31	工程经济与项目管理	都沁军	45.00	83	土木工程CAD	王玉岚	42.00
32	工程合同管理	方 俊 胡向真	23.00	84	土木建筑CAD实用教程	王文达	30.00
33	建设工程合同管理	余群舟	36.00	85	建筑结构CAD教程	崔钦淑	36.00
34	*建设法规(第3版)	潘安平 肖 铭	40.00	86	工程设计软件应用	孙香红	39.00
35	建设法规	刘红霞 柳立生	36.00	87	土木工程计算机绘图	袁 果 张渝生	28.00
36	工程招标投标管理(第2版)	刘昌明	30.00	88	有限单元法(第2版)	丁 科 殷水平	30.00
37	建设工程招投标与合同管理实务(第2版)	崔东红	49.00	89	*BIM应用:Revit建筑案例教程	林标锋	58.00
38	工程招投标与合同管理(第2版)	吴 芳 冯 宁	43.00	90	*BIM建模与应用教程	曾浩	39.00
39	土木工程施工	石海均 马 哲	40.00	91	工程事故分析与工程安全(第2版)	谢征勋 罗 章	38.00
40	土木工程施工	邓寿昌 李晓目	42.00	92	建设工程质量检验与评定	杨建明	40.00
41	土木工程施工	陈泽世 凌平平	58.00	93	建筑工程安全管理与技术	高向阳	40.00
42	建筑工程施工	叶 良	55.00	94	大跨桥梁	王解军 周先雁	30.00
43	*土木工程施工与管理	李华锋 徐 芸	65.00	95	桥梁工程(第2版)	周先雁 王解军	37.00
44	高层建筑施工	张厚先 陈德方	32.00	96	交通工程基础	王富	24.00
45	高层与大跨建筑结构施工	王绍君	45.00	97	道路勘测与设计	凌平平 余婵娟	42.00
46	地下工程施工	江学良 杨 慧	54.00	98	道路勘测设计	刘文生	43.00
47	建筑工程施工组织与管理(第2版)	余群舟 宋会莲	31.00	99	建筑节能概论	余晓平	34.00
48	工程施工组织	周国恩	28.00	100	建筑电气	李 云	45.00
49	高层建筑结构设计	张仲先 王海波	23.00	101	空调工程	战乃岩 王建辉	45.00
50	基础工程	王协群 章宝华	32.00	102	*建筑公共安全技术与设计	陈继斌	45.00
51	基础工程	曹 云	43.00	103	水分析化学	宋吉娜	42.00
52	土木工程概论	邓友生	34.00	104	水泵与水泵站	张 伟 周书葵	35.00

序号	书名	主编	定价	序号	书名	主编	定价
105	工程管理概论	郑文新 李献涛	26.00	130	*安装工程计量与计价	冯 钢	58.00
106	理论力学(第2版)	张俊彦 赵荣国	40.00	131	室内装饰工程预算	陈祖建	30.00
107	理论力学	欧阳辉	48.00	132	*工程造价控制与管理(第2版)	胡新萍 王 芳	42.00
108	材料力学	章宝华	36.00	133	建筑学导论	裘 鞠 常 悦	32.00
109	结构力学	何春保	45.00	134	建筑美学	邓友生	36.00
110	结构力学	边亚东	42.00	135	建筑美术教程	陈希平	45.00
111	结构力学实用教程	常伏德	47.00	136	色彩景观基础教程	阮正仪	42.00
112	工程力学(第2版)	罗迎社 喻小明	39.00	137	建筑表现技法	冯 柯	42.00
113	工程力学	杨云芳	42.00	138	建筑概论	钱 坤	28.00
114	工程力学	王明斌 庞永平	37.00	139	建筑构造	宿晓萍 隋艳娥	36.00
115	房地产开发	石海均 王 宏	34.00	140	建筑构造原理与设计(上册)	陈玲玲	34.00
116	房地产开发与管理	刘 薇	38.00	141	建筑构造原理与设计(下册)	梁晓慧 陈玲玲	38.00
117	房地产策划	王直民	42.00	142	城市与区域规划实用模型	郭志恭	45.00
118	房地产估价	沈良峰	45.00	143	城市详细规划原理与设计方法	姜 云	36.00
119	房地产法规	潘安平	36.00	144	中外城市规划与建设史	李合群	58.00
120	房地产测量	魏德宏	28.00	145	中外建筑史	吴 薇	36.00
121	工程财务管理	张学英	38.00	146	外国建筑简史	吴 薇	38.00
122	工程造价管理	周国恩	42.00	147	城市与区域认知实习教程	邹 君	30.00
123	建筑工程施工组织与概预算	钟吉湘	52.00	148	城市生态与城市环境保护	梁彦兰 阎 利	36.00
124	建筑工程造价	郑文新	39.00	149	幼儿园建筑设计	龚兆先	37.00
125	工程造价管理	车春鹂 杜春艳	24.00	150	园林与环境景观设计	董 智 曾 伟	46.00
126	土木工程计量与计价	王翠琴 李春燕	35.00	151	室内设计原理	冯 柯	28.00
127	建筑工程计量与计价	张叶田	50.00	152	景观设计	陈玲玲	49.00
128	市政工程计量与计价	赵志曼 张建平	38.00	153	中国传统建筑构造	李合群	35.00
129	园林工程计量与计价	温日琨 舒美英	45.00	154	中国文物建筑保护及修复工程学	郭志恭	45.00

标*号为高等院校土建类专业"互联网+"创新规划教材。

如您需要更多教学资源如电子课件、电子样章、习题答案等,请登录北京大学出版社第六事业部官网 www.pup6.cn 搜索下载。

如您需要浏览更多专业教材,请扫下面的二维码,关注北京大学出版社第六事业部官方微信(微信号:pup6book),随时查询专业教材、浏览教材目录、内容简介等信息,并可在线申请纸质样书用于教学。

感谢您使用我们的教材,欢迎您随时与我们联系,我们将及时做好全方位的服务。联系方式:010-62750667,donglu2004@163.com, pup_6@163.com, lihu80@163.com,欢迎来电来信。客户服务QQ号:1292552107,欢迎随时咨询。